2017
도시 및 주거환경정비법
질의회신사례집

국토교통부

정비사업 추진 절차

구 분	세부 추진절차
기본계획 수립	기본계획(안)작성 (특별시장·광역시장) → 주민공람(14일 이상), 지방의회 의견 청취 → 관계행정기관협의 (국토교통부 장관 포함) → 지방도시계획위원회 심 의 → 정비기본계획 수립(승인) 및 고시
안전진단 (재건축 사업)	안전진단요청 (요청자→시장, 군수) → 현지조사 (시장, 군수) → 안전진단의뢰 (시장, 군수) → 안전진단결과 보고서제출 (시장, 군수 및 요청자) → 정비계획수립 및 재건축 시행여부 결정 (시장, 군수)
정비계획	정비계획 수립 (시장·군수) → 주민설명회/공람 (30일 이상 공람) → 지방의회 의견 청취 (60일 이내 의견제시) → 지방도시계획 위원회 심의 → 정비구역 고시
추진 위원회	추진위원회 구성 (위원장, 감사, 추진위원) → 운영규정 및 동의서(안) 작성 → 동의서 검인 (시장, 군수) → 추진위설립동의서 징구 (토지등소유자 과반수) → 추진위원회 승인 신청
조합설립	조합설립 동의서 및 정관 작성 → 동의서 검인 (시장, 군수 등) → 동의서 징구 → 창립총회 → 조합설립인가
사업시행 인가	건축심의 및 관련법에 따른 평가 등 → 사업시행계획 수립 → 총회 의결 (조합원 과반수 동의) → 사업시행인가신청 (시장·군수 등) → 사업시행인가 (공람 및 기관 협의 완료)
관리처분 계획인가	분양신청 (토지등소유자→시행자) → 종전/종후 자산감정평가 ('18.2.9일 이후 변경) → 관리처분계획 수립 (시행자) → 조합총회 의결 (1개월전 분담금 통지) → 관리처분계획인가 신청
착공 및 일반분양	조합원 이주 완료 → 철거 및 착공 (시공사 계약 포함) → 주택대지권 확보 (청산금액 공탁 완료) → 입주자 모집 승인신청 (조합→시장) → 일반분양
준공 및 조합해산	준공인가 및 고시 (시장, 군수 등) → 확정측량 및 토지분할 (시행자) → 이전고시/보고 → 정비구역 해제 ('18.2.9일 이후 시행) → 조합해산 및 청산

정비사업단계별 개정내용(시행일:2018. 2. 9.)

기본계획수립

정비계획변경 입안제안 기준 명시 (제14조)
- 토지등소유자 2/3 동의
- 조합인 경우 조합원 2/3 동의

재개발사업 시행방법 변경 (제23조)
- 재개발사업은 용도별 건축물 공급 가능

정비사업 유형 통합 (제2조)
- 주거환경개선 사업
- 재개발사업(도시환경정비사업 통합)
- 재건축사업

정비계획 수립 및 지정

추진위원회

토지등소유자 방식 동의요건 (제50조)
- 토지등소유자 3/4동의 및 토지면적 1/2 동의

사업시행인가 결정기간 신설 (제50조)
- 접수 후 60일 이내에 인가여부 통보

관계기관 협의 간주 (제57조)
- 관계기관은 30일 이내 의결제출
- 미 제출시 협의된 것으로 봄

존치지역에 대한 특례 (제58조)
- 사업시행계획서에 대한 존치 소유자 동의 면제(정비계획 포함시)

조합설립인가

재개발사업의 시행자 변경 (제25조)
- 20인 미만인 경우 토지등소유자 방식 가능

시공자 수의계약요건 완화 (제29조)
- 2회 이상 유찰시 수의계약

자녀의 조합원자격 기준 변경 (제39조)
- 19세 이상 자녀의 분가

조합장의 대의원의장 겸임 (제42조)
- 조합장이 대의원임을 명확화

총회의결정족수 명시 (제45조)
- 조합원 과반수 출석 및 출석조합원 과반수 의결

사업시행인가

분양신청

매도청구 절차 명시 (제64조)
- 사업시행인가 이후 서면촉구 등

종전자산평가 통지시점 변경 (제72조)
- 분양 신청전 통지

조합원 재분양신청 허용 (제72조)
- 세대수 또는 주택규모 변경시 재분양 신청 가능

현금청산절차 구체화 (제73조)
- 손실보상 협의 시점 명시
- 매도청구 지연시 지급이자 기준 마련

관리처분계획인가

무상양도 정비기반시설 확대 (제97조)
- 정비구역내 무상양도 대상으로 현황 도로 포함

행정재산의 대부료 면제 (제72조)
- 용도폐지된 정비기반시설의 대부료 면제

준공 및 이전고시

정비구역 해제

사업완료후 정비구역 해제 (제84조)
- 준공인가 또는 이전고시 이후 정비구역 해제

조합해산 및 청산

공공주택 건설기준 의제 (제52조)
- 「공공주택 특별법」에 따른 공공주택을 건설하는 경우 의제 처리 함

도시분쟁조정위원회 효력 (제117조)
- 조정결과는 집행력 있는 집행권원과 같은 효력을 가짐
- * 집행권원 : 민사집행법 절차에 따라 부동산이나 금전 등에 대한 강제집행 가능

도시·주거환경정비기금 지원 (제126조)
- 증축형리모델링의 안전진단 지원 가능

「도시 및 주거환경정비법령 질의회신 사례집」을 수정·발간하면서 …

2010년도에 「도시 및 주거환경정비법 질의회신 사례집」 책자를 처음으로 발간한 이후 그간 질의회신 사례를 추가·수정하여 올해도 좀더 알찬 내용으로 발간하게 된 것을 매우 기쁘게 생각합니다.

국토교통부에서는 우리나라 국민의 91%가 살고 있는 도시지역이 급속한 노후화가 진행됨에 따라 도시 기능의 회복 및 주거환경 개선을 위하여 재개발 및 재건축 사업을 지속적으로 추진하여 왔으며, 최근에는 1인 가구 주택수요 증가, 원주민의 정착률 확대, 노후 도시지역에 대한 재생 필요성 등의 요구가 커짐에 따라 이를 위한 정비사업의 제도 개선에 대하여도 많은 노력을 기울이고 있습니다.

금번 개정된 「도시 및 주거환경정비법」에서는 기존 7개 유형의 정비사업을 주거환경개선사업, 재개발사업, 재건축사업으로 통합하고, 조합원 권리강화를 확대하기 위하여 개인별 분담금 자료를 분양신청전에 제공하도록 하였으며, 정비사업의 불필요한 소송을 줄이기 위하여 매도청구 절차를 정비사업 절차에 맞게 개정하였습니다.

또한 정비구역 지정이 필요 없는 가로주택정비사업 및 소규모재건축정비사업은 「빈집 및 소규모주택정비에 관한 특례법」으로 이관하여, 소규모 정비사업에서는 불필요한 정비사업 단계를 대폭 줄였으며, 노상 및 노외주차장 확보시 주차장 설치기준을 완화 하는 등 지역 여건을 충분히 고려하여 소규모정비사업이 추진될 수 있도록 다양한 대책을 마련하였습니다.

이에 새롭게 발간하는 「도시 및 주거환경정비법 질의회신 사례집」 책자에서는 2017년 까지의 정비사업의 주요 질의답변 사례 내용과 함께 개정된 도시정비법의 내용을 간략하게 설명하고, 「빈집 및 소규모주택정비에 관한 특례법」에 대하여 일반인도 알기 쉽게 이해할 수 있는 내용을 추가하여 제작·발간하게 되었습니다.

아무쪼록 본 책자가 도시정비사업 업무를 담당하거나 참여하는 각 분야의 모든 분들에게 많은 도움이 될 수 있기를 기대합니다. 감사합니다.

2017. 10.

국토교통부 주택정책관 이 문 기

질의회신 사례집 살펴보는 요령

발간 목적

도시 및 주거환경 정비사업은 계획부터 준공·청산에 이르기까지 여러 행정 절차를 거치도록 하고 있고, 동 절차를 이행하는 과정에서 법령의 해석에 대한 견해 차이로 인한 분쟁 또는 관련 업무 종사자의 법령운영 미숙 등으로 인한 민원발생 등의 문제가 있어 이를 풀어 가는데 도움이 될 수 있도록 하고자 합니다.

유의사항

본 책자는 그 동안 우리 부에서 『도시 및 주거환경정비법』과 관련하여, 질의회신 한 주요사례를 정리한 것으로, 질의회신 된 이후에 관련 법령 및 하위규정 개정 등으로 제반 기준에 맞지 않는 사항이 있을 수 있으므로 현행 법령 등의 제반기준을 항상 살펴보신 후 참고하여 주시기 바랍니다.

살펴보는 요령

질의회신 사례집은 정비사업의 각 단계별로 우리 부와 법제처에서 해석한 주요사례를 사업추진과 관련하여 찾아볼 수 있도록 주체별로 세분화하였으며, 법령명은 약칭을 사용하고 용어정의를 두었습니다.

축약어 알아두기

반복적으로 명기되는 각종 법령, 고시 등의 명칭은 축약어를 사용

- 「도시 및 주거환경정비법」 ⇒ 「도시정비법」
- 「도시재정비 촉진을 위한 특별법」 ⇒ 「도시재정비법」
- 「공익사업을 위한 토지 등의 취득 및 보상에 관한 법률」 ⇒ 「토지보상법」
- 「국토의 계획 및 이용에 관한 법률」 ⇒ 「국토계획법」
- 「부동산가격공시 및 감정평가에 관한 법률」 ⇒ 「부동산공시법」
- 「집합건물의 소유 및 관리에 관한 법률」 ⇒ 「집합건물법」
- 「보금자리주택건설 등에 관한 특별법」 ⇒ 「보금자리법」
- 「정비사업 조합설립추진위원회 운영규정」 ⇒ 「운영규정」
- 「정비사업의 시공자 선정기준」 ⇒ 「시공자 선정기준」

목 차

1. 정의(토지등소유자, 노후·불량건축물 등)

1-1 용어 정의 ··· 1
1-1-1. 도시정비법 시행령 제28조제1항제1호다목 단서 "종전 소유자"의 의미 ·········· 1
1-1-2. 토지등소유자의 의미 ·· 1
1-1-3. 주택재개발사업의 노후·불량건축물 판단 ·· 2
1-1-4. 토지등소유자와 조합원의 관계 ··· 3
1-1-5. 공단 임대아파트 재건축의 도시정비법 적용 ·· 3

1-2 행위제한 ··· 4
1-2-1. 정비구역에서 상가를 2개 물건으로 구분등기하는 경우 행위제한 해당 여부 ··· 4
1-2-2. 정비예정구역 행위제한 연장이 가능한 지 ·· 4
1-2-3. 정비계획 상 존치지역에서의 신축 등 개별 건축행위의 가능여부 ·············· 5
1-2-4. 정비구역지정 전 건축허가된 사항에 대한 행위제한 여부 ························ 5
1-2-5. 가로주택정비구역에서 건축 행위가 가능한 지 ······································· 6

1-3 사업시행자(공동시행자, 지정개발자 등) ··· 6
1-3-1. 도시환경정비사업에서 토지등소유자의 공동시행자 선정 방법 ················ 6
1-3-2. 도시환경정비사업의 사업시행자 지위 ·· 8
1-3-3. 지정개발자를 사업대행자로 지정할 수 있는지 ······································· 9
1-3-4. 토지등소유자방식에서 업무대행자가 사업시행자 인지 ··························· 10
1-3-5. 조합에서 사업대행자를 지정한 경우 사업시행자는 누구인지 ················· 10
1-3-6. 조합자산이 모두 이전된 경우 시행자 지위도 승계되는지 ······················· 11

1-4 안전진단 ··· 11
1-4-1. 특별수선충당금을 재건축 안전진단 비용으로 사용 가능한 지 ················ 11
1-4-2. 재건축정비사업 촉진구역 지정 시 안전진단 사전실시 여부 ···················· 12
1-4-3. 재건축사업 시행 결정 시 안전진단 실시 대상 ······································· 13
1-4-4. 소규모 아파트를 통합한 재건축 예정구역의 안전진단을 실시하는 경우
  표본동 산정은 ·· 13

1-4-5. 단독주택 지역에서 노후불량건축물에 대한 안전진단 실시 ·············· 14
1-4-6. 안전진단 요청 동의서 징구 시점 ······································· 14
1-4-7. 잔여 노후불량건축물수에 대한 안전진단 대상 제외 ················ 15
1-4-8. 재건축정비사업의 안전진단 비용 산정 방법 ························· 16

1-5 주민대표회의 ··· 17
1-5-1. 동의서 징구가 추진위원회 업무인지 주민대표회의 업무인지 ········ 17
1-5-2. 사업시행자가 정비사업 포기 시 주민대표회의 효력 여부 ············ 17
1-5-3. 주민대표회의를 해산할 수 있는지 ······································ 18
1-5-4. 주택재개발사업 주민대표회의 해산 및 정비구역 해제 여부 ········· 18
1-5-5. 주민대표회의 구성원 변경 및 해임 시 시장·군수 승인 여부 ········ 19
1-5-6. 사업시행자 지정이 취소되는 경우 주민대표회의도 취소 되는지 ····· 20

1-6 토지등소유자 방식(도시환경정비사업) ························· 20
1-6-1. 토지등소유자 방식으로 시행하는 도시환경정비사업의 관리처분계획 인가 ·· 20

1-7 가로주택정비사업 시행 및 대상 ································· 21
1-7-1. 가로구역 일부에 대하여 가로주택정비사업 시행 가능 여부 ········· 21
1-7-2. 가로구역내 노후불량건축물이 아닌 일부 연립주택의 정비사업시행 가능 여부 21
1-7-3. 가로구역내 도로가 가로구역 면적에 포함 되는지 ····················· 22

1-8 정비구역이 아닌 지역에서의 주택재건축정비사업 시행 및 변경 ·············· 22
1-8-1. 정비구역이 아닌 재건축사업의 인접대지 포함 ························ 22
1-8-2. 정비구역이 아닌 구역에서 재건축사업시행 시 나대지 포함 여부 ··· 23
1-8-3. 정비구역이 아닌 구역에서 시행하는 주택재건축사업의 지구단위계획 수립 및 건축법 적용 ··· 24

1-9 정비구역내 지역주택조합 등 타 사업시행 ···················· 25
1-9-1. 정비예정구역내 타법에 의한 개발 사업 진행이 가능한지 ············ 25
1-9-2. 지역조합과 재건축조합이 공동 시행할 수 있는지 ····················· 25

1-10 사업시행자로 신탁업자를 지정하는 방식 ···················· 26
1-10-1. 신탁업자를 시행자로 지정시 기존 조합은 취소되는지 ·············· 26

2. 기본계획 수립 및 정비구역 지정

2-1 기본계획 수립 ··· 27
2-1-1. 도시기본계획상 인구배분계획 초과 가능 여부 ································· 27
2-1-2. 정비기본계획수립 시 정비예정구역 노후도 적용 시점 ······················· 27
2-1-3. 기본계획 타당성 검토 시기 ··· 28
2-1-4. 정비예정구역 20% 미만 변경 시 기본계획의 경미한 변경 여부 ·········· 28
2-1-5. 정비계획수립시기를 기본계획에 반영하고자 변경 시 경미한 변경 여부 ······ 29
2-1-6. 정비예정구역 해제 시 정비기본계획 변경 절차 ································ 29

2-2 정비계획 수립 및 고시 ··· 30
2-2-1. 주민제안 시 정비구역지정도서 첨부 여부 ·· 30
2-2-2. 2012.8.2. 개정·시행 도시정비법 시행령 별표1 관련 정비계획 수립 ······· 31
2-2-3. 정비구역지정고시 후 사업시행 예정시기가 변경된 경우 처리 ·············· 31
2-2-4. 상업지역에 있는 공동주택 재건축 추진 ·· 32
2-2-5. 도시환경정비사업 정비예정구역에 대한 면적제한 ···························· 33
2-2-6. 정비계획을 주민에게 서면통보하는 방법 ··· 33
2-2-7. 도시정비법 시행령 제12조제5호에 따른 정비사업 시행예정시기에 대한 재연장
가능여부 ·· 34
2-2-8. 주택재개발사업을 위한 정비계획의 수립에 관한 경과조치 적용여부 ·········· 34
2-2-9. 2012. 8. 2. 이후 단독주택재건축 정비예정구역을 지정할 경우
사업추진 여부 ··· 35
2-2-10. 정비구역내 2개의 획지로 구분된 경우 하나의 주택단지로 건축 및
분양계획수립, 관리처분계획 수립이 가능한지 ··· 35
2-2-11. 지구단위계획 결정이후 정비구역 지정이 진행되는 경우 기존 계획이 실효
되는지 ·· 36
2-2-12. 정비구역이 아닌 구역에서의 「주택법」상 용적률 완화 규정이 적용 ········ 36
2-2-13. 정비계획 수립 주체에 토지등소유자가 포함되는지 ···························· 37
2-2-14. 사업시행계획 취소 시 용적률 완화에 관한 규정 적용 ······················· 37
2-2-15. 주거환경개선구역의 용도지역 변경 ·· 38
2-2-16. 상업지역내 재건축사업의 주거비율 산정 방법 ································· 38
2-2-17. 아파트지구 개발기본계획 수립시 지구단위계획 관련 ························· 39
2-2-18. 주거환경관리구역내 가로주택정비사업을 시행할 수 있는지 ················ 40

2-3 정비구역 해제 ··· 40

2-3-1. 정비구역 해제 관련 부칙 해석 및 적용 대상 ································ 40
2-3-2. 주거환경개선사업에 도시정비법 제4조의3제4항제1호 적용 여부 ······· 41
2-3-3. 추진위원회 해산 시 정비구역해제 가능 여부 ································ 42
2-3-4. 도시정비법 제4조의3제1항 적용 대상 ··· 42
2-3-5. 재건축조합 취소에 따른 정비구역해제 가능 여부 ·························· 43
2-3-6. 도시정비법 제4조의3제4항에 따른 정비구역등 해제 가능한 지 ········ 44
2-3-7. 정비구역 등 해제 시 정비예정구역과 정비구역 동시 해제 여부 ······· 45
2-3-8. 도시정비법 제4조의3제1항제2호에 따른 정비구역 해제 대상 여부 ···· 45
2-3-9. 재정비촉진지구 내 존치관리구역에 대하여 도시정비법 제4조의3(정비구역등 해제)
       규정을 적용여부 ·· 46
2-3-10. 추진위원회 또는 조합이 있는 경우 정비예정구역 해제 가능 여부 ··· 46
2-3-11. 추진위원회 승인 후 도시정비법 제4조의3제1항제1호 적용이 가능한지 ····· 47
2-3-12. 정비예정구역 해제동의서의 철회가능시점은 ······························· 47
2-3-13. 조합설립인가를(2010년) 득하고 사업시행인가를 신청하지 않은 경우
        정비구역 해제 대상인지 ··· 48
2-3-14. 한국토지주택공사에서 시행하는 주거환경정비사업의 정비구역 해제 ··· 49
2-3-15. 도시환경정비사업에서 5년이내 사업시행인가를 신청하지 않은 경우
        정비구역 해제 여부 ··· 49
2-3-16. 정비구역 해제절차 및 해제절차 진행 시 추진위원회 승인 관련 ······ 50
2-3-17. 추진위원회 승인 시점에 따른 정비구역 해제규정 적용 ················· 51
2-3-18. 정비구역결정 취소 판결에 따른 종전 추진위원회의 존속 여부 ········ 51
2-3-19. 주거환경개선사업의 정비구역 해제 시 용도지역 환원 ··················· 52
2-3-20. 정비예정구역 해제 시 기본계획 변경이 필요한 지 ······················· 53
2-3-21. 2012년 이전 추진위원회 및 정비구역 인가시 정비구역해제가 가능한 지 ····· 53
2-3-22. 2012년 이전 추진위원회, 이후 정비구역 인가시 정비구역 해제가
        가능한 지 ··· 54
2-3-23. 토지등소유자 방식의 경우의 정비구역해제 규정 적용 ··················· 54

2-4 정비계획의 변경 ··· 55

2-4-1. 인근지역을 편입하여 구역지정 받은 경우의 사업추진 ····················· 55
2-4-2. 재건축 용적률 완화 및 소형주택 건설에 따른 정비계획변경 ············ 55
2-4-3. 주거환경개선사업을 다른 정비사업으로 변경 시행 가능 여부 ··········· 56
2-4-4. 정비구역 변경지정 시 공보에 고시 생략 가능 여부 ······················· 56

2-4-5. 정비계획 변경으로 근린생활시설을 용도 변경할 수 있는지 ·················· 57
2-4-6. 도지사에게 정비구역지정을 신청한 후 정비계획이 변경되면 서면통보, 주민설명회,
　　　 주민공람 및 지방의회 의견청취절차를 다시 이행하여야 하는지 ············ 57
2-4-7. 정비계획상 사업시행 예정시기 변경 ································· 58
2-4-8. 정비예정구역 인접지에 대한 포함 및 제외 시 면적 변경율 산정방법 ········ 59
2-4-9. 재개발 추진위 운영단계에서 재건축 사업으로 전환 가능 여부 ··············· 59
2-4-10. 정비계획 변경(존치)시 조합원 동의가 필요한 지 ······················· 60
2-4-11. 정비사업 시행예정시기가 경과된 후에 예정시기 변경이 가능한지 ·········· 60
2-4-12. 정비계획에 포함된 도시·군관리계획(학교) 변경 절차 ···················· 61

2-5 정비계획의 경미한 변경 ··································· 62
2-5-1. 용적률 변경에 따른 정비계획의 경미한 변경 ···························· 62
2-5-2. 정비기반시설 추가 확보 시 정비계획의 경미한 변경 여부 ················· 63
2-5-3. 정비기반시설 면적 증감이 있는 경우 정비계획의 변경 ···················· 63
2-5-4. 정비계획 경미한 변경 판단 시 용적률은 정비계획 용적률인지 ············· 64
2-5-5. 용도지역변경이 정비계획 경미한 변경인 지 ···························· 64
2-5-6. 정비계획의 경미한 변경에 포함하는 관계법령에 의한 심의 범위 ··········· 65
2-5-7. 정비계획과 도시관리계획의 경미한 변경 동시 처리가능 여부 ············· 65
2-5-8. 도시정비법 시행령 제12조제7호 중 "10% 미만" 기준 ···················· 66
2-5-9. 공공공지로 계획한 토지의 위치를 변경하는 경우 정비계획 경미한 변경에
　　　 해당 되는지 ·· 66
2-5-10. 국토계획법 시행령에 따른 건축물의 높이 20% 이내의 변경이 정비계획의
　　　　경미한 변경 인지 ·· 67
2-5-11. 정비계획의 경미한 변경에서 정비기반시설 규모의 의미 ················· 67
2-5-12. 도로 일부 구간의 폭이 10%이상 변경되는 경우 정비계획 경미한 변경에
　　　　해당되는지 ··· 68
2-5-13. 연면적, 공동주택 동수 및 세대수 변경이 정비계획 경미한 변경인지 ······· 68
2-5-14. 공동주택 건축물의 배치계획 변경이 정비계획 경미한 변경인지 ··········· 69
2-5-15. 경관녹지 부분을 모두 감하고 도로를 증가시키는 것이 정비계획의 경미한
　　　　변경인지 ··· 69
2-5-16. 공원녹지계획이 삭제된 경우 정비계획의 경미한 변경인지 ··············· 70

3. 추진위원회 구성 · 운영

3-1 토지등소유자수 산정 방법 ·· 72
3-1-1. 도시환경정비사업의 토지등소유자 동의자 수 산정방법 ····························· 72
3-1-2. 소재불명자의 토지등소유자수 산정 ·· 72
3-1-3. 공부상 실질적인 소유자가 아닌 자로 기재된 경우 토지등소유자 수 산정 ·· 73
3-1-4. 토지등소유자 동의 받을 때 동의자 수 산정 기준일 ·································· 73
3-1-5. 추진위원회 승인 당시 보다 전체 토지등소유자가 증가한 경우 추진위원회의
해산 신청 시 토지등소유자 수 산정 기준은 ·· 74
3-1-6. 운영규정 상의 토지등소유자 수 산정 방법 ·· 74

3-2 추진위원회 구성 및 승인 ·· 75
3-2-1. 추진위원회 승인신청서 상 추진위원 사망 시 보완요구의 적정성 ············ 75
3-2-2. 추진위원회가 있는 상태에서 새로운 추진위원회 승인 가능 여부 ············ 76
3-2-3. 5인 이상 위원으로 추진위원회 승인 가능 여부 ··· 77
3-2-4. 운영규정의 위원의 수를 충족하여야 추진위 승인이 되는지 ······················ 77
3-2-5. 일부 추진위원이 사퇴한 경우에도 추지위원회 승인이 가능한지 ·············· 78

3-3 추진위원회 동의 및 철회 ·· 79
3-3-1. 토지등소유자에게 알리고 동의를 물어야 하는 대상범위 ··························· 79
3-3-2. 추진위원회 미 동의자의 동의서를 계속해서 받을 수 있는지 ···················· 79
3-3-3. 정비구역이 확대된 경우 추진위원회 과반수 동의요건 ······························· 80
3-3-4. 정비구역 축소로 인한 토지등소유자의 동의 시점 ······································ 80
3-3-5. 토지등소유자 권리이전 시 추진위원회 구성에 동의한 자로 볼 수 있는지 ·· 81
3-3-6. 추진위원회 동의 철회 및 동의명부 제외가 가능한 지 ································ 81
3-3-7. 토지등소유자가 일부 소유권에 대한 동의 또는 철회가 가능한 지 ············ 82

3-4 추진위원회 해산 ··· 82
3-4-1. 추진위원회 및 조합 해산 신청 시 인감증명 첨부 여부 ······························ 82
3-4-2. 추진위원회 및 조합의 해산을 신청하고자 하는 경우 동의 방법 ·············· 83
3-4-3. 조례 개정 전 징구받은 추진위원회 해산 동의서의 효력 여부 ·················· 84
3-4-4. 임기만료된 추진위원의 직무수행 적정성 및 추진위 해산 방법 ················ 85
3-4-5. 추진위 승인취소 시 사용비용 보조에 관한 내용을 조례로 정할 수 있는지 86
3-4-6. 조합설립인가 취소 및 무효가 된 경우 해산된 추진위원회가 존속 여부 ····· 87

3-4-7. 소유권 이전 시 조합설립추진위원회 해산동의서 승계여부 ·············· 87
3-4-8. 정비구역 확대 시 추진위원회 취소처분 가능 여부 ···················· 88
3-4-9. 추진위원회 해산 시 정족수 산정기준 시점은 ························· 88
3-4-10. 인가청에 해산신청서를 접수한 후 동의서 철회가 가능한지 ········· 89
3-4-11. 토지등소유자가 미성년자인 경우 해산동의서 작성 방법 ············· 89
3-4-12. 추진위원회 승인이 취소된 경우 비용보조 규정의 유효 기간은 ······ 90
3-4-13. 추진위원회 해산이 신청된 후에도 해산 동의를 추가할 수 있는지 ··· 91

3-5 추진위원회 운영 ··· 91

3-5-1. 추진위원회 운영 시 재적위원 및 출석위원에 감사가 포함되는지 ······ 91
3-5-2. 추진위원회에서 위원장 및 감사 선임 의결 가능한 지 ················ 92
3-5-3. 추진위원회 회의 시 서면동의서에 인감날인을 하여야 하는지 ········ 92
3-5-4. 통지하지 않은 사항의 추진위원회 의결 적합성 여부 ················· 93
3-5-5. 추진위원장 업무대행의 업무처리 적정성 여부 ························ 93
3-5-6. 개정된 운영규정에 따라 추진위원회 운영 방법 ······················· 94
3-5-7. 추진위 상근 위원 및 직원의 보수 지급 적정성 여부 ················· 94
3-5-8. 법무사의 추진위원장 겸임이 가능한 지 ······························ 95
3-5-9. 운영규정 별표 제26조제1항의 재적위원 과반수의 의미 ··············· 95
3-5-10. 개략적인 사업시행계획서 작성을 위한 용역계약 체결 주체 ········· 96
3-5-11. 개략적인 사업시행계획서의 작성 방법 ······························ 96
3-5-12. 위원장 부재 시 결산보고서 의결을 위한 회의의 대행 ·············· 97
3-5-13. 사임한 추진위원장이 후임자 선출 전까지 업무수행이 가능한지 ···· 97
3-5-14. 부위원장이 위원장대행으로 직무를 수행하는 것이 적법한지 ········ 98
3-5-15. 임기만료된 추진위원장이 업무를 수행할 수 있는지 ················ 98
3-5-16. 추진위 단계에서 운영자금 차입사용의 위법성 여부 ················ 99
3-5-17. 추진위원의 범위에 '이사'를 추가할 수 있는지 ····················· 99
3-5-18. 추진위설립동의를 철회한 자에 대한 운영경비 부담의 적정성 ······ 100
3-5-19. 조합설립추진위원회에서 설계자를 선정하는 경우 설계자의 업무범위는 ·· 100
3-5-20. 법적정족수에 미달된 추진위원회의 최소 재적의원 수 기준 ········ 101

3-6 주민총회 ··· 101

3-6-1. 일괄 발송된 서면결의서가 유효한지 ································ 101
3-6-2. 서면결의서 제출자의 직접 참석자 인정 여부 ······················· 102
3-6-3. 찬반 등의 의사표시가 없는 서면결의서의 효력 여부 ··············· 103

3-6-4. 추진위에서 토지등소유자에 대한 권리·의무 사항 통지 방법 ·············· 103
3-6-5. 주민총회 소집통보 반려 시 일반우편으로 추가발송이 가능한 지 ·········· 104
3-6-6. 주민총회 인준 전에 보수규정 작성 및 유급직원채용이 가능한 지 ········· 105
3-6-7. 주민총회의 출석 및 의결권 행사 시 대리인의 범위 ····················· 105
3-6-8. 주민총회 시 토지등소유자의 개의 및 의결 요건 ······················· 106
3-6-9. 토지등소유자의 개최 요구에 따른 주민총회 개최비용 부담 ············· 106
3-6-10. 주민총회에서 다득표 방법으로 의결이 가능한지 ······················· 107

3-7 추진위원 선임 및 해임 ··· 108

3-7-1. 운영규정 별표 제15조제2항제1호(추진위원회 위원 자격)의 의미 ········ 108
3-7-2. 추진위원회 감사의 회의안건 발의 제한 여부 ·························· 108
3-7-3. 추진위원회 위원장 입후보 자격 ··· 109
3-7-4. 추진위원장 보궐선임의 주민총회 의결 여부 ··························· 109
3-7-5. 시장·군수가 개선 권고할 수 있는 추진위원회 위원의 범위 ············ 109
3-7-6. 추진위원장 해임을 위한 추진위원회 소집권자 ························· 110
3-7-7. 추진위원 연임 가능 여부와 선임방법 ··································· 110
3-7-8. 정비구역 지정 전 받은 추진위원 선정 증명서류의 인정 여부 ·········· 111
3-7-9. 다수의 추진위원 결원 시 추진위원 선임 방법 ·························· 111
3-7-10. 추진위원회 운영규정 제15조제2항제2호 삭제·수정 가능 여부 ········· 113
3-7-11. 추진위원장 보궐선임 시 직접 참석 비율 ······························· 113
3-7-12. 추진위원의 연임은 임기만료 2개월 이내에 의결하여야 하는지 ········· 114
3-7-13. 추진위원회 설립 미 동의자 감사(또는 추진위원) 선임의 적정성 ········ 114
3-7-14. 추진위원회 설립 후 추진위원회 설립동의서를 제출하고 위원장 후보에
       출마할 수 있는지 ··· 114
3-7-15. 추진위원회 운영규정의 추진위원 거주기간은 소유권을 취득한 상태에서
       산정하는지 ··· 115
3-7-16. 운영규정 제16조제2항에 정한 추진위원 범위 해석 ···················· 116
3-7-17. 주민 발의로 임원선출 총회 개최 절차 및 적용 규정 ··················· 116
3-7-18. 토지등소유자가 추진위원 선출 총회 개최시 적용되는 규정 ············ 117
3-7-19. 추진위원선임 총회시 주민발의대표자의 의장 자격 ···················· 117

3-8 추진위원회 및 조합 통합 ·· 118

3-8-1. 2개 추진위원회가 하나의 재건축조합의 설립을 위한 업무수행 권한 유무 118
3-8-2. 2개 정비구역을 통합한 경우의 추진위원회 구성 ······················· 119

3-8-3. 2개 정비구역으로 분할되어 있는 경우의 추진위원회 구성 방법 ·············· 120
3-8-4. 조합에서 인근 단지를 통합하는 경우 조합설립 인가의 경미한 변경 인지 120

4. 조합설립·운영

4-1 조합원 자격 및 동의자수 산정 ··· 122

4-1-1. 국·공유지에 대한 조합설립인가 동의 ··· 122
4-1-2. 1필지의 토지를 수인이 공유하는 경우 토지면적 동의율 산정 ············· 122
4-1-3. 조합과 개인이 각각 50% 지분을 가진 경우 조합원 자격 여부 ·············· 123
4-1-4. 공유지분 상가의 조합원 동의 받는 비율 ··· 123
4-1-5. 공유토지소유자가 증가한 경우 대표조합원을 선임하여야 하는지 ·········· 124
4-1-6. 단지 내 도로부지 소유자의 조합원 자격 여부 ····································· 125
4-1-7. 분양신청 하지 않은 조합원의 총회 투표권 보유 여부 ·························· 125
4-1-8. 조합원 자격 상실 시점 및 조합임원의 자격 보유 여부 ························ 125
4-1-9. 도시정비법 시행령 제30조제3항제2호(조합원 지위양도 관련)의 적용 ······· 126
4-1-10. 투기과열지구내 주택재건축사업의 경우 조합원 지위 양도 ················· 127
4-1-11. 투기과열지구내 주택재건축사업의 경우 조합원 지위 양도 예외 ········· 128
4-1-12. 투기과열지구내 주택재건축 조합원 지위 양도 관련 ··························· 128
4-1-13. 투기과열지구내 사업시행인가를 변경한 조합의 조합원 자격 관련 ······· 129
4-1-14. 일부 토지를 양도한 경우 조합원 자격 유무 ······································ 130
4-1-15. 1인 소유 다세대건물을 매매하였을 경우 조합원의 자격 ··················· 131
4-1-16. 1세대에 속하는 토지등소유자에게 토지를 구입한 경우 조합원 자격 ······· 132
4-1-17. 도시정비법 제19조제1항제3호 개정 규정(법률 제9444호)의 적용 ············ 132
4-1-18. 분양신청을 하지 아니한 자의 조합원 자격 상실 여부 ························ 133
4-1-19. 주상복합동의 주택 및 상가의 동의율 산정 방법 ································· 133
4-1-20. 다수의 주택을 소유한 법인이 개인에게 매도한 경우 조합원 수 ·········· 134
4-1-21. 1세대에 대한 조합원 자격 결정시 "분가" 의미는 ······························· 135
4-1-22. 단독주택 재건축사업구역 내 연립주택 동의 방법 ······························· 136
4-1-23. 국·공유지에 대하여 조합원 자격을 줄 수 있는지 ······························· 136
4-1-24. 교회 재산이 교유인 총유재산인 경우 조합원 자격 ····························· 137
4-1-25. 재단법인 소유 교회의 조합원 자격 인정 여부 ··································· 137
4-1-26. 공단 소유 주택을 공매로 받은 경우 조합원의 자격 ··························· 138

4-1-27. 조합원이 타 조합원 주택을 매수한 후 다시 매도시 조합원 자격 ………… 138
4-1-28. 미 동의자(다주택 소유)로부터 주택을 양수한 자의 조합원 자격 ………… 139
4-1-29. 2주택 공급받은 조합원이 이중 1주택을 매도할 수 있는지 ……………… 139
4-1-30. 가로구역내 집합건축물의 조합설립동의율 산정 방법 ……………………… 140

4-2 창립총회 ………………………………………………………………………… 140

4-2-1. 추진위원회 직무대행자가 창립총회를 소집할 수 있는지 ………………… 140
4-2-2. '09.8.7.이전 창립총회를 개최한 경우 조합인가 신청 가능 여부 ……… 141
4-2-3. 창립총회 시 서면으로 의결권 행사가 가능한지 ……………………………… 142
4-2-4. 주민총회 의결사항을 창립총회에서 의결 가능한 지 ………………………… 142
4-2-5. 창립총회 전에 사퇴한 이사후보자를 이사로 선임하는 방법 …………… 143
4-2-6. 주민총회에서 선출된 추진위원장이 바로 창립총회 개최 가능한 지 …… 143
4-2-7. 조합설립 동의 요건에 미달하는 경우 창립총회 개최 가능 여부 ……… 144
4-2-8. 조합설립동의 요건을 미충족한 창립총회 효력 여부 ……………………… 144
4-2-9. 2009.8.11. 신설 도시정비법 시행령 제22조의2에 따른 창립총회 재개최 여부 … 145
4-2-10. 재건축사업의 창립총회 성원 산정방법 ……………………………………… 146
4-2-11. 조합설립인가 취소 후 다시 조합설립 시 창립총회가 가능한 지 …… 147
4-2-12. 창립총회전 정관이 변경된 경우 조합의 조치방법 ………………………… 148

4-3 조합설립동의 ……………………………………………………………………… 148

4-3-1. 2012.2.1. 개정·공포된 도시정비법 제17조제1항의 동의서 징구 방법 …… 148
4-3-2. 2010.7.16. 시행된 도시정비법 시행령 제24조제1항의 적용 여부 ………… 149
4-3-3. 조합설립동의자에게 도시정비법 시행령 제24조제1항의 통지를 하여야 하는지 … 150
4-3-4. 조합설립 동의서 징구 시 주택단지는 정비구역 전체인지 여부 …………… 150
4-3-5. 조합설립 동의 시 주택단지로 볼 수 있는 연립주택 범위 …………………… 151
4-3-6. 주택단지 외 다른 필지 포함 시 조합설립동의 방법 …………………………… 151
4-3-7. 재건축사업은 재개발과 달리 동의한 자를 조합원으로 보는지 ……………… 152
4-3-8. 공유지 조합설립동의를 공유자 지분에 비례하여 산정 가능한 지 ……… 152
4-3-9. 개략적인 사업시행계획서 작성 없는 조합설립동의서 징구가 가능한 지 … 153
4-3-10. 재개발사업 동의를 재건축 동의서에 받아도 유효한지 …………………… 154
4-3-11. 조합설립동의서에 간인이 없는 경우의 효력 ……………………………… 155
4-3-12. 도시정비법 시행규칙 별지4-2서식과 운영규정 별지3-2서식의 사용 … 155
4-3-13. 정비구역 고시 전 조합설립동의서 징구가 가능한 지 ……………………… 156

4-3-14. 일부 동만 재건축을 시행하는 경우 주민 동의 방법 ·················· 157
4-3-15. 법이 개정된 경우 정관을 변경하여 조합설립동의를 다시 받아야 하는지 158
4-3-16. 재건축정비사업구역 확대에 따른 조합설립변경인가 동의 요건 ·········· 159
4-3-17. 대표조합원 선임동의서 작성방법 및 정보공개 ························ 159
4-3-18. 재건축사업에서 지상권자의 조합설립동의 여부 ······················ 160
4-3-19. 재개발사업 조합설립인가 동의 요건 ································ 160
4-3-20. 서면동의서에 무인(손도장)이나 날인(도장)하는 방법 중 하나만 선택해도 되는지 ·· 161
4-3-21. 조합설립에 동의한 것으로 보는 자도 추정분담금 등 정보 제공 대상인지 ··· 161
4-3-22. 신분증을 사진으로 찍어 출력한 출력물이 신분증명서 사본에 해당되는지 ·· 162
4-3-23. 복리시설 전체가 구분소유자가 5인 이하인 경우 동별 동의대상에서
         제외여부 ·· 163
4-3-24. 조합설립인가 취소 후 조합설립동의서 재징구 시 최초 대표자선정동의서
         인정여부 ·· 163
4-3-25. 시행자가 토지등의 소유권을 양도한 경우 권리·의무 변경 ············· 164
4-3-26. 조합설립동의서 징구 시 정관상 이자지급에 관한 사항이 없는 경우 동의서
         재징구 여부 ·· 165
4-3-27. 기존 조합설립인가 동의서 재사용 가능 여부 ······················· 166
4-3-28. 인감증명서가 첨부된 서면 동의서를 인정할 수 있는지 ················ 166
4-3-29. 국가 또는 지방자치단체로 부터 조합설립 동의를 받아야 하는지 ········ 167
4-3-30. 정비사업전문관리업자가 아닌 자가 동의서 징구를 할 수 있는지 ········ 167
4-3-31. 2012.2.1일 이전 받은 조합설립동의서가 유효한지 ··················· 168
4-3-32. 1인(7개 점포 소유)이 1동 전체를 소유한 경우 동별 동의요건이 적용되는지
         ··· 168
4-3-33. 동의서 첨부 신분증명서 사본 제출 시 주민등록번호 삭제 여부 ········· 169
4-3-34. 2016년 개정된 조합설립인가 동의서 작성 방법 ······················ 169

4-4 조합설립동의 시 추정분담금 ·· 170
4-4-1. 조합설립 동의서에 분담금 추산방법 표기의 적합 여부 ················· 170
4-4-2. 추정 분담금 고지없이 징구한 동의서가 효력이 있는지 ················ 170
4-4-3. 2013.2.2. 이전에 추정분담금 등 정보제공 없이 징구한 조합설립동의서의
        인정 여부 ·· 171
4-4-4. 도시정비법 제16조의2제2항에 따른 추정분담금 등 제공 시 토지등소유자의
        요청이 필요한 지 ·· 171

4-4-5. 조합설립동의서에 포함되는 비용의 분담기준이란 ·············· 172
4-4-6. 토지등소유자에 대한 개인별 추정부담금 제공 방법 ·············· 172
4-4-7. 추진위원회 구성에 동의한 자에 대한 추정분담금 정보제공 시점 ·············· 173

4-5 조합설립동의 철회 및 해산 ·············· 174

4-5-1. 심의결과 설계개요 변경 시 인가 신청 전에 동의 철회가 가능한 지 ·············· 174
4-5-2. 추진위원회 위원이 조합설립동의서 철회가 가능한 지 ·············· 175
4-5-3. 조합설립인가 신청 후 조합설립인가 동의철회가 가능한 지 ·············· 176
4-5-4. 조합설립 동의 간주 처리된 자의 조합설립인가 반대 ·············· 176
4-5-5. 추진위 설립 동의자의 조합설립 동의 철회가 가능한 지 ·············· 177
4-5-6. 조합설립동의를 철회한 경우 동의서를 돌려주어야 하는지 ·············· 177
4-5-7. 도시정비법 제17조 개정·시행 관련 조합해산 동의방법 및 효력 ·············· 178
4-5-8. 조합설립동의 철회 양식 및 철회방법은 ·············· 179
4-5-9. 토지등소유자가 조합해산 동의를 철회하는 경우 동의의 상대방이 누구인지 ·· 179
4-5-10. 개정 도시정비법 시행령 제28조제5항의 적용 ·············· 180
4-5-11. 국·공유지관리청이 조합해산 동의서를 제출할 수 있는지 ·············· 180
4-5-12. 조합해산 동의서 징구 대상에 분양신청을 하지 않은 자도 포함되는지 ·· 181
4-5-13. 조합해산 동의서 징구 시 현금청산자 포함 여부 ·············· 181
4-5-14. 창립총회에서 정비계획 변경 시 조합설립 동의 철회가 가능한지 ·············· 182
4-5-15. 소유권이 변동된 경우 조합해산 동의가 승계되는지 ·············· 182
4-5-16. 세대수 및 정비사업비용이 변경된 경우 동의서 철회가 가능한지 ·············· 183

4-6 조합설립인가 및 (경미한)변경 (정관변경 포함) ·············· 184

4-6-1. 도시정비법 시행령 제27조제3호에 해당하는 건폐율 또는 용적률의
   변경 범위 ·············· 184
4-6-2. 조합원 변경사항이 조합설립인가내용의 경미한 변경인지 ·············· 185
4-6-3. 정비구역고시가 되지 않은 상태에서 조합설립변경인가의 적절성 ·············· 185
4-6-4. 도시정비법 시행령 제27조제2의5호 중 정관에 따라 조합원이 변경되는
   경우란 ·············· 186
4-6-5. 현금청산조합원에게 사업비를 부담시키는 정관 변경 ·············· 186
4-6-6. 변경된 정관의 효력 시점은 언제부터 인지 ·············· 187
4-6-7. 조합장이 아닌 대표자 서명에 의한 조합설립 변경인가 신청 ·············· 187
4-6-8. 조합장 변경이 조합설립인가 경미한 변경 사항인 지 ·············· 188

4-7 조합임원 선출 및 해임 ··· 188

4-7-1. 도로지분 공유자의 조합임원 자격 유무 ··· 188
4-7-2. 법 시행 전 선임된 조합임원이 법 시행 후 결격사유에 해당되는 경우 ····· 189
4-7-3. 도시정비법 제23조제1항제5호 "형의 선고"의 의미 ························ 189
4-7-4. 표준정관 보다 완화된 조건의 임원자격을 정할 수 있는지 ·············· 190
4-7-5. 임원선임 후 조합설립변경 절차를 진행하지 않은 경우의 적정성 ········ 190
4-7-6. 조합임원이 연임된 경우 도시정비법 제23조제1항제5호 개정규정 적용여부 ··· 191
4-7-7. 도시정비법 제23조제1항제5호에서 벌금 100만원 이상이 사건별 벌금
　　　　합계액인지 ·· 191
4-7-8. 같은 목적의 정비사업의 조합 임원 또는 직원의 겸직 가능여부 ········ 191
4-7-9. 조합장의 연임이 조합설립인가의 신고 또는 변경인가 사항인지 ········ 192
4-7-10. 조합임원 해임 시 총회 발의 요건의 적정성 ································· 192
4-7-11. 조합임원 해임총회 개최시 법원의 허가를 받아야 하는지 ·············· 193
4-7-12. 벌금 100만원 이상의 형을 선고의 의미는 ··································· 193
4-7-13. 도시정비법 제23조제1항의 조합임원 결격사유를 추진위원회 직원도
　　　　적용하는지 ·· 194
4-7-14. 유죄판결을 받고 항소한 조합장의 자격이 상실되는지 ·················· 194
4-7-15. 법원에서 선임된 임시 조합장을 조합임원으로 볼 수 있는지 ········ 194
4-7-16. 조합정관으로 조합임원의 결격사유를 추가로 정할수 있는지 ········ 195
4-7-17. 조합임원 후보자격 변경이 경미한 정관 변경 사항 인지 ·············· 195
4-7-18. 조합임원 선출과 관련하여 사은품 제공이 위반 대상인지 ············ 196
4-7-19. 조합임원 선출과 관련하여 교통비 제공이 위반 대상인지 ············ 197
4-7-20. 개정된 조합임원의 임기 규정 적용 대상 ······································ 197
4-7-21. 시장·군수가 일부 임원을 선출하기 위한 총회 개최가 가능한지 ······ 198

4-8 토지분할 ·· 198

4-8-1. 법원에 토지분할이 청구된 경우의 조합설립 인가 ·························· 198
4-8-2. 도시정비법 제41조 토지분할 청구 및 조합설립인가 절차 ·············· 199
4-8-3. 도시정비법 제41조제1항에 따라 토지분할을 청구하는 경우 건축법
　　　　제57조의 적용 범위 ·· 200
4-8-4. 토지가 동별로 분할등기가 되어 있는 경우 토지분할 청구 가능여부 ······ 201
4-8-5. 4개 단지로 구성된 정비구역 분할 및 부대시설 공유 시 조합원 자격 ····· 201
4-8-6. 동일지번의 아파트 동을 제척(토지분할)시킬 수 있는지 ················ 203
4-8-7. 조합(토지분할 진행)의 개정된 조합설립인가 동별동의요건 적용 방법 ······· 204

4-9 조합총회 ·· 204
4-9-1. 2012.2.1. 개정·시행 도시정비법 제24조제7항의 적용 방법 ············ 204
4-9-2. 사업시행계획서의 수립 시 조합총회 의결 필요 여부 ···················· 205
4-9-3. 사업시행인가신청 시 서면동의 후 총회 의결을 얻어야 하는지 ········ 205
4-9-4. 조합총회에서 가칭 추진위원회 회계를 의결한 경우 적합한 지 ········ 206
4-9-5. 협력업체를 선정하는 경우 총회의결을 거쳐야 하는지 ···················· 206
4-9-6. 총회의결과 다르게 자금을 차입하여 집행한 경우의 적정성 ············ 207
4-9-7. 운영비를 차입할 경우 총회의 의결을 받아야 하는지 ······················ 207
4-9-8. OS계약체결 또는 용역비 지급 시 총회의결을 거쳐야 하는지 ········· 208
4-9-9. 서면결의서 징구 가능 조합원 비율 ··· 208
4-9-10. 마감자재 업체선정 취소건이 총회 안건으로 성립할 수 있는지 ····· 209
4-9-11. 금융대출기관 변경건을 총회에서 사후 추인할 수 있는지 ·············· 209
4-9-12. 도시정비법 제24조제5항에 따른 총회에 직접 출석한 조합원이란 ·· 210
4-9-13. 국·공유지 재산관리청의 조합원 및 총회 의결권 인정여부 ·········· 210
4-9-14. 임시총회 개최 소집요건 ··· 211
4-9-15. 조합 총회 서면결의서 제출 시 인감증명서 첨부 관련 ···················· 211
4-9-16. 총회 서면결의서 제출 조합원의 직접출석 산정 방법 ······················ 211
4-9-17. 조합총회 참석자에 대한 회의비 지급이 가능한지 ···························· 212

4-10 대의원회 ·· 212
4-10-1. 대의원회에서 정비사업전문관리업자 선정이 가능한 지 ·················· 212
4-10-2. 대의원 추가선임의 총회 의결사항 인지 ·· 213
4-10-3. 궐위된 대의원 선임은 대의원회에서 하는지 총회에서 하는지 ······· 213
4-10-4. 대의원회 구성 및 조합설립인가가 가능한 대의원 수(무자격자 포함) ····· 214
4-10-5. 조합장은 당연히 대의원에 해당하는지 ·· 214
4-10-6. 조합설립에 미 동의하면 대의원이 될 수 없다고 정관에 정할 수 있는지 ·· 215
4-10-7. 대의원회가 총회의 권한을 대행할 수 있는 업무 ····························· 215
4-10-8. 일부 토지를 양도한 경우 조합원 및 대의원의 자격 유무 ·············· 215
4-10-9. 대의원회 소집의 청구가 있는 경우, 소집시기(청구일로부터 14일) 산정 시점 · 216
4-10-10. 대의원회 개최 당일 대의원 사퇴로 정족수 부족시 의결이 가능한지 ····· 216
4-10-11. 대의원 선임관련 정관변경 사항을 인가전에 적용할 수 있는지 ········· 217

4-11 조합 임원 및 직무대행자 업무 범위 ································ 218
4-11-1. 무자격자로 판명된 감사가 수행한 업무의 효력 ······························· 218

4-11-2. 임기만료된 조합임원 업무수행의 적정성 및 임원의 자격 ········· 218
4-11-3. 직무대행자가 회의주재 및 계약, 분양업무를 할 수 있는지 ········· 220
4-11-4. 인가받지 못한 조합임원의 재선출 방법 ········· 220
4-11-5. 총회에서 이사회에서 자금 차입을 포괄 위임할 수 있는지 ········· 221

4-12 정비사업비 ········· 221

4-12-1. 도시정비법 제24조제6항단서의 정비사업비가 늘어나는 경우의 비교 방법은 ········· 221
4-12-2. 조합설립인가 변경 시 정비사업비가 늘어나는 경우 동의 방법 ········· 222
4-12-3. 정비사업비 증가분 산정 시 현금청산금액 제외 방법 ········· 222
4-12-4. 정비사업비 증가액 산정 시 기준시점 ········· 223
4-12-5. 시공자 선정으로 정비사업비가 증액될 경우 총회의결 방법 ········· 223

5. 사업시행인가

5-1 사업시행계획서 및 사업시행인가 ········· 225

5-1-1. 용적률 등을 산정 시 대지면적 범위 및 사업시행인가 대상 범위 ········· 225
5-1-2. 정비구역 내에 보금자리주택건설 시 사업계획승인을 받아야 하는지 ········· 225
5-1-3. 도시정비법 제30조의3제1항 중 지방도시계획위원회의 종류 ········· 226
5-1-4. 사업시행인가 신청 시 제출하는 총회의결서 사본 ········· 226
5-1-5. 일반상업지역내 재건축조합인가를 득한 경우 사업계획승인 ········· 227
5-1-6. 사업시행계획서 공람 및 통지를 하여야 하는 정비사업은 ········· 228
5-1-7. 매도청구소송 제기한 자료를 사업시행인가 신청 시 제출하여야 하는지 ········· 228
5-1-8. 도시정비법 제28조제1항 본문의 "정비사업 폐지"의 의미는 ········· 229
5-1-9. 사업시행인가 관계서류 공람공고 기간 산정방법 ········· 229
5-1-10. 도시정비법 제30조의3제1항 및 제2항의 적용 방법 ········· 230
5-1-11. 사업계획서에 교육시설의 교육환경 보호에 관한 계획 포함 여부 ········· 231
5-1-12. 정비계획의 내용을 벗어나는 사업시행계획서 작성 ········· 231
5-1-13. 사업시행인가 고시일이 고시문상 일자인지 공고일자인지 ········· 232
5-1-14. 인가 전 취하한 경우 부칙의 '법 시행 후 최초로 신청'으로 볼 수 있는지 ········· 232
5-1-15. 정비사업 시행기간의 기산기준 ········· 233
5-1-16. 재건축사업에서 건축법에 따른 용적률 완화 적용 ········· 234
5-1-17. 사업시행인가시 사업시행기간 작성방법 ········· 235

5-1-18. 조건부 사업시행인가가 가능한지 ·· 236
　　5-1-19. 사업시행인가시 의제없이 개별법을 적용할 수 있는지 ················ 237
　　5-1-20. 사업시행인가시 공원조성계획 입안 절차가 필요한 지 ················ 237
　　5-1-21. 사업시행인가 의제시 "협의"의 의미는 무엇인지 ······················· 238

5-2 사업시행인가 동의 ·· 238
　　5-2-1. 주택재건축사업계획 변경 시 정비구역내 토지등소유자의 동의 여부 ······ 238
　　5-2-2. 사업시행인가 시 동의율 확인을 위해 동의서를 제출받아야 하는지 ········ 239
　　5-2-3. 재개발사업 사업시행인가 동의율 및 동의 방법 ····························· 240
　　5-2-4. 일반분양이 완료된 경우 사업시행변경인가 동의 요건 ····················· 240
　　5-2-5. 사업시행인가 변경에 따른 조합원 과반수 동의 시 동의서 제출 방법 ······ 241
　　5-2-6. 사업시행인가 신청 시 존치 건축물에 대한 동의가 필요한 지 ············· 241
　　5-2-7. 도시정비법 제8조제3항에 따른 도시환경정비사업의 사업시행계획서의
　　　　　 동의방법 ·· 242
　　5-2-8. 관리처분계획 인가 후 도시정비법 제30조의3(주택재건축사업 등의 용적률 완화
　　　　　 및 소형주택 건설 등)을 적용하기 위한 토지등소유자의 동의 받는 시점 ·· 242

5-3 사업시행인가(경미한) 변경 ·· 243
　　5-3-1. 주택단지 출입구 변경이 사업시행인가 경미한 변경인지 ·················· 243
　　5-3-2. 사업시행 인가조건 이행이 사업시행계획의 경미한 변경인지 ············· 244
　　5-3-3. '09.8.7. 이전 진행 중인 사업도 현행규정에 따라 사업시행인가 변경대상 인지 ·· 244
　　5-3-4. 사업시행인가의 경미한 변경인 경우 총회를 개최하여야 하는지 ········· 245
　　5-3-5. 사업시행자가 변경된 경우의 규약 및 사업시행인가 변경 방법 ············ 245
　　5-3-6. 기본계획 변경 없이 사업시행계획서 변경만으로 주택재건축사업 등의
　　　　　 용적률 완화 및 소형주택 건설규정을 적용할 수 있는지 ···················· 246
　　5-3-7. 종전 「주택건설촉진법」 승인 내용을 초과한 사업시행계획 변경 ······· 247
　　5-3-8. 총회에서 의결한 사업시행계획서가 인가 신청 시 변경된 경우
　　　　　 총회의결 효력 ·· 247
　　5-3-9. 시행기간이 경과한 후 사업시행인가 변경이 가능한 지 ···················· 248
　　5-3-10. 용적률완화 규정 적용도 사업시행인가 경미한 변경인지 ················· 248
　　5-3-11. 에스컬레이터 설치가 사업시행인가 경미한 변경인지 ····················· 249

5-4 종전자산평가 ·· 250
　　5-4-1. 법원의 설계자 선정 무효에 따른 업무처리 및 청산금추산액 평가 시점 ··· 250

5-4-2. 사업시행인가를 폐지하고 다시 사업시행인가를 득하게 될 경우 종전 토지·건축물의 감정평가를 새로이 할 수 있는지 ········ 251
5-4-3. 사업시행변경인가를 한 경우 종전자산 감정평가 시점 ········ 252
5-4-4. 재건축사업의 종전자산평가 타당성조사 의뢰가 가능한지 ········ 252

5-5 분양신청 ········ 253

5-5-1. 분양신청기간 연장 관련 ········ 253
5-5-2. 시공자를 선정하지 않은 경우 분양공고 가능 시기 ········ 254
5-5-3. 분양신청을 다시 받는 경우의 분양절차 ········ 254
5-5-4. 조합원이 계약을 포기한 아파트의 분양방법 ········ 255
5-5-5. 조합원의 분양받을 권리를 제한하는 규정이 있는지 ········ 255
5-5-6. 관리처분계획 인가 신청 이후 분양신청 철회가 가능한지 ········ 256
5-5-7. 분양신청을 다시 받은 경우 관리처분계획상 분양신청기간 만료일은 ········ 256
5-5-8. 조합원 부담금을 확정하지 않고, 분양신청이 가능한지 ········ 257
5-5-9. 사업시행변경인가 시 재분양 신청을 하여야하는 지 ········ 257
5-5-10. 조합원들에 대한 분양평형 배정순서를 정하는 기준은 ········ 258
5-5-11. 사업시행계획 변경으로 조합원들이 분양신청 변경을 원할 경우 가능한지 259
5-5-12. 사업시행인가 전 시공사를 선정한 경우 분양신청 시점은 ········ 259
5-5-13. 대표조합원이 아닌 자가 분양신청할 수 있는지 ········ 260
5-5-14. 대표조합원이 아닌 자에 대한 분양자격 및 주택공급이 가능한 지 ········ 260
5-5-15. 사업시행인가 60일 이후 분양공고절차 진행시 조치 사항 ········ 261
5-5-16. 분양신청기간 연장 횟수 ········ 262

5-6 주택 및 상가공급 방법 ········ 263

5-6-1. 토지 등을 새로운 권리자가 취득 시 주택공급순위 및 보상금 승계 방법 · 263
5-6-2. 재건축사업에 도시정비법 제48조제2항제7호다목 규정 적용 ········ 264
5-6-3. 법인회사가 재건축아파트를 매수한 경우 분양방법 ········ 264
5-6-4. 과밀억제권역에 위치하지 아니한 주택재건축정비사업의 분양신청 및 조합원 자격 ········ 265
5-6-5. 소필지 소유자에게 기존 건축물면적을 신축건축물로 분양할 수 있는지 ········ 266
5-6-6. 존치 건축물 토지등소유자에게 분양권 부여가 가능한지 ········ 266
5-6-7. 아파트 및 상가 소유자가 아파트만을 분양신청할 수 있는지 ········ 267
5-6-8. 조합원에게 나대지인 토지를 분양할 수 있는지 ········ 268
5-6-9. 정관과 관리처분계획의 2주택공급 방법이 다른 경우 적용방법 ········ 268

    5-6-10. 조합원이 아닌 토지등소유자에게 주택공급이 가능한지 ·················· 269
    5-6-11. 다주택자, 상가 및 주택 소유자에 대한 주택 공급 방법 ················ 269

5-7 임대주택 ··· 271
    5-7-1. 재건축 시 임대주택 공급 의무 여부 ·· 271
    5-7-2. 도시정비법 개정('09.4.22. 법률 제9632호) 전 재건축사업 임대주택
        공급 ··· 272
    5-7-3. 고시가 있은 날부터 60일 산정 시 초일 산입여부 ························· 273
    5-7-4. 임대주택의 공급 시에 거주기간 산정일 등 ························· 273
    5-7-5. 재개발 정비구역내 세입자의 임대주택 입주자격 ····························· 274
    5-7-6. 임대주택 매입계약 진행 중 임대주택 표준 건축비 변경 시 적용 기준은 · 274
    5-7-7. 주택재개발 임대주택 건설 시 세대수 산정기준 ····························· 275
    5-7-8. 민간임대업자에게 임대주택매각이 가능한지 ························ 276
    5-7-9. 주거환경개선사업의 공공임대주택 분양전환 방법 ····························· 278
    5-7-10. 재개발임대주택 인수자 변경 및 철회가 가능한 지 ······················ 279

5-8 현금청산 ··· 279
    5-8-1. 조합원 토지 및 건축물에 대한 근저당권자가 조합원 및 현금청산 대상자에
        해당되는지 ··· 279
    5-8-2. 현금청산대상자의 조합원 지위 상실 시점은 언제인 지 ······················ 280
    5-8-3. 청산금액 산정을 위한 경우 시장·군수의 감정평가업자 추천 가능한 지 ·· 280
    5-8-4. 현금청산대상자의 소유권 확보 시기 ·· 281
    5-8-5. 현금청산자가 발생한 경우 관리처분계획변경 인가를 받아야 하는지 ········ 281
    5-8-6. 현금청산자에 대한 감정평가업체 선정과 관련하여 시장·군수가 추천한
        업체로 반드시 감정평가를 하여야 하는지 ·· 282
    5-8-7. 재분양신청 시 현금청산자의 청산기간 ·· 283
    5-8-8. 현금청산자의 조합원 자격 부여 및 추가분양신청 ······················ 283
    5-8-9. 조합방식이 아닌 경우 현금청산 관련 부칙 적용 방법 ··················· 284
    5-8-10. 현금청산자의 조합원의 지위 상실 시점은 언제인지 ······················ 284
    5-8-11. 도시정비법에 따른 현금청산자 감정평가 방법 ··························· 285
    5-8-12. 현금청산자의 도시정비법에 따른 감정평가업자 선정 방법 ··············· 286

5-9 손실보상, 영업보상 및 주거이전비 ··· 286
    5-9-1. 재건축사업의 세입자 손실보상이 가능한 지 ·· 286

5-9-2. 종교시설에 대한 영업보상이 가능한 지 ··· 287
5-9-3. 임대주택 포기 시 주거이전비 지급이 가능한 지 ······································ 287
5-9-4. 현금청산자에 대한 주거이전비 및 이사비 지급이 가능한 지 ····················· 288
5-9-5. 주민등록 되지 않은 세입자 주거이전비 지급이 가능한 지 ························ 289
5-9-6. 현금청산자에 대한 보상평가 기준시점 ·· 290
5-9-7. 세입자 영업손실 보상 주체는 어디인지 ··· 291
5-9-8. 현금청산자에 대한 토지보상 및 가격 산정방법 ······································· 291
5-9-9. 세입자가 보상비 지급 전 이사하는 경우 보상비 지급대상 인지 ················ 293

6. 관리처분계획, 착공 및 청산

6-1 관리처분계획 수립 ·· 294
6-1-1. 토지등소유자 1인이 일반분양 완료상태에서 관리처분계획수립 가능 여부 294
6-1-2. 세대별 추가분담금 산출 근거 ··· 295
6-1-3. '분양대상자별 분양예정인 대지 또는 건축물의 추산액'의 의미 ·················· 296
6-1-4. 개략적인 부담금내역이란 토지등소유자별 개별적인 부담금내역을 말하는
        것인지 ·· 296
6-1-5. 관리처분계획 변경 시 도시정비법 제48조제5항제1호 단서규정에서의
        사업시행자 및 토지등소유자 전원이 합의 의미는 ···································· 297
6-1-6. 종전의 토지 또는 건축물에 대하여 사용 할 수 없는 시점은 ····················· 297
6-1-7. 관리처분계획 공람시기 ·· 298
6-1-8. 관리처분계획 통지 및 공람을 동시에 할 수 있는지 ································· 299
6-1-9. 주택공사등이 시행하는 경우 관리처분계획 변경 의결방법 ······················· 299
6-1-10. 관리처분계획 공람 시기 및 서류의 범위 ··· 300
6-1-11. 정비구역이 확대된 구역의 권리산정기준일 ··· 301

6-2 관리처분계획(경미한) 변경 ··· 301
6-2-1. 분양신청을 철회한 경우 관리처분계획의 경미한 변경인 지 ····················· 301
6-2-2. 관리처분 변경 시 조합원에게 문서통지 절차이행 여부 ···························· 302
6-2-3. 소유자 전원 동의로 관리처분계획 변경 시 경미한 변경인지 ···················· 302
6-2-4. 조합원 분양신청 변경요구에 따른 관리처분계획변경 가능한 지 ··············· 303
6-2-5. 관리처분계획인가 후 사업시행변경인가에 따라 관리처분계획을 변경하는 경우
        경미한 변경에 해당되는지 ·· 303

6-3 토지수용 및 매도청구 ··· 304

6-3-1. 재개발사업의 경우 협의절차를 생략하고 수용이 가능한지 ··· 304
6-3-2. 매도소송이 종결되지 않은 상태에서 착공한 경우의 적정성 ··· 305
6-3-3. 재건축사업에서 영업권이 상실되는 경우 영업보상 ··· 305
6-3-4. 재건축사업에서 개별법에 따른 수용 규정을 적용할 수 있는지 ··· 306

6-4 일반분양 ··· 307

6-4-1. 현금청산 전 입주자 모집승인이 가능한지 ··· 307
6-4-2. 단지내 상가에 대한 일반분양은 어떻게 하는지 ··· 307

6-5 이전고시 ··· 308

6-5-1. 도시정비법 제55조제1항 관련 종전토지 설정 권리 및 이전고시 ··· 308
6-5-2. 준공인가를 하지 못한 경우 일부 이전고시가 가능한 지 ··· 308
6-5-3. 관리처분계획 변경이 지연된 정비구역의 이전고시 시점 ··· 309

6-6 진입도로 확보 ··· 310

6-6-1. 주택재건축정비사업의 진입도로 토지 확보 방법 ··· 310
6-6-2. 진입로 및 그 인접지역 의미 ··· 310

7. 관리처분계획, 착공 및 청산

7-1 국·공유지 점용료 ··· 311

7-1-1. 국·공유지의 사용료 또는 점용료를 면제받는 시점은 ··· 311
7-1-2. 주택재건축정비사업구역내 정비기반시설 중 공원도 점용료 면제 ··· 311
7-1-3. 재건축 사업의 국공유지 도로에 대부료를 부과해도 되는지 ··· 312

7-2 국·공유지 무상 양도·양수 ··· 313

7-2-1. 정비기반시설의 무상양도 시 감정평가 기준시점 ··· 313
7-2-2. 재개발구역 내 국·공유지 매각가격결정을 위한 감정평가업자의 선정 ··· 313
7-2-3. 국가 귀속 친일재산인 정비기반시설 무상양도 가능 여부 ··· 314
7-2-4. 정비구역으로 새로 포함된 도로의 무상양도가 가능한 지 ··· 315
7-2-5. 교육감이 관리하는 공유지에 대한 무상양여 협의의 의미 ··· 315
7-2-6. 용도폐지되는 정비기반시설의 무상양도 범위 ··· 316

7-2-7. 국·공유지 관리청과 조합원간 매매계약을 조합이 승계 할 수 있는지 ····· 316
7-2-8. 주거환경개선사업 구역내 정비기반시설공사에 따른 추가공사 비용부담 ···· 317
7-2-9. 주거환경개선사업구역 내 국공유지가 무상양여 대상인지 ················· 317
7-2-10. 사업시행인가 고시일이 없는 경우 국·공유지 감정평가 기준일 ············ 319
7-2-11. 정비기반시설에 해당하지 아니하는 토지의 도시정비법 제65조제2항의 적용 · 320
7-2-12. 정비구역 지정전 계획된 도시계획도로 개설 시 도로개설 주체 ·········· 321
7-2-13. 학교부지를 정비기반시설로 보아 용도폐지 및 무상양도가 가능한지 ········ 321
7-2-14. 용도가 폐지되는 모든 정비기반시설이 무상 양도 대상인 지 ············· 322
7-2-15. 사업시행인가 이전에 도로 신설로 기존 도로가 폐지된 경우, 폐지된
        도로를 정비기반시설로 볼수 있는지 ·· 323
7-2-16. 사업구역내 체비지가 있는 경우 사업시행자에게 무상양여 되는지 ········ 323
7-2-17. 지방자치단체가 시행하는 경우 무상 양여 및 수익금 관리 ················ 324
7-2-18. 공용주차장이 무상양도 대상인지 ·· 325
7-2-19. 정비구역내 국유지 매매시 가격산정 방법 ·· 326
7-2-20. 정비구역내 국·공유지 매각 가능 시점 ··· 327
7-2-21. 사업시행인가 전에 국유지를 매각할 수 있는지 ·· 327

8. 정비사업의 업체 선정(시공사, 정비사업전문관리업자 등)

8-1 시공사 선정 ··· 328
8-1-1. 법 시행 전 추진위원회가 승인된 경우 시공자를 경쟁입찰로 선정하는지 ·· 328
8-1-2. 주택재개발사업 시공자 선정 시기 ·· 328
8-1-3. 조합이 시공자를 선정하는 경우 직접 참석 비율 ·· 329
8-1-4. 조합이 시공자 선정 전에 금품을 제공받은 것이 위법한 지 ····················· 329
8-1-5. 시공자 선정 시 서면결의서 징구 및 직접 참석 투표 ································· 330
8-1-6. 100인 이하 조합의 시공사 선정 ··· 331
8-1-7. 워크아웃기업을 제외하는 것이 제한경쟁 입찰에 해당 되는지 ··················· 332
8-1-8. 입찰에 참가한 건설업자등이 2개인 경우 대의원회의 선정절차 없이 모두
       총회에 상정하여야 하는지 ·· 332
8-1-9. 시공사 선정이 3회이상 유찰된 후 용적률이 상향조정 된 경우에도 수의계약
       할 수 있는지 ··· 333
8-1-10. 시공자 선정이 무효 또는 사업개요가 변경된 경우 다시 경쟁입찰로 하여야
        하는지 ··· 334

8-1-11. 수의계약한 시공자를 변경하는 절차 ·· 335
8-1-12. 2006년 이전 재개발 사업의 시공자 선정 방법 ································ 336
8-1-13. 시공자 입찰공고 내용 변경시 수의계약 시기 관련 ······················· 336

8-2 정비사업전문관리업자 선정 ·· 337
8-2-1. 공인중개사의 정비사업전문관리업 등록요건 ···································· 337
8-2-2. 정비사업전문관리업자 등록취소 처분 전 업무의 계속 수행 여부 ············ 337
8-2-3. 조합설립동의서 징구가 등록 정비사업전문관리업체 업무인지 ············ 338
8-2-4. 조합설립인가 이후 정비사업전문관리업자를 선정할 수 있는지 ············ 339
8-2-5. 퇴직으로 정비사업전문관리업자 등록기준 미달 시 등록취소 되는지 ······· 339
8-2-6. 정비사업전문관리업자의 업무범위 관련 등 ······································· 340
8-2-7. 정비사업전문관리업자 상근인력 자격 ··· 341
8-2-8. 정비사업전문관리업체 대표가 형을 선고받은 경우 계약해지가 가능한 지 ····· 341
8-2-9. 정비사업전문관리업자만이 설계도서의 적정성 검토를 수행할 수 있는지 ·· 342
8-2-10. 인력확보기준에 미달된 상태로 2개월 14일이 경과한 경우 행정처분 ······ 342
8-2-11. 추진위원회에서 직원을 채용하여 동의서 징구할 수 있는지 ············ 343
8-2-12. 추진준비위원회가 미등록업체에게 동의서 징구업무를 위탁할 수 있는지 ····· 344
8-2-13. 조합에서의 정비사업전문관리업자 선정 방법 ································· 344
8-2-14. 정비사업전문관리업자 지위 매도가 가능한 지 ······························· 345
8-2-15. 정비사업전문관리업 등록증 자진 반납 시 업무수행 ······················· 345
8-2-16. 총회 홍보 및 서면결의서 징구 시 정비사업전문관리업자 등록 여부 ······· 346

8-3 기타 협력업체 선정(철거업무 포함) ·· 347
8-3-1. 도시정비법 제4조의3의 적용 여부 및 철거업체 수의계약이 가능한 지 ····· 347
8-3-2. 도시정비법 제11조에 따라 주민대표회의가 철거업자를 선정할 수 있는지 ·· 348
8-3-3. 조합총회를 통해 철거업체를 선정할 수 있는지 ······························· 349
8-3-4. 기존 건축물의 철거 공사에 관한 사항에 정비구역내 상수도, 가스, 전기 등의 기존 기반 시설물의 철거 및 이설공사가 해당되는지 ····························· 349
8-3-5. 추진위원회에서 감정평가사를 선정 · 계약할 수 있는지 ···················· 349
8-3-6. 계약서를 작성하지 아니하고 용역을 수행해도 되는지 ······················ 350
8-3-7. 재건축사업에서 평가업자를 조합총회에서 선정할 수 있는지 ············ 350
8-3-8. 철거공사에 포함되는 업무 범위는 ·· 351
8-3-9. 상수도, 가스, 전기가 기존 건축물의 철거 공사에 포함되는 지 ·········· 352
8-3-10. 협력업체 선정 및 계약 체결에 대한 대의원회 위임 ······················· 352

9. 정보공개

9-1 정보공개 ··· 353
9-1-1. 정보공개 요청 근거 법 조항 및 이에 응하지 않는 경우의 제재 ················ 353
9-1-2. 정보공개를 거부한 경우 도시정비법 제81조제1항을 위반한 것인지 ········ 354
9-1-3. 조합원이 원하지 않는 경우에도 조합원명부를 공개하여야 하는지 ·········· 354
9-1-4. 본인 동의 없이 성명, 주소, 전화번호 등을 공개하여야 하는지 ················ 355
9-1-5. 관리처분계획서 전부를 공람 및 공개하여야 하는지 ·································· 355
9-1-6. 동의서 징구율 및 추진위원장 학력 등이 정보공개 대상인지 ·················· 356
9-1-7. 시장·군수에게 직접 토지등소유자 명부 등의 자료를 요청할 수 있는지 ·· 357
9-1-8. 총회 등과 관련한 서면결의서의 공개를 조합이 이행하지 않는 경우
  조치방법은 ··· 358
9-1-9. 유찰되었던 시공자 선정 입찰서류도 정보공개 대상인지 ························ 358
9-1-10. 조합총회 등에 제출된 서면결의서가 도시정비법 제81조에 따른 공개
  대상인지 ·· 359
9-1-11. 주민총회 참석자 명부 및 서면결의서도 도시정비법 제81조에 따른 공개
  대상인지 ·· 359
9-1-12. 총회 영상기록물이 도시정비법 제81조에 따른 공개대상 여부 ············ 359
9-1-13. 모든 대의원회 및 이사회의 속기록을 만들어야 하는지 ······················· 360
9-1-14. 새로 선임된 임원의 정보공개 의무 시점 ·· 360
9-1-15. 현금청산자가 정보공개 청구를 할 수 있는지 ··· 361
9-1-16. 서면결의서 양식의 청산 시까지 보관해야 하는지 ·································· 361
9-1-17. 조합장 학력 및 이력 공개이 정보공개 대상인지 ···································· 362
9-1-18. 조합 관련 판결문이 정보공개 대상인지 ·· 362
9-1-19. 조합에서 속기록 또는 영상자료를 만들어야하는 회의의 범위 ············ 363
9-1-20. 인허가청이 도시정비법에 따른 정보공개 대상인지 ································ 363
9-1-21. 정보공개 관련한 벌칙 규정이 청산인에게 적용되는지 ·························· 364

10. 기타(감독, 벌칙, 회계감사 등)

10-1 회계감사 ··· 365
10-1-1. 추진위원회의 회계감사 대상 여부 ·· 365
10-1-2. 회계감사 대상 시의 해당금액의 범위 ·· 365

10-1-3. 도시정비법 제76조제1항 회계감사를 하는 경우, 「주식회사의 외부감사에 관한 법률」 제3조 외의 다른 규정의 적용을 받는지 ········· 366
10-1-4. 정관에 따른 회계감사로 도시정비법 제76조 회계감사를 대신할 수 있는지 · 366
10-1-5. 외부회계감사 대상 판단 시 지출된 금액의 범위 ··············· 367

10-2 감독, 벌칙 등 ················· 367
10-2-1. 회계감사기관에 대한 구청장의 감독 범위 ················· 367
10-2-2. 도시정비법 제76조제1항제2호 '사업시행인가'에 변경·중지 등이 포함되는지 ················· 368
10-2-3. 추진위원회가 운영중인 사업구역 내 개발위원회 구성에 대한 벌칙 규정 368
10-2-4. 추진위원장이 총회를 거치지 않고 전문관리업자와 계약할 수 있는지 ····· 369
10-2-5. 도시정비법 제88조제2항제3호 관련 과태료를 재부과할 수 있는지 ········· 369
10-2-6. 조합임원에 대하여 공무원법을 적용하는지 ················· 370
10-2-7. 조합의 청산인에 대하여 점검이 가능한지 ················· 370
10-2-8. 정비사업조합이 청탁금지법 적용 대상인 지 ················· 371

10-3 시장·군수의 비용부담 ················· 372
10-3-1. 시장·군수의 정비기반시설 비용 부담 범위 ················· 372

10-4 공공지원제도 ················· 372
10-4-1. 시공자 재선정시 공공지원제도 적용이 가능한 지 ················· 372

별첨. 도시정비사업 관련 법률 주요내용 이해하기 ················· 375
제1장 도시 및 주거환경정비법 ················· 377
제2장 빈집 및 소규모 정비에 관한 특례법 ················· 409

1. 정의(토지등소유자, 노후·불량건축물 등)

1-1 용어정의

1-1-1 도시정비법 시행령 제28조제1항제1호다목 단서 "종전 소유자"의 의미 ('12. 10. 19.)

질의요지 도시정비법 시행령 제28조제1항제1호다목 단서에서 "종전 소유자"라 함은 정비구역 지정 후 정비사업을 목적으로 토지 또는 건축물을 취득한 자의 직전 소유자를 의미하는지

회신내용 도시정비법 시행령 제28조제1항제1호다목 단서에 따라 도시환경정비사업의 경우 토지등소유자가 정비구역 지정 후에 정비사업을 목적으로 취득한 토지 또는 건축물에 대하여는 종전 소유자를 토지등소유자의 수에 포함하여 산정하도록 하고 있고, 이 경우 종전 소유자는 정비구역 지정 당시의 토지등소유자로 보아야 할 것으로 판단됨

1-1-2 토지등소유자의 의미('12. 1. 13.)

질의요지 1인의 토지등소유자의 개념이 하나의 독립된 등기(별도등기)의 토지 혹은 건물이 1인 소유인 것을 지칭하는 것인지, 아니면 지구내에서 독립된 등기(토지 건물)를 2개 이상 소유하더라도 동일인인 경우 전부 합산하여 1인의 토지등소유자로 볼 것인지

회신내용 도시정비법 제2조제9호에서 "토지등소유자"에 대하여 정의하고 있고, 같은 법 시행령 제28조제1항에 따라 토지등소유자의 동의

자수 산정은 주택재개발사업의 경우 1인이 다수 필지의 토지 또는 다수의 건축물을 소유하고 있는 경우에는 필지나 건축물의 수에 관계없이 토지등소유자를 1인으로 산정하도록 하고 있으며, 주택재건축사업의 경우 1명이 둘 이상의 소유권 또는 구분소유권을 소유하고 있는 경우에는 소유권 또는 구분소유권의 수에 관계없이 토지등소유자를 1명으로 산정하도록 하고 있음

1-1-3 | 주택재개발사업의 노후·불량건축물 판단('12. 4. 13.)

질의요지   주택재개발사업을 함에 있어 도시정비법에서 규정하고 있는 노후·불량건축물의 판단은 건축물 준공 후 일정기간의 경과만으로 판별해야 하는지 또는 과학적인 안전진단에 의하여 노후·불량상태를 판단하여야 하는지

회신내용   도시정비법 제2조제3호 및 같은 법 시행령 제2조에서 노후·불량건축물에 대하여 규정하고 있으므로, 동 규정에 따라 노후·불량건축물 여부를 판단하여야 할 것으로 보이고, 또한 같은 법 시행령 별표1제2호에서 건축물이 노후·불량하여 그 기능을 다할 수 없거나 건축물이 과도하게 밀집되어 있어 그 구역안의 토지의 합리적인 이용과 가치의 증진을 도모하기 곤란한 지역 등에 대하여 주택재개발사업을 위한 정비계획을 수립하도록 하고 있으며, 별표1제5호에서는 무허가건축물의 수, 노후·불량건축물의 수, 호수밀도, 토지의 형상 또는 주민의 소득수준 등 정비계획 수립대상구역의 요건은 필요한 경우 별표1제2호 등의 범위안에서 시·도조례로 이를 따로 정할 수 있도록 하고 있음

1-1-4 토지등소유자와 조합원의 관계('12. 5. 14.)

질의요지 도시정비법 제2조제9호의 토지등소유자는 같은 법 제19조(조합원의 자격 등)제1항 각 호의 토지등소유자로 볼 수 있는지 여부

회신내용 도시정비법 제19조제1항에 따라 주택재개발정비사업의 조합원은 토지등소유자로 하되, 다음 각 호(수인의 토지등소유자가 1세대에 속하는 때 등)의 어느 하나에 해당하는 때에는 그 수인을 대표하는 1인을 조합원으로 보도록 하고 있으며, 이 경우 제19조제1항 각 호의 토지등소유자는 같은 법 제2조제9호가목에 따라 정비구역안에 소재한 토지 또는 건축물의 소유자 또는 그 지상권자를 말함

1-1-5 공단 임대아파트 재건축의 도시정비법 적용('12. 11. 15.)

질의요지 공단에서 단독으로 건축물(부대·복리시설포함) 및 그 부속토지를 소유자고 있는 임대아파트를 재건축하고자 하는 경우 도시정비법을 적용하여야 하는지

회신내용 도시정비법 제8조제2항에 따라 주택재건축사업은 조합이 이를 시행하거나 조합이 조합원 과반수의 동의를 얻어 시장·군수 또는 주택공사등과 공동으로 이를 시행할 수 있도록 하고 있으므로, 귀 질의의 경우는 도시정비법에 따른 주택재건축사업 적용대상으로 보기 어려운 것으로 판단됨

1-2 행위제한

1-2-1 정비구역에서 상가를 2개 물건으로 구분등기하는 경우 행위제한 해당 여부
('13. 4. 16.)

질의요지 재건축정비구역내 1개 물건으로 등기된 상가를 2개 물건으로 구분 등기하려는 경우 도시정비법에 이에 대한 행위제한 규정이 있는지

회신내용 도시정비법 제5조에 따른 행위제한 대상은 건축물의 건축, 공작물의 설치, 토지의 형질변경, 토석의 채취, 토지분할, 물건을 쌓아놓는 행위 등으로 규정하고 있음

1-2-2 정비예정구역 행위제한 연장이 가능한 지('13. 5. 3.)

질의요지 도시정비법 제5조제7항에 의해 주택재개발정비예정구역에 대하여 최초 1년간만 행위제한을 하였을 경우 추가로 행위제한을 연장하고자 한다면 3년의 범위안에서 횟수 제한없이 행위제한을 할 수 있는지

회신내용 도시정비법 제5조제7항에 따라 국토해양부장관, 시·도지사 또는 시장·군수는 비경제적인 건축행위 및 투기 수요의 유입 방지를 위하여 제3조제3항에 따라 기본계획을 공람중인 정비예정구역 또는 정비계획을 수립중인 지역에 대하여 3년 이내의 기간(1회에 한하여 1년의 범위 안에서 연장할 수 있다)을 정하여 대통령령으로 정하는 방법과 절차에 따라 동조 동항 각 호의 행위(건축물의 건축, 토지의 분할)를 제한할 수 있도록 하고 있으므로, 행위제한은 2회(1회:3년이내의 기간, 나머지 1회:1년 범위 안에서 연장)까지 가능함

1-2-3 정비계획 상 존치지역에서의 신축 등 개별 건축행위의 가능여부 ('13. 7. 18.)

질의요지 주택재개발사업에서 기 수립된 정비계획을 변경할 때 정비구역 내 존치지역에 대한 계획을 수립할 수 있는지와 가능하다면 정비계획 상 존치지역의 개별 토지등소유자가 정비사업과 별도로 신축 등 개별 건축행위의 가능여부

회신내용 도시정비법 제4조제1항제8호 및 같은 법 시행령 제13조제1항제3호에 따라 정비계획 수립 및 변경 시 "기존 건축물의 정비·개량에 관한 계획"을 포함하도록 하고 있으며, 도시정비법 제30조제9호 및 같은 법 시행령 제41조제2항제6호에 따라 사업시행자는 "철거할 필요는 없으나 개보수할 필요가 있다고 인정되는 건축물의 명세 및 개보수계획"을 포함하여 사업시행계획서를 작성하여야 하며, 도시정비법 제33조제1항에 따라 사업시행자는 일부 건축물의 존치 또는 리모델링(「주택법」 제2조제15호 또는 「건축법」 제2조제1항제10호에 따른 리모델링을 말한다)에 관한 내용이 포함된 사업시행계획서를 작성하여 사업시행인가의 신청을 할 수 있으나, 이에 해당하지 않는 신축 등 건축행위는 정비구역 내 존치지역에서 가능하지 않을 것임

1-2-4 정비구역지정 전 건축허가된 사항에 대한 행위제한 여부 ('14. 4. 23.)

질의요지 정비구역 지정 고시 전에 건축허가 신청이 접수된 경우 도시정비법 제5조에 따른 행위제한 대상인지 여부

회신내용 도시정비법 제5조제3항 및 같은 법 시행령 제13조의4제4항에 의하면 법 제5조제1항의 규정에 따라 허가를 받아야 하는 행위

로서 정비구역의 지정 및 고시 당시 이미 관계 법령에 따라 행위허가를 받았거나 허가를 받을 필요가 없는 행위에 관하여 그 공사 또는 사업에 착수한 자는 정비구역이 지정·고시된 날부터 30일 이내에 그 공사 또는 사업의 진행상황과 시행계획을 첨부하여 관할 시장·군수에게 신고한 후 이를 계속 시행할 수 있으나, 그 공사 또는 사업에 착수하지 않은 경우에 대하여는 도시정비법 제5조제1항의 적용을 받아야 할 것임

1-2-5 | 가로주택정비구역에서 건축 행위가 가능한 지('16.02.16.)

질의요지 가로주택정비사업 구역 안에서 건축물의 건축 행위가 가능한지

회신내용 도시정비법 제5조제1항에 따르면 정비구역 안에서 건축물의 건축, 공작물의 설치, 토지의 형질변경, 토석의 채취, 토지분할, 물건을 쌓아놓는 행위 등 대통령령이 정하는 행위를 하고자 하는 자는 시장·군수의 허가를 받아야 한다고 규정하고 있으나 가로주택정비사업 구역은 동 규정의 정비구역에 해당되지 않기 때문에 위 규정을 적용할 수 없음

1-3. 사업시행자(공동시행자, 지정개발자 등)

1-3-1 | 도시환경정비사업에서 토지등소유자의 공동시행자 선정 방법('12. 11. 26.)

질의요지 가. 토지등소유자 방식의 도시환경정비사업에서 토지등소유자가 건설업자나 신탁업자 등과 공동으로 시행하고자 하는 경우 서면동의의 방법으로 토지등소유자 과반수의 동의를 얻어 시행할 수 있는지

나. 토지등소유자 방식의 도시환경정비사업에서 자치규약을 변경하고자 하는 경우 서면동의의 방법으로 과반수 동의를 얻어 시행할 수 있는지

다. 토지등소유자 방식의 도시환경정비사업에서 서면동의의 방법으로 임원선출 및 임원(대의원 포함)변경을 할 수 있는지

라. 토지등소유자 방식의 도시환경정비사업에서 서면으로 동의서를 받을 경우 인감날인과 인감증명서 또는 일반 인장과 주민등록증 등 신분증만 첨부하면 되는지

마. 토지등소유자 방식의 도시환경정비사업에서 건설업자등과 공동으로 시행하는 경우 정비구역 지정고시 전 서면동의를 받아 지주협의회를 구성하였다면 지주협의회가 정상적으로 인정되는지

회신내용 가. 질의 '가'에 대하여
도시정비법 제17조제1항에 따르면 도시정비법 제8조(토지등소유자가 과반수 동의를 얻어 건설업자 등과 공동으로 시행하는 경우 등)에 따른 동의는 서면동의서에 토지등소유자의 지장(指章)을 날인하고 자필로 서명하는 서면동의의 방법으로 하며, 주민등록증, 여권 등 신원을 확인할 수 있는 신분증명서의 사본을 첨부하도록 하고 있음

나. 질의 '나' 및 '다'에 대하여
도시정비법 시행령 제41조제4항에 따르면 업무를 대표할 자 및 임원을 정하는 경우에는 그 자격·임기·업무분담·선임방법 및 업무대행에 관한 사항, 규약 및 사업시행계획서의 변경에 관한 사항은 토지등소유자가 자치적으로 정하

여 운영하는 규약에 포함하도록 하고 있으므로, 규약변경 절차 및 임원선출 방법 등은 토지등소유자가 자치적으로 정하여 운영하는 규약이 정하는 바에 따라야 할 것임

다. 질의 '라'에 대하여

도시정비법 제17조제1항에 따르면 도시정비법 제28조제7항에 따른 동의는 서면동의서에 토지등소유자의 지장(指章)을 날인하고 자필로 서명하는 서면동의의 방법으로 하며, 주민등록증, 여권 등 신원을 확인할 수 있는 신분증명서의 사본을 첨부하도록 하고 있고, 토지등소유자가 해외에 장기체류하거나 법인인 경우 등 불가피한 사유가 있다고 시장·군수가 인정하는 경우에는 토지등소유자의 인감도장을 날인한 서면동의서에 해당 인감증명서를 첨부하는 방법으로 할 수 있도록 하고 있음

라. 질의 '마'에 대하여

지주협의회에 대해서는 도시정비법에서 별도 규정하는 사항이 없음

1-3-2 도시환경정비사업의 사업시행자 지위('12. 11. 27.)

질의요지

가. 토지등소유자가 시행하는 도시환경정비사업의 사업시행자가 공매 등의 원인으로 토지등의 소유권을 상실한 경우 사업시행자 또는 업무대표자의 지위를 유지할 수 있는지

나. 토지등소유자 방식인 도시환경정비사업의 경우 사업시행자가 사업시행자 지위를 상실하는 경우, 「토지등소유자가 자치적으로 정하여 운영하는 규약」(이하 '자치규약'이라 한다)에 따라 토지등소유자 총회를 거쳐 선출된 사업시행자가

사업시행변경인가를 신청할 수 있는지

회신내용

가. 도시정비법 제8조제3항에 따라 토지등소유자가 시행하는 경우에는 해당 정비구역내 토지등소유자가 사업시행자가 되는 것이고, 해당 정비구역내 토지등소유권을 상실한 경우에는 토지등소유자로 볼 수 없을 것이므로 동 사업시행자의 지위가 상실된다고 봄

나. 도시정비법 시행령 제41조제4항제4호에 따르면 업무를 대표할 자 및 임원을 정하는 경우에는 그 자격·임기·업무분담·선임방법 및 업무대행에 관한 사항을 자치규약에 포함하도록 하고 있는 바, 해당 자치규약에서 정하는 업무대표자의 업무분담, 선임방법 및 업무대행 등에 따라 판단하여야 할 사항으로 보이나, 업무대표자가 토지등소유권을 상실하여 그 지위가 상실된 경우에는 자치규약에서 정하는 절차에 따라 새로이 선출된 업무대표자가 사업시행변경인가를 신청할 수 있을 것으로 판단됨

1-3-3 지정개발자를 사업대행자로 지정할 수 있는지(법제처, '14. 12. 9.)

질의요지

시장·군수는 도시정비법 제8조제4항제1호 및 제2호에 해당하는 경우에만 같은 법 제9조에 따라 지정개발자를 사업대행자로 지정할 수 있는지

회신내용

시장·군수는 도시정비법 제8조제4항제1호 및 제2호에 해당하는지 여부와 관계없이, 같은 법 제9조제1항의 요건에 해당하면 지정개발자를 사업대행자로 지정할 수 있다고 할 것임

1-3-4 | 토지등소유자방식에서 업무대행자가 사업시행자 인지('16.02.17.)

질의요지 토지등소유자 방식의 도시환경정비사업의 경우, 업무대표자로 선정된 자를 토지등소유자 방식의 사업시행자로 볼 수 있는지

회신내용 도시정비법 제8조제3항에 따르면 도시환경정비사업은 조합 또는 토지등소유자가 시행하거나, 조합 또는 토지등소유자가 조합원 또는 토지등소유자의 과반수의 동의를 얻어 시장·군수, 주택공사등, 건설업자, 등록사업자 등의 자와 공동으로 이를 시행할 수 있도록 하고 있으므로, 질의하신 경우의 업무대표자를 동 규정에 따른 토지등소유자가 시행하는 도시환경정비사업의 시행자로 보기 어려움

1-3-5 | 조합에서 사업대행자를 지정한 경우 사업시행자는 누구인지('16.01.12.)

질의요지 도시정비법 제9조에 따라 사업대행자로 지정된 경우, 「주택공급에 관한 규칙」제7조제1항에 따른 사업주체는 조합인지, 아니면 사업대행자 인지

회신내용 도시정비법 시행령 제16조제1항에 따르면 시장·군수는 도시정비법 제9조제1항의 규정에 의하여 정비사업을 직접 시행하거나 법 제8조제4항의 규정에 의한 지정개발자 또는 법 제2조제10호의 규정에 의한 주택공사등으로 하여금 정비사업을 대행하게 하고자 하는 때에는 법 제9조제3항의 규정에 의하여 대행개시결정일, 대행사항 등에 관한 사업대행개시결정을 하여 당해 지방자치단체의 공보등에 고시하도록 하고 있으므로, 질의하신 사항은 해당 사업대행자의 대행사항 등을 검토하여 결정하여야 할 것임

| 1-3-6 | 조합자산이 모두 이전된 경우 시행자 지위도 승계되는지('16.08.09.)

질의요지 재건축조합이 법원경매로 인해 부동산 소유권이 상실된 경우 사업시행인가의 효력도 상실되는지, 또는 사업승인 취소가 가능한지

회신내용 도시정비법 제28조제1항에 따르면 사업시행자는 정비사업을 시행하고자 하는 경우에는 제30조의 규정에 의한 사업시행계획서에 정관등과 그 밖에 국토교통부령이 정하는 서류를 첨부하여 시장·군수에게 제출하고 사업시행인가를 받도록 하고 있고, 인가받은 내용을 변경하거나 정비사업을 중지 또는 폐지하고자 하는 경우에도 또한 같도록 하고 있으므로, 사업시행인가에 대한 중지 또는 폐지를 하기 위하여는 사업시행자가 동 규정에 따를 절차를 이해하여야 함

1-4 안전진단

| 1-4-1 | 특별수선충당금을 재건축 안전진단 비용으로 사용 가능한 지('09. 7. 6.)

질의요지 특별수선충당금 및 공동주택의 관리로 들어온 비용을 입주자대표회의 의결을 거쳐 재건축추진비용(안전진단비용 등)으로 전용이 가능한지

회신내용 가. 주택법 시행령 제57조제1항제17호에 따라 공동주택의 관리 등으로 인하여 발생한 수입의 용도 및 사용절차는 당해 공동주택의 관리규약으로 정하도록 규정하고 있음. 따라서, 이에 대한 사용절차 등을 입주자대표회의 의결사항으로

정하고 있다면 이에 따라야 하며, 따로 규정하고 있지 않다면 입주민의 의견을 수렴하여 결정하는 것이 적절하다고 판단됨

나. 다만, 특별수선충당금(현행 장기수선충당금)의 경우 주택법상 장기수선계획에 의해 공동주택 공용부분 주요시설의 교체, 보수 등에 사용하도록 정하고 있으므로 이에 따라야 할 것으로 판단됨

1-4-2 재건축정비사업 촉진구역 지정 시 안전진단 사전실시 여부('09. 11. 6.)

질의요지
재정비촉진구역을 공동주택 재건축 방식으로 결정하여 도촉법 제13조 제1항에 따라 재정비촉진계획을 결정하여 재정비정비구역 지정(정비계획 포함)을 의제 처리코자 할 경우에 도시정비법 제12조에 의한 안전진단을 재정비촉진계획 결정전에 반드시 실시하여야 하는지 아니면 사업시행인가 전까지 안전진단 실시를 조건으로 재정비촉진계획 결정이 가능한지

회신내용
도촉법 제3조에 따르면 재정비촉진사업을 시행함에 있어서 이 법에서 규정하지 아니한 사항에 대하여는 당해 사업에 관하여 정하고 있는 관계 법률에 따르도록 정하고 있고 관련 도시정비법 제12조에서 따르면 주택재건축사업의 정비계획 수립시기가 도래한 때 안전진단을 실시토록 하고 있으며, 또한 도촉법 제13조에 따르면 재정비촉진계획이 결정 고시된 때에 정비계획의 수립 및 변경이 있는 것으로 보고 있음. 따라서 본 질의의 경우 재정비촉진계획 수립시기가 도래한 때 재건축사업의 안전진단을 실시하여야 함

1-4-3 | 재건축사업 시행 결정 시 안전진단 실시 대상('12. 11. 15.)

질의요지 주택재건축사업의 시행여부를 결정하기 위한 안전진단 실시 대상은

회신내용

가. 도시정비법 제12조제2항에서 같은 조 제1항에 따른 주택재건축사업의 안전진단은 주택단지내의 건축물을 대상으로 하도록 하고 있고, 도시정비법 시행령 제20조제1항으로 정하는 주택단지내 건축물의 경우에는 안전진단 대상에서 제외할 수 있도록 하고 있음

나. 또한, 도시정비법 시행령 별표1 제3호가목(4)에 따르면 3이상의 「건축법 시행령」별표1 제2호가목에 따른 아파트 또는 같은 호 나목에 따른 연립주택이 밀집되어 있는 지역으로서 안전진단 실시 결과 3분의 2 이상의 주택 및 주택단지가 재건축 판정을 받은 지역으로서 시·도조례로 정하는 면적 이상인 지역을 주택재건축사업을 위한 정비계획 수립 대상구역으로 규정하고 있음

1-4-4 | 소규모 아파트를 통합한 재건축 예정구역의 안전진단을 실시하는 경우 표본동 산정은('13. 5. 2.)

질의요지 14개 소규모 단위 아파트를 통합한 재건축 예정구역의 안전진단을 실시할 때 14개 소규모 단위 아파트(46동)를 통합하여 하나의 단지로 적용하여 표본동 5~6동을 선정할 수 있는 지, 아니면 14개 단지에 대해 각각 최소 표본동 1~2동을 선정하여야 하는지

회신내용 「주택 재건축 판정을 위한 안전진단 기준」 2-2-2.에서 현지조사의 표본은 단지배치, 동별 준공일자·규모·형태 및 세대 유형

등을 고려하여 골고루 분포되게 선정하되, 최소한으로 조사해야 할 표본 동 수의 선정기준을 규정하고 있으며, 이 규정은 각각의 단지별로 적용되어야 할 것임

1-4-5 단독주택 지역에서 노후불량건축물에 대한 안전진단 실시('15.09.23.)

질의요지

단독주택 지역에서 공동주택 이외의 건축물의 노후·불량건축물 판단과 관련하여, 안전진단 기관이 작성한 안전진단 매뉴얼을 기준으로 노후·불량 건축물을 판정할 수 있는지

회신내용

가. 도시정비법 제2조제3호다목에 따르면 건축물로서 대통령령으로 정하는 바에 따라 특별시·광역시·특별자치시·도·특별자치도 또는 인구 50만 이상 대도시의 조례로 같은 조제3호다목 각호의 요건에 해당하는 건축물을 노후·불량건축물로 정하도록 하고 있고, 「단독주택지 재건축 업무처리기준」 2-3-1에 따르면 노후·불량건축물에 해당하는 지 여부가 불확실한 때에는 안전진단을 실시할 수 있으나, 안전진단 기준이 없거나 적용하기 곤란한 건축물에 대하여는 건축구조기술사 등 전문가의 조사 등으로 판단하도록 하고 있음

나. 질의하신 노후·불량건축물의 판단을 위하여 안전진단 기관의 매뉴얼 적용여부에 대하여는 시·도에서 조례 및 관련 규정 등을 검토하여 적용여부를 결정할 수 있을 것임

1-4-6 안전진단 요청 동의서 징구 시점('15.12.11)

질의요지

도시정비법 제12조제1항에 따라 건축물 및 그 부속토지의 소유자 10분의 1이상의 동의를 받아 안전진단을 신청하는 경우, 해

당 공동주택이 재건축 가능연한이 도래하기 전 시점(노후·불량건축물 기준 미충족)에 작성하여 징구한 "안전진단 요청을 위한 동의서"를 재건축 가능연한 도래 후(노후·불량건축물 기준 충족 후) 제출할 경우 유효한 동의서로 인정할 수 있는지

회신내용 도시정비법 제12조제1항제2호, 제3호, 제4호, 제5호에 따라 건축물 및 그 부속토지의 소유자 10분의 1 이상의 동의를 얻어 안전진단 실시를 요청하는 때에는 시장·군수는 재건축사업의 시행여부를 결정하기 위하여 안전진단을 실시하여야 합니다. 즉 재건축 시행여부는 안전진단 결과에 따르므로 해당 공동주택이 시·도조례에서 정하는 재건축 가능연한 기준을 미충족한 상태에서 징구한 안전진단 요청을 위한 동의서도 유효한 것으로 볼 수 있을 것으로 판단됨

| 1-4-7 | 잔여 노후불량건축물수에 대한 안전진단 대상 제외('15.03.25.)

질의요지 도시정비법 제12조제2항의 규정상 주택재건축사업의 안전진단은 주택단지내의 건축물을 대상으로 하고, 같은 법 시행령 제20조제1항제3호의 규정상 별표 1 제3호가목(4) 및 나목(2)의 규정에 따라 노후불량건축물수에 관한 기준을 충족한 경우 잔여 건축물은 안전진단 대상에서 제외할 수 있도록 하고 있으나, 안전진단 대상에서 제외할 수 있는 별표 1 제3호가목(4) (2005.5.18. 개정) 및 제3호라목(2012.7.31. 개정)의 "주택 및 주택단지" 및 "전체주택"에 대한 범위 및 기준은 무엇인지

회신내용 도시정비법 제12조제2항, 같은 법 시행령 제20조제1항제3호 및 별표 1〈개정 2012.7.31.〉 제3호라목에 따라 3 이상의 「건축법 시행령」 별표1 제2호가목에 따른 아파트 또는 같은 호 나목에

따른 연립주택이 밀집되어 있는 지역으로서 제20조에 따른 안전진단 실시 결과 전체 주택의 3분의 2 이상이 재건축이 필요하다는 판정을 받은 지역으로서 시·도조례로 정하는 면적 이상인 지역으로 노후불량건축물수에 관한 기준을 충족한 경우 잔여 건축물의 경우에는 안전진단에서 제외할 수 있습니다. 이때 "전체 주택"이란 주택단지 내 「건축법 시행령」 별표1 제2호 가목에 따른 아파트 또는 같은 호 나목에 따른 연립주택의 합을 말하는 것으로 판단됨

1-4-8 재건축정비사업의 안전진단 비용 산정 방법('16.02.24.)

질의요지 재건축정비사업의 안전진단을 실시한 경우, 구청에서 통보한 「안전점검 및 정밀안전진단 대가(비용산정) 기준」을 적용하지 않고 비용을 산정해도 되는지

회신내용 도시정비법 제12조제1항에 따르면 시장·군수는 정비계획의 수립, 주택재건축사업의 시행여부 결정 또는 안전사고를 방지하기 위하여 같은 조각 호의 어느 하나에 해당하는 경우 안전진단을 실시하도록 하고 있고, 다만 제2호부터 제5호까지의 경우에는 시장·군수는 안전진단에 소요되는 비용을 해당 안전진단 실시를 요청하는 자에게 부담하게 할 수 있도록 하고 있으므로, 질의하신 안전진단 비용 산정 및 부담 방법 등에 대하여는 해당 시장·군수가 결정하여야 할 것으로 판단됨

1-5 주민대표회의

1-5-1 | **동의서 징구가 추진위원회 업무인지 주민대표회의 업무인지('09. 12. 22.)**

질의요지 도시정비법 시행령 제22조제2호 토지등소유자의 동의서 징구 등이 추진위원회의 업무 범위인지 아니면, 주민대표회의 업무 범위인지

회신내용 도시정비법 시행령 제22조제2호에서 규정한 토지등소유자의 동의서 징구는 추진위원회의 업무를 말하는 것이며, 주민대표회의 업무에 대하여는 도시정비법 제26조제4항 각호 및 동법 시행령 제37조제3항 각호에 규정하고 있음

1-5-2 | **사업시행자가 정비사업 포기 시 주민대표회의 효력 여부('10. 3. 24.)**

질의요지 도시정비법 제26조제1항에 따라 사업시행자를 LH공사로 지정하고 주민대표회의를 구성하여 진행하던 중 사업시행자가 정비사업을 포기할 경우, 주민대표회의는 계속 유효한지와 도시정비법 제10조에 따라 다른 공공기관으로 사업시행을 승계하여 정비사업을 진행할 수 있는지

회신내용 주민대표회의는 도시정비법 제26조에 따라 토지등소유자가 정비구역지정 고시 후 당해 시장·군수·구청장의 승인을 받아 구성하는 것으로, 사업시행자의 사업 포기가 승인된 주민대표회의의 유효 여부에 직접적인 영향을 미치는 것은 아닌 것으로 보여 지나, 도시정비법 시행령 제37조제5항에 따르면 주민대표회의의 운영에 관한 필요한 사항은 주민대표회의 운영규정으로 정하도록 규정하고 있고, 도시정비법 제10조에 따르면 사업시행

자와 정비사업과 관련하여 권리를 갖는 자의 변동이 있을 때에는 종전의 사업시행자와 권리자의 권리·의무는 새로이 사업시행자와 권리자로 된 자가 이를 승계하는 것임

1-5-3 주민대표회의를 해산할 수 있는지('12. 5. 16.)

질의요지 도시정비법 제16조의2제1항제1호·제2호에 따라 주민대표회의를 해산할 수 있는지, 해산할 수 없다면 다른 규정에 의하여 해산할 수 있는지

회신내용 도시정비법 제16조의2는 추진위원회 또는 조합을 해산하고자 하는 경우 적용되는 규정이며, 같은 법 제4조의3제4항에 따라 시·도지사 또는 대도시의 시장은 동조 각 호(정비사업의 시행에 따른 토지등소유자의 과도한 부담이 예상되는 경우 등)의 경우 지방도시계획위원회의 심의를 거쳐 정비구역등의 지정을 해제할 수 있음

1-5-4 주택재개발사업 주민대표회의 해산 및 정비구역 해제 여부('13. 1. 10.)

질의요지 가. 도시정비법 제8조제4항에 따라 주택공사등을 사업시행자로 지정하여 추진 중인 주택재개발사업에 대하여 도시정비법 제16조의2제1항을 적용하여 토지등소유자 과반수의 동의로 주민대표회의 승인을 취소할 수 있는지

나. 주택공사등을 사업시행자로 지정하여 추진 중인 주택재개발사업에 대하여 도시정비법 제4조의3제4항제3호를 적용하여 토지등소유자의 30%이상의 요청으로 정비구역을 해제할 수 있는지

회신내용

가. 도시정비법 제16조의2제1항은 추진위원회 또는 조합이 설립된 경우 토지등소유자 과반수 동의 등으로 추진위원회 또는 조합의 승인 또는 인가를 취소하는 규정으로 질의의 경우와 같이 주택공사등이 사업시행자로 지정되어 주민대표회의가 구성된 경우에는 동 규정의 적용 대상이 아님

나. 도시정비법 제4조의3제4항제3호는 도시정비법 제13조에 따라 추진위원회 구성이 필요한 경우로서 추진위원회가 아직 구성되지 아니한 경우에 한하여 적용되는 것이 타당하므로, 질의의 경우와 같이 주택공사등이 사업시행자로 지정되어 주민대표회의가 구성된 경우에는 동 규정 적용 대상이 아닌 것으로 판단됨

1-5-5 주민대표회의 구성원 변경 및 해임 시 시장·군수 승인 여부 (법제처, '15. 1. 7.)

질의요지

가. 주민대표회의 구성원 전원을 교체하고 새로 선임한 경우, 도시정비법 제26조제3항에 따라 시장·군수의 승인을 다시 받아야 하는지

나. 주민대표회의에서 정한 운영규정을 위반하여 위원을 선출, 교체, 해임하는 경우, 도시정비법 제77조제1항에 따라 취소, 변경 또는 정지 등과 같은 조치를 취할 수 있는지

회신내용

가. 주민대표회의 구성원 전원을 교체하고 새로 선임한 경우에는 도시정비법 제26조제3항에 따라 시장·군수의 승인을 다시 받아야 하는 것은 아님.

나. 주민대표회의에서 정한 운영규정을 위반하여 위원을 선출,

교체, 해임하는 경우에는 도시정비법 제77조제1항에 따라 취소, 변경 또는 정지 등과 같은 조치를 취할 수는 없음

1-5-6 사업시행자 지정이 취소되는 경우 주민대표회의도 취소 되는지(법제처, '16.8.17.)

질의요지 시장·군수가 도시정비법 제8조제4항제7호에 따라 주택공사등을 사업시행자로 지정하고 같은 법 제26조제1항에 따라 주민대표회의 구성 승인을 한 후, 사업성 미비 등의 사유로 사업시행자 지정을 취소하는 경우, 주민대표회의의 구성 승인도 취소하여야 하는지

회신내용 도시정비법 제26조제1항에 따라 주민대표회의를 구성하고 시장·군수가 이를 승인한 후 주택공사등에 대한 사업시행자 지정을 취소하는 경우, 시장·군수는 토지등소유자의 의견 및 제반 사정을 고려하여 새로운 사업시행자가 누구로 변경되는지에 따라 주민대표회의 구성승인 취소 여부를 결정해야 함

1-6 토지등소유자 방식(도시환경정비사업)

1-6-1 토지등소유자 방식으로 시행하는 도시환경정비사업의 관리처분계획 인가 ('14. 3. 10.)

질의요지 도시정비법 제8조제3항에 따른 토지등소유자가 시행하는 도시환경정비사업의 경우 같은 법 제48조에 의한 관리처분계획의 인가를 생략할 수 있는지와 관리처분계획 인가 없이 같은 법 제54조에 의한 이전고시가 가능한지

회신내용 도시정비법 제6조제4항에 따르면 도시환경정비사업은 정비구역

안에서 제48조의 규정에 의하여 인가받은 관리처분계획에 따라 건축물을 건설하여 공급하는 방법 또는 제43조제2항의 규정에 의하여 환지로 공급하는 방법에 의하도록 하고 있으므로, 질의하신 도시환경정비사업의 시행방법이 환지로 공급하는 방법이 아닌 경우에는 도시정비법 제48조의 규정에 의하여 인가받은 관리처분계획에 따라 건축물을 건설하여 공급하는 방법에 따라야 할 것임

1-7 가로주택정비사업 시행 및 대상

1-7-1 가로구역 일부에 대하여 가로주택정비사업 시행 가능 여부 ('15.10.26.)

질의요지 가로구역 일부가 도시정비법 시행령 제1조의2제2항 각 호의 요건을 모두 갖춘 경우 가로구역정비사업을 시행할 수 있는지 여부

회신내용 도시정비법 시행령 제1조의2제2항에 따르면 가로주택정비사업은 가로구역이 각 호의 요건을 모두 갖춘 경우에 그 전부 또는 일부에 대하여 시행할 수 있다고 규정하고 있는 바, 가로구역의 일부에 대하여 가로주택정비사업을 시행하려는 경우에는 그 일부분이 시행령 제1조의2제2항 각 호의 요건을 모두 갖추면 될 것이며, 가로구역 전부가 동 요건을 갖추어야 할 필요는 없음

1-7-2 가로구역내 노후불량건축물이 아닌 일부 연립주택의 정비사업시행 가능 여부 ('15.05.14.)

질의요지 도시정비법 시행령제1조의2제2항에 적합한 경우 가로구역의 전부가 아닌 일부(노후불량건축물이 아닌 연립주택 2동)만 가로주택정비사업을 시행할 수 있는지

회신내용 도시정비법 시행령 제1조의2제1항에서 가로구역의 요건을 정하고 있고, 같은 조 제2항에 따라 가로주택정비사업은 가로구역 내 노후·불량건축물의 수가 전체 건축물의 수의 3분의 2 이상이고 가로구역에 있는 기존 단독주택의 호수와 공동주택의 세대 수를 합한 수가 20 이상인 경우 가로구역의 전부 또는 일부에 대하여 시행할 수 있으나, 질의의 경우와 같이 노후·불량건축물이 아닌 건축물만을 대상으로 가로주택정비사업을 시행하는 것은 노후불량건축물이 밀집한 가로구역에서 주거환경을 개선하기 위한 사업 취지에 맞지 않으므로 노후·불량건축물이 아닌 건축물만을 대상으로 가로주택정비사업을 시행하는 것은 가능하지 않음

1-7-3 가로구역내 도로가 가로구역 면적에 포함 되는지 ('15.12.22.)

질의요지 가로구역 내 4m 미만의 도로는 해당 구역 면적에서 제외하는지 여부

회신내용 도시정비법 시행령 제1조의2제1항에 따르면 도로로 둘러싸인 일단의 지역으로서 해당 지역의 면적이 1만 제곱미터 미만이고, 해당 지역을 통과하는 도로(너비 4미터 이하인 도로는 제외)가 설치되어 있지 않는 경우를 가로구역의 범위로 규정하고 있으나, 질의와 같이 4m 미만의 도로에 대해 해당 구역 면적에서 제외하도록 한 별도 규정은 없음

1-8 정비구역이 아닌 지역에서의 주택재건축정비사업 시행 및 변경

1-8-1 정비구역이 아닌 재건축사업의 인접대지 포함 ('15.12.29.)

질의요지 20세대 이하의 소규모 재건축사업의 경우 인접한 나대지를 포함하여 재건축사업을 할 수 있는지

회신내용 도시정비법 시행령 제6조제2호에 따르면 「주택법」 제16조에 따른 사업계획승인 또는 「건축법」 제11조에 따른 건축허가(이하 "사업계획승인등"이라 한다)를 받아 건설한 아파트 또는 연립주택 중 노후·불량건축물에 해당하는 것으로서 기존 세대수가 20세대 미만으로서 20세대 이상으로 재건축하고자 하는 경우 정비구역이 아닌 구역에서의 주택재건축사업을 할 수 있으나, 이 경우 사업계획승인등에 포함되어 있지 아니하는 인접대지의 세대수를 포함하지 아니하도록 하고 있으므로, 질의하신 경우와 같이 당초 사업계획승인등에 포함되지 않은 토지를 사업구역에 포함할 수 없을 것임

1-8-2 정비구역이 아닌 구역에서 재건축사업시행 시 나대지 포함 여부('15.03.20.)

질의요지 노후·불량건축물에 해당하는 아파트 또는 연립주택 중 기존 세대수가 20세대 미만으로서 정비구역이 아닌 구역에서 주택재건축사업을 추진하는 경우 사업부지와 접한 토지(나대지)를 조합에서 매입하여 사업면적에 포함할 수 있는지 여부

회신내용 도시정비법 시행령제6조제2호에 따르면 「주택법」 제16조에 따른 사업계획승인 또는 「건축법」 제11조에 따른 건축허가(이하 "사업계획승인등"이라 한다)를 받아 건설한 아파트 또는 연립주택 중 노후·불량건축물에 해당하는 것으로서 기존 세대수가 20세대 미만으로서 20세대 이상으로 재건축하고자 하는 경우 (사업계획승인등에 포함되어 있지 아니하는 인접대지의 세대수를 포함하지 아니함) 정비구역이 아닌 구역에서의 주택재건축사업의 대상이 되나, 질의하신 경우와 같이 당초 사업계획승인등에 포함되지 않은 토지를 사업구역에 포함할 수 없음

1-8-3 정비구역이 아닌 구역에서 시행하는 주택재건축사업의 지구단위계획 수립 및 건축법 적용('15.12.30.)

질의요지

가. 정비구역이 아닌 구역에서 시행하는 주택재건축사업구역을 지구단위계획구역으로 지정하여 지구단위계획을 수립하게 할 수 있는지

나. 정비구역이 아닌 구역에서 시행하는 주택재건축사업에 대해 건축위원회의 심의를 거친 경우, 「건축법」 제11조제10항을 적용하는지

회신내용

가. 도시정비법 제28조제2항 및 같은 법 시행령 제39조 단서에 따르면 정비구역이 아닌 구역에서 시행하는 주택재건축사업의 사업시행인가를 하고자 하는 경우에는 「건축법」 제4조에 따라 설치된 건축위원회의 심의를 거쳐야 한다고 규정하고 있으며, 「국토의 계획 및 이용에 관한 법률」 제51조에 의하여 지정된 지구단위계획구역인 경우 도시계획위원회의 심의(건축위원회와 공동으로 하는 심의를 포함)를 거쳐 지구단위계획으로 결정된 사항을 심의대상에서 제외하도록 규정하고 있을 뿐,

질의의 지구단위계획구역 지정 등에 대해서는 별도 제한이 없는 바, 지구단위계획구역 지정, 지구단위계획 수립 등에 대해서는 관련 법령에 따라 소관기관에서 판단할 사안임

나. 정비구역이 아닌 구역에서 시행하는 주택재건축사업에 대한 건축법령의 적용과 관련, 도시정비법에서 관련 법령의 적용에 대한 별도 규정이 없다면 「건축법」 등 관련 법령에서 규정한 사항을 따라야 할 것임

1-9 정비구역내 지역주택조합 등 타 사업시행

1-9-1 정비예정구역내 타법에 의한 개발 사업 진행이 가능한지('15.10.07.)

질의요지 주택재개발조합이 있는 지역에 지역주택조합원을 모집할 수 있는지

회신내용 도시정비법 제4조제1항에 따르면 시장, 군수 또는 구청장은 기본계획에 적합한 범위에서 노후·불량건축물이 밀집하는 등의 구역에 대하여 정비계획을 수립하도록 하고 있고, 도시정비법 제2조제1호에 따르면 정비구역이란 정비사업을 계획적으로 시행하기 위하여 지정·고시된 구역을 말하므로, 질의하신 지역주택조합 모집 등 타법에 의한 주택재건축사업은 정비예정구역 및 정비구역에서 할 수 없음

1-9-2 지역조합과 재건축조합이 공동 시행할 수 있는지('15.04.09.)

질의요지 지역주택조합과 재건축조합이 연합하여 공동사업 추진이 가능한지

회신내용 도시정비법 제8조제2항에 따르면 주택재건축사업은 도시정비법 제16조제2항에 따라 인가받은 조합이 이를 시행하거나 조합이 조합원 과반수의 동의를 얻어 시장·군수 또는 주택공사등과 공동으로 이를 시행할 수 있도록 하고 있으므로, 질의하신 주택법에 따른 지역주택조합과 연합하여 공동으로 재건축정비사업을 시행하는 것은 어려움

1-10 사업시행자로 신탁업자를 지정하는 방식

1-10-1 신탁업자를 시행자로 지정시 기존 조합은 취소되는지('16.06.10.)

질의요지 신탁업자를 사업시행자로 지정하는 경우 기존의 조합은 취소된 것으로 보는지

회신내용 도시정비법 제8조제4항제8호에 따르면 제16조에 따른 주택재개발사업 및 주택재건축사업의 조합설립을 위한 동의요건 이상에 해당하는 자가 신탁업자를 주택재개발사업 또는 주택재건축사업의 사업시행자로 지정하는 것에 동의하는 때 시장·군수는 신탁업자를 사업시행자로 지정하여 정비사업을 시행하게 할 수 있으며, 이 경우 해당 정비구역의 사업시행자는 신탁업자로 변경됨. 다만, 기존 조합의 설립인가가 취소된다는 규정은 없으므로 조합은 사업시행자는 아니지만 법인으로서는 별도의 해산절차를 진행하기 전까지는 존재하는 것으로 보는 것이 타당하다고 판단됨

2 기본계획 수립 및 정비구역 지정

2-1 기본계획 수립

2-1-1 도시기본계획상 인구배분계획 초과 가능 여부('09. 8. 4.)

질의요지 정비기본계획을 수립하게 되면 인구가 도시기본계획 상의 인구배분계획을 초과하게 되는 경우에도 정비기본계획승인이 가능한지

회신내용 도시·주거환경정비기본계획은 도시·주거환경정비기본계획 수립 지침 1-2-1에 따라 도시기본계획 등 상위계획의 범위 안에서 수립되어야 할 것임

2-1-2 정비기본계획수립 시 정비예정구역 노후도 적용 시점('10. 3. 5.)

질의요지 도시정비법 제3조에 따른 도시·주거환경정비기본계획을 수립할 때 정비예정구역 노후도(건축 준공 20년 이상)의 적용은 기준연도 시점인지 아니면 목표연도 이내 인지

회신내용 도시정비법 제3조제1항제9호의 규정에 따르면 정비예정구역별 정비계획의 수립시기를 포함한 단계별 정비사업 추진계획을 도시·주거환경정비기본계획(이하 "기본계획"이라 함)을 수립할 때에 포함하도록 하고 있고, 기본계획은 시장 등이 10년마다 수립하고 5년마다 그 타당성 여부를 검토하여 그 결과를 기본계획에 반영하도록 하고 있으며, 도시·주거환경정비기본계획 수립지침(국토해양부 훈령 제2009-306호, 2009.8.13.) 4-1-1에 따르

면 기초조사에 의한 현황을 분석하고 장래를 예측한 후 계획을 수립하되 목표연도에 유념하여 작성하도록 하고 있으므로, 기본계획을 기준년도 시점으로 작성하면서 목표연도 범위 안에서 예측되는 장래의 계획을 단계별로 반영할 수 있을 것으로 보임

2-1-3 | 기본계획 타당성 검토 시기('11. 5. 13.)

질의요지 도시정비법 제3조제2항의 내용 중 '5년마다'라 함은 5년이 도래되는 시점인지 아니면 필요 시 타당성 검토를 통하여 기본계획에 반영할 수 있는지

회신내용 기본계획이 수립고시 된 후 신규 지역 포함을 위한 기본계획 변경여부에 대하여 기본계획수립권자인 특별시장, 광역시장, 또는 시장이 도시계획차원에서 사업 추진의 시급성 등을 종합적으로 고려하여 신규 지역을 시기적으로 기본계획에 포함시킬 필요가 있다고 판단된다면 도시정비법 제3조제1항 및 제2항의 규정에 의한 도시·주거환경정비기본계획의 수립 또는 타당성 검토시기 외의 기간이라도 기본계획을 변경할 수 있을 것임

2-1-4 | 정비예정구역 20% 미만 변경 시 기본계획의 경미한 변경 여부('09. 7. 17.)

질의요지 도시·주거환경기본계획 상의 '정비구역으로 지정할 예정인 구역 면적의 20퍼센트 미만의 변경을 하는 경우' 기본계획의 경미한 변경인지와 경미한 사항의 변경이라면, 기본계획 변경과 정비구역 지정을 동시에 처리할 수 있는지

회신내용 가. 도시·주거환경기본계획에 정비구역으로 지정할 예정인 구역의 면적을 구체적으로 명시한 경우로서 당해 구역 면적

　　　　　의 20퍼센트 미만의 변경인 경우는 경미한 사항을 변경하는 것으로 도시정비법 제3조제3항 단서 및 동법 시행령 제9조제3항제5호에 규정되어 있음

　　　나. 도시·주거환경기본계획을 수립 또는 변경하고자 하는 때의 절차는 도시정비법 제3조에 규정되어 있고, 정비구역의 지정은 기본계획에 적합한 범위 안에서 정비계획을 수립하여 절차를 거치도록 도시정비법 제4조에 규정되어 있으며 대통령령이 정하는 경미한 사항의 변경인 경우에는 주민공람 등 일부 절차를 거치지 아니할 수 있으므로 사업구역의 특성 및 여건을 고려하여 기본계획수립권자 및 정비구역지정권자와 협의하여 처리하는 것이 바람직 할 것임

2-1-5 정비계획수립시기를 기본계획에 반영하고자 변경 시 경미한 변경 여부 ('09. 12. 7.)

질의요지 도시정비법 부칙〈제9444호, 2009.2.6〉제2조제2항에 따라 정비예정구역별 정비계획 수립시기를 정하여 기본계획에 반영하고자 하는 경우 이를 경미한 변경으로 볼 수 있는지

회신내용 도시정비법 제3조제1항제9호에 따르면 정비예정구역별 정비계획의 수립시기를 포함하여 단계별 정비사업추진계획으로 규정하고 있으며, 동법 시행령 제9조제3항제6호에 따르면 단계별 정비사업추진계획의 변경인 경우에는 도시정비법 제3조제3항 단서의 경미한 사항 변경으로 보도록 하고 있음

2-1-6 정비예정구역 해제 시 정비기본계획 변경 절차 ('15.11.06.)

질의요지 추진위원회가 구성되지 아니한 구역에 대하여 도시정비법 제4

조의3제4항제3호에 따라 토지등소유자 100분의 30 이상이 정비구역 해제를 요청하여 해제절차를 진행 중인 지역에 대하여

정비예정구역을 해제하는 정비기본계획 변경(제4조의3제4항제3호에 따른 '정비구역 해제'와 동 해제에 따른 정비예정구역의 해제를 위한 기본계획 변경) 절차를 주민공람, 시의회 의견청취 등의 행정절차를 거치지 않고 도시계획위원회에 상정하여 일괄 처리(정비구역 해제와 이에 따른 정비예정구역 해제를 위한 기본계획 변경)할 수 있는지

회신내용 도시정비법 제4조의3제4항제3호에 따라 시·도지사 또는 대도시의 시장은 토지등소유자의 100분의 30 이상이 정비구역등(추진위원회가 구성되지 아니한 구역에 한한다)의 해제를 요청하는 경우 지방도시계획위원회의 심의를 거쳐 정비구역등의 지정을 해제할 수 있으며, 정비예정구역 해제에 따라 기본계획을 변경하고자 하는 경우 같은 법 제3조제3항에 따라 특별시장·광역시장·특별자치시장·특별자치도지사 또는 시장은 14일 이상 주민에게 공람하고 지방의회의 의견을 들은 후 「국토의 계획 및 이용에 관한 법률」 제113조제1항 및 제2항에 따른 지방도시계획위원회의 심의를 거쳐야 할 것임

2-2 정비계획 수립 및 고시

2-2-1 | **주민제안 시 정비구역지정도서 첨부 여부('10. 10. 8.)**

질의요지 토지등소유자가 정비계획의 입안을 제안할 경우, 단순히 입안할 것을 요구하는 것인지 아니면 구체적인 정비구역지정 도서를 작성하여 제안하는 것인지

회신내용 도시정비법 시행령 제13조의2에 따르면 도시정비법 제4조제3항에 따라 시장·군수에게 정비계획의 입안을 제안하려는 때에는 시·도 조례로 정하는 바에 따라 토지등소유자의 동의를 받은 후 제안서에 정비계획도서, 계획설명서, 그 밖의 필요한 서류를 첨부하여 시장·군수에게 제출하도록 하고 있음

2-2-2 2012.8.2 개정·시행 도시정비법 시행령 별표1 관련 정비계획 수립 ('12. 10. 19.)

질의요지 2010정비기본계획에 포함된 일부 주택재개발 정비예정구역의 노후·불량건축물의 수가 전체 건축물 수의 2/3에 미달되는 경우 동 정비예정구역의 면적을 증감하는 내용을 포함한 2020정비기본계획을 수립하는 것이 가능한지

회신내용 '12.8.2 개정·시행된 도시정비법 시행령 별표1에서 주택재개발사업의 경우 노후·불량건축물의 수가 전체 건축물의 수의 2/3 이상인 지역을 정비계획 수립 대상으로 하면서, 부칙에서 이 영 시행 당시 정비기본계획이 수립된 경우 정비계획의 수립에 대해서는 종전의 규정에 따르도록 하고 있는 바, 질의의 주택재개발 정비예정구역이 개정 전 노후·불량건축물 조건 등에 적합하게 2010정비기본계획이 수립되었다면 동 정비예정구역의 일부 면적 증감이 있다고 하더라도 동 구역을 포함하여 2020정비기본계획을 수립할 수 있을 것으로 판단됨

2-2-3 정비구역지정고시 후 사업시행 예정시기가 변경된 경우 처리('12. 11. 22.)

질의요지 도시정비법 제4조제1항에 따라 정비계획을 수립하여 정비구역 지정 고시를 완료한 후 정비사업시행 예정시기가 변경되었을

경우 도시정비법 제4조제1항에 따라 주민설명회, 주민공람, 지방의회 의견청취를 하여야 하는지와 정비구역지정고시 이후 도시정비법 제4조제1항제7호의 정비사업시행 예정시기를 초과한 경우 해당 정비구역의 지정고시의 효력이 있는지

회신내용

가. 도시정비법 제4조제1항에 따르면 시장·군수는 기본계획에 적합한 범위에서 노후·불량건축물이 밀집하는 등 대통령령으로 정하는 요건에 해당하는 구역에 대하여 정비사업시행 예정시기의 사항이 포함된 정비계획을 수립하여 이를 주민에게 서면으로 통보한 후 주민설명회를 하고 30일 이상 주민에게 공람하며 지방의회 의견을 들은 후 이를 첨부하여 시·도지사에게 정비구역지정을 신청하도록 하고 있고, 정비계획의 내용을 변경할 필요가 있을 때에는 같은 절차를 거쳐 변경지정을 신청하도록 하고 있음

나. 다만, 정비사업시행 예정시기를 1년 범위안에서 조정하는 경우 등 도시정비법 시행령 제12조 각호의 어느 하나에 해당하는 경우에는 주민에 대한 서면통보, 주민설명회, 주민공람 및 지방의회의 의견청취를 거치지 아니할 수 있도록 하고 있음을 알려드리며, 도시정비법 제4조제1항제7호의 정비사업시행 예정시기가 초과된 경우 해당 정비구역 지정고시의 효력에 대하여는 해당 정비구역 지정권자인 관할 시·도지사에게 문의함이 바람직함.

2-2-4 상업지역에 있는 공동주택 재건축 추진('12. 7. 25.)

질의요지

상업지역에 있는 공동주택 재건축 추진방안 및 지구단위계획, 정비구역지정 등에 관한 사항

회신내용 도시정비법 제2조에 따라 주택재건축사업은 정비기반시설은 양호하나 노후·불량 건축물이 밀집하는 지역에서 주거환경을 개선하기 위하여 시행하는 사업으로, 같은 법 제6조제3항에 따라 정비구역안에서 인가받은 관리처분계획에 따라 주택 및 부대·복리시설을 건설하여 공급하는 방법으로 시행하도록 하고 있음

2-2-5 도시환경정비사업 정비예정구역에 대한 면적제한('12. 7. 25.)

질의요지 도시·주거환경정비기본계획 수립 시 도시환경정비사업 정비예정구역 면적이 1만㎡ 이상이어야 하는 지 여부와 정비예정구역에 근린상업지역, 준주거지역 편입이 가능한지

회신내용 도시정비법 제2조제2호에 따라 도시환경정비사업은 상업지역·공업지역 등으로서 토지의 효율적 이용과 도심 또는 부도심 등 도시기능의 회복이나 상권 활성화 등이 필요한 지역에서 도시환경을 개선하기 위하여 시행하는 사업으로, 같은 법 제3조제1항에 따라 특별시장·광역시장 또는 시장은 정비예정구역의 개략적 범위 등 동조 동항 각 호의 사항이 포함된 도시·주거환경정비기본계획을 10년 단위로 수립하도록 하고 있으나, 도시환경정비사업 정비예정구역에 대하여 별도의 면적 제한이나 용도지역 제한을 두고 있지 않음

2-2-6 정비계획을 주민에게 서면통보하는 방법('12. 9. 17.)

질의요지 도시정비법 제4조제1항에 따라 정비계획을 수립하여 주민에게 서면으로 통보하는 방법은

회신내용 도시정비법 제4조제1항에 따라 시장·군수는 정비계획을 수립하여 이를 주민에게 서면으로 통보한 후 주민설명회를 하도록 하고 있으나, 서면통보의 방법에 대하여는 도시정비법에서 별도로 규정하고 있지 않음

2-2-7 도시정비법 시행령 제12조제5호에 따른 정비사업 시행예정시기에 대한 재연장 가능여부('13. 4. 16.)

질의요지 도시정비법 시행령 제12조제5호에 의하여 정비사업 시행예정시기를 1년의 범위 안에서 조정 후 추후 사업시행예정기간이 길어질 경우 경미한 변경으로 정비사업 시행예정시기를 1년 더 연장이 가능한지

회신내용 도시정비법 제4조제1항 단서 및 시행령 제12조제5호에 따라 "정비사업 시행예정시기를 1년의 범위안에서 조정하는 경우"에 해당하는 경우의 정비계획의 경미한 변경은 정비사업 시행예정시기를 1년의 범위안에서 조정하는 경우에 해당되는 사항임

2-2-8 주택재개발사업을 위한 정비계획의 수립에 관한 경과조치 적용여부('13. 4. 23.)

질의요지 도시정비법 시행령 제10조 및 [별표1]이 개정(2012.8.2. 시행)됨에 따라 주택재개발사업을 위한 정비계획 수립(정비구역 지정) 요건이 변경된 상황에서, 2010 정비기본계획 상 예정구역이 확대(경미한 변경)되는 경우에도 종전규정의 적용이 가능한지

회신내용 도시정비법 시행령 부칙〈제24007호, 2012.7.31.〉 제7조에 따라 이 영 시행(2012.8.2.) 당시 정비기본계획이 수립된 경우 정비계획의 수립에 대해서는 [별표 1] 제2호의 개정규정에도 불구하

고 종전의 규정을 따르도록 하고 있으므로, 정비기본계획상 정비예정구역이 확대(경미한 변경)되는 경우에도 정비계획의 수립에 대해서는 종전 규정의 적용이 가능할 것임

2-2-9 2012. 8. 2. 이후 단독주택재건축 정비예정구역을 지정할 경우 사업추진 여부 ('13. 8. 14.)

질의요지

단독주택재건축사업 폐지에 따른 경과조치 적용 관련, 2012. 8. 2.이후 단독주택 재건축정비예정구역을 지정할 경우 2014.8.3.까지 사업추진을 어느 단계까지 하여야 하는지

회신내용

도시정비법 시행령 부칙〈제24007호, 2012.7.31〉제1조에 따라 제52조제2항제1호 및 별표 1 제3호의 개정규정은 2014년 8월 3일부터 시행하도록 하고 있고, 동 부칙 제6조에 따라 이 영 시행 당시 정비기본계획이 수립된 경우 정비계획의 수립에 대해서는 제52조제2항제1호 및 별표 1 제3호의 개정규정에도 불구하고 종전의 규정에 따르도록 하고 있으므로, 2014.8.2.까지 단독주택재건축사업에 대한 정비기본계획이 수립된 경우 단독주택재건축사업에 대하여는 종전의 규정에 따르도록 하고 있음

2-2-10 정비구역내 2개의 획지로 구분된 경우 하나의 주택단지로 건축 및 분양계획수립, 관리처분계획 수립이 가능한지('13. 9. 17.)

질의요지

주택재개발정비구역 내 1-1, 1-2획지(공동주택부지)가 15m 도시계획예정도로로 구획이 되어 있는 상황에서 조합은 사업시행인가 신청 준비 중으로, 정비구역 전체(1-1, 1-2획지)를 하나의 주택단지로 보아 건축 및 분양계획수립, 관리처분계획 수립이 가능한지 여부

회신내용 도시정비법 제46조 및 제48조에 따라 사업시행자는 해당 정비구역 내 토지등소유자의 분양신청을 받고 관리처분계획을 수립하여야 할 것으로 판단됨

2-2-11 지구단위계획 결정이후 정비구역 지정이 진행되는 경우 기존 계획이 실효되는지 ('14. 9. 26.)

질의요지 국토계획법에 의한 지구단위계획 결정 이후 도시정비법에 의한 정비구역지정 및 사업시행인가 등이 진행된 경우 지구단위계획(결정조건 포함)이 실효되는 것인지

회신내용 도시정비법 제4조제7항에 의하면 제6항에 따라 정비구역의 지정 또는 변경지정에 대한 고시가 있는 경우 당해 정비구역 및 정비계획 중 국토계획법 제52조제1항 각호의 1에 해당하는 사항은 같은 법 제49조 및 제51조제1항에 따른 지구단위계획 및 지구단위계획구역으로 결정·고시된 것으로 보도록 하고 있으므로, 귀 질의의 경우 최초 지구단위계획 결정 이후 정비구역지정 고시를 한 경우로서 최초 지구단위계획은 정비계획(지구단위계획)으로 변경된 것으로 보아야 할 것임

2-2-12 정비구역이 아닌 구역에서의 「주택법」상 용적률 완화 규정이 적용 (법제처, '15. 1. 21)

질의요지 도시정비법에 따른 조합이 같은 법 제2조에 따른 정비구역이 아닌 구역에서 정비사업을 하는 경우, 「주택법」 제38조의6에 따른 용적률 완화규정이 적용되는지

회신내용 도시정비법에 따른 조합이 같은 법 제2조에 따른 정비구역이 아닌 구역에서 정비사업을 하는 경우에는 「주택법」 제38조의

6에 따른 용적률 완화규정이 적용되지 않음

2-2-13 | 정비계획 수립 주체에 토지등소유자가 포함되는지(법제처, '14. 4. 8.)

질의요지 도시정비법 제4조제1항 본문에 따라 정비계획을 수립하는 주체에 시장·군수 외에 같은 법 제2조제9호의 토지등소유자가 포함될 수 있는지

회신내용 도시정비법 제4조제1항 본문에 따라 정비계획을 수립하는 주체에 시장·군수 외에 같은 법 제2조제9호의 토지등소유자가 포함될 수 없다고 할 것임

2-2-14 | 사업시행계획 취소 시 용적률 완화에 관한 규정 적용('15.09.21)

질의요지 이미 인가받은 사업시행계획이 취소됨에 따라 다시 사업시행인가를 신청(2014.1.14. 이후)하는 경우 도시정비법 제4조의4를 적용할 수 있는지 여부

회신내용 도시정비법(법률 제12249호, 2014. 1. 14.) 부칙 제2조에 따르면 제4조의4의 개정규정은 이 법 시행 후 최초로 사업시행인가를 신청하는 분부터 적용한다고 규정하고 있으며, 사업시행인가가 취소되어 다시 사업시행인가를 신청하는 경우에는, 사업시행인가 취소에 따라 사업시행계획 수립절차를 다시 이행해야 하는 점 등을 고려할 때 질의의 경우도 위 부칙에 따른 '최초로 사업시행인가를 신청하는 분'에 해당되어 도시정비법 제4조의4를 적용할 수 있을 것으로 판단됨

2-2-15 주거환경개선구역의 용도지역 변경('15.04.09.)

질의요지 주거환경개선사업에 대한 정비계획 수립 시 수립권자가 필요하다고 판단하면 도시정비법 제43조 및 같은 법 시행령 제46조에도 불구하고 일반주거지역이 아닌 다른 용도지역으로 변경을 할 수 있는지

회신내용

가. 도시정비법 제43조제1항에 따라 주거환경개선구역은 당해 정비구역의 지정고시가 있는 날부터 「국토의 계획 및 이용에 관한 법률」 제36조제1항제1호 가목 및 제2항에 따라 주거지역을 세분하여 정하는 지역중 제2종일반주거지역 또는 제3종일반주거지역으로 결정·고시된 것으로 보도록 규정하고 있음

나. 따라서, 주거환경개선구역으로 지정고시가 있는 경우 도시정비법 시행령 제46조에 의한 제2종일반주거지역 또는 제3종일반주거지역을 다른 용도지역으로 변경은 곤란하며, 다만 도시정비법 제43조제1항 단서에 해당하는 경우에 한하여 다른 용도지역으로 변경이 가능함

2-2-16 상업지역내 재건축사업의 주거비율 산정 방법('16.01.05.)

질의요지 일반상업지역 내 재건축사업 시 도시정비법 제30조의3에 따라 용적률 완화를 받을 경우 주거-비주거비율 산정 방법

회신내용 도시정비법 제30조의3제1항에 따르면 정비계획으로 정하여진 용적률에도 불구하고 지방도시계획위원회의 심의를 거쳐 국토계획법 제78조 및 관계 법률에 따른 용적률의 상한(이하 "법적상

한용적률")까지 건축할 수 있으며,

같은 조 제2항에서는 법적상한용적률에서 정비계획으로 정하여진 용적률을 뺀 용적률의 일정 비율에 해당하는 면적에 주거전용면적 60제곱미터 이하의 소형주택을 건설하여야 한다고 규정하고 있을 뿐, 국토계획법 상 상업지역 내 주거-비주거비율에 대한 별도 규정이 없는 바,

도시정비법 제30조의3제2항에 따른 소형주택 건설비율과 국토계획법에서 규정한 상업지역내 주거-비주거비율에 대해서는 각각의 규정을 모두 충족해야 할 것임.

2-2-17 아파트지구 개발기본계획 수립시 지구단위계획 관련('16.02.26.)

질의요지 아파트지구 개발기본계획이 수립된 경우 지구단위계획이 수립된 것으로 볼 수 있는지

회신내용 도시정비법부칙(법률 제6852호, 2002. 12. 30.) 제5조제3항 후단에 따르면 주택건설촉진법 제20조에 의하여 수립된 아파트지구개발기본계획은 본칙 제4조에 의하여 수립된 정비계획으로 본다고 규정하고 있고, 같은 법 제4조제7항에 따라 정비구역의 지정 또는 변경지정에 대한 고시가 있는 경우 당해 정비구역 및 정비계획 중 「국토의 계획 및 이용에 관한 법률」 제52조제1항 각호의 1에 해당하는 사항은 같은 법 제49조 및 제51조제1항에 따른 지구단위계획 및 지구단위계획구역으로 결정·고시된 것으로 본다고 규정하고 있는 바,

주택건설촉진법 제20조에 의하여 수립된 아파트지구개발기본계획 중 「국토의 계획 및 이용에 관한 법률」 제52조제1항 각호의

1에 해당하는 사항은 같은 법 제49조 및 제51조제1항에 따른 지구단위계획 및 지구단위계획구역으로 결정·고시된 것으로 볼 수 있을 것으로 판단됨

2-2-18 주거환경관리구역내 가로주택정비사업을 시행할 수 있는지('16.O.O.)

질의요지 주거환경관리사업구역내 사업계획과 중복되지 않은 범위내에서 가로주택정비사업이 가능한지

회신내용 도시정비법 시행령 제1조의2제1항에 따르면 가로구역이란 도로로 둘러싸인 일단(一團)의 지역으로서 같은 조각 호의 요건을 모두 갖춘 구역을 말하며, 질의하신 주거환경관리구역내 가로구역이 동 규정 요건의 충족되고, 기존 주거환경관리사업의 정비계획을 침해하지 않은 경우에는 가로주택정비사업을 시행할 수 있을 것으로 판단됨

2-3 정비구역 해제

2-3-1 정비구역 해제 관련 부칙 해석 및 적용 대상('15.11.11)

질의요지 도시정비법 부칙〈제11293호, 2012.2.1〉제3조에 명시된 "정비계획 수립"시점이란 언제인지

회신내용 도시정비법 부칙〈제11293호, 2012.2.1〉제3조에 따르면 제4조의3제1항제2호다목 및 라목의 개정규정은 이 법 시행 후 최초로 제4조에 따라 정비계획을 수립(변경수립은 제외한다)하는 분부터 적용하도록 하고 있으며, 동 규정의 "정비계획을 수립"하는 시점이란 정비계획 수립을 위한 "주민공람공고일"을 의미함

2-3-2 | 주거환경개선사업에 도시정비법 제4조의3제4항제1호 적용 여부('12. 2. 22.)

질의요지

「도시저소득주민의 주거환경개선을 위한 임시조치법」(이하'임시조치법'이라 한다)에 따라 사업시행인가를 받은 주거환경개선사업구역에 대하여 2012.2.1. 개정(2012.2.1. 시행)된 도시정비법 제4조의3제4항제1호의 규정을 적용할 수 있는지 아니면 임시조치법을 적용하여야 하는지

회신내용

가. 도시정비법 부칙〈제6852호, 2002.12.30.〉제5조제1항에 따르면 도시정비법 시행 후 4년(2007.6.30.)까지 종전 임시조치법을 적용하여 정비사업을 시행할 수 있도록 하고 있고, 같은 법 부칙 제7조제1항에 따르면 종전법률인 임시조치법에 의하여 사업계획의 승인이나 사업시행인가를 받아 시행 중인 것은 종전의 규정에 의한다고 규정하고 있으므로, 종전규정인「도시저소득주민의 주거환경개선을 위한 임시조치법」에 의하여 사업계획승인을 받은 정비사업의 시행은 종전의 규정에 따라서 시행할 수 있을 것으로 사료됨

나. 다만, 2012.2.1 개정·시행된 도시정비법 제4조의3제4항제1호의 규정은 정비사업의 시행이나 추진이 어려운 지역의 조합해산 및 정비구역 해제가 가능하도록 한 것이고, 동 규정을 적용함에 있어 임시조치법에 따라 시행된 정비사업에 대해 적용을 배제하는 별도의 경과규정 등을 두고 있지 아니한 점 등을 고려할 때, 종전 법률에 의하여 사업시행인가 등을 받은 구역도 도시정비법 제4조의3제4항제1호에 해당되는 경우에는 동 규정의 적용이 가능할 것으로 사료됨

2-3-3 추진위원회 해산 시 정비구역해제 가능 여부('12. 3. 27.)

질의요지 운영규정 제5조제3항에 따라 추진위원회설립에 동의한 토지등소유자의 2/3이상(또는 토지등소유자 과반수)의 동의를 얻어 시장·군수에게 신고함으로써 추진위원회가 해산된 경우 도시정비법 제4조의3제1항제5호에 따라 정비구역등의 해제를 요청하여야 하는지 여부

회신내용 도시정비법 제4조의3제1항제5호는 같은 법 제16조의2에 따라 추진위원회 승인이 취소되는 경우에 시장·군수가 시·도지사 또는 대도시의 시장에게 정비구역등의 해제를 요청하도록 하는 것이므로, 운영규정에 따라 신고함으로써 추진위원회가 해산되어 정비구역등의 해제가 필요한 경우에는 도시정비법 제4조의3제4항제1호 및 제2호에 따라 시·도지사 또는 대도시의 시장이 지방도시계획위원회의 심의를 거쳐 정비구역등의 지정을 해제할 수 있을 것임

2-3-4 도시정비법 제4조의3제1항 적용 대상('12. 4. 19.)

질의요지 2009.2.25. 추진위원회 승인을 받고 현재 정비구역지정을 위해 서울시에 계류중에 있는 경우 도시정비법 제4조의3제1항제2호 다목에 따른 정비구역 해제 사유가 되는지 여부

회신내용 가. 도시정비법 제4조의3제1항제2호다목에 따르면 주택재개발사업·주택재건축사업이 시행되는 경우로서 추진위원회가 추진위원회 승인일로부터 2년이 되는 날까지 제16조에 따른 조합 설립인가를 신청하지 아니하는 경우 시장·군수는

시·도지사 또는 대도시의 시장에게 정비구역등의 해제를 요청하도록 하고 있으나, 부칙〈법률 제11293호, 2012.2.1〉 제3조에서 제4조의3제1항제2호다목의 개정규정은 이 법 시행 후 최초로 제4조에 따라 정비계획을 수립(변경수립은 제외한다)하는 분부터 적용하도록 하고 있어, 이 법 시행 당시 이미 추진위원회 승인을 받은 경우에는 동 규정의 적용 대상에서 제외됨

나. 다만, 같은 법 제4조의3제1항제5호에 따라 법 제16조의2에 따라 추진위원회의 승인이 취소되는 경우 시장·군수는 시·도지사 또는 대도시의 시장에게 정비구역등의 해제를 요청하도록 하고 있음

2-3-5 재건축조합 취소에 따른 정비구역해제 가능 여부('12. 9. 13.)

질의요지

가. 도시정비법 제16조의2에 따른 조합설립인가 취소에 따라 정비구역지정이 해제될 수 있는지

나. 도시정비법 제4조의3에 따라 정비구역지정이 해제되면 매도청구소송등으로 인한 재산권 규제가 해제되는지

회신내용

가. 도시정비법 제16조의2제1항제2호 및 제4조의3제1항제5호 및 제3항에 따라 시장·군수는 조합 설립에 동의한 조합원의 2분의 1 이상 3분의 2 이하의 범위에서 시·도조례로 정하는 비율 이상의 동의 또는 토지등소유자 과반수의 동의로 조합의 해산을 신청하는 경우에는 조합설립인가를 취소하도록 하고 있으며, 조합설립인가가 취소되는 경우 시장·군수는 시·도지사 또는 대도시의 시장에게 정비구역

등의 해제를 요청하고, 시·도지사 또는 대도시의 시장은 지방도시계획위원회 심의를 거쳐 정비구역 등을 해제하도록 하고 있음

나. 도시정비법 제4조의3제5항에 따라 정비구역등이 해제되는 경우에는 정비계획으로 변경된 용도지역, 정비기반시설 등은 정비구역 지정 이전의 상태로 환원된 것으로 보도록 하고 있으나, 질의하신 매도청구소송 등으로 인한 재산권 규제 등에 대해서는 도시정비법에서 별도 규정하는 사항이 없음

2-3-6 | 도시정비법 제4조의3제4항에 따른 정비구역등 해제 가능한 지('12. 9. 10.)

질의요지 도시정비법 제4조의3제4항 각 호에 따라 정비사업의 시행에 따른 토지등소유자의 과도한 부담이 예상되는 경우, 정비예정구역 또는 정비구역의 추진 상황으로 보아 지정 목적을 달성할 수 없다고 인정하는 경우 등의 사유로 정비구역 등을 해제를 할 수 있는지

회신내용 도시정비법 제4조의3제4항에 따라 정비사업의 시행에 따른 토지등소유자의 과도한 부담이 예상되는 경우, 정비예정구역 또는 정비구역의 추진 상황으로 보아 지정 목적을 달성할 수 없다고 인정하는 경우, 토지등소유자의 100분의 30 이상이 정비구역등(추진위원회가 구성되지 아니한 구역에 한한다)의 해제를 요청하는 경우 시·도지사 또는 대도시 시장은 지방도시계획위원회의 심의를 거쳐 정비구역등의 지정을 해제 할 수 있도록 하고 있음

2-3-7 정비구역 등 해제 시 정비예정구역과 정비구역 동시 해제 여부

('13. 3. 22.)

질의요지 도시정비법 제4조의3제1항제5호에 따라 정비구역등 해제 시 "정비예정구역"과 "정비구역"을 동시에 해제하여야 하는지

회신내용 도시정비법 제4조의3제1항제5호에 따라 같은 법 제16조의2에 따라 추진위원회의 승인 또는 조합 설립인가가 취소되는 경우 시장·군수는 시·도지사 또는 대도시의 시장에게 정비구역등(정비예정구역 또는 정비구역)의 해제를 요청하도록 하고 있으므로, 추진위원회의 승인 또는 조합 설립인가가 취소된 정비구역과 정비예정구역 모두 해제를 요청하여야 할 것임

2-3-8 도시정비법 제4조의3제1항제2호에 따른 정비구역 해제 대상 여부 ('13. 4. 22.)

질의요지 2008년 추진위원회 구성 승인을 얻고 2013년 정비구역 지정을 받은 경우 도시정비법 제4조의3제1항제2호 가목 또는 다목을 적용하여 정비구역 해제를 요청할 수 있는지

회신내용 가. 도시정비법 제4조의3제1항제2호가목에 따르면 토지등소유자가 정비구역으로 지정·고시된 날부터 2년이 되는 날까지 제13조에 따른 조합설립추진위원회의 승인을 신청하지 아니하는 경우 시장·군수는 시·도지사 또는 대도시의 시장에게 정비구역의 해제를 요청하도록 하고 있으므로, 조합설립추진위원회 구성 승인을 얻은 경우는 동 규정을 적용할 수는 없을 것으로 판단되며,

나. 또한, 같은 법 부칙 〈법률 제11293호, 2012.2.1〉 제3조에서

는 제4조의3 제1항제2호다목의 개정규정은 이 법 시행 후 최초로 같은 법 제4조에 따라 정비계획을 수립하는 분부터 적용하도록 하고 있어, 이 법 시행 당시 조합설립추진위원회가 구성되어 있는 경우에는 도시정비법 제4조의3제1항제2호다목의 적용 대상에서 제외됨이 타당할 것임

2-3-9 재정비촉진지구 내 존치관리구역에 대하여 도시정비법 제4조의3(정비구역등 해제) 규정을 적용여부('13. 8. 29.)

질의요지 재정비촉진지구 내 존치관리구역에 대하여 도시정비법 제4조의3(정비구역등 해제) 규정을 적용할 수 있는지

회신내용 재정비촉진지구 내 존치관리구역에 대하여는 도시정비법 제4조의3 규정을 적용할 수 없을 것임

2-3-10 추진위원회 또는 조합이 있는 경우 정비예정구역 해제 가능 여부('13. 2. 13.)

질의요지 정비예정구역 중 추진주체가 있을 때 정비구역 지정 예정일로부터 3년이 되는 날까지 시장·군수가 정비구역 지정을 신청하지 아니하는 경우에도 도시정비법 제4조의3 제1항제1호를 적용하여 시·도지사 또는 대도시의 시장에게 정비예정구역 해제 요청을 하여야 하는지

회신내용 도시정비법 제4조의3제1항제1호에 따르면 정비예정구역에 대하여 기본계획에서 정한 정비구역 지정예정일로부터 3년이 되는 날까지 시장·군수가 정비구역 지정을 신청하지 아니하는 경우 시장·군수는 시·도지사 또는 대도시의 시장에게 정비예정구역의 해제를 요청하도록 하고 있고, 부칙〈제11293호, 2012.2.1〉

제12조에 따라 이 법 시행 당시(2012.2.1.) 기본계획이 수립된 경우에는 제4조의3제1항제1호의 개정규정에 따른 "정비구역 지정 예정일"을 "이 법 시행일"로 보도록 하고 있으나, 이 법 시행 당시 추진주체(추진위원회, 조합)가 있는 경우에는 동 규정을 적용할 수 없는 것으로 판단됨

2-3-11 추진위원회 승인 후 도시정비법 제4조의3제1항제1호 적용이 가능한지 ('14. 3. 24.)

질의요지 2006.06 기본계획 수립 및 2006.12. 추진위원회 승인 후 현재까지 정비계획 미 수립 및 정비구역 미 지정된 경우 도시정비법 제4조의3제1항제1호 적용이 가능한지

회신내용 도시정비법 제4조의3제1항제1호에 따라 정비예정구역에 대하여 기본계획에서 정한 정비구역 지정 예정일로부터 3년이 되는 날까지 시장·군수가 정비구역 지정을 신청하지 아니한 경우 시장·군수는 시·도지사 또는 대도시의 시장에게 정비예정구역의 해제를 요청하여야 하고, 부칙〈제11293호, 2012.2.1〉제12조에 따라 이 법 시행(2012.2.1.) 당시 기본계획이 수립된 경우에는 제4조의3제1항제1호의 개정규정에 따른 "정비구역 지정 예정일"을 "이 법 시행일"로 보나, 귀 질의의 경우와 같이 동 규정 시행 전에 이미 추진위원회가 승인된 경우에는 동 규정을 적용할 수 없을 것임

2-3-12 정비예정구역 해제동의서의 철회가능시점은('14. 4. 23.)

질의요지 도시정비법 제4조의3제4항제3호에 의한 정비예정구역 해제동의서의 철회가능시점은(해제요청서 접수된 이후 제출된 해제동의 철회서의 인정 가능 여부)

회신내용 도시정비법 제4조의3제4항제3호에 따라 시·도지사 또는 대도시의 시장은 토지등소유자의 100분의 30 이상이 정비구역등(추진위원회가 구성되지 아니한 구역에 한한다)의 해제를 요청하는 경우 지방도시계획위원회의 심의를 거쳐 정비구역등의 지정을 해제할 수 있습니다. 이 때 토지등소유자가 정비구역등의 해제에 동의한 이후 그 동의를 철회할 수 있는 시점에 대하여는 도시정비법에 별도 규정하고 있지 아니하나, 같은 법 제17조제1항 및 같은 법 시행령제28조제4항을 준용하여 정비구역등의 해제 신청 전에 동의를 철회할 수 있다고 보아야 할 것임

2-3-13 조합설립인가를(2010년) 득하고 사업시행인가를 신청하지 않은 경우 정비구역 해제 대상인지('14. 3. 6.)

질의요지 2010.12.20. 조합설립인가를 받고 3년 이상이 지난 2014.3.3. 현재까지 사업시행인가 신청을 하지 않은 경우 도시정비법 제4조의3제1항제2호라목에 따라 조합원 또는 토지등소유자가 정비구역지정 해제 요청을 할 수 있는지

회신내용 도시정비법 제4조의3제1항제2호라목에 따르면 시장, 군수 또는 구청장은 조합이 제16조에 따른 조합설립인가를 받은 날부터 3년이 되는 날까지 제28조에 따른 사업시행인가를 신청하지 아니하는 경우 정비예정구역 또는 정비구역(이하 이 조에서 "정비구역등"이라 한다)에 대하여 특별시장·광역시장·도지사에게 정비구역등의 해제를 요청하도록 하고 있으며, 동 규정은 도시정비법 부칙 〈법률 제11293호, 2012.2.1〉 제3조에 따라 이 법 시행 후 최초로 제4조에 따라 정비계획을 수립(변경수립은 제외한다)하는 분부터 적용하도록 하고 있음

2-3-14 | 한국토지주택공사에서 시행하는 주거환경정비사업의 정비구역 해제
(법제처, '14. 3. 24.)

질의요지 조합이 사업시행자인 주택재개발사업이나 주택재건축사업 등의 경우, 도시정비법 제4조의3제4항제3호에 따라 조합설립추진위원회가 구성되지 않은 경우에는 토지등소유자의 100분의 30 이상이 정비구역의 지정 해제를 요청할 수 있는바, 한국토지주택공사 등이 사업시행자로서 조합설립추진위원회의 구성이 필요 없는 주거환경개선사업 정비구역의 경우에도 같은 규정을 적용하여 사업시행자 지정 후에 정비구역 지정 해제를 요청할 수 있는지

회신내용 한국토지주택공사 등이 사업시행자로서 조합설립추진위원회의 구성이 필요 없는 주거환경개선사업 정비구역의 경우에는 도시정비법 제4조의3제4항제3호를 적용하여 사업시행자 지정 후에 정비구역 지정 해제를 요청할 수 없다고 할 것임

2-3-15 | 도시환경정비사업에서 5년이내 사업시행인가를 신청하지 않은 경우 정비구역 해제 여부
(법제처, '14. 11. 7.)

질의요지 조합이 시행하는 도시환경정비사업의 경우 정비구역으로 지정·고시된 날부터 5년이 되는 날까지 사업시행인가를 신청하지 아니하면 시장, 군수 또는 구청장이 도시정비법 제4조의3제1항제3호에 따라 해당 정비구역의 해제를 요청하여야 하는지

회신내용 조합이 시행하는 도시환경정비사업의 경우에는 정비구역으로 지정·고시된 날부터 5년이 되는 날까지 사업시행인가를 신청하지 아니하더라도 시장, 군수 또는 구청장이 도시정비법 제4조의3제1항제3호에 따라 해당 정비구역의 해제를 요청하여야 하는 것은 아니라고 할 것임

2-3-16 정비구역 해제절차 및 해제절차 진행 시 추진위원회 승인 관련('15.11.06.)

질의요지

가. 시·도지사가 주민공람, 지방의회 의견을 들은 후 정비구역 해제가능여부

나. 정비구역 해제절차 진행 중 추진위원회 승인신청이 접수된 경우 승인가능 여부

회신내용

가. 도시정비법 제4조의3제1항 및 제2항에 따르면 제1항에 따라 정비구역등을 해제하거나 정비구역등의 해제를 요청하는 구청장은 정비구역등의 해제에 관한 내용을 30일 이상 주민에게 공람하고 지방의회의 의견을 들은 후 이를 첨부하여 특별시장·광역시장에게 정비구역등의 해제를 요청하여야 한다고 규정하고 있기 때문에 구청장이 아닌 시·도지사가 주민공람, 지방의회 의견을 들은 후 정비구역등을 해제할 수는 없을 것임.

나. 도시정비법 제4조의3제1항에 따르면 시장, 군수 또는 구청장은 정비예정구역 또는 정비구역이 다음 각 호의 어느 하나에 해당하는 경우 특별시장·광역시장·도지사에게 정비구역등의 해제를 요청하여야 하고, 특별자치시장, 특별자치도지사 및 대도시의 시장은 직접 정비구역등을 해제하여야 한다고 규정을 감안할 때 도시정비법 제4조의3제1항은 강행규정이기 때문에 위 규정에 따라 해제절차가 진행 중인 정비구역등에서의 추진위원회 승인은 곤란할 것임

3-3-17 | 추진위원회 승인 시점에 따른 정비구역 해제규정 적용 ('15.12.03.)

질의요지 도시정비법 부칙〈법률 제13508호, 2015.9.1.〉제2조제2항의 "2012년 1월 31일 이전에 정비계획이 수립된 정비구역"에 2012.1.31. 이전에 정비계획이 수립되지 않은 정비예정구역도 포함되는지

회신내용 도시정비법부칙〈법률 제13508호, 2015.9.1.〉제2조제2항에 따르면 "제4조의3제1항제2호다목은 2012년 1월 31일 이전에 정비계획이 수립된 정비구역에서 승인된 추진위원회에도 적용한다"고 규정하고 있어 2012년 1월 31일 이전에 정비계획이 수립되지 않은 정비예정구역에서 승인된 추진위원회에 대하여는 부칙 제2조제2항에 따라 도시정비법제4조의3제1항제2호다목 규정이 적용되지 않음

2-3-18 | 정비구역결정 취소 판결에 따른 종전 추진위원회의 존속 여부 ('16.12.13.)

질의요지 정비구역 지정되고, 추진위원회가 승인받은 이후 법원 판결에 따라 정비구역 지정이 취소됨에 따라 취소 판결의 하자를 치유하고 정비구역을 다시 지정한 경우 종전의 추진위원회는 존속한다고 볼 수 있는지

회신내용 도시정비법제13조제2항에 따르면 제1항에 따라 조합을 설립하고자 하는 경우에는 제4조에 따른 정비구역지정 고시 후 위원장을 포함한 5인 이상의 위원 및 제15조제2항에 따른 운영규정에 대한 토지등소유자 과반수의 동의를 받아 조합설립을 위한 추진위원회를 구성하여 국토교통부령으로 정하는 방법과 절차에 따라 시장·군수의 승인을 받아야 한다고 규정하고 있기 때문

에 추진위원회 구성을 위한 선결 요건인 정비구역지정이 법원 판결에 따라 취소되었다면 해당 구역에서 승인받은 추진위원회는 이 법 제13조제2항을 충족하지 않았기 때문에 존속한다고 볼 수 없는 바, 정비구역이 다시 지정된 후 추진위원회 구성요건을 충족하여 시장·군수의 승인을 받아야 할 것으로 판단됨

2-3-19 주거환경개선사업의 정비구역 해제 시 용도지역 환원('16.12.30.)

질의요지

도시정비법 제4조의3제5항에서 해당 정비사업의 추진상황에 따라 환원되는 범위를 제한할 수 있다고 규정하고 있는데 주거환경개선사업 구역 해제 시 이전의 용도지역(일반주거지역 → 녹지지역)으로 환원 되어야 하는지

회신내용

가. 도시정비법 제4조의3제5항에 따라 정비구역 등이 해제된 경우 정비계획으로 변경된 용도지역, 정비기반시설 등은 정비구역 지정 이전의 상태로 환원된 것으로 보며, 다만 같은 법 제4항제4호의 경우 특별시장, 광역시장, 특별자치시장, 특별자치도지사, 시장 또는 군수는 정비기반시설의 설치 등 해당 정비사업의 추진상황에 따라 환원되는 범위를 제한할 수 있도록 규정하고 있음

나. 위 규정에 따라 주거환경개선구역이 해제되는 경우에는 정비구역 지정 이전의 용도지역으로 환원되는 것이 원칙이며, 다만 도시정비법제4조의3제5항 단서에서 정한 바 따라 당해 정비계획 수립권자인 해당 지방자치단체의 장이 정비기반시설 설치 등 사업추진 현황을 종합적으로 검토하여 토지이용, 도시계획시설, 지구단위계획 등에 대한 환원되는 범위를 결정하여야 할 것임

| 2-3-20 | 정비예정구역 해제 시 기본계획 변경이 필요한 지('16.05.16.) |

질의요지 도시정비법 제4조의3제1항제1호에 따라 정비예정구역 해제 시 기본계획의 변경을 선행하여야 하는지

회신내용 도시정비법 제4조의3제1항제1호에 따르면 정비예정구역에 대하여 기본계획에서 정한 정비구역 지정 예정일부터 3년이 되는 날까지 특별자치시장, 특별자치도지사 및 대도시의 시장이 정비구역을 지정하지 아니하거나 시장, 군수 또는 구청장이 정비구역 지정을 신청하지 아니하는 경우 시장, 군수 또는 구청장은 특별시장·광역시장·도지사에게 정비구역등의 해제를 요청하여야 한다고 규정하고 있는 바, 도시·주거환경정비기본계획 변경 절차의 선행없이 정비예정구역을 해제할 수 있음

| 2-3-21 | 2012년 이전 추진위원회 및 정비구역 인가시 정비구역해제가 가능한 지 ('16.01.19.) |

질의요지 추진위원회 승인(2007년) 및 정비구역지정(2010년)을 완료한 정비구역에서 개정된 도시정비법제4조의3에 따라 정비구역 해제가 가능한지

회신내용 도시정비법 부칙〈법률 제13508호, 2015.9.1.〉제2조제2항에 따르면 도시정비법 제4조의3제1항제2호다목은 2012년 1월 31일 이전에 정비계획이 수립된 정비구역에서 승인된 추진위원회에도 적용하도록 하고 있고, 이 경우 같은 목에 따른 "추진위원회 승인일부터 2년"은 "이 법 시행일부터 4년"으로 보도록 하고 있으므로, 질의하신 추진위원회도 동 규정의 적용대상이 될 것으로 판단됨

2-3-22 | 2012년 이전 추진위원회, 이후 정비구역 인가시 정비구역 해제가 가능한 지 ('16.04.01.)

질의요지 추진위원회가 2009년 9월 승인되고, 정비구역지정이 2014년 6월에 된 경우 도시정비법제4조의3제1항제2호다목이 적용되는 지

회신내용 도시정비법 부칙 〈법률 제13508호, 2015.9.1.〉 제2조제1항에 따르면 같은 법제4조의3제1항제2호다목은 2012년 2월 1일 이후 최초로 제4조에 따라 정비계획을 수립하는 경우부터 적용하도록 하고 있으나, 질의하신 경우와 같이 2012년 2월 1일 이전에 추진위원회가 승인되고, 2012년 2월 1일 이후에 정비계획이 수립된 지역에 대하여는 동 규정이 적용되지 않음

2-3-23 | 토지등소유자 방식의 경우의 정비구역해제 규정 적용(법제처,'16.3.30.)

질의요지 도시환경정비사업을 조합이 아닌 토지등소유자가 직접 시행하려는 경우에도, 토지등소유자를 사업시행자로 하여 도시정비법 제28조에 따른 사업시행인가를 신청하기 전에는 같은 법 제4조의3제4항제3호가 적용되는지

회신내용 도시환경정비사업을 조합이 아닌 토지등소유자가 직접 시행하려는 경우에도, 토지등소유자를 사업시행자로 하여 도시정비법 제28조에 따른 사업시행인가를 신청하기 전에는 같은 법 제4조의3제4항제3호가 적용됨

2-4 정비계획의 변경

2-4-1 | 인근지역을 편입하여 구역지정 받은 경우의 사업추진('12. 1. 19.)

질의요지 구 주택건설촉진법에 의하여 설립된 주택재건축조합이 인근지역을 편입하여 정비구역을 확장한 상태에서 정비구역결정고시를 받은 경우, 기존 주택재건축조합을 해산하고 새로운 추진위원회를 구성하여 사업추진을 해야 하는지 아니면 조합설립변경인가를 신청하여 사업추진을 할 수 있는지 여부

회신내용 도시정비법 부칙〈제6852호, 2002.12.30〉 제10조에 따라 종전법률에 의하여 조합설립의 인가를 받은 조합은 주된 사무소의 소재지에 등기함으로써 이 법에 의한 법인으로 설립된 것으로 보고 있으므로, 정비구역의 면적을 10% 이상 확대 추진하는 경우 주택재건축조합은 같은 법 제16조제2항 및 제3항에 따라 정비구역의 토지소유자의 동의를 얻어 정관 및 국토해양부령이 정하는 서류를 첨부하여 시장·군수·구청장의 조합설립변경인가를 받아 사업을 추진할 수 있을 것으로 보임, 구체적인 사업추진방식의 결정은 현지상황을 잘 알고 있고 조합설립인가권자인 시장·군수·구청장에게 문의함이 바람직할 것으로 판단됨

2-4-2 | 재건축 용적률 완화 및 소형주택 건설에 따른 정비계획변경('12. 5. 16.)

질의요지 조합설립인가만 득한 재건축의 경우로써 정비계획상 용적률 200%에서 도시정비법 제30조의3에 따라 예정법적상한용적률인 249.3%로 변경될 때 정비계획의 경미한 변경인지 아니면 중대한 변경으로 보아야 하는지

회신내용 도시정비법 제30조의3 및 「주택재건축사업의 용적률 완화 및 소형주택 건설 등 업무처리기준」 5. 경과조치 5-4.에 따라 법 제30조의3 규정은 종전 기본계획 및 정비계획에 불구하고 용적률을 조정하는 것이므로 기본계획 및 정비계획의 변경절차 없이 사업시행계획서의 변경만으로 개정규정을 적용할 수 있음

2-4-3 주거환경개선사업을 다른 정비사업으로 변경 시행 가능 여부('12. 6. 29.)

질의요지 도시정비법 제6조제1항제1호의 현지개량방법에 따라 시행한 주거환경개선사업을 재개발 등 다른 정비사업의 시행이 가능한지

회신내용 개정('12.2.1공포)된 도시정비법 제4조의3 제1항제4호에는 같은 법 제6조제1항제1호에 따른 방법으로 시행하고 있는 주거환경개선사업은 정비구역이 지정·고시된 날부터 15년 이상 경과하고 토지등 소유자의 3분의 2 이상이 정비구역의 해제에 동의하는 경우 정비구역등을 해제할 수 있도록 하고 있음

2-4-4 정비구역 변경지정 시 공보에 고시 생략 가능 여부('12. 6. 25.)

질의요지 재개발정비사업이 사업시행인가 후 민원 등으로 인한 정비구역변경지정요인(경미한 변경)이 발생하여 해당 지자체의 장이 정비구역을 변경 지정한 경우 도시정비법 제4조제5항에 따라 정비계획을 포함한 정비구역 변경지정 내용을 당해 지방자치단체의 공보에 고시토록 되어 있는데 이 때 고시를 반드시 해야 하는지(강제규정 인지) 아니면 생략할 수 있는지(임의규정 인지) 여부

회신내용 도시정비법 제4조제5항에 따라 시·도지사 또는 대도시의 시장은

정비구역을 지정 또는 변경 지정한 경우에는 당해 정비계획을 포함한 지정 또는 변경지정내용을 당해 지방자치단체의 공보에 고시하고, 관계서류를 일반인이 열람할 수 있도록 하고 있으므로, 시·도지사 또는 대도시의 시장은 정비구역을 지정 또는 변경지정한 경우에는 동 규정에 따라 당해 정비계획을 포함한 지정 또는 변경지정내용을 당해 지방자치단체의 공보에 고시하여야 함

2-4-5 정비계획 변경으로 근린생활시설을 용도 변경할 수 있는지('13. 5. 23.)

질의요지 당초 주택재개발사업 정비구역 지정 시 토지이용계획상 용도를 공동주택과 일부 근린생활시설로 지정하였으나, 사업계획이 변경되어 근린생활시설을 근린생활시설 및 업무시설로 용도를 변경하는 정비계획 변경이 주택재개발 정비구역내 가능한지

회신내용 도시정비법 제3조에 따라 특별시장·광역시장 또는 시장은 "토지이용계획·정비기반시설계획·공동이용시설설치계획 및 교통계획" 등 동조 동항 각 호의 사항이 포함된 도시·주거환경정비기본계획을 10년 단위로 수립하여야 하며, 같은 법 제4조제1항에 따라 시장·군수는 기본계획에 적합한 범위에서 노후·불량건축물이 밀집하는 등 대통령령으로 정하는 요건에 해당하는 구역에 대하여 동조 동항 각 호의 사항이 포함된 정비계획을 수립하여야 하므로, 정비계획 변경시 토지이용계획상 용도의 변경은 정비기본계획에 적합한 범위에서 이루어져야 할 것임

2-4-6 도지사에게 정비구역지정을 신청한 후 정비계획이 변경되면 서면통보, 주민설명회, 주민공람 및 지방의회 의견청취절차를 다시 이행하여야 하는지('13. 10. 28.)

질의요지 도시정비법 제4조제1항에 따라 정비계획을 수립하여 주민에 대

한 서면통보, 주민설명회, 주민공람 및 지방의회 의견청취를 거쳐 도지사에게 정비구역지정을 신청한 후 관계 행정기관 협의에 따라 학교부지를 확보하여 정비계획에 반영한 경우 앞서 이행한 서면통보, 주민설명회, 주민공람 및 지방의회 의견청취절차를 다시 이행하여야 하는지

회신내용 도시정비법 제4조제1항에 따라 시장·군수는 기본계획에 적합한 범위에서 정비계획을 수립하여 이를 주민에게 서면으로 통보한 후 주민설명회를 하고 30일 이상 주민에게 공람하며 지방의회의 의견을 들은 후 이를 첨부하여 시·도지사에게 정비구역지정을 신청하도록 하고 있고, 정비계획의 내용을 변경할 필요가 있을 때에는 같은 절차를 거쳐 변경지정을 신청하도록 하고 있으므로 질의의 경우와 같이 정비구역지정을 신청한 후 당초 정비계획의 내용이 변경되는 경우에도 같은 절차를 거쳐 변경하여야 할 것임

2-4-7 정비계획상 사업시행 예정시기 변경('14. 7. 1.)

질의요지 재개발정비사업의 정비계획상 사업시행 예정시기가 1년 이상 경과한 상태에서 총회 의결을 거쳐 사업시행인가 신청이 접수된 경우 사업시행인가를 하고자 하는 경우 정비계획 변경이 선행되어야 하는지

회신내용 도시정비법제4조제1항에 따라 정비계획에는 "정비사업시행 예정시기"등 같은 항 각 호의 사항을 포함하도록 하고 있고, 귀 질의와 같이 정비사업 시행 예정시기가 1년 이상 경과한 경우 정비계획을 변경하여야 할 것이며, 정비사업 추진절차 상 사업시행인가 전에 정비계획 변경이 선행되어야 할 것임

2-4-8 정비예정구역 인접지에 대한 포함 및 제외 시 면적 변경율 산정방법('14. 7. 1.)

질의요지   기존 정비예정구역의 일부를 정비예정구역에서 제외하고 추가로 인접지를 정비예정구역에 포함하였을 경우 정비예정구역 면적 변경율 산정방법은 변경 전후 구역 총면적만 계산하여 산정하는지 아니면 구역 제외면적 비율과 추가면적 비율을 절대값으로 계산하고 합하여 산정하는지

회신내용   도시정비법시행령 제9조제3항에 따라 "정비구역으로 지정할 예정인 구역의 면적을 구체적으로 명시한 경우 당해 구역 면적의 20퍼센트 미만의 변경인 경우"는 정비기본계획의 경미한 사항을 변경하는 경우에 해당됩니다. 이때 구역 면적의 변경율 산정방법에 대하여는 정비(예정)구역 내 행위제한 등 토지등소유자에게 미치는 영향 등을 고려할 때 구역 제외면적 비율과 추가면적 비율을 절대값으로 계산하고 합하여 정비기본계획의 경미한 사항을 변경하는 경우에 해당하는지를 판단하여야 할 것임

2-4-9 재개발 추진위 운영단계에서 재건축 사업으로 전환 가능 여부('12. 1. 31.)

질의요지   주택재개발 조합설립추진위원회가 구성·운영 중인 정비예정구역에서 추진위원회 해산 없이 주택재건축 정비사업으로 전환이 가능한지와 법률근거는

회신내용   도시정비법 제4조제1항에 따르면 같은 법 제3조의 기본계획에 적합한 범위 내에서 정비계획을 수립하도록 하고 있고, 도시정비법 제13조제1항 및 제2항에서는 도시정비법 제4조에 따른 정비구역 지정고시 후 토지등소유자의 동의를 얻어 추진위원회를

구성하도록 하고 있으므로, 정비구역 지정 및 추진위원회 구성은 도시정비법 제4조 및 제13조에 따라 처리되어야 할 것으로 판단됨

2-4-10 정비계획 변경(존치)시 조합원 동의가 필요한 지('16.11.22.)

질의요지 정비계획 수립권자가 일부 건축물의 존치를 내용으로 정비계획을 변경시 조합원의 동의를 받아야 하는지

회신내용 도시정비법제4조제1항에 따르면 정비계획의 내용을 변경할 필요가 있을 때에는 수립과 같은 절차를 거쳐 변경지정을 신청하여야 한다고 규정하고 있으나 정비계획 변경시 조합원의 동의에 대해서는 별도 규정이 없음

다만, 질의와 같이 일부 건축물의 존치를 내용으로 정비계획을 변경하는 것은 정비사업의 사업성에 영향을 미치고 주거환경의 변경을 수반하기 때문에 지자체장이 필요하다고 인정하는 범위에서 조합(조합원) 및 존치예정 건축물 소유자의 의견을 수렴하여 정비계획 변경 여부를 결정할 수 있을 것임

2-4-11 정비사업 시행예정시기가 경과된 후에 예정시기 변경이 가능한지('16.03.31.)

질의요지 조례에 따라 정비사업의 시행예정시기를 정비구역 지정 고시가 있는 날부터 4년 이내의 범위로 정하였으나, 해당 시행예정시기가 경과된 경우 정비계획에 수립된 사업시행예정시기를 변경할 수 있는지

회신내용 도시정비법 시행령 제12조제5호에 따르면 정비사업 시행예정시

기를 1년의 범위 안에서 조정하는 경우를 정비계획의 경미한 변경으로 규정하고 있으며, 정비사업 시행예정시기를 1년의 범위를 초과하여 조정하고자 하는 경우 정비사업의 변경을 통해 조정이 가능하며, 도시정비법에서는 정비사업 시행예정시기를 별도로 제한하고 있지 않음

2-4-12 | 정비계획에 포함된 도시·군관리계획(학교) 변경 절차(법제처, '16.4.27.)

질의요지

가. 도시정비법 제4조에 따라 정비구역에 도시정비사업의 일환으로 학교를 설치하는 내용으로 정비계획의 수립 및 정비구역의 지정을 하거나, 정비구역에 도시정비사업의 일환으로 설치하기로 한 학교를 설치하지 않는 내용으로 정비계획의 변경 및 정비구역의 변경지정을 하려는 경우, 「국토의 계획 및 이용에 관한 법률」 제43조에 따른 도시·군관리계획의 결정이나 같은 법 제48조에 따른 도시·군관리계획결정의 해제를 위한 도시·군관리계획의 결정을 별도로 해야 하는지

나. 도시정비법 제4조에 따라 정비구역에 도시정비사업의 일환으로 설치하기로 한 학교를 설치하지 않기로 하는 내용으로 정비계획이 변경되어 조합설립인가 받은 사항을 변경해야 하는 경우, 이 조합설립인가의 변경은 같은 법 제16조제1항 본문에 따라 조합원의 동의를 받아야 하는 중대한 변경에 해당하는지, 아니면 같은 법 제16조제1항 단서 및 같은 법 시행령 제27조제3호에 따라 조합원의 동의를 받지 않아도 되는 경미한 변경에 해당하는지

회신내용

가. 도시정비법 제4조에 따라 정비구역에 도시정비사업의 일환

으로 학교를 설치하는 내용으로 정비계획의 수립 및 정비구역의 지정을 하거나, 정비구역에 도시정비사업의 일환으로 설치하기로 한 학교를 설치하지 않는 내용으로 정비계획의 변경 및 정비구역의 변경지정을 하려는 경우, 「국토의 계획 및 이용에 관한 법률」 제43조에 따른 도시·군관리계획의 결정이나 같은 법 제48조에 따른 도시·군관리계획결정의 해제를 위한 도시·군관리계획의 결정을 별도로 할 필요가 없음

나. 도시정비법 제4조에 따라 정비구역에 도시정비사업의 일환으로 설치하기로 한 학교를 설치하지 않기로 하는 내용으로 정비계획이 변경되어 조합설립인가 받은 사항을 변경해야 하는 경우, 이 조합설립인가의 변경은 같은 법 제16조제1항 단서 및 같은 법 시행령 제27조제3호에 따라 조합원의 동의를 받지 않아도 되는 경미한 변경에 해당됨

2-5 정비계획의 경미한 변경

2-5-1 용적률 변경에 따른 정비계획의 경미한 변경('12. 4. 26.)

질의요지 재건축사업의 최초 정비구역 용적률은 200%이고, 도시정비법 제30조의2에 의한 임대주택을 포함한 용적률이 220%인 경우 용적률을 도시정비법 제30조의3에 따라 법적상한용적률을 249.3%로 변경시 도시정비법 시행령 제12조제7호의 규정에 따른 정비계획의 경미한 변경인지 여부

회신내용 도시정비법 제30조의3은 기본계획 및 정비계획에 불구하고 용적률을 조정하는 것이므로 기본계획 및 정비계획의 변경절차

없이 사업시행계획서의 변경으로 해당 규정을 적용할 수 있음

2-5-2 | 정비기반시설 추가 확보 시 정비계획의 경미한 변경 여부('09. 7. 10.)

질의요지 당초 정비기반시설 3,659㎡에 추가로 598㎡를 확보하고자 하는 경우 도시정비법 제4조제1항에 따른 대통령령이 정하는 경미한 사항에 해당되는지

회신내용 정비기반시설 규모의 10퍼센트 미만의 변경인 경우 도시정비법 시행령 제12조(정비계획의 경미한 변경)제2호에 경미한 변경으로 규정하고 있는 바, 질의와 같이 당초 정비기반시설 규모의 10퍼센트를 초과하는 경우에는 위 규정의 경미한 사항에 해당되지 않음

2-5-3 | 정비기반시설 면적 증감이 있는 경우 정비계획의 변경('12. 2. 28.)

질의요지 정비계획상 정비기반시설의 면적 증감(공원 면적 증가, 공용주차장 면적 감소)이 있는 경우, 각 정비기반시설의 증가된 공원 면적과 감소된 공용주차장 면적 차이를 기준으로 도시정비법 시행령 제12조제2호에 따른 정비기반시설 규모의 10% 미만 변경에 해당하는지 여부를 판단하는 것인지

회신내용 도시정비법 제4조제1항 각 호 외의 부분 단서 및 같은 법 시행령 제12조제2호에 따라 정비기반시설 규모의 10퍼센트 미만의 변경인 경우는 정비계획의 경미한 변경에 해당하는 것이며, 이 경우 정비기반시설이란 같은 법 제2조제4호에 따른 모든 정비기반시설을 말하는 것인 바, 질의의 경우 각 정비기반시설의 증감을 고려하여 산정된 전체 정비기반시설의 면적 기준으로 경

미한 변경 여부를 적용하는 것이 타당할 것임

2-5-4 | 정비계획 경미한 변경 판단 시 용적률은 정비계획 용적률인지('10. 6. 4.)

질의요지 도시정비법 시행령 제12조제7호 중 "건축물의 용적률을 축소하거나 10% 미만의 범위 안에서 확대하는 경우"에서 용적률은 정비계획용적률만을 말하는지 아니면 법적상한용적률도 포함하는지

회신내용 도시정비법 시행령 제12조제7호에 규정한 용적률은 도시정비법 제4조제1항에 따라 수립된 정비계획에 포함되어 있는 용적률로 봄

2-5-5 | 용도지역변경이 정비계획 경미한 변경인 지('10. 7. 13.)

질의요지 도시·주거환경정비기본계획 내용 중 시군관리계획에 따라 정비구역 내 용도지역(제2종 ⇒ 제3종일반주거지역)이 변경되어 정비계획을 변경하고자 하는 경우 주민공람, 지방의회의 의견청취, 지방도시계획위원회의 심의를 거치지 않고 변경할 수 있는지

회신내용 도시정비법 제4조제1항 및 제4항 단서에 따르면 대통령령이 정하는 경미한 사항을 변경하는 경우에는 주민에 대한 서면 통보, 주민설명회, 주민공람 및 지방의회의 의견청취 및 지방도시계획위원회의 심의를 거치지 아니할 수 있도록 하고 있으며, 도시정비법 시행령 제12조제8호에 따르면 국토계획법 제2조제3호 및 동 조 제4호의 규정에 의한 도시기본계획·도시관리계획 또는 기본계획의 변경에 따른 변경인 경우는 경미한 사항으로 되어 있음

2-5-6 정비계획의 경미한 변경에 포함하는 관계법령에 의한 심의 범위('11. 5. 2.)

질의요지 도시정비법 시행령 제12조제11호의 내용 중 '관계법령에 의한 심의결과에 따른 건축계획의 변경'은 「건축법」에 의한 건축심의와 「학교보건법」에 의한 교육환경평가에 의한 심의도 포함되는지

회신내용 도시정비법 시행령 제12조제11호에서 「도시교통정비 촉진법」에 따른 교통영향분석·개선대책 등 관계법령에 의한 심의결과에 따른 건축계획의 변경인 경우 정비계획의 경미한 변경으로 보고 있는 바, 이 경우 관계법령은 「도시교통정비 촉진법」만을 말하는 것은 아님. 아울러 동 규정은 관계법령에 명문화된 규정의 범위 안에서 심의한 결과에 따른 건축계획의 변경을 의미하는 것으로 판단됨

2-5-7 정비계획과 도시관리계획의 경미한 변경 동시 처리가능 여부('12. 2. 10.)

질의요지 가. 주택재개발 정비구역에 연접한 도시계획시설(학교)부지 일부(시설부지면적의 5% 미만)를 정비구역(구역면적의 10% 미만)에 편입할 경우 정비계획의 경미한 변경으로 볼 수 있는지 여부

나. 정비계획의 경미한 변경사항과 국토계획법 시행령 제25조제3항에 의거 도시관리계획의 경미한 변경사항을 동시에 처리할 수 있는지 여부

회신내용 가. 질의 "가"에 대하여
도시정비법 시행령 제12조제1호에 따라 정비구역면적의 10

퍼센트 미만의 변경인 경우에는 정비계획의 경미한 변경에 해당되는 것으로 판단됨

나. 질의 "나"에 대하여

도시정비법 시행령 제12조에 따른 정비계획의 경미한 변경사항과 국토계획법 시행령 제25조제3항에 따른 도시관리계획의 경미한 변경사항을 동시에 처리할 수 있는지 여부는 정비계획의 수립권자이자 도시관리계획 입안권자인 시장·군수·구청장에게 문의함이 바람직

2-5-8 도시정비법 시행령 제12조제7호 중 "10% 미만" 기준('12. 5. 29.)

질의요지
도시정비법 시행령 제12조제7호의 내용 중 "10% 미만"은 최초 정비계획에 따른 용적률의 10% 미만을 말하는지, 아니면 최종 변경된 정비계획에 따른 용적률의 10% 미만인지 여부

회신내용
도시정비법 시행령 제12조제7호의 건축물의 건폐율 또는 용적률을 축소하거나 10% 미만의 범위 안에서 확대하는 경우에서 용적률은 도시정비법 제4조제1항에 따라 수립된 정비계획에서 정한 용적률을 말함

2-5-9 공공공지로 계획한 토지의 위치를 변경하는 경우 정비계획 경미한 변경에 해당 되는지('13. 1. 18.)

질의요지
정비구역의 일부(정비구역면적의 10% 미만)를 제외하고 공공공지로 계획한 토지(전체 정비기반시설 규모의 10% 미만)의 위치를 변경하는 경우를 도시정비법 시행령 제12조 정비계획의 경미한 변경으로 볼 수 있는지

회신내용 도시정비법 제4조제1항에 따르면 정비구역 및 그 면적, 공동이용시설 설치계획 및 정비사업의 시행을 위하여 필요한 사항으로서 대통령령이 정하는 사항 등을 포함하여 정비계획을 수립하도록 하고 있고, 도시정비법 시행령 제12조제1호 및 제2호에 따르면 정비구역면적의 10% 미만의 변경인 경우, 정비기반시설의 위치를 변경하는 경우와 정비기반시설 규모의 10% 미만의 변경인 경우는 경미한 변경으로 하고 있음

2-5-10 | 국토계획법 시행령에 따른 건축물의 높이 20% 이내의 변경이 정비계획의 경미한 변경 인지('13. 3. 22.)

질의요지 정비계획수립시 최고 높이 및 층수까지 정비계획을 수립한 경우에 최고높이 변경 없이 층수를 변경하는 경우에 국토계획법 시행령 제30조제4항제4호의 건축물의 높이 20% 이내의 변경인 경우(층수변경이 수반되는 경우를 포함)에 따라, 층수를 20% 이내에 변경하는 사항으로 정비계획의 경미한 변경에 해당되는지

회신내용 국토계획법 시행령 제30조제4항제4호 규정은 국토계획법 제30조제5항에 따라 결정된 도시·군관리계획을 변경하려는 경우의 경미한 변경에 관한 사항이며, 도시정비법 제4조제1항 단서에 따른 정비계획의 경미한 변경은 도시정비법 시행령 제12조에 규정하고 있음

2-5-11 | 정비계획의 경미한 변경에서 정비기반시설 규모의 의미('13. 4. 12.)

질의요지 도시정비법 시행령 제12조제2호의 정비기반시설 규모의 10퍼센트 미만의 변경인 경우에 정비구역내 전체 정비기반시설의 규모의 10퍼센트 미만의 변경을 말하는 것인지, 도로·공원 등 각

각의 정비기반시설 규모 10퍼센트 미만을 의미하는지

회신내용 도시정비법 제4조제1항 각 호 외의 부분 단서 및 같은 법 시행령 제12조제2호에 따라 정비기반시설 규모의 10퍼센트 미만의 변경인 경우는 정비계획의 경미한 변경에 해당하는 것이며, 이 경우 정비기반시설이란 같은 법 제2조제4호에 따른 모든 정비기반시설을 말하는 것임

2-5-12 도로 일부 구간의 폭이 10%이상 변경되는 경우 정비계획 경미한 변경에 해당되는지('13. 6. 7.)

질의요지 도시정비법 시행령 제12조제2호의 정비기반시설 규모의 10%미만의 변경과 관련하여 정비기반시설중 도로의 변경이 면적은 10%미만 변경에 해당되나, 도로 일부 구간의 폭이 10%이상 변경되는 경우 면적과 폭 모두 10%미만에 해당되어야만 정비계획 경미한 변경에 해당되는지

회신내용 질의하신 도시정비법 시행령 제12조제2호의 정비기반시설 규모 10%미만의 변경중 도로 규모의 변경은 도로 면적의 10%미만의 변경을 의미하는 것임

2-5-13 연면적, 공동주택 동수 및 세대수 변경이 정비계획 경미한 변경인지 ('14. 6. 13.)

질의요지 정비계획 변경으로 연면적, 공동주택 동수 및 세대수를 변경하고자 할 경우 도시정비법 시행령 제12조제7호 "건축물의 건폐율 또는 용적률을 축소하거나 10퍼센트 미만의 범위안에서 확대하는 경우"에 해당되어 '정비계획의 경미한 변경'인지 여부

회신내용 도시정비법 제4조제1항에 따라 정비계획에는 건축물의 주용도·건폐율·용적률·높이에 관한 계획 등 같은 항 각 호의 사항을 포함하도록 하고 있으나 연면적, 공동주택 동수 및 세대수는 정비계획 수립내용에 포함되지 않음을 알려드리며, 따라서 귀 질의하신 연면적, 공동주택 동수 및 세대수 변경은 도시정비법 시행령 제12조제7호에 해당하지 않는 것임

2-5-14 공동주택 건축물의 배치계획 변경이 정비계획 경미한 변경인지('14. 9. 26.)

질의요지 주택재건축 정비구역 내 당초 주용도인 공동주택 5동을 배치하는 것으로서 정비계획수립 등 고시되었으나, 주택규모를 소형평형위주로 계획하면서 공동주택 1동 추가 및 건축물의 배치계획이 변동되는 정비계획 변경이 도시정비법 제4조제1항의 규정에 의한 변경인지, 같은 법 시행령 제12조의 규정에 의한 정비계획의 경미한 변경인지, 아니면 정비계획 변경 대상이 아닌지 여부

회신내용 도시정비법 제4조제1항에 따라 정비계획에는 건축물의 주용도·건폐율·용적률·높이에 관한 계획 등 같은 항 각 호의 사항을 포함하도록 하고 있으나 공동주택 동수 및 세대수 등은 정비계획 수립내용에 포함되지 않음을 알려드리며, 따라서 귀 질의하신 공동주택 동수 및 세대수 변경 등은 도시정비법 시행령 제12조에 따른 정비계획의 경미한 변경에 해당하지 않는 것임

2-5-15 경관 녹지 부분을 모두 감하고 도로를 증가시키는 것이 정비계획의 경미한 변경인지('15.10.19.)

질의요지 주택재건축 정비사업의 기 고시(2013년)된 정비계획 내용 중 서측 등 경관녹지 2,178m²를 모두 감하고 사업부지 남측에 도로

폭을 확장하여 도로면적 2,155m2를 증가시키는 경우 도시정비법 시행령 제12조제2호에 따라 정비계획의 경미한 변경에 해당하는지와 주민에 대한 서면통보 등 절차 이행 여부

회신내용

도시정비법 시행령제12조제2호에 따라 '정비기반시설의 위치를 변경하는 경우와 정비기반시설 규모의 10퍼센트 미만의 변경인 경우' 정비계획의 경미한 변경에 해당하며 이 때 '정비기반시설 규모'란 도시정비법제2조제4호 및 같은 법 시행령 제3조의 정비기반시설 전체의 규모를 의미함 따라서 정비기반시설 전체 규모가 10퍼센트 미만의 변경인 경우에는 정비계획의 경미한 변경에 해당하므로 도시정비법제4조제1항 단서에 따라 정비계획 변경 시 주민에 대한 서면통보, 주민설명회, 주민공람 등 절차를 거치지 아니할 수 있으며, 같은 조 제5항 단서에 따라 지방도시계획위원회의 심의를 거치지 아니할 수 있음

다만, 정비계획 변경시 도시정비법 제4조제1항 본문 및 제5항 본문에서 정한 정비계획 변경 절차를 거칠 것인지, 같은 조 제1항 단서 및 제5항 단서에 따라 주민에 대한 서면통보 등 절차를 거치지 않을 것인지 여부는 정비계획 변경 내용에 대한 동 절차의 필요성에 대하여 정비계획수립권자인 지자체에서 판단하여 결정할 사항임

2-5-16 공원녹지계획이 삭제된 경우 정비계획의 경미한 변경인지('16.01.25.)

질의요지

기본계획의 변경으로 인해 공원녹지계획이 삭제되어 정비기반시설의 규모가 10%이상 변경될 경우 경미한 정비계획 변경에 해당되는지

회신내용 도시정비법 시행령 제12조에 따르면 정비계획의 경미한 변경이란 「국토의 계획 및 이용에 관한 법률」 제2조제3호 및 동조 제4호의 규정에 의한 도시·군기본계획, 도시·군관리계획 또는 기본계획의 변경에 따른 변경인 경우 등 같은 조각호의 어느 하나에 해당하는 경우를 말하며, 질의하신 경우에 대하여는 해당 기본계획 변경으로 변경된 정비기반시설의 정확한 규모 등을 검토하여 결정하여야 할 것으로 판단되며, 정비기반시설 규모의 10% 이상의 변경인 경우에는 정비계획의 경미한 변경으로 보기 어려움

3 추진위원회 구성·운영

3-1 토지등소유자수 산정 방법

3-1-1 │ 도시환경정비사업의 토지등소유자 동의자 수 산정방법('10. 6. 4.)

질의요지 도시환경정비사업에서 1필지의 토지를 공유하고 있는 4인(갑, 을, 병, 정) 중 3인(갑, 을, 병)이 동 토지 안에 있는 3동의 건축물을 각각 소유하고 있는 경우 도시정비법 시행령 제28조제1항제1호 가목 및 다목(단서 제외)에 따른 토지등소유자의 동의자수 산정방법은

회신내용 도시정비법 제2조제9호에 따르면 도시환경정비사업의 경우 정비구역 안에 소재한 토지 또는 건축물의 소유자 또는 그 지상권자를 토지등소유자로 보고 있는 바, 건축물을 각각 소유하고 있는 "갑", "을", "병"은 도시정비법 제2조제9호에 따라 토지등소유자로 볼 수 있을 것으로 보이나, "정"은 도시정비법 시행령 제28조제1항제1호 가목에 따라 그 수인을 대표하는 대표자인 경우에 한하여 토지등소유자로 볼 수 있을 것임

3-1-2 │ 소재불명자의 토지등소유자수 산정('12. 1. 2.)

질의요지 건물등기부등본 및 건축물관리대장이 서로 상이하고, 소유자 주민등록번호가 기재되어 있으나 기재된 주소가 현재 주소와 상이하고, 해당 지역에 건축물 소재가 확인이 불분명한(없는) 경우 건물등기부등본 상에 등재된 소유자를 토지등소유자 수에 포함·미포함 여부

회신내용 도시정비법 시행령 제28조제1항제4호에서 토지등기부등본·건물등기부등본·토지대장 및 건축물관리대장에 소유자로 등재될 당시 주민등록번호의 기재가 없고 기재된 주소가 현재 주소와 상이한 경우로서 소재가 확인되지 아니한 자는 토지등소유자의 수에서 제외하도록 하고 있음

3-1-3 공부상 실질적인 소유자가 아닌 자로 기재된 경우 토지등소유자 수 산정 ('13. 1. 8.)

질의요지 부동산등기부등본 등의 공부에 실질적인 소유자가 아닌 자의 명의와 주민등록번호가 기재된 경우 토지등소유자 수로 산정하여야 하는지

회신내용 도시정비법 시행령 제28조제1항제4호에서 토지등기부등본·건물등기부등본·토지대장 및 건축물관리대장에 소유자로 등재될 당시 주민등록번호의 기재가 없고 기재된 주소가 현재 주소와 상이한 경우로서 소재가 확인되지 아니한 자는 토지등소유자의 수에서 제외하도록 하고 있어, 이에 해당하지 아니한 경우에는 토지등소유자의 수에서 제외할 수 없을 것임

3-1-4 토지등소유자 동의 받을 때 동의자 수 산정 기준일(법제처, '10. 4. 30.)

질의요지 도시정비법에 따른 정비사업을 시행함에 있어서 추진위원회 승인신청, 조합설립인가 신청 및 사업시행인가 신청 시 얻어야 하는 토지등소유자의 동의자 수를 산정할 때 각각의 신청일을 기준으로 하여야 하는지, 아니면 정비구역의 지정·고시일을 기준으로 하여야 하는지

회신내용 도시정비법에 따른 정비사업을 시행함에 있어서 추진위원회 승인신청, 조합설립인가 신청 및 사업시행인가 신청시 얻어야 하는 토지등소유자의 동의자 수를 산정할 때 각각의 신청일을 기준으로 하여야 함

3-1-5 추진위원회 승인 당시 보다 전체 토지등소유자가 증가한 경우 추진위원회의 해산 신청 시 토지등소유자 수 산정 기준은('13. 11. 18.)

질의요지 추진위원회 승인 당시 보다 전체 토지등소유자가 증가한 경우 도시정비법 제16조의2제1항제1호에 따라 토지등소유자의 과반수 동의로 추진위원회의 해산을 신청하는 경우 토지등소유자 수 산정을 추진위원회 승인 당시 전체 토지등소유자 수로 하여야 하는지 아니면 현재 전체 토지등소유자 수 기준으로 하여야 하는지

회신내용 도시정비법 제16조의2제1항제1호에 따르면 시장·군수는 추진위원회 구성에 동의한 토지등소유자의 2분의 1 이상 3분의 2 이하의 범위에서 시·도조례로 정하는 비율 이상의 동의 또는 토지등소유자 과반수의 동의로 추진위원회의 해산을 신청하는 경우에는 추진위원회 승인을 취소하도록 하고 있으며, 이 경우 토지등소유자 과반수는 정비구역내 현재의 토지등소유자 수를 말하는 것으로 판단됨

3-1-6 운영규정 상의 토지등소유자 수 산정 방법 ('16.09.20.)

질의요지 도시환경정비사업에서 정비구역 고시 이후 다수의 필지를 매수한 자의 주민총회 의결방법과 관련하여, 도시정비법 시행령 제28조 제1항제1호다목 단서를 적용하여 토지등소유자 수를 산정해도 되는지

회신내용

가. 도시정비법 시행령 제28조제1항제1호다목 단서에 따르면 도시환경정비사업의 경우 토지등소유자가 정비구역 지정 후에 정비사업을 목적으로 취득한 토지 또는 건축물에 대하여는 정비구역 지정 당시의 토지 또는 건축물의 소유자를 토지등소유자의 수에 포함하여 산정하되, 이 경우 동의 여부는 이를 취득한 토지등소유자에 의하도록 하고 있으나, 동 규정은 같은 법 제12조·제17조제1항 및 이 영 제13조의2제7항에 따른 토지등소유자의 동의를 하는 경우 적용하도록 하고 있음

나. 또한 운영규정 제37조제2항에 따르면 법·민법 기타 다른 법률과 이 운영규정에서 정하는 사항 외에 추진위원회 운영과 사업시행 등에 관하여 필요한 사항은 관계법령 및 관련행정기관의 지침·지시 또는 유권해석 등에 따르도록 하고 있음

다. 따라서 질의하신 사항과 같이 운영규정의 토지등소유자 수 산정 방법에 대하여는 동법에 별도로 정하고 있지 않으나, 추진위원회 토지등소유자수 산정기준 필요성 및 동 시행령 제정 취지 등을 고려하여 도시정비법 시행령 제28조제1항에 따른 토지등소유자 산정방법에 대하여 추진위원회 운영규정에도 적용됨이 타당할 것으로 판단됨

3-2 추진위원회 구성 및 승인

3-2-1 | 추진위원회 승인신청서 상 추진위원 사망 시 보완요구의 적정성('09. 6. 11.)

질의요지 토지등소유자 377명이 재건축사업을 하고자 38명의 추진위원을 추대하여 재건축 정비사업 조합설립추진위원회 승인 신청을 하

였으나, 추진위원 1인이 사망하여 토지등소유자의 10분의 1에 미달됨을 사유로 행정관청에서 추진위원 1인의 보완요구를 할 수 있는지

회신내용 도시정비법 제13조제2항 및 운영규정 제2조제2항제3호의 규정에 의하면 조합을 설립하고자 하는 경우에는 토지등소유자 과반수의 동의를 얻어 위원장을 포함한 5인 이상의 위원으로 조합설립추진위원회를 구성하여 국토해양부령이 정하는 방법 및 절차에 따라 시장·군수의 승인을 얻도록 하고 있고, 이 경우 위원의 수는 토지등소유자의 10분의 1이상으로 하되 5인 이하인 경우에는 5인으로 하며 100인을 초과하는 경우에는 100인으로 할 수 있도록 하고 있는 바, 조합설립추진위원회 승인권자가 위 규정에 적합하게 보완하도록 조치한 것은 적절함

3-2-2 추진위원회가 있는 상태에서 새로운 추진위원회 승인 가능 여부('09. 9. 2.)

질의요지 현재 추진위원회가 존재하는데도 토지등소유자 1/2 이상 추진위원회설립동의서를 받아 승인신청하면 새로운 추진위원회가 승인되는지

회신내용 도시정비법 제85조제6호에 따르면 승인받은 추진위원회가 있음에도 불구하고 임의로 추진위원회를 구성하여 이 법에 따른 정비사업을 추진하는 자는 2년 이하의 징역 또는 2천만원 이하의 벌금에 처하도록 하고 있는 바, 승인받은 추진위원회가 있는 경우 다른 추진위원회를 승인하여서는 아니 될 것임

3-2-3 | 5인 이상 위원으로 추진위원회 승인 가능 여부('09. 10. 21.)

질의요지 운영규정 제2조제1항에 따라 위원장 및 감사를 포함하여 5인 이상의 위원으로 추진위원회를 구성하여 시장·군수의 승인을 얻을 수 있는지

회신내용 운영규정 제2조제1항에 따르면 정비사업조합을 설립하고자 하는 경우 위원장 및 감사를 포함한 5인 이상의 위원 및 도시정비법 제15조제2항에 따른 운영규정에 대한 토지등소유자 과반수의 동의를 얻어 조합설립을 위한 추진위원회를 구성하여 도시정비법 시행규칙이 정하는 방법 및 절차에 따라 시장·군수 또는 자치구의 구청장(이하 "시장·군수"라 한다)의 승인을 얻어야 한다고 규정하고 있으며, 운영규정 제2조제2항에 따르면 제1항의 규정에 의한 추진위원회 구성은 위원장 1인과 감사를 두고 부위원장은 둘 수 있으며 위원의 수는 토지등소유자의 10분의 1 이상으로 하되, 5인 이하인 경우에는 5인으로 하며 100인을 초과하는 경우에는 토지등소유자의 10분의 1범위 안에서 100인 이상으로 할 수 있다고 규정하고 있는 바, 상기 규정에 적합하게 위원을 구성하여 시장·군수의 승인을 얻어야 할 사항임

3-2-4 | 운영규정의 위원의 수를 충족하여야 추진위 승인이 되는지('12. 9. 28.)

질의요지 운영규정에 위원의 수는 토지등소유자의 10분의 1 이상으로 하도록 하고 있는 바, 이를 반드시 지켜야 하는지 아니면 추진위원회 승인 후 보완을 할 수 있는지

회신내용 운영규정 제2조제2항제3호에 따르면 위원의 수는 토지등소유자

의 10분의 1 이상으로 하되, 5인 이하인 경우에는 5인으로 하며 100인을 초과하는 경우에는 토지등소유자의 10분의 1범위 안에서 100인 이상으로 할 수 있도록 하고 있고, 도시정비법 제13조제2항에 따르면 정비구역지정 고시 후 위원장을 포함한 5인 이상의 위원 및 운영규정에 대한 토지등소유자 과반수 동의를 받아 조합설립을 위한 추진위원회를 구성하여 국토해양부령이 정하는 방법과 절차에 따라 시장·군수의 승인을 받도록 하고 있으므로, 동 규정에 적합하게 추진위원회를 구성하여 시장·군수의 승인을 받아야 할 사항으로 판단됨

3-2-5 | 일부 추진위원이 사퇴한 경우에도 추지위원회 승인이 가능한지('16.12.01.)

질의요지

추진위원회 설립을 위한 동의서 징구 중 동의서에 기재된 일부 추진위원이 사퇴하였으나, 사퇴한 추진위원을 제외하고도 법적 구성 요건이 충족된 경우 해당 동의서로 추진위원회 구성 승인이 가능한지

회신내용

도시정비법 시행령 제21조의2제1항에서 법 제13조제2항에 따라 토지등소유자의 동의를 받으려는 자는 국토교통부령으로 정하는 동의서에 법 제13조에 따른 추진위원회의 위원장, 위원, 법 제14조에 따른 추진위원회의 업무 및 법 제15조제2항에 따른 운영규정을 미리 쓴 후 토지등소유자로부터 동의를 받아야 한다고 규정하고 있고, 운영규정 제2조제2항제3호에 따르면 위원의 수는 토지등소유자의 10분의 1 이상으로 하되, 5인 이하인 경우에는 5인으로 하며 100인을 초과하는 경우에는 토지등소유자의 10분의 범위 안에서 100인 이상으로 할 수 있다고 규정하고 있습니다. 따라서 조합설립 추진위원회 설립동의서에 일부 추진위원이 사퇴하였다 하더라도 위 규정에 따른 추진위원의

수를 충족하는 등 법령에서 규정한 각각의 동의율을 모두 총족하였다면 추진위원회 구성 승인이 가능할 것임

3-3 추진위원회 동의 및 철회

3-3-1 | 토지등소유자에게 알리고 동의를 물어야 하는 대상범위(법제처, '09. 4. 21.)

질의요지 주택재개발사업에 있어서 도시정비법 제13조제2항에 따르면 조합을 설립하려는 경우에는 토지등소유자 과반수의 동의를 얻어 조합설립추진위원회를 구성하여 시장·군수의 승인을 얻어야 하는데, 이 때 모든 토지등소유자에게 알리고 동의 여부를 물어야 하는지

회신내용 주택재개발사업에 있어서 도시정비법 제13조제2항에 따르면 조합을 설립하려는 경우에는 토지등소유자 과반수의 동의를 얻어 조합설립추진위원회를 구성하여 시장·군수의 승인을 얻어야 하는데, 이 때 반드시 모든 토지등소유자에게 알리고 동의 여부를 물어야 하는 것은 아님

3-3-2 | 추진위원회 미 동의자의 동의서를 계속해서 받을 수 있는지('10. 7. 27.)

질의요지 토지등소유자 과반수의 동의를 득하여 주택재개발정비사업 조합설립추진위원회 설립 승인은 되었으나, 설립에 동의하지 않는 자에 대하여 계속 동의서를 받을 수 있는지

회신내용 운영규정 별표 제12조제2항에 따라 추진위원회설립동의서를 받을 수 있을 것임

3-3-3 정비구역이 확대된 경우 추진위원회 과반수 동의요건(법제처, '10. 10. 1.)

질의요지   도시정비법 제4조에 따라 주택재개발사업의 시행을 위한 정비구역이 지정된 후 해당 정비구역의 범위를 확대하는 것으로 변경지정된 경우, 같은 법 제13조에 따라 조합설립을 위한 추진위원회를 구성하여 시장·군수의 승인을 받으려면 정비구역 전체의 토지등소유자 과반수의 동의를 얻으면 되는지, 아니면 기존 정비구역의 토지등소유자 과반수의 동의 및 정비구역의 확대 시 편입된 정비구역의 토지등소유자 과반수의 동의를 각각 얻어야 하는지

회신내용   도시정비법 제4조에 따라 주택재개발사업의 시행을 위한 정비구역이 지정된 후 해당 정비구역의 범위를 확대하는 것으로 변경지정된 경우, 같은 법 제13조에 따라 조합설립을 위한 추진위원회를 구성하여 시장·군수의 승인을 받으려면 정비구역 전체의 토지등소유자 과반수의 동의를 새로 얻으면 되는 것이지, 기존 정비구역의 토지등소유자 과반수의 동의 및 정비구역의 확대 시 편입된 정비구역의 토지등소유자 과반수의 동의를 각각 얻어야 하는 것은 아님

3-3-4 정비구역 축소로 인한 토지등소유자의 동의 시점('11. 3. 10.)

질의요지   도시정비법 시행령 제23조제1항에 따라 사업시행범위의 축소로 인한 토지등소유자의 동의는 언제까지 받아야 하는지

회신내용   도시정비법 시행령 제23조제1항에 따라 추진위원회가 정비사업의 시행범위를 확대 또는 축소하고자 토지등소유자의 과반수

또는 추진위원회의 구성에 동의한 토지등소유자의 3분의 2 이상의 토지등소유자의 동의를 받는 것은 그 업무를 수행하기 전에 받도록 도시정비법 제14조제4항에 규정하고 있음

3-3-5 토지등소유자 권리이전 시 추진위원회 구성에 동의한 자로 볼 수 있는지 ('09. 12. 21.)

질의요지 추진위원회 구성에 동의한 토지등소유자가 시장·군수로부터 추진위원회 구성 승인을 받은 후 토지등소유자의 권리를 이전한 경우, 이전을 받은 자가 추진위원회 구성에 동의한 자로 볼 수 있는지

회신내용 도시정비법 시행령 제28조제1항제3호에 따르면 추진위원회 설립에 동의한 자로부터 토지 또는 건축물을 취득한 자는 추진위원회 설립에 동의한 것으로 보도록 하고 있고, 운영규정 별표 제11조에 따르면 양도·상속·증여 및 판결 등으로 토지등소유자가 된 자는 종전의 토지등소유자가 행하였거나 추진위원회가 종전의 권리자에게 행한 처분 및 권리·의무 등을 포괄 승계한다고 규정되어 있음

3-3-6 추진위원회 동의 철회 및 동의명부 제외가 가능한 지('11. 10. 21.)

질의요지 조합설립추진위원회가 구성 승인된 이후에 추진위원회 동의를 철회할 수 있는지와 할 수 있다면 동의자명부에서 제외될 수 있는지

회신내용 도시정비법 제17조제1항 및 도시정비법 시행령 제28조제4항에 따르면 도시정비법 제13조제2항에 따른 동의는 조합설립추진위원회 구성 승인 신청 전에 철회할 수 있도록 하고 있음

3-3-7 토지등소유자가 일부 소유권에 대한 동의 또는 철회가 가능한 지('16.05.18.)

질의요지

가. 추진위원회 설립에 동의한 자가 소유한 물건 중 일부에 대하여만 추진위원회 설립 동의를 철회할 수 있는지

나. 주택 및 상가 일부를 소유한 A가 배우자와 공동소유한 상가 부분에 대하여만 추진위원회 설립 동의를 철회할 수 있는지

회신내용 도시정비법제13조제2항에 따르면 같은 조제1항에 따라 조합을 설립하고자 하는 경우에는 제4조에 따른 정비구역지정 고시 후 위원장을 포함한 5인 이상의 위원 및 제15조제2항에 따른 운영 규정에 대한 토지등소유자 과반수의 동의를 받도록 하고 있고, 같은 법 시행령 제28조제1항제2호나목에 따르면 1명이 둘 이상의 소유권 또는 구분소유권을 소유하고 있는 경우에는 소유권 또는 구분소유권의 수에 관계없이 토지등소유자를 1명으로 산정하도록 하고 있으므로, 질의하신 경우와 같이 토지등소유자가 소유한 토지 및 건축물 중 일부에 대하여 추진위원회 또는 조합 설립에 대한 동의 및 철회를 할 수 없음.

3-4 추진위원회 해산

3-4-1 추진위원회 및 조합 해산 신청시 인감증명 첨부 여부('12. 5. 3.)

질의요지 도시정비법 제16조의2제1항제1호 및 제2호에 따라 추진위원회 또는 조합의 해산을 신청하는 경우 해산동의서에 토지등소유자의 인감증명을 반드시 첨부하여야 하는지 여부 등

회신내용 2012.2.1. 개정·공포된 도시정비법 제17조제1항에 따른 지장

날인 및 자필서명의 동의 방법은 부칙 제1조에 따라 공포 후 6개월이 경과한 날부터 시행하도록 하고 있으므로, 도시정비법 제17조제1항 개정규정의 시행일인 2012.8.2. 전까지는 인감도장(인감증명서 첨부)을 사용한 서면동의의 방법으로 하고, 2012.8.2. 부터는 지장 날인 및 자필 서명(신분증명서 사본 첨부)의 방법으로 동의를 받아야 할 것으로 판단

3-4-2 추진위원회 및 조합의 해산을 신청하고자 하는 경우 동의 방법('12. 3. 27.)

질의요지

가. 도시정비법 제17조제1항 시행일 전에 같은 법 제16조의2제1항제1호 및 제2호에 따라 추진위원회 및 조합의 해산을 신청하고자 하는 경우 동의 방법은

나. 도시정비법 제4조의3제4항제3호에 따라 추진위원회가 구성되지 아니한 구역에서 토지등소유자의 30/100 이상이 정비구역등의 해제를 요청하는 경우 동의서식 및 동의방법은

다. 운영규정 제5조제3항에 따라 추진위원회설립에 동의한 토지등소유자의 2/3이상(또는 토지등소유자 과반수)의 동의를 얻어 시장·군수에게 신고함으로써 추진위원회가 해산된 경우 도시정비법 제4조의3제1항제5호에 따라 정비구역등의 해제를 요청하여야 하는지 여부

회신내용

가. '12.2.1. 개정·공포된 도시정비법 제17조제1항에 따른 지장(指章) 날인 및 자필 서명의 동의방법은 부칙 제1조에 따라 공포 후 6개월이 경과한 날부터 시행하도록 하고 있으므로, 도시정비법 제17조제1항 시행일인 2012.8.2. 전까지는 인감도장(인감증명서 첨부)을 사용한 서면동의의 방법으로 하고,

시행일부터는 개정 내용에 따라 지장 날인 및 자필서명(신분증명서 사본 첨부)의 방법으로 동의를 받아야 할 것임

나. 도시정비법 제4조의3제4항제3호에 따라 토지등소유자가 정비구역등의 해제를 요청하는 경우 시·도지사 또는 대도시의 시장은 지방도시계획위원회의 심의를 거쳐 정비구역등의 지정을 해제할 수 있으나, 이 경우 동의서식 및 동의방법에 대해서는 별도 규정하고 있지 않습니다. 따라서, 동의서식은 토지등소유자의 동의자 인적사항, 동의내용, 동의일자 등을 포함하는 서식을 작성·활용하는 것이 바람직할 것이며, 동의방법은 개정된 도시정비법 제17조제1항 시행일('12.8.2.) 전에는 인감도장(인감증명서 첨부)을 사용한 동의방법으로 하고, 시행일부터는 개정 내용에 따라 지장 날인 및 자필서명(신분증명서 사본 첨부)의 방법으로 동의를 받는 것이 바람직할 것으로 판단됨

다. 도시정비법 제4조의3제1항제5호는 같은 법 제16조의2에 따라 추진위원회 승인이 취소되는 경우에 시장·군수가 시·도지사 또는 대도시의 시장에게 정비구역등의 해제를 요청하도록 하는 것이므로, 운영규정에 따라 신고함으로써 추진위원회가 해산되어 정비구역등의 해제가 필요한 경우에는 도시정비법 제4조의3제4항제1호 및 제2호에 따라 시·도지사 또는 대도시의 시장이 지방도시계획위원회의 심의를 거쳐 정비구역등의 지정을 해제할 수 있을 것임

3-4-3 조례 개정 전 징구받은 추진위원회 해산 동의서의 효력 여부('12. 10. 23.)

질의요지 '12. 2월 개정된 도시정비법 제16조의2제1항제1호에 따라 추진

위원회 해산 신청을 위하여 주민들이 자체적으로 동의서 양식을 만들어 동의를 받던 중 '12. 7월 조례를 개정하여 추진위원회 해산을 위한 동의서식을 규정한 경우 조례 개정 전에 받은 동의서를 첨부하여 추진위원회 해산 신청이 가능한지 여부

> **회신내용**
>
> '12.2월 개정된 도시정비법 제16조의2제1항제1호에 따라 추진위원회 해산을 신청하기 위한 동의서 양식을 별도로 규정하고 있지 아니하므로, 질의의 경우 조례 개정 전에 받은 동의서라고 하더라도 동 동의서로 추진위원회 해산 동의, 동의자 인적사항 등 특정 토지등소유자의 동의 의사를 명확히 확인할 수 있는 경우에는 동 동의서로 추진위원회 해산 신청이 가능할 것으로 보임

3-4-4 | 임기만료된 추진위원의 직무수행 적정성 및 추진위 해산 방법('12. 4. 30.)

> **질의요지**
>
> 가. 운영규정 별표 제15조제4항에 따라 임기가 만료된 위원은 그 후임자가 선임될 때까지 무한정 그 직무를 수행할 수 있는 지와 시효가 있다면 언제까지 인지 등
>
> 나. 2006.7.4. 추진위원회가 승인되었는데 추진위원회를 해산하기 위해 도시정비법 제16조의2제1항제1호에 따른 방법 외에 다른 방법이 있는지 여부

> **회신내용**
>
> 가. 질의"가"에 대하여
>
> 운영규정 별표 제15조제4항에 따라 임기가 만료된 위원(위원장, 부위원장, 감사, 추진위원)은 그 후임자가 선임될 때까지 그 직무를 수행하도록 하고 있으며 그 직무 수행의 시한에 대하여는 별도 규정하고 있지 않으나, 추진위에서는 임기가 만료된 위원의 후임자를 임기 만료전 2개월 이내에

선임하도록 하고, 그 기간 내에 후임자를 선임하지 않을 경우 토지등 소유자 5분의 1이상이 시장 군수의 승인을 얻어 주민총회를 소집하여 위원을 선임할 수 있도록 하고 있음

나. 질의 "나"에 대하여

도시정비법 제16조의2제1항제1호에 따라 추진위원회 구성에 동의한 토지등소유자의 2분의 1 이상 3분의 2 이하의 범위에서 시·도조례로 정하는 비율 이상의 동의 또는 토지등소유자 과반수의 동의로 추진위원회의 해산을 신청하는 경우 시장·군수는 추진위원회 승인을 취소하도록 하고 있으므로, 해당 추진위원회의 해산시에는 동 규정에 따라 추진위원회의 해산을 신청하여야 할 것으로 판단됨

3-4-5 추진위 승인취소 시 사용비용 보조에 관한 내용을 조례로 정할 수 있는지 ('12. 11. 23.)

질의요지 도시·주거환경정비기금을 도시정비법 제16조의2에 따른 추진위원회 승인취소시 해당 추진위원회가 사용한 비용을 보조할 수 있도록 시·도조례로 정할 수 있는지

회신내용 도시정비법 제16조의2제4항에 따라 추진위원회 승인이 취소된 경우 시·도지사 또는 시장·군수는 해당 추진위원회가 사용한 비용의 일부를 시·도조례로 정하는 바에 따라 보조할 수 있도록 하고 있고, 도시정비법 제82조제3항제1호라목에서 도시·주거환경정비기금은 도시정비법에 의한 정비사업으로서 도시정비법과 시·도조례로 정하는 사항에 대하여 사용할 수 있도록 하고 있으므로, 도시·주거환경정비기금을 사용하여 추진위원회가 사용한 비용을 보조할 수 있도록 시·도조례로 정할 수 있을 것임

| 3-4-6 | 조합설립인가 취소 및 무효가 된 경우 해산된 추진위원회가 존속 여부 ('12. 6. 11.) |

질의요지 법원의 판결에 의해 조합설립인가 취소 및 무효가 된 경우 추진위원회 운영규정 제36조에 따라 이미 조합이 포괄 승계 후 해산된 추진위원회가 존속하는지 여부

회신내용 추진위원회가 조합설립인가 후 해산되었다고 하더라도 조합설립인가가 무효로 판명되었다면 해당 조합이 포괄 승계하였던 권리와 의무는 여전히 추진위원회에 남을 수밖에 없으므로, 그 범위 안에서는 아직 소멸하지 않고 존속한다고 보아야 할 것이고 (부산고등법원 2010.7.23.선고 2010누1996 판결례 및 대법원 2010.12.23. 선고 2010두18611판결례 참조), 추진위원회가 조합설립인가 이전에 수립한 사업추진계획에 대한 승인의 효력 역시 유지되는 것이므로, 기존의 추진위원회는 다시 조합을 설립하여 정비사업을 시행할 수 있다는 법제처 해석(11-0104,2011. 6.2.)이 있었음을 알려드림

| 3-4-7 | 소유권 이전 시 조합설립추진위원회 해산동의서 승계여부('13. 11. 1.) |

질의요지 전 토지등소유자로부터 조합설립추진위원회 해산동의서를 제출받은 후 소유 주택이 양도, 상속, 증여 등으로 인하여 소유자가 변경된 경우 전 토지등소유자가 동의한 조합설립추진위원회 해산동의서는 현재 토지등소유자에게도 승계가 되는지

회신내용 도시정비법 시행령 제28조제1항제3호에 따르면 도시정비법 제12조 및 제17조제1항에 따른 추진위원회 또는 조합의 설립에 동의한 자로부터 토지 또는 건축물을 취득한 자는 추진위원회

또는 조합의 설립에 동의한 것으로 보도록 하고 있으므로, 질의하신 도시정비법 제16조의2제1항에 따른 추진위원회 해산 동의도 이에 따라야 할 것으로 판단됨

3-4-8 정비구역 확대 시 추진위원회 취소처분 가능 여부('09. 6. 30.)

질의요지 도시·주거환경정비기본계획상 정비예정구역에 포함되어 조합설립추진위원회가 승인되었으나, 이후 도촉법에 의거 정비구역으로 확대 지정 고시된 경우에 기존 조합설립추진위원회 설립 승인의 취소 처분이 가능한지

회신내용 도시정비법 제13조제2항의 규정에 의하여 적법하게 승인을 받아 운영 중인 조합설립추진위원회가 존재하는 정비구역 안에서 정비구역 범위가 확대된 경우에는 추가된 구역을 포함하여 관련 규정에 따라 조합설립위원회를 변경 승인할 사항으로 보여지며, 이는 승인권자가 재정비촉진구역의 확대 범위, 현지현황 및 관련법령 등을 종합적으로 고려하여 판단할 사항임

3-4-9 추진위원회 해산시 정족수 산정기준 시점은('14. 1. 3.)

질의요지 주택재개발사업 추진위원회 구성에 동의한 토지등소유자 중 최초 승인 시 다물권자인 토지등소유자의 물권 중 일부 매매로 추진위원회 구성에 동의한 토지등소유자가 증가된 경우 해산승인 시 정족수 산정기준을 최초 인가 시 동의자로 하여야 하는지 아니면 변경된 추진위원회 구성에 동의한 토지등소유자를 정족수로 보아야 하는지

회신내용 도시정비법 제16조의2제1항제1호에 따라 추진위원회 구성에 동

의한 토지등소유자의 2분의 1 이상 3분의 2 이하의 범위에서 시·도조례로 정하는 비율 이상의 동의 또는 토지등소유자 과반수의 동의로 추진위원회의 해산을 신청하는 경우 시장·군수는 추진위원회 승인을 취소하도록 하고 있으며, 동 규정에서 "추진위원회 구성에 동의한 토지등소유자"의 산정은 추진위원회 해산 신청 당시로 보아야 할 것임

3-4-10 | 인가청에 해산신청서를 접수한 후 동의서 철회가 가능한지('14. 3. 7.)

질의요지 신청인(대표자)가 해산신청서를 해당 자치구에 신청한 이후 토지등소유자의 해산신청서 추가 또는 해산신청서 동의 철회가 가능한지 여부

회신내용 도시정비법 제17조제1항 및 같은 법 시행령 제28조제4항에 따라 토지등소유자의 추진위원회 해산동의 철회는 추진위원회 해산 신청 전에 할 수 있음

3-4-11 | 토지등소유자가 미성년자인 경우 해산동의서 작성 방법('14. 3. 24.)

질의요지 도시정비법 제17조(토지등소유자의 동의방법 등)에 따른 서면동의서 제출 시 상속·증여 등에 따라 토지등소유자가 미성년자인 경우 서면동의서 징구방법 및 토지등소유자의 조합설립추진위원회 해산동의서 작성방법

회신내용 도시정비법 제17조제1항에 의하면 제16조의2제1항 등에 따른 동의는 서면동의서에 토지등소유자의 지장을 날인하고 자필로 서명하는 서면동의의 방법으로 하며, 주민등록증, 여권 등 신원을 확인할 수 있는 신분증명서의 사본을 첨부하여야 합니다. 다

만, 토지등소유자가 해외에 장기체류하거나 법인인 경우 등 불가피한 사유가 있다고 시장·군수가 인정하는 경우에는 토지등소유자의 인감도장을 날인한 서면동의서에 해당 인감증명서를 첨부하는 방법으로 할 수 있음을 알려드리며, 귀 질의의 경우와 같이 토지등소유자가 주민등록증 등 신분증명서 발급이 불가한 미성년자인 경우에는 민법, 인감증명법 등 관계 법률에 따라 인감증명서나 법정대리관계를 증명할 수 있는 서류 등을 제출할 수 있을 것임

3-4-12 | 추진위원회 승인이 취소된 경우 비용보조 규정의 유효 기간은
(법제처, '14. 4. 7.)

질의요지

도시정비법 일부개정법률 부칙(제11293호)제2조제3항의 "유효기간"은 관할 관청이 도시정비법 제16조의2제1항제1호에 따라 승인이 취소된 추진위원회에 대하여 2015년 8월 1일까지 비용보조를 할 수 있다는 것을 의미하는지, 아니면 같은 법 제16조의2제1항제1호에 따라 승인이 취소된 추진위원회가 같은 조 제4항에 따라 2015년 8월 1일까지 비용 보조를 신청(해당 조례에서 추진위원회의 "신청"을 규정하고 있는 경우를 전제함)하면 비용 보조를 받을 수 있는 있다는 것을 의미하는지

회신내용

법률 제11293호 도시정비법 일부개정법률 부칙 제2조제3항의 "유효기간"은 관할 관청이 도시정비법 제16조의2제1항에 따라 승인이 취소된 추진위원회에 대하여 2015년 8월 1일까지 비용 보조를 할 수 있다는 것을 의미함

3-4-13 | 추진위원회 해산이 신청된 후에도 해산 동의를 추가할 수 있는지
(법제처 '15.06.23.)

질의요지 도시정비법 제16조의2제1항제1호에 따라 조합설립추진위원회의 해산을 신청하는 경우, 토지등소유자는 시장·군수 또는 자치구의 구청장에게 추진위원회의 해산이 신청된 후에도 추진위원회의 해산에 대한 동의의 의사를 추가로 표시할 수 있는지

회신내용 도시정비법 제16조의2제1항제1호에 따라 조합설립추진위원회의 해산을 신청하는 경우, 토지등소유자는 시장·군수 또는 자치구의 구청장에게 추진위원회의 해산이 신청된 후에는 추진위원회의 해산에 대한 동의의 의사를 추가로 표시할 수 없음

3-5 추진위원회 운영

3-5-1 | 추진위원회 운영 시 재적위원 및 출석위원에 감사가 포함되는지('09. 4. 2.)

질의요지 토지등소유자의 10분의 1 이상의 구성 요건에 따라 25명의 위원을 선임하였는데 이후 위원 9명이 사임 또는 자격상실로 궐위되어 16명(감사2인 포함)의 위원이 남아 있는 경우 운영규정 별표 제26조에 따라 추진위원회 의결 시 재적위원 및 출석위원에 감사가 포함되는지 및 의결을 위하여 몇 명의 위원이 찬성하면 되는 것인지

회신내용 운영규정 별표 제26조제1항에 따르면 "추진위원회는 이 운영규정에서 특별히 정한 경우를 제외하고는 재적위원 과반수 출석으로 개의하고 출석위원 과반수의 찬성으로 의결한다."고 규정되어 있으며, 동 조 제3항에서는 감사는 의결권을 행사할 수

없다고 규정되어 있는 바, 질의의 경우 감사는 의결권을 행사할 수 없으므로 재적위원 수에는 포함하되 출석위원의 수에는 포함하지 않는 것이 바람직 할 것으로 보이며, 운영규정 제2조제2항에서는 위원의 수에 관하여 최소한의 범위를 규정하고 있으므로 재적위원의 수가 상기 운영규정에서 정한 최소한의 위원의 수가 되어야 할 것임

3-5-2 추진위원회에서 위원장 및 감사 선임 의결 가능한 지('09. 12. 17.)

질의요지 정족수 미달로 총회를 재개최하였음에도 다시 정족수 미달이 된 경우, 운영규정 별표 제22조제5항에 따라 추진위원장 및 감사의 연임·선임에 대하여 추진위원회에서 연임·선임을 의결할 수 있는지

회신내용 운영규정 별표 제22조제5항에 따르면 주민총회 소집결과 정족수에 미달되는 때에는 재소집하여야 하며, 재소집의 경우에도 정족수에 미달되는 때에는 추진위원회 회의로 주민총회를 갈음할 수 있는 바, 질의의 경우 상기규정에 따라 추진위원장 및 감사의 연임·선임에 관하여도 추진위원회 의결(추진위원회의 의결방법은 운영규정 별표 제26조에 있음)로서 가능할 수 있을 것임

3-5-3 추진위원회 회의 시 서면동의서에 인감날인을 하여야 하는지('10. 2. 17.)

질의요지 추진위원회 회의 시 서면동의서에 인감날인을 해야 하는지 아니면 서명을 해도 되는지

회신내용 운영규정 별표 제26조제2항 단서에 따르면 위원은 서면으로 추

진위원회 회의에 출석하거나 의결권을 행사할 수 있으나, 이 경우 위원의 인감증명서를 첨부하도록 운영규정에서 명문화하고 있지 않으며, 추진위원회에 관하여는 법에 규정된 것을 제외하고는 민법의 규정 중 사단법인에 관한 규정을 준용한다고 운영규정 별표 제37조제1항에 규정되어 있음

3-5-4 | 통지하지 않은 사항의 추진위원회 의결 적합성 여부('11. 7. 22.)

질의요지 추진위원회가 추진위원에게 통지하지 않은 내용을 의결한 것의 적합한지

회신내용 추진위원회는 운영규정 별표 제25조제2항에 따라 같은 운영규정 별표 제24조제3항의 규정에 의하여 통지한 사항에 관하여만 의결할 수 있는 것이며, 추진위원에게 통지하지 않은 사항을 추진위원회에서 의결한 것은 같은 운영규정 별표 제25조제2항에 적합하지 않는 것으로 판단됨

3-5-5 | 추진위원장 업무대행의 업무처리 적정성 여부('12. 10. 15.)

질의요지 추진위원장이 사임한 경우 추진위원회 위원장을 선임하지 아니하고 부위원장이 위원장 업무대행으로 업무를 처리한 것이 합법적인지

회신내용 운영규정 별표 제17조제6항에 따르면 위원장의 유고로 인하여 그 직무를 수행할 수 없을 경우 부위원장, 추진위원 중 연장자 순으로 추진위원회를 대표하도록 하고 있으며, 동 운영규정 제18조제3항에서는 위원이 자의로 사임한 경우 지체없이 새로운 위원을 선출하도록 하고 있음

3-5-6 | 개정된 운영규정에 따라 추진위원회 운영 방법('09. 8. 3.)

질의요지 운영규정이 개정(2006.8.25.) 되기 전에 조합설립추진위원회에서 운영규정을 작성한 경우, 추진위원회·주민총회를 개정된 운영규정에 따라 운영하여야 하는지

회신내용 운영규정 시행(2006.8.25.) 당시 종전 운영규정에 따라 주민총회·추진위원회 의결 등의 절차를 거쳐 확정된 사항의 경우 그에 따라 2월 이내에 시장·군수에게 승인신청 또는 신고 할 수 있도록 하고 있는 등 동 운영규정 부칙 제2조(경과조치)에 해당하지 않는 것은 현행 운영규정에 적합하여야 할 것으로 보며, 현행 운영규정에 맞지 않은 부분이 있다면 현행 운영규정에 맞게 정비가 이루어져야 할 것임

3-5-7 | 추진위 상근 위원 및 직원의 보수 지급 적정성 여부('12. 1. 9.)

질의요지 추진위원회 운영예산에 위원장과 사무직원의 보수액(급여)을 편성하여 주민총회에 승인 받은 후 이를 근거로 보수를 지급할 경우 이에 대한 보수지급의 적법성 여부

회신내용 운영규정 별표 제15조제1항에 따라 추진위원회에 상근하는 위원을 두는 경우 추진위원회 의결을 거쳐야 하고, 제19조제2항에 따라 추진위원회는 상근위원 및 유급직원에 대하여 주민총회의 인준을 받은 별도의 보수규정을 정하여 보수를 지급하도록 하고 있음

3-5-8 법무사의 추진위원장 겸임이 가능한 지('12. 3. 27.)

질의요지 법무사가 재건축조합의 추진위원장을 겸하고 있는데 운영규정 별표 제17조제8항에 따른 겸직금지에 해당하는지 여부

회신내용 운영규정 별표 제17조제8항에 따라 위원(위원장, 부위원장, 감사, 추진위원)은 동일한 목적의 사업을 시행하는 다른 조합·추진위원회 또는 정비사업전문관리업자 등 관련 단체의 임원·위원 또는 직원을 겸할 수 없도록 하고 있음

3-5-9 운영규정 별표 제26조제1항의 재적위원 과반수의 의미('12. 1. 6.)

질의요지 가. 운영규정 별표 제26조제1항의 재적위원 과반수란 해당 추진위원회의 운영규정에서 정한 위원수의 과반수인지 아니면 사임, 소유권 변동 등에 따라 현재 남아 있는 위원수를 말하는 것인지

나. 추진위원회 설립시 동의서를 제출하지 않았으나, 추진위원 보궐 선임시 추진위원회 설립동의서를 제출하고 추진위원으로 선임될 수 있는지

회신내용 가. 운영규정 제2조제2항제3호에서는 추진위원회가 토지등소유자의 대표성을 확보할 수 있도록 추진위원회의 위원 수에 대하여 최소한의 범위를 규정하고 있으므로, 동 운영규정에 따라 해당 추진위원회 운영규정에서 정한 위원 수를 재적위원으로 봄이 타당하다 할 것임

나. 운영규정 별표 제12조제2항에 따라 추진위원회 구성에 동

의하지 아니한 자에 대하여 도시정비법 시행규칙 별지 제2호의2서식의 추진위원회 동의서를 징구할 수 있다고 규정하고 있고, 별표 제13조제1항제3호에서 추진위원회 위원의 피선임·피선출권은 추진위원회 구성에 동의한 자에 한하도록 규정하고 있으므로, 추진위원회 구성에 동의한 자는 추진위원이 될 수 있는 자격이 있는 것으로 판단됨

3-5-10 개략적인 사업시행계획서 작성을 위한 용역계약 체결 주체('12. 2. 7.)

질의요지 조합설립추진위원회에서 개략적인 사업시행계획서 작성을 위하여 설계자를 선정하여 용역계약 체결을 할 수 있는지 아니면 조합에서만 설계자를 선정할 수 있는지

회신내용 도시정비법 제14조제1항제2의2호 및 제3호에 따르면 추진위원회는 '설계자의 선정 및 변경' 업무와 '개략적인 정비사업 시행계획의 작성' 업무를 수행할 수 있도록 하고 있음

3-5-11 개략적인 사업시행계획서의 작성 방법('12. 3. 9.)

질의요지 추진위원회가 작성하는 개략적인 사업시행계획서에서 '개략적인'의 오차 범위는 기존 부담액 기준으로 어떻게 되는지

회신내용 도시정비법 시행령 제24조제1항제3호에 따라 추진위원회는 '토지등소유자의 부담액 범위를 포함한 개략적인 사업시행계획서'를 토지등소유자가 쉽게 접할 수 있는 일정한 장소에 게시하거나 인터넷 등을 통하여 공개하고, 필요한 경우에는 토지등소유자에게 서면통지를 하는 등 토지등소유자가 그 내용을 충분히 알 수 있도록 하고 있으나, 개략적인 사업시행계획서에 포함되

는 토지등소유자의 부담액 범위에 대하여는 특별히 규정하는 사항이 없음

3-5-12 위원장 부재 시 결산보고서 의결을 위한 회의의 대행('12. 3. 29.)

질의요지 감사가 운영규정 별표 제17조제3항에 따라 추진위원회를 소집하여 추진위원회에 감사의 의견서가 첨부된 결산보고서를 보고하고 의결하고자 할 때 위원장을 대신하여 누가 결산보고서 의결을 위한 회의를 주재해야 하는지

회신내용 운영규정 별표 제17조제6항에 따르면 위원장이 자기를 위한 추진위원회와의 계약이나 소송에 관련되었거나, 위원장의 유고로 인하여 그 직무를 수행할 수 없을 경우에는 부위원장, 추진위원 중 연장자 순으로 추진위원회를 대표할 수 있도록 하고 있음

3-5-13 사임한 추진위원장이 후임자 선출 전까지 업무수행이 가능한지('12. 4. 13.)

질의요지 사임한 추진위원장이 추진위원장이 새로 선출될 때까지 주민총회의 의장 등 추진위원장의 업무를 계속 수행할 수 있도록 추진위원회에서 의결할 수 있는지

회신내용 운영규정 제18조제6항에 따르면 위원장이 사임하거나 해임되는 경우에는 제17조제6항에 따르도록 하고 있고, 제17조제6항에서 위원장의 유고 등으로 인하여 그 직무를 수행할 수 없을 경우에는 부위원장, 추진위원 중 연장자 순으로 추진위원회를 대표하도록 하고 있음

3-5-14 부위원장이 위원장대행으로 직무를 수행하는 것이 적법한지('12. 8. 23.)

질의요지 추진위원장이 사임한지 1년 가까이 경과하고 있는데도 신임 추진위원장을 선출하지 않고 부위원장이 위원장대행으로 직무를 수행하는 것이 적법한 것인지

회신내용 운영규정 별표 제18조제3항에 따라 위원이 자의로 사임한 경우에는 지체없이 새로운 위원을 선출하여야 하며, 같은 조 제6항 단서에 따라 위원장이 사임하는 경우 제17조제6항에 따라 부위원장, 추진위원 중 연장자 순으로 추진위원회를 대표함

3-5-15 임기만료된 추진위원장이 업무를 수행할 수 있는지('12. 6. 4.)

질의요지 추진위원장의 임기가 만료되었으나, 후임 추진위원장이 선출되지 못하였을 경우 임기가 만료된 추진위원장이 정비계획 수립 업무, 조합설립동의서 징구, 조합창립총회 준비 등의 업무를 수행할 수 있는지 여부

회신내용 운영규정 별표 제15조제4항에 따라 임기가 만료된 위원은 그 후임자가 선임될 때까지 그 직무를 수행하고, 추진위원회에서는 임기가 만료된 위원의 후임자를 임기만료 전 2개월 이내에 선임하도록 하고 있으며, 같은 기한 내에 추진위원회에서 후임자를 선임하지 않을 경우 토지등소유자 5분의 1 이상이 시장·군수의 승인을 얻어 주민총회를 소집하여 위원을 선임할 수 있음

3-5-16 추진위 단계에서 운영자금 차입사용의 위법성 여부('12. 6. 14.)

질의요지 추진위원회 단계에서 주민총회의 의결을 통해 정비사업전문관리업체로부터 추진위원회의 운영자금을 차입·사용하였고, 조합설립인가 후 그 차입금을 상환할 때 도시정비법 제24조제3항제2호에 따라 총회의 의결을 거치지 아니하고 이사회의 의결만 거치고 상환한 경우 같은 법 제85조제5호의 벌칙 규정에 해당되는지

회신내용 도시정비법 제24조제3항제2호에 따르면 자금의 차입과 그 방법·이율 및 상환방법은 총회의 의결을 거치도록 하고 있으므로, 추진위원회에서 차입한 운영자금을 조합설립 후 상환하는 경우가 자금의 차입과 그 방법·이율 및 상환방법에 해당하는 때에는 총회의 의결을 거쳐야 할 것으로 판단되며, 아울러 같은 법 제24조에 따른 총회의 의결 사항을 총회의 의결을 거치지 않은 경우에는 같은 법 제85조제5호에 해당될 것으로 보임

3-5-17 추진위원의 범위에 '이사'를 추가할 수 있는지('12. 5. 21.)

질의요지 「○○정비사업 조합설립추진위원회 운영규정」 제15조제1항 추진위원의 범위에 '이사'를 추가할 수 있는 지

회신내용 운영규정 제3조제2항 및 제3항에 따르면 별표 제15조제1항을 확정하도록 하면서 사업추진상 필요한 경우 별표 운영규정에 조·항·호·목 등을 추가할 수 있도록 하고 있고, 추가되는 사항이 법·관계법령, 이 운영규정 및 관련행정기관의 처분에 위배되는 경우에는 효력을 갖지 아니한다고 규정하고 있으므로, 운영규정상 이사의 추진위원 포함여부는 해당 시에서 정비사업

의 추진상 필요성 등을 고려하여 판단하여야 할 사항임

3-5-18 | 추진위설립동의를 철회한 자에 대한 운영경비 부담의 적정성('12. 8. 23.)

질의요지 추진위원회설립동의를 철회할 경우 추진위원회가 사용한 운영경비 등을 부담하지 않아도 되는지

회신내용 운영규정 별표 제13조제1항제4호 및 제37조에서 조합설립추진위원회 구성에 동의한 자는 추진위원회 운영경비 및 그 연체료의 납부의무를 갖고, 추진위원회에 관하여는 도시정비법에 규정된 것을 제외하고는 민법의 규정 중 사단법인에 관한 규정을 준용하도록 하고 있음

3-5-19 | 조합설립추진위원회에서 설계자를 선정하는 경우 설계자의 업무범위는 ('13. 10. 25.)

질의요지 조합설립추진위원회에서 설계자를 선정하는 경우 설계자의 업무범위는

회신내용 「정비사업조합설립추진위원회 운영규정」 제6조에 따라 이 운영규정이 정하는 추진위원회 업무범위를 초과하는 업무나 계약, 용역업체의 선정 등은 조합에 승계되지 아니한다고 하고 있으므로, 질의하신 조합설립추진위원회에서 선정하는 설계자의 업무범위는 운영규정 별표 제5조제1항제3호 및 제4호에 따라 추진위원회가 수행하는 업무 중 개략적인 사업시행계획서의 작성 및 조합의 설립인가를 받기 위한 준비업무 등의 범위에서 하여야 할 것임

| 3-5-20 | 법적정족수에 미달된 추진위원회의 최소 재적의원 수 기준 ('16.03.30.) |

질의요지 추진위원회가 법적정족수에 미달되는 경우에도 추진위원회를 개최하여, 주민총회 개최 및 추진위원 임원 선출 등의 절차를 진행할 수 있는지

회신내용 운영규정 제15조제3항에 따르면 위원의 임기는 선임된 날부터 2년까지로 하되, 추진위원회에서 재적위원 과반수의 출석과 출석위원 3분의 2이상의 찬성으로 연임할 수 있도록 하고 있으며, 추진위원회의 위원이 임기 중 궐위되어 위원 수가 이 운영규정 본문 제2조제2항에서 정한 최소 위원의 수에 미달되게 된 경우에는 재적위원의 수를 이 운영규정 본문 제2조제2항에서 정한 최소 위원의 수로 보도록 하고 있으므로, 질의하신 사항의 경우 위 운영규정에서 정한 최소 위원수의 과반수가 출석한 경우에는 추진위원회를 개최할 수 있을 것으로 판단됨

3-6 주민총회

| 3-6-1 | 일괄 발송된 서면결의서가 유효한지('12. 11. 15.) |

질의요지 추진위원회 주민총회 안건에 대하여 일괄 발송된 서면결의서가 유효한지

회신내용 운영규정 별표 제22조에 따르면 서면에 의한 의결권 행사는 주민총회 출석으로 보도록 하고 있고, 출석을 서면으로 하는 때에는 안건내용에 대한 의사를 표시하여 주민총회 전일까지 추진위원회에 도착되도록 하여야 한다고 규정하고 있으나, 이외 서

면결의서의 구체적인 제출 방법에 대하여는 별도로 규정하고 있지 않음. 서면결의서의 유효여부에 대하여는 해당 안건내용에 대한 토지등소유자의 의사표시 여부나 서면결의서 도착시점 등을 고려하여 판단하여야 할 것임

3-6-2 서면결의서 제출자의 직접 참석자 인정 여부('12. 10. 23.)

질의요지

가. 추진위원회 단계에서 정비사업전문관리업자, 설계자 선정을 위한 주민총회시 직접 참석자가 과반수가 되지 않는 경우, 서면결의서 제출자를 직접 참석자로 인정하여 안건을 처리할 수 있는지

나. 정비사업전문관리업자 및 설계자의 선정을 추진위원회 주민총회에서 선정하는지, 조합설립 후 총회에서 선정하여야 하는지

회신내용

가. 운영규정 별표 제22조에서 추진위원회의 주민총회 의결방법을 규정하고 있으나, 동 규정에서 토지등소유자의 직접 참석에 관하여 별도로 규정하고 있지 않으며, 운영규정 제3조제2항에 따르면 개별 추진위원회의 운영규정은 별표의 운영규정안을 기본으로 하여 같은 항 각 호의 방법에 따라 작성하도록 하고 있으므로, 귀 질의 하신 주민총회의 직접 참석 비율 등에 관한 보다 구체적인 내용은 특정 추진위원회의 운영규정을 고려하여 판단할 사항임

나. 도시정비법 제14조제2항에 따르면 추진위원회가 정비사업전문관리업자를 선정하고자 하는 경우에는 시장·군수의 추진위원회 승인을 얻은 후 경쟁입찰의 방법으로 선정하도록

하고 있고, 같은 법 제24조제3항에 따르면 조합의 경우 정비사업전문관리업자 및 설계자의 선정은 총회의 의결을 거치도록 하고 있음

3-6-3 찬반 등의 의사표시가 없는 서면결의서의 효력 여부('12. 9. 26.)

질의요지

가. 주민총회 안건에 대한 찬반 등의 의사표시없이 서면결의서를 제출한 경우 동 서면결의서를 제출한 자를 주민총회 출석자 수에 포함할 수 있는지 여부

나. 주민총회 안건에 대하여 서면결의서를 제출한 후 동 서면결의서를 철회하고자 하는 경우 절차

회신내용

가. 운영규정 제22조제3항에서 토지등소유자는 규정에 의하여 출석을 서면으로 하는 때에는 안건내용에 대한 의사를 표시하여 주민총회 전일까지 추진위원회에 도착되도록 하고 있으므로, 주민총회 안건에 대하여 서면으로 출석을 하고자 하는 때에는 안건에 대한 찬반여부에 대한 의사를 표시하여야 할 것임

나. 운영규정에서 주민총회시 서면의결권의 철회에 대하여 별도로 규정하고 있지 않음

3-6-4 추진위에서 토지등소유자에 대한 권리·의무 사항 통지 방법('12. 3. 27.)

질의요지

추진위원회가 토지등소유자의 권리·의무에 관한 사항을 공개·통지할 경우 추진위원회운영규정 별표 제9조제1항에 따라 게시 또는 인터넷공고 중 한 가지를 택하고 필요시(추진위원회의 판단

에 따라) 서면통지를 병행할 수 있는지 여부와 같은 조 제2항제2호에 따라 게시판에 14일 이상 공고할 경우 날짜 기산점은

회신내용 운영규정 별표 제9조제1항에 따라 추진위원회는 토지등소유자의 권리·의무에 관한 다음 각호(추진위원회 위원의 선정에 관한 사항 등)의 사항(변동사항 포함)을 토지등소유자가 쉽게 접할 수 있는 장소에 게시하거나 인터넷 등을 통하여 공개하고, 필요한 경우에는 토지등소유자에게 서면통지를 하는 등 토지등소유자가 그 내용을 충분히 알 수 있도록 하고 있음. 또한, 같은 조 제2항제2호·제4호에 따라 게시하는 경우 토지등소유자가 쉽게 접할 수 있는 일정한 장소의 게시판에 14일 이상 공고하고 게시판에 공고가 있는 날부터 공개·통지된 것으로 보도록 하고 있음

3-6-5 주민총회 소집통보 반려 시 일반우편으로 추가발송이 가능한 지('10. 2. 25.)

질의요지 운영규정 별표 제20조제5항에 따라 주민총회 소집을 위한 등기우편 통지 시 반송된 경우 1회 추가 발송 시 일반우편으로도 가능한지

회신내용 운영규정 별표 제20조제5항에 따르면 토지등소유자에게는 회의 개최 10일전까지 등기우편으로 이를 발송·통지하여야 하고 이 경우 등기우편이 반송된 경우에는 지체없이 1회에 한하여 추가 발송하도록 규정하고 있는 바, 추가 발송인 경우 기 발송한 방법에 따라 추가 발송하여야 할 것임

| 3-6-6 | 주민총회 인준 전에 보수규정 작성 및 유급직원채용이 가능한 지('10. 3. 24.)

질의요지 추진위원회가 주민총회의 인준을 받기 전이라도 사무국의 운영규정이나 보수규정을 만들어 상근하는 유급직원을 두거나 유급직원을 채용할 수 있는 지와 추진위원회 위원장이 주민총회나 추진위원회의 인준을 받기 전에 임의대로 유급직원을 채용하여 상근하게 할 수 있는지

회신내용 운영규정 별표 제17조제7항에 따르면 추진위원회는 그 사무를 집행하기 위하여 필요하다고 인정되는 때에는 추진위원회 사무국을 둘 수 있고, 사무국에 상근하는 유급직원을 둘 수 있으며, 이 경우 사무국의 운영규정을 따로 정하여 주민총회의 인준을 받도록 하고 있고, 운영규정 별표 제19조제2항에 따르면 추진위원회는 상근위원 및 유급직원에 대하여 별도의 보수규정을 따로 정하여 보수를 지급하여야 하며, 이 경우 보수규정은 주민총회의 인준을 받도록 하고 있는 바, 사무국에 상근하는 유급직원을 두는 경우에는 사무국의 운영규정을 따로 정하여 주민총회의 인준을 받아야 하고, 유급직원에 대한 보수는 보수규정을 만들어 주민총회의 인준을 받은 후에 그 보수규정에 따라야 할 것임

| 3-6-7 | 주민총회의 출석 및 의결권 행사 시 대리인의 범위('11. 6. 23.)

질의요지 가. 토지등소유자가 주민총회에서 서면으로 의결권을 행사하고자 하는 경우에 인감도장 날인여부 및 서면결의서에 찬·반 의사표시를 하지 않고 제출한 경우 주민총회 출석으로 볼 수 있는지

나. 토지등소유자가 조합설립추진위원회 주민총회에 대리인을 통

하여 의결권을 행사하고자 하는 경우에, 대리인의 범위는

회신내용

가. 운영규정 별표 제22조제2항에 따르면 주민총회에서 토지등소유자는 서면으로 의결권을 행사할 수 있고, 이 경우 서면에 의한 의결권 행사는 운영규정 별표 제22조제1항 주민총회의 규정에 의한 출석으로 보고 있으며, 서면으로 의결권을 행사할 때 인감도장 날인을 명문화하고 있지는 아니함

나. 토지등소유자가 운영규정 별표 제22조제2항에 따라 대리인을 통하여 의결권을 행사하고자 할 때 그 대리인은 운영규정 별표 제13조제2항 각호에 해당하는 대리인을 말하는 것임

3-6-8 | **주민총회 시 토지등소유자의 개의 및 의결 요건**('12. 1. 4.)

질의요지

추진위원회 주민총회시 토지등소유자의 출석 요건은 어떻게 되는지

회신내용

운영규정(국토해양부 고시) 별표 제22조제1항 및 제2항에 따라 주민총회는 도시정비법 및 이 운영규정이 특별히 정한 경우를 제외하고 추진위원회 구성에 동의한 토지등소유자 과반수 출석으로 개의하고 출석한 토지등소유자(동의하지 않은 토지등소유자를 포함한다)의 과반수 찬성으로 의결하도록 하고 있음

3-6-9 | **토지등소유자의 개최 요구에 따른 주민총회 개최비용 부담**('12. 7. 6.)

질의요지

운영규정 제20조제2항제1호의 규정을 충족하여 동조제3항의 규정에 따라 위원장에게 주민총회 개최를 요구하였으나 위원장과 감사가 이에 동의하지 아니하여 주민총회를 청구한 자의 대표가 구청장의 승인을 득하여 총회를 개최하였을 경우 주민총회

개최비용은 누가 부담하는지

회신내용 운영규정 별표 제20조제2항 및 제3항에 따라 토지등소유자 5분의 1 이상이 주민총회의 목적사항을 제시하여 청구하였으나 위원장, 감사가 주민총회를 소집하지 아니하여 소집을 청구한 자의 대표가 시장·군수의 승인을 얻어 이를 소집한 경우 주민총회 개최비용 부담에 대하여는 별도로 규정하고 있지 않으므로 운영규정 제31조에 따라 추진위원회에서 정한 회계규정에 따르거나, 별도의 회계규정을 정하지 않은 경우에는 추진위원회의 운영자금으로 조달하는 것이 바람직할 것으로 사료됨

3-6-10 주민총회에서 다득표 방법으로 의결이 가능한지('15.08.13.)

질의요지 운영규정 별표 제22조의 주민총회 의결 방법 중 의사 및 의결 정족수에는 변경이 없으나, 다만 의결정족수의 과반에 미달하는 경우를 방지하고자 다득표 업체를 선정하는 조항을 추가할 수 있는지

회신내용 운영규정 별표 제22조제1항에 따르면 주민총회는 법 및 이 운영규정이 특별히 정한 경우를 제외하고 추진위원회 구성에 동의한 토지등소유자 과반수 출석으로 개의하고 출석한 토지등소유자(동의하지 않은 토지등소유자를 포함)의 과반수 찬성으로 의결하도록 하고 있고, 같은 조제2항에서 토지등소유자는 서면 또는 제13조제2항 각호에 해당하는 대리인을 통하여 의결권을 행사할 수 있으며 이 경우 서면에 의한 의결권 행사는 제1항의 규정에 의한 출석으로 봄

따라서, 운영규정 별표 제22조제1항에 따라 주민총회의 의결은 출석한 토지등소유자 과반수 찬성에 의하도록 하고 있어 질의

하신 과반수에 미달하는 다득표에 의한 주민총회 의결은 가능하지 않음

3-7 추진위원 선임 및 해임

3-7-1 운영규정 별표 제15조제2항제1호(추진위원회 위원 자격)의 의미('10. 1. 20.)

질의요지 운영규정 별표 제15조제2항 각호의 요건을 모두 충족해야 추진위원회 위원으로 선임될 수 있는지와 동 운영규정 별표 제15조제2항제1호에서 규정하고 있는 "피선출일 현재 사업시행구역 안에서 3년 이내에 1년 이상 거주하고 있는 자"의 구체적 의미는

회신내용 추진위원회 위원은 추진위원회 설립에 동의한 자 중에서 선출하되, 위원장·부위원장 및 감사는 운영규정 별표 제15조제2항 각호의 1에 해당하는 자이면 되는 것이고, 동 운영규정 별표 제15조제2항제1호의 의미는 사업시행구역 안에서 3년 이내에 거주한 기간의 합이 1년 이상으로서 피선출일 현재 사업시행구역 안에서 거주하고 있어야 한다는 것임

3-7-2 추진위원회 감사의 회의안건 발의 제한 여부('10. 3. 24.)

질의요지 감사가 추진위원회의 회의안건 발의나 차기 추진위원회 회의 시 회의안건 상정을 추진위원장에게 요청할 수 있는지

회신내용 추진위원회 감사는 추진위원회에서 의결권을 행사할 수 없다고 운영규정 별표 제26조제3항에 규정하고 있으나, 감사의 회의안건 발의를 제한하는 명문 규정은 없음

3-7-3 추진위원회 위원장 입후보 자격('10. 3. 26.)

질의요지 운영규정 별표 제15조제2항제1호와 제2호에 모두 적합하여야 추진위원회 위원장의 승인이 가능한지

회신내용 조합설립추진위원회 위원장은 추진위원회 설립에 동의한 자 중에서 운영규정 별표 제15조제2항 각 호의 하나에 해당하는 자를 선임할 수 있음

3-7-4 추진위원장 보궐선임의 주민총회 의결 여부('10. 7. 27.)

질의요지 조합설립추진위원회에서 정한 운영규정에 추진위원장의 보궐선임은 추진위원회에서 결정하는 것으로 되어 있는데, 운영규정 별표 제21조제1호에 따라 주민총회의 의결을 거쳐야 하는지

회신내용 추진위원회에서 작성한 운영규정이 도시정비법 및 관계법령 등에 위배되는 경우에는 운영규정 제3조제3항에 따라 효력을 갖지 아니한 바, 추진위원장의 보궐선임은 운영규정 별표 제21조제1호에 따라 주민총회의 의결을 거쳐 결정하여야 할 것임

3-7-5 시장·군수가 개선 권고할 수 있는 추진위원회 위원의 범위('11. 2. 17.)

질의요지 도시정비법 제77조제1항에 따라 추진위원회에 임원의 개선 권고를 하는 경우 임원에는 추진위원장만 포함되는지 아니면 감사·추진위원도 포함되는지

회신내용 도시정비법 제13조제5항에 따르면 도시정비법 제23조의 조합임

원의 결격사유 및 해임에 관한 규정을 준용함에 있어서 조합설립 추진위원회 위원을 임원으로 보고 있으므로, 추진위원회의 경우 도시정비법 제77조제1항의 내용 중 "임원"은 조합설립 추진위원회 위원(위원장, 부위원장, 감사, 추진위원)으로 볼 수 있을 것으로 판단됨

3-7-6 추진위원장 해임을 위한 추진위원회 소집권자('11. 2. 28.)

질의요지

가. 추진위원이 위원장 해임 발의를 위하여 운영규정 별표 제24조제1항제2호에 따라 추진위원 중 3분의 1 이상의 발의서를 받은 경우 누구에게 추진위원회 소집을 요구하는지

나. 추진위원장이 14일 이내에 추진위원회를 소집한다고 하면서 차일피일 미루는 경우 14일이 지나면 감사가 소집할 수 있는지

회신내용

위원장의 해임에 관한 사항은 운영규정 별표 제17조제6항에 따라 부위원장, 추진위원 중 연장자순으로 추진위원회를 대표할 수 있는 것이며, 추진위원회에서 위원장을 해임하려는 경우에는 운영규정 별표 제18조제4항에 따라 토지등소유자의 해임요구가 있는 경우에 재적위원 3분의 1 이상의 동의로 소집된 추진위원회에서 위원정수(운영규정 별표 제15조에 따라 확정된 위원의 수를 말함)의 과반수 출석과 출석위원 3분의 2 이상의 찬성으로 해임할 수 있음

3-7-7 추진위원 연임 가능 여부와 선임방법('12. 4. 19.)

질의요지

임기가 만료된 추진위원의 연임이 가능한지와 이 경우 주민총회를 소집하여 추진위원을 선임할 수 있는지 여부

회신내용 운영규정 별표 제15조제3항 및 제4항에 따라 위원은 추진위원회에서 재적위원 과반수의 출석과 출석위원 3분의 2 이상의 찬성으로 연임할 수 있으며 위원장·감사의 연임은 주민총회의 의결에 의하도록 하고 있음

3-7-8 | 정비구역 지정 전 받은 추진위원 선정 증명서류의 인정 여부('11. 6. 10.)

질의요지 도시정비법 제13조제2항에 조합을 설립하고자 하는 경우에는 정비구역 지정 고시 후 위원장을 포함한 5인 이상의 위원 및 운영규정에 대한 토지등소유자 과반수의 동의를 얻도록 하고 있는데, 위원선정을 증명하는 서류(위원선임수락서, 추진위원회의, 주민총회 등)의 기재 일자가 정비구역 지정 전에 받은 것을 인정할 수 있는지

회신내용 도시정비법 제13조제2항에 따르면 조합을 설립하고자 하는 자는 정비구역지정 고시 후에 토지등소유자 과반수 동의를 얻어 조합설립추진위원회를 구성하여 동 법령에서 정하는 방법과 절차에 따라 해당 시장·군수·구청장의 승인을 받도록 하고 있는바, 위원선정을 증명하는 서류를 포함한 조합설립추진위원회 동의서 등은 정비구역 지정 후에 받아야 할 것으로 보임

3-7-9 | 다수의 추진위원 결원 시 추진위원 선임 방법('12. 10. 23.)

질의요지 가. 토지등소유자가 1,849명인 정비구역에서 추진위원회설립승인 후 재적위원 100인 중 결원 생겨 위원의 수가 42명일 경우 위원을 추진위원회 또는 주민총회에서 선임이 가능한지 여부 및 위원 42명으로 추진위원회를 개최하여 의결이 가능한지

나. 추진위원회 운영규정 제15조 제4항에 따라 토지등소유자 5분의 1이상이 시장·군수의 승인을 얻어 소집한 주민총회에서 추진위원(위원장·감사 제외)을 선임할 수 있는지

회신내용

가. 운영규정 제21조 제1호 및 제25조에 따르면 추진위원회 승인 이후 위원장·감사의 선임·변경·보궐선임·연임의 사항은 주민총회의 의결을 거쳐 결정하도록 하고 있고, 위원(위원장·감사를 제외한다)의 보궐선임은 추진위원회의 의결을 거치도록 하고 있고, 정비사업 조합설립추진위원회 운영규정 제15조 제3항 및 제26조제1항에 따르면 재적위원은 추진위원회 위원이 임기 중 궐위되어 위원 수가 이 운영규정 본문 제2조제2항에서 정한 최소 위원의 수에 미달되게 된 경우 재적위원의 수는 이 운영규정 본문 제2조제2항에서 정한 최소 위원의 수로 보도록 하고 있으며, 추진위원회는 이 운영규정에서 특별히 정한 경우를 제외하고는 재적위원 과반수 출석으로 개의하고 출석위원 과반수의 찬성으로 의결하도록 하고 있음

나. 운영규정 제15조제4항에 따르면 임기가 만료된 위원은 그 후임자가 선임될 때까지 그 직무를 수행하도록 하고 있고, 추진위원회에서는 임기가 만료된 위원의 후임자를 임기만료 전 2개월 이내에 선임하여야 하며, 위 기한 내에 추진위원회에서 후임자를 선임하지 않을 경우 토지등소유자 5분의 1이상이 시장·군수의 승인을 얻어 주민총회를 소집하여 위원을 선임할 수 있도록 하고 있는 바, 추진위원회에서 임기가 만료된 위원의 후임자를 선임하지 않을 경우 주민총회에서 위원을 선임할 수 있을 것임

3-7-10 추진위원회 운영규정 제15조제2항제2호 삭제·수정 가능 여부('09. 9. 18.)

질의요지 추진위원회 위원장 선출과 관련하여 운영규정 별표 제15조제2항제2호 규정(피선출일 현재 사업시행구역 안에서 5년 이상 토지 또는 건축물을 소유한 자)을 주민총회의 의결로 삭제·수정할 수 있는지 및 수정이 가능하다면 토지 또는 건축물 소유자의 소유기간에 관계없이 피선출권을 부여할 수 있는지

회신내용 운영규정(국토해양부 고시 제2009-549, 2009.8.13.) 제3조제2항에 따르면 운영규정안을 기본으로 하여 같은 항 각호의 방법에 따라 작성하도록 규정하고 있으나, 제15조제2항의 규정은 이에 해당되지 않으므로 삭제·수정할 수 없음

3-7-11 추진위원장 보궐선임 시 직접 참석 비율('12. 1. 18.)

질의요지 조합설립추진위원회에서 추진위원장의 보궐선임을 위한 주민총회를 개최할 때 토지등소유자가 10%이상 직접 참석하여야 하는지

회신내용 운영규정 별표 제22조에서 추진위원회의 주민총회 의결방법을 규정하고 있으나, 동 규정에서 토지등소유자의 직접 참석에 관하여 별도로 규정하고 있지 않으며, 운영규정 제3조제2항에 따르면 개별 추진위원회의 운영규정은 별표의 운영규정안을 기본으로 하여 같은 항 각 호의 방법에 따라 작성하도록 하고 있으므로, 주민총회의 직접 참석비율 등에 관한 보다 구체적인 내용은 특정 추진위원회의 운영규정을 고려하여 판단할 사항임

3-7-12 | 추진위원의 연임은 임기만료 2개월 이내에 의결해야 하는지('12. 5. 29.)

질의요지 추진위원회 위원의 연임은 반드시 위원 임기만료 2개월 이내에 추진위원회에서 의결을 하여야 하는지

회신내용 운영규정 별표 제15조제3항 및 제4항에 따라 위원은 추진위원회에서 재적위원 과반수의 출석과 출석위원 3분의 2 이상의 찬성으로 연임할 수 있도록 하고 있고, 추진위원회에서는 임기가 만료된 위원의 후임자를 임기만료 전 2개월 이내에 선임하도록 하고 있음

3-7-13 | 추진위원회 설립 미 동의자 감사(또는 추진위원) 선임의 적정성('12. 8. 7.)

질의요지 추진위원회 설립동의서를 제출하지 않은 자가 감사 또는 추진위원으로 승인될 수 있는지 여부

회신내용 운영규정 별표 제15조제2항에 따라 위원(위원장, 부위원장, 감사, 추진위원)은 추진위원회 설립에 동의한 자 중에서 선출하되, 위원장·부위원장 및 감사는 동조 동항 각 호의 어느 하나에 해당하는 자이어야 함. 또한, 동 운영규정 별표 제12조제2항에 따라 추진위원회 구성에 동의하지 아니한 자를 동의자 명부에 기재하기 위하여는 도시정비법 시행규칙 별지 제2호의2서식에 따른 추진위원회동의서를 징구하여야 함

3-7-14 | 추진위원회 설립 후 추진위원회 설립동의서를 제출하고 위원장 후보에 출마할 수 있는지('13. 4. 23.)

질의요지 당초 추진위원회 설립에 반대한 자가 추진위원회 설립 후 6~8

년 후 현재에 추진위원회 설립동의서를 제출한 후 추진위원회 위원장에 출마할 수 있는지

회신내용 「정비사업 조합설립추진위원회 운영규정」 별표 제15조제2항에 따라 위원(위원장, 부위원장, 감사, 추진위원)은 추진위원회 설립에 동의한 자 중에서 선출하되, 위원장·부위원장 및 감사는 "피선출일 현재 사업시행구역 안에서 3년 이내에 1년 이상 거주하고 있는 자(다만, 거주의 목적이 아닌 상가 등의 건축물에서 영업 등을 하고 있는 경우 영업 등은 거주로 본다)" 등 동조 동항 각 호의 어느 하나에 해당하는 자이어야 함으로, 질의의 경우 위원 선출 전 추진위원회 설립에 동의한 자로서 동 운영규정 별표 제15조제2항각 호의 어느 하나에 해당하는 경우에는 추진위원회 위원장에 출마할 수 있을 것으로 판단됨

3-7-15 추진위원회 운영규정의 추진위원 거주기간은 소유권을 취득한 상태에서 산정하는지('13. 8. 29.)

질의요지 「정비사업 조합설립추진위원회 운영규정」 별표 제15조제2항제1호의 거주기간은 소유권을 취득한 상태에서의 거주기간으로 보아야 하는지 아니면 소유권 취득과 별개로 최근에 소유권을 취득하였지만 사업시행구역 안에서 거주를 하고 있었다면 자격요건이 되는지

회신내용 「정비사업 조합설립추진위원회 운영규정」 별표 제15조제2항제1호의 거주요건은 소유권과 별개의 거주요건을 말하는 것임

3-7-16 | 운영규정 제16조제2항에 정한 추진위원 범위 해석 ('16.12.01.)

질의요지 운영규정(이하 "운영규정") 별표 제16조제2항의 적용 범위

회신내용 운영규정 제16조제2항에 따르면 위원이 제1항 각 호의 1에 해당하게 되거나 선임 당시 그에 해당하는 자이었음이 판명되거나, 선임당시에 제15조제2항 각호의 1에 해당하지 않은 것으로 판명된 경우 당연 퇴임한다고 규정하고 있음

이 규정에서 제1항 각 호의 1에 해당하게 되거나 선임 당시 그에 해당하는 자이었음이 판명된 경우의 당연 퇴임은 추진위원회 위원 전체에 적용하며, 제15조제2항 각 호는 위원장·부위원장 및 감사에 대한 자격요건이므로, 제16조제2항후단의 당연 퇴임 규정도 위원장·부위원장 및 감사에 대해 적용하는 것임.

3-7-17 | 주민 발의로 임원선출 총회 개최 절차 및 적용 규정 ('16.01.19.)

질의요지 운영규정 제15조제4항에 따라 주민총회를 개최하는 경우 제20조제3항 및 제3항의 절차를 이행하여야 하는지

회신내용 운영규정 제15조제4항에 따르면 추진위원회에서는 임기가 만료된 위원의 후임자를 임기만료 전 2개월 이내에 선임하여야 하며 위 기한 내에 추진위원회에서 후임자를 선임하지 않을 경우 토지등소유자 5분의 1이상이 시장·군수의 승인을 얻어 주민총회를 소집하여 위원을 선임할 수 있으며, 이 경우 제20조 제5항 및 제6항을 준용하도록 하고 있으므로, 동 규정에 따라 주민총회를 소집하는 경우 운영규정 제20조 제2항 및 제3항의 규정은 적용되지 않음

3-7-18 | 토지등소유자가 추진위원 선출 총회 개최시 적용되는 규정('16.03.07.)

질의요지 임기가 만료된 추진위원회 위원의 후임자를 선임하지 않아 토지등소유자 5분의 1 이상이 시장·군수의 승인을 얻어 주민총회를 소집하고자 할 때 감사에게 주민총회 소집요구를 하는 등 운영규정 제15조제4항 후단에서 규정한 준용 규정 이외의 규정도 준용하여야 하는지

회신내용 운영규정 제15조제4항에 따르면 임기가 만료된 위원은 그 후임자가 선임될 때까지 그 직무를 수행하고, 추진위원회에서는 임기가 만료된 위원의 후임자를 임기만료 전 2개월 이내에 선임하여야 하며 위 기한 내에 추진위원회에서 후임자를 선임하지 않을 경우 토지등소유자 5분의 1이상이 시장·군수의 승인을 얻어 주민총회를 소집하여 위원을 선임할 수 있으며, 이 경우 제20조 제5항 및 제6항을 준용한다고 규정하고 있으나, 제20조 제3항 등 그 외 규정을 준용하도록 한 규정은 없음

3-7-19 | 추진위원선임 총회시 주민발의대표자의 의장 자격('16.10.31.)

질의요지 임기만료된 추진위원회 위원의 선임을 위해 토지등소유자 5분의 1 이상이 시장·군수의 승인을 얻어 주민총회를 소집할 경우, 주민발의 대표자가 주민총회 의장직의 수행할 수 있는지

회신내용 운영규정 별표 제15조제4항에 따르면 추진위원회에서는 임기가 만료된 위원의 후임자를 임기만료 전 2개월 이내에 선임하여야 하며 위 기한 내에 추진위원회에서 후임자를 선임하지 않을 경우 토지등소유자 5분의 1이상이 시장·군수의 승인을 얻어 주민총회를 소집하여 위원을 선임할 수 있으며, 이 경우 해당 주민

총회 의장직 수행에 대해서는 토지등소유자가 소집하는 추진위원회의 의장선임에 대하여 규정하고 있는 제24제2항 등을 준용하여 선정할 수 있을 것임

3-8 추진위원회 및 조합 통합

3-8-1 2개 추진위원회가 하나의 재건축조합의 설립을 위한 업무수행 권한 유무
(법제처, '11. 9. 22.)

질의요지 도시정비법 제13조제2항에 따라 아파트재건축조합 설립을 위한 추진위원회를 구성하여 시장·군수의 승인을 얻은 A정비구역의 "A추진위원회"가 인근 B정비구역의 "B추진위원회"와 함께 주택재건축사업을 추진하기로 한다면, 도시정비법 제4조에 따른 시·도지사 또는 대도시 시장의 변경지정 고시가 없었고, 같은 법 제13조제2항에 따른 새로운 추진위원회를 구성하기 위한 토지등소유자의 동의를 사전에 받지 않은 상태에서도 A추진위원회 및 B추진위원회가 공동 명의로 재건축추진조합설립동의서를 토지등소유자에게 징구하는 등 하나의 조합설립을 위한 업무를 수행할 권한이 있는지

회신내용 도시정비법 제13조제2항에 따라 아파트재건축조합 설립을 위한 추진위원회를 구성하여 시장·군수의 승인을 얻은 A정비구역의 "A추진위원회"가 인근 B정비구역의 "B추진위원회"와 함께 주택재건축사업을 추진하기로 하더라도, 도시정비법 제4조에 따른 시·도지사 또는 대도시 시장의 변경지정 고시가 없었고, 같은 법 제13조제2항에 따른 새로운 추진위원회를 구성하기 위한 토지등소유자의 동의를 사전에 받지 않은 상태에서는 A추진위원회 및 B추진위원회가 공동 명의로 재건축추진조합설립동의서를

토지등소유자에게 징구하는 등 하나의 조합설립을 위한 업무를 수행할 권한은 없음

3-8-2 | 2개 정비구역을 통합한 경우의 추진위원회 구성('12. 9. 10.)

질의요지

가. 종전에 각각 조합과 추진위원회가 설립되어 있던 2개의 정비구역을 결합하여 하나의 정비구역으로 지정·고시한 후 토지등소유자 과반의 동의를 받아 추진위원회를 구성하고자 하는 경우 기존 추진위원회의 변경으로 가능한지 여부

나. 종전에 각각 A추진위원회와 B추진위원회(조합)를 통합 추진위원회를 구성하였을 경우 기존 B추진위원회(조합) 토지등소유자를 추진위원으로 참여시키지 않을 경우 추진위원회 변경이 타당한지 여부

회신내용

가. 도시정비법 제13조제2항에서 조합을 설립하고자 하는 경우에는 정비구역지정 고시 후 위원장을 포함한 5인 이상의 위원 및 같은 법 제15조제2항에 따른 운영규정에 대한 토지등소유자 과반수의 동의를 얻어 조합설립을 위한 추진위원회를 구성하여 국토해양부령으로 정하는 방법과 절차에 따라 시장·군수의 승인을 얻도록 하고 있음, 질의의 경우 정비구역 지정·고시 및 기존 추진위원회·조합 설립내용 등 정비사업 추진현황을 종합적으로 검토하여 해당 추진위원회 승인권자인 시장·군수·구청장이 판단하여야 할 사항임

나. 도시정비법 제15조제2항에 따라 고시된 운영규정 제2조제2항 제3호에 따르면 추진위원회 위원의 수는 토지등소유자의 10분의 1 이상으로 하되, 100인을 초과하는 경우에는 토지등소

유자의 10분의 1 범위 안에서 100인 이상으로 할 수 있도록 하고 있으며, 같은 운영규정 별표 제15조제6항에 따르면 추진위원의 선임방법은 추진위원회에서 정하되, 동별·가구별 세대수 및 시설의 종류를 고려하도록 하고 있음

3-8-3 2개 정비구역으로 분할되어 있는 경우의 추진위원회 구성 방법('12. 1. 18.)

질의요지 △△주공7단지주택재건축 정비구역 지정 고시된 내용에는 '주공7-1단지'와 '주공7-2단지' 2개의 정비구역으로 분할되어 있는 바, 정비구역 지정에 따라 '주공7-1단지', '주공7-2단지' 각각의 조합설립추진위원회 구성이 가능한지

회신내용 도시정비법 제34조에 따라 시장·군수는 정비사업의 효율적인 추진 또는 도시의 경관보호를 위하여 필요하다고 인정하는 경우에는 정비구역을 2 이상의 구역으로 분할하여 지정 신청할 수 있으며, 이때 정비사업의 시행 방법과 절차에 관한 세부 사항은 시·도조례로 정하도록 하고 있음

3-8-4 조합에서 인근 단지를 통합하는 경우 조합설립 인가의 경미한 변경 인지 ('15.12.24.)

질의요지 기존 A재건축조합에서 인접한 B단지를 통합하여 추진하고자 할 때, 조합설립인가의 경미한 변경에 해당하는지 여부 및 각 단지의 조합원 동의가 필요한지 여부 (B단지는 A단지 면적의 10% 미만)

회신내용 도시정비법 시행령 제27조제3호에 따르면 법 제4조에 따른 정비구역 또는 정비계획의 변경에 따라 변경되어야 하는 사항(정비구

역 면적이 10퍼센트 이상 변경되는 경우는 제외)에 대해서는 조합설립인가내용의 경미한 변경으로 보도록 규정하고 있는 바,

질의에서 A단지의 경우 이 법 제4조에 따른 정비구역 또는 정비계획의 변경에 따라 정비구역 면적이 10퍼센트 미만으로 변경되는 경우라면 조합설립인가내용의 경미한 변경에 해당되어 조합원의 동의없이 시장·군수에게 신고하고 변경할 수 있으나, B단지는 이 법 제16조제2항의 동의요건을 충족해야 할 것으로 판단됨

4 조합설립·운영

4-1 조합원 자격 및 동의자수 산정

4-1-1 | 국·공유지에 대한 조합설립인가 동의('12. 11. 15.)

질의요지 주택재개발사업의 경우 국유지·공유지에 대하여 도시정비법 제16조제1항부터 제3항까지의 조합설립인가를 위한 동의자로 볼 수 있는지

회신내용 도시정비법 제17조 및 같은 법 시행령 제28조제1항제5호에 따르면 도시정비법 제16조제1항부터 제3항까지의 조합설립 동의자 수를 산정할 때 국유지·공유지에 대해서는 그 재산관리청을 토지등소유자로 산정하도록 하고 있음

4-1-2 | 1필지의 토지를 수인이 공유하는 경우 토지면적 동의율 산정
(법제처, '11. 12. 8.)

질의요지 도시정비법 제16조제1항에 따르면 도시환경정비사업의 추진위원회가 조합을 설립하고자 하는 때에는 토지등소유자의 4분의 3 이상 및 토지면적의 2분의 1 이상의 토지소유자의 동의를 얻어 시장·군수의 인가를 받아야 하는데, 토지면적의 2분의 1 이상의 토지소유자의 동의율을 산정함에 있어 정비사업구역내에 1개 필지의 토지를 공유하고 있는 수인 간 조합설립을 위한 동의여부에 대하여 의견이 일치하지 않아 수인을 대표하는 1인을 정하지 못한 경우, 조합설립에 동의한 자의 지분에 해당하는 면적만큼 동의한 것으로 산정할 수 있는지

회신내용 도시정비법 제16조제1항에 따른 토지면적의 2분의 1 이상의 토지소유자의 동의율을 산정함에 있어, 정비사업구역내에 1개 필지의 토지를 공유하고 있는 수인 간 조합설립을 위한 동의여부에 대하여 의견이 일치하지 않아 수인을 대표하는 1인을 정하지 못한 경우, 조합설립에 동의한 자의 지분에 해당하는 면적만큼 동의한 것으로 산정할 수는 없다고 할 것임

4-1-3 조합과 개인이 각각 50% 지분을 가진 경우 조합원 자격 여부('09. 3. 20.)

질의요지 주택재건축사업 조합에서 지분(건축물+토지)을 50% 갖고 있고, 잔여 50% 지분(건축물+토지)을 본인이 갖고 있는 경우 조합원이 될 수 있는지

회신내용 도시정비법 제19조제1항의 규정에서는 "정비사업의 조합원은 토지등소유자(주택재건축사업 사업의 경우에는 주택재건축사업에 동의한 자에 한한다)로 하되, 토지 또는 건축물의 소유권과 지상권이 수인의 공유에 속하는 때에는 그 수인을 대표하는 1인을 조합원으로 본다."라고 조합원이 될 수 있는 자격을 규정하고 있음

따라서, 질의의 경우 조합은 사업시행자로서 조합원이 될 수 있는 지위에 있지 아니하므로 상기 규정에 따른 대표자로 귀하가 선임될 수 있는 것으로 보이는 바, 귀하께서 당해 주택재건축사업에 동의할 경우 조합원이 될 수 있을 것임

4-1-4 공유지분 상가의 조합원 동의 받는 비율('10. 1. 21.)

질의요지 주택재개발사업에서 수인을 대표하는 1인을 조합원으로 보고 있는데 상가가 공유지분으로 되어 있는 경우 공유지분자들의

동의는 몇 %를 받아야 하는지

회신내용 도시정비법 제19조제1항제1호의 규정에 의하면 토지 또는 건축물의 소유권과 지상권이 수인의 공유에 속하는 때 등 각 호의 어느 하나에 해당하는 때에는 그 수인을 대표하는 1인을 조합원으로 보고 있는 바, 토지 또는 건축물의 소유권과 지상권을 수인이 공유한 경우라면 공유자의 대표자를 선정하여 동의여부에 대한 의사를 표시하여야 할 것으로 보며, 공유자간의 의사불일치로 인해 대표자 선정이 되지 아니하거나, 일치된 의견으로 동의의 의사표시를 하지 못하는 경우 동의의 의사표시가 있다고 볼 수 없을 것임

4-1-5 공유토지소유자가 증가한 경우 대표조합원을 선임하여야 하는지('12. 1. 9.)

질의요지 수인이 공유한 도시환경정비사업구역내 토지에 대하여 대표조합원을 선임한 후 동 토지 공유자 중 1인의 토지소유권 일부가 제3자에게 이전되어 동 토지의 소유자가 증가한 경우 새로이 대표조합원을 선임하여야 하는지 여부

회신내용
가. 도시정비법 제19조제1항에서 토지 또는 건축물의 소유권과 지상권이 수인의 공유에 속하는 때에는 그 수인을 대표하는 1인(이하 "대표조합원" 이라 한다)을 조합원으로 보도록 하고 있으나,

나. 대표조합원 선임 후 공유자 변경시 대표조합원 재선임여부 등에 대하여는 도시정비법에서 별도로 정하고 있지 아니하므로 질의의 경우 대표조합원 선임 조건, 매매자 상호간 계약 내용 등을 종합적으로 검토하여야 할 것임

4-1-6 단지 내 도로부지 소유자의 조합원 자격 여부('10. 7. 1.)

질의요지 재건축정비구역에 포함된 단지 내 도로부지 소유자도 조합원이 될 수 있는지

회신내용 정비구역 안에서 추진하는 재건축사업의 조합원은 도시정비법 제2조제9호 및 제19조제1항에 따라 건축물과 그 부속토지를 함께 소유한 자가 될 수 있는 것임

4-1-7 분양신청 하지 않은 조합원의 총회 투표권 보유 여부('12. 4. 17.)

질의요지 조합원이 분양신청을 하지 않은 경우 총회 투표권을 부여해야 하는지

회신내용 도시정비법 제20조제1항제2호·제3호·제10호에 따르면 조합원의 자격, 조합원의 제명·탈퇴 및 교체에 관한 사항, 총회의 의결방법에 관한 사항은 조합정관에 정하도록 하고 있으므로, 같은 법 제47에 따라 분양신청을 하지 아니하여 현금청산자가 된 자의 조합원의 자격, 총회 투표권 부여 여부 등에 대하여는 해당 조합의 정관 등에 따라 판단하여야 함

4-1-8 조합원 자격 상실 시점 및 조합임원의 자격 보유 여부('12. 11. 7.)

질의요지 가. 조합원이 개인사정에 의하여 조합과 청산절차를 진행 중인 경우 조합원 자격상실 시점이 조합과 협의매수 계약 체결일인지 아니면 조합으로부터 매수대금을 수령하고 소유권이 전등기일인지 여부

나. 조합임원이 개인 사정으로 인하여 본인 소유의 토지 및 건축물을 양도하는 경우, 조합임원의 자격상실 시점은 언제인지 여부

다. 조합임원이 개인사정으로 본인 소유의 토지 및 건축물을 양도하고, 해당 정비구역내 토지 및 건축물을 새로이 양수한 경우 조합임원의 자격여부

회신내용

가. "가"에 대하여

도시정비법 제19조제1항 및 제20조제1항제2호에 따르면 정비사업의 조합원은 토지등소유자로 하도록 하고 있고, 조합원 자격에 관한 사항은 조합정관에 포함하도록 하고 있는 바, 질의하신 조합원의 자격상실 시점은 해당 조합의 정관에 따라 판단하여야 할 사항임

나. "나", "다"에 대하여

도시정비법 제20조제1항제6호에 따르면 조합임원의 권리·의무·보수·선임방법·변경 및 해임에 관한 사항에 대해서는 조합정관에 포함하도록 하고 있으므로, 질의하신 조합임원의 자격상실 시점 및 자격 여부는 해당 조합의정관에 따라 판단하여야 할 것임

4-1-9 도시정비법 시행령 제30조제3항제2호(조합원 지위양도 관련)의 적용 ('12. 7. 2.)

질의요지 도시정비법 시행령 제30조제3항제2호(2011.8.11 개정)는 2011.8.11. 이후부터 적용되는 것인지 아니면 시행령 개정 이전의 사항에 대해 소급적용이 가능한지

회신내용

가. 도시정비법 제19조제2항 및 같은 법 시행령 제30조제3항제2호(2009.8.11.시행)에 따라 투기과열지구로 지정된 지역안에서의 주택재건축사업의 경우 조합설립인가 후 당해 정비사업의 건축물 또는 토지를 양수(증여 포함)한 자는 조합원이 될 수 없으나, 양도자가 사업시행인가일로부터 2년 이내에 착공하지 못한 주택재건축사업의 토지 또는 건축물을 2년 이상 계속하여 소유하고 있는 경우 그 양도자로부터 그 건축물 또는 토지를 양수한 자는 그러하지 아니하도록 하고 있음

나. 또한 도시정비법 시행령 제30조제3항제2호 개정시 부칙〈제21679호, 2009.8.11〉에 별도의 소급적용 규정이 없으므로 도시정비법 시행령 제30조제3항제2호는 투기과열지구로 지정된 지역안에서의 주택재건축사업의 경우 조합설립인가 후 당해 정비사업의 건축물 또는 토지를 2009.8.11. 이후에 양수(증여 포함)한 자에 적용되는 것으로 판단됨

4-1-10 투기과열지구내 주택재건축사업의 경우 조합원 지위 양도('17.08.09.)

질의요지

매도계약을 체결하고 중도금을 받은 뒤, 잔금일 전에 투기과열지구가 지정되면 상가 매수인은 재건축조합원의 지위를 양수받을 수 있는지

회신내용

귀 질의하신 투기과열지구 지정은 8.3.(목)자로 지정 및 효력이 발생하였으며, 우리 부에서는 투기과열지구 지정 이전에 재건축 예정주택의 매매계약을 체결한 경우에는 조합원 지위의 양수를 허용할 계획임을 알려드리니, 정비구역 내 상가건축물에 대하여 기 계약을 체결한 경우에는 「부동산 거래신고 등에 관한 법률」에 따른 부동산 거래신고 등의 후속절차를 완료할 것임.

4-1-11 | 투기과열지구내 주택재건축사업의 경우 조합원 지위 양도 예외('17.09.20.)

질의요지 투기과열지구내 조합설립인가 된 재건축사업의 경우 양도자가 투기과열지구지정 이전에 해외에 세대원 전원이 이전한 경우 양수자가 조합원이 가능 여부

회신내용 「도시 및 주거환경정비법」 제19조제2항에 따르면 「주택법」 제63조제1항의 규정에 의한 투기과열지구(이하 "투기과열지구"라 한다)로 지정된 지역안에서의 주택재건축사업의 경우 제16조의 규정에 의한 조합설립인가 후 당해 정비사업의 건축물 또는 토지를 양수한 자는 조합원이 될 수 없도록 규정하고 있음.

다만, 동법 제19조제2항제3호에 따라 양도자의 세대원 전원이 해외로 이주하거나, 2년 이상의 기간 동안 해외에 체류하고자 하는 경우 그 양도자로부터 건축물 또는 토지를 양수한 자는 조합원이 될 수 있음. 따라서, 양도자의 세대원 전원이 2년 이상의 기간 동안 해외에 체류를 하고자 한다면 양수자에게 조합원 지위 양도가 가능할 것으로 보임.

4-1-12 | 투기과열지구내 주택재건축 조합원 지위 양도 관련('17.09.08.)

질의요지
가. 「도시 및 주거환경정비법 시행령」 제30조제3항제2호에서 규정한 사업시행인가일이 최초 인가일인지 변경 인가일인지 여부

나. 2003.6.21. 조합설립인가를 받고, 2014.6.23. 조합설립변경인가를 받은 경우 투기과열지구내 조합원 지위양도가 허용되는지 여부

회신내용

○ 질의 "가" 에 대하여

「도시 및 주거환경정비법」 제30조제3항제2호에 따르면 사업시행인가일부터 2년 이내에 착공하지 못한 주택재건축사업의 토지 또는 건축물을 2년 이상 계속하여 소유하고 있는 경우 투기과열지구내 조합원 지위가 양도되며, 동 규정에서 사업시행인가일은 최초 사업시행인가일을 의미함.

○ 질의 "나" 에 대하여

「도시 및 주거환경정비법」〈법률 제7056호, 2003. 12. 31.〉부칙 제2항에 따르면 이 법 시행 전 주택재건축정비사업조합의 설립인가를 받은 정비사업의 토지등소유자(2003년 12월 31일 전에 건축물 또는 토지를 취득한 자에 한한다)로부터 건축물 또는 토지를 양수한 자는 제19조제2항의 개정규정에 불구하고 조합원 자격을 취득할 수 있다고 규정하고 있기 때문에 2003.6.21. 조합설립인가를 받은 경우 매도자가 2003년 12월 31일 전에 건축물 또는 토지를 취득한 자라면 투기과열지구내 조합원 지위가 양도가 될것임.

4-1-13 | 투기과열지구내 사업시행인가를 변경한 조합의 조합원 자격 관련('17.08.09.)

질의요지

최초 사업시행인가(2008년)를 받은 이후 사업시행변경인가(2017년)를 다시 받은 재건축조합의 조합원으로부터 주택을 매수한 자가 「도시 및 주거환경정비법 시행령」 제30조제3항제2호에 따라 조합원자격을 취득할 수 있는지(착공은 아직 미 진행됨)

회신내용

가. 「도시 및 주거환경정비법」(이하 "도시정비법"이라 한다.)제19조제2항에 따르면 「주택법」 제63조제1항의 규정에 의한 투기과열지구로 지정된 지역안에서의 주택재건축사업의 경

우 제16조의 규정에 의한 조합설립인가 후 당해 정비사업의 건축물 또는 토지를 양수한 자는 조합원이 될 수 없도록 하고 있음.

나. 다만, 도시정비법 시행령 제30조제3항제2호에는 사업시행인가일부터 2년 이내에 착공하지 못한 주택재건축사업의 토지 또는 건축물을 2년 이상 계속하여 소유하고 있는 양도자로부터 그 건축물 또는 토지를 양수한 자는 그러하지 아니도록 하고 있으며, 동 규정의 사업시행인가는 최초 사업시행인가를 의미함.

다. 따라서 질의하신 최초 사업시행인가 이후 2년이상 착공을 하지 못한 경우에는 동 규정이 적용되므로 착공신고 이전까지 이를 매수한 자는 조합원 자격을 취득할 수 있음.

4-1-14 일부 토지를 양도한 경우 조합원 자격 유무('12. 10. 4.)

질의요지 주택재개발 정비사업조합에서 다수 필지의 토지 또는 다수의 건축물을 소유하고 있던 1인이 조합설립인가 이후 토지 또는 건축물의 일부를 다른 사람에게 양도하였을 경우, 조합원 자격이 있는지 여부

회신내용 가. 도시정비법 제19조제1항제3호에 따라 정비사업의 조합원은 토지등소유자로 하되, 조합설립인가 후 1인의 토지등소유자로부터 토지 또는 건축물의 소유권이나 지상권을 양수하여 수인이 소유하게 된 때에는 그 수인을 대표하는 1인을 조합원으로 보도록 하고 있음

나. 또한, 도시정비법(법률 제9444호) 부칙 제10조에 따르면 조

합설립인가를 받은 정비구역에서 2011년 1월 1일 전에 다음 각 목(토지의 소유권, 건축물의 소유권, 토지의 지상권)의 합이 2이상을 가진 토지등소유자가 2012년 12월 31일까지 다음 각 목의 합이 2(조합설립인가 전에「임대주택법」제6조에 따라 임대사업자로 등록한 토지등소유자의 경우에는 3을 말하며, 이 경우 임대주택에 한정한다) 이하를 양도하는 경우 법 제19조제1항제3호의 개정규정에도 불구하고 조합원 자격의 적용에 있어서는 종전의 규정(2009.2.6. 법률 제9444호로 개정되기 전의 법률)에 따르도록 하고 있음

4-1-15 | 1인 소유 다세대건물을 매매하였을 경우 조합원의 자격('12. 7. 19.)

질의요지 조합설립인가 시 A라는 1인 소유의 다세대건물(10세대, 각각 소유등기)을 2011.1.1 이후에 9세대를 매매했을 경우 조합원의 자격은 어떻게 되는지, A가 9세대를 매매하고, 본인의 소유물건 또한 매매를 했을 경우 조합원의 자격이 주어지는지 여부

회신내용 법률 제9444호 도시정비법 부칙 제10조에 따르면 조합설립인가를 받은 정비구역에서 2011년 1월 1일 전에 다음 각 목(토지의 소유권, 건축물의 소유권, 토지의 지상권)의 합이 2이상을 가진 토지등소유자가 2012년 12월 31일까지 다음 각 목의 합이 2(조합설립인가 전에「임대주택법」제6조에 따라 임대사업자로 등록한 토지등소유자의 경우에는 3을 말하며, 이 경우 임대주택에 한정한다) 이하를 양도하는 경우 법 제19조제1항제3호의 개정규정에도 불구하고 조합원 자격의 적용에 있어서는 종전의 규정(2009.2.6. 법률 제9444호로 개정되기 전의 법률)에 따르도록 하고 있음

4-1-16 | 1세대에 속하는 토지등소유자에게 토지를 구입한 경우 조합원 자격('12. 7. 25.)

질의요지

가. 조합설립인가 후 1세대에 속하는 토지등소유자 A, B, C, D 중 C로부터 토지를 구입한 갑의 경우 1인 단독 조합원으로 볼 수 있는지, 아니면 A, B, 갑, D를 대표하는 1인을 조합원으로 볼 수 있는지

나. 조합설립인가 후 1세대에 속하는 수인의 토지등소유자 A, B, C, D를 도시정비법 제19조제1항제3호의 1인의 토지등소유자와 동등하게 볼 수 있는지

회신내용

도시정비법 제19조제1항제2호에 따라 조합원은 토지등소유자로 하되, 수인의 토지등소유자가 1세대에 속하는 때에는 그 수인을 대표하는 1인을 조합원으로 보도록 하고 있으나, 조합설립인가 후 1세대가 소유하는 해당 토지를 1세대가 아닌 사람이 소유하게 된 경우 이를 1세대내의 토지로 보아 그 수인을 대표하는 1인을 조합원으로 보도록 하는 별도의 규정은 없으므로, 1세대에 속하는 토지를 1세대가 아닌 사람이 소유하게 된 때에는 해당 토지등소유자를 조합원으로 봄이 타당할 것으로 판단됨

4-1-17 | 도시정비법 제19조제1항제3호 개정 규정(법률 제9444호)의 적용('12. 2. 15.)

질의요지

주택재건축정비사업구역내에 부부가 각각 하나의 주택을 소유하게 되어 도시정비법 제19조제1항제2호의 규정에 따라 대표하는 조합원을 선임하였고, 조합설립인가 후에 부인이 소유하고 있는 주택을 양도하는 경우, 2011.9.16. 개정된 같은 법 부칙 제9444호 제10조의 규정을 적용하지 못하는 개정취지는

회신내용 도시정비법 제19조제1항제3호의 개정 규정(법률 제9444호, 2009. 2. 6. 공포·시행)은 조합설립인가 후 1인의 토지등소유자로부터 토지 또는 건축물의 소유권이나 지상권을 양수하여 수인이 소유하게 된 때에는 그 수인을 대표하는 1인만을 조합원으로 인정하고, 그 외의 자에게는 조합원 자격이 인정하지 아니하는 내용으로, 부동산 투기와 관계없는 토지등소유자들이 재산권 행사에 제약을 받는 등 선의의 피해사례를 방지하기 위해 현행 규정을 유지하면서, 법률 제9444호 도시정비법 일부개정법률의 부칙에 조합원 자격에 관한 경과조치를 두게 된 것임

4-1-18 | 분양신청을 하지 아니한 자의 조합원 자격 상실 여부('12. 9. 10.)

질의요지 분양신청기간 내에 분양신청을 하지 아니한 자의 조합원 자격 상실 여부

회신내용 도시정비법 제20조제1항제2호 및 제3호에 따르면 조합원의 자격에 관한 사항, 조합원의 제명·탈퇴 및 교체에 관한 사항 등은 해당 조합의 정관에 정하도록 하고 있으므로, 질의하신 조합원의 자격 상실여부에 대하여는 해당 조합의 정관에 따라 판단하여야 할 사항임

4-1-19 | 주상복합동의 주택 및 상가의 동의율 산정 방법('14. 3. 7.)

질의요지 주택단지 안의 공동주택 총 23개동 중 3개동이 주거복합(지상1~2층 상가, 지상 3~5층 아파트)인 재건축의 경우, 주거복합동의 각 동별 동의율 산정 시 주택과 상가를 하나의 동으로 보고 각 동별 동의율을 산정해야 하는지, 아니면 복리시설인 3개동의 상가 전

체를 주택과는 별도로 하나의 동으로 보고 동의율을 산정해야 하는지, 아니면 모두 충족하여 동의율을 산정해야 하는지

회신내용 도시정비법제16조제2항에 따라 주택재건축사업의 추진위원회가 조합을 설립하고자 하는 때에는 주택단지 안의 공동주택의 각 동(복리시설의 경우에는 주택단지 안의 복리시설 전체를 하나의 동으로 본다)별 구분소유자의 3분의 2 이상 및 토지면적의 2분의 1 이상의 토지소유자의 동의(공동주택의 각 동별 구분소유자가 5 이하인 경우는 제외)와 주택단지 안의 전체 구분소유자의 4분의 3 이상 및 토지면적의 4분의 3 이상의 토지소유자의 동의를 얻도록 하고 있으며, 동 규정에 따라 귀 질의의 경우 복리시설인 상가 전체를 주택과는 별도로 하나의 동으로 보고 동의율을 산정하여야 할 것임

4-1-20 다수의 주택을 소유한 법인이 개인에게 매도한 경우 조합원 수('14. 11. 27.)

질의요지 조합설립 인가 당시 하나의 법인인 공단에서 122세대의 아파트를 소유하고 있어서 공단을 1인의 조합원으로 인정하였으나, 공단이 조합설립인가 이후 122세대 전체를 다수의 개인들에게 매도한 경우로서,

가. 주택재건축 조합설립인가(2009.6.8.) 후 당초 조합 설립 시 미 동의자에 대하여 추가로 조합설립 동의서를 받고자 할 경우 당초 조합설립인가 시 조합설립동의서 양식으로 동의를 받아야 하는지 아니면 개정된 현행 도시정비법 시행규칙 별지 제4호의3서식에 따라 동의를 받아야 하는지

나. 도시정비법 제16조의 규정에 따라 구역 내 전체 토지등소유자에게 현행 서식에 따라 조합설립동의서를 다시 받아

조합설립 변경인가를 신청할 수 있는지와 신청할 수 있다면 조합원 수 산정 방법은

회신내용
가. 조합설립인가(2009.6.8.) 후 추가로 조합설립 동의를 받는 경우 현행 「도시정비법 시행규칙」 별지 제4호의3서식의 조합설립동의서를 받아야 할 것임

나. 도시정비법 제19조제1항제3호에 따르면 조합설립인가 후 1인의 토지등소유자로부터 토지 또는 건축물의 소유권이나 지상권을 양수하여 수인이 소유하게 된 때에는 그 수인을 대표하는 1인을 조합원으로 보도록 하고 있으므로, 귀 질의의 경우와 같이 구역 내 현재의 전체 토지등소유자에게 조합설립동의서를 다시 받아 조합설립 변경인가를 신청할 문제는 아님

4-1-21 | 1세대에 대한 조합원 자격 결정시 "분가" 의미는(법제처,'16.4.8.)

질의요지
도시정비법 제19조제1항제2호에 따른 20세 이상 자녀의 분가에 해당하기 위해서는 주민등록표상 세대 분리만으로 족한지, 아니면 주민등록표상 세대 분리뿐만 아니라 실거주도 분리되어야 하는지

회신내용
도시정비법 제19조제1항제2호에 따른 20세 이상 자녀의 분가에 해당하기 위해서는 주민등록표상 세대 분리뿐만 아니라 실거주도 분리되어야 함

4-1-22 단독주택 재건축사업구역 내 연립주택 동의 방법('14. 1. 3.)

질의요지 단독주택 재건축구역 내에 주택단지인 연립주택 1개동이 포함된 경우 해당 연립주택에 대해서는 도시정비법 제16조제2항을 적용하여 동의요건을 충족해야하는지 아니면 동조 제3항만을 적용하여 조합설립인가 동의요건을 충족할 수 있는지

회신내용 도시정비법 제16조제2항 및 제3항에 따르면 주택재건축사업의 추진위원회가 조합을 설립하고자 하는 때에는 주택단지 안의 공동주택의 각 동별 구분소유자의 3분의 2 이상 및 토지면적의 2분의 1 이상의 토지등소유자의 동의와 주택단지 안의 전체 구분소유자의 4분의 3 이상 및 토지면적의 4분의 3 이상의 토지등소유자의 동의를 얻도록 하고 있고, 주택단지가 아닌 지역이 정비구역에 포함된 때에는 주택단지가 아닌 지역안의 토지 또는 건축물 소유자의 4분의 3 이상 및 토지면적의 3분의 2 이상의 토지등소유자 동의를 얻도록 하고 있으므로, 질의하신 경우는 도시정비법 제16조제2항 및 제3항에 따른 토지등소유자의 동의를 받아야 할 것임

4-1-23 국·공유지에 대하여 조합원 자격을 줄 수 있는지('14. 9. 26.)

질의요지 조합이 국·공유지에 대해 토지대금을 지불하지 못하는 경우 국·공유지도 조합원이 될 수 있는지

회신내용 도시정비법 제19조제1항에 정비사업의 조합원은 토지등소유자(주택재건축사업과 가로주택정비사업의 경우에는 주택재건축사업과 가로주택정비사업에 각각 동의한 자만 해당한다)로 하고 있고, 도

시정비법 시행령 제28조제1항제5호에 국유지·공유지에 대해서는 그 재산관리청을 토지등소유자로 산정하도록 규정하고 있음

4-1-24 │ 교회 재산이 교유인 총유재산인 경우 조합원 자격 ('15.04.03.)

질의요지 교회 재산은 교인의 총유 재산이므로, 대표조합원으로 선임된 1인이 조합원 및 임원이 될 수 있는지

회신내용 도시정비법 제19조제1항에 따르면 정비사업의 조합원은 토지등소유자로 하되, 토지 또는 건축물의 소유권과 지상권이 수인의 공유에 속하는 때에는 그 수인을 대표하는 1인을 조합원으로 보도록 하고 있으므로, 질의하신 교회의 소유권이 수인의 공유에 속하는 때에는 동 규정을 적용할 수 있을 것임

4-1-25 │ 재단법인 소유 교회의 조합원 자격 인정 여부('15.02.16.)

질의요지 도시환경정비사업구역내 교회의 소유권이 「재단법인 ㅇㅇ재단」 명의로 등기된 토지에 대하여 동 재단법인 이사장이 정비사업에 따른 대표자로 동 교회에 소속된 A를 선임한 경우, A가 정비사업의 조합원 자격을 인정받을 수 있는지

회신내용 도시정비법제19조제1항제1호에 따라 정비사업의 조합원은 토지등소유자로 하되 토지 또는 건축물의 소유권과 지상권이 수인의 공유에 속하는 때에는 그 수인을 대표하는 1인을 조합원으로 보도록 하고 있으므로, 질의하신 교회의 소유권이 수인의 공유에 속하는 때에는 그 수인을 대표하는 1인을 조합원으로 볼 수 있을 것이며, 교회 소유권의 공유여부 및 공유자에 대한 판단은 민법 등 관련 규정에 따라야 할 것임

4-1-26 공단 소유 주택을 공매로 받은 경우 조합원의 자격 ('15.12.30.)

질의요지 조합설립인가 후 A공단이 소유한 다수의 주택을 각각 공매로 낙찰받은 경우 낙찰자는 조합원의 자격이 있는지 여부

회신내용 도시정비법 제19조제1항제3호에 따르면 조합설립인가 후 1인의 토지등소유자로부터 토지 또는 건축물의 소유권이나 지상권을 양수하여 수인이 소유하게 된 때에는 그 수인을 대표하는 1인을 조합원으로 보도록 규정하고 있는 바,

질의의 경우가 동 규정에서 명시한 바와 같이 조합설립인가 후 1인의 토지등소유자(A공단)로부터 토지 또는 건축물의 소유권을 양수하여 수인이 소유하게 된 때에는 그 수인을 대표하는 1인을 조합원으로 보아야할 것임

4-1-27 조합원이 타 조합원 주택을 매수한 후 다시 매도시 조합원 자격 (법제처, '16.11.22.)

질의요지 주택재개발사업조합의 조합원이 다른 조합원 소유의 주택을 조합설립인가 후 양수하였다가 이를 다시 제3자에게 양도한 경우, 그 조합원과 제3자를 대표하는 1인이 조합원의 자격을 갖는지

회신내용 주택재개발사업조합의 조합원이 해당 주택재개발사업구역 내에 위치한 다른 조합원 소유의 주택을 조합설립인가 후 양수하였다가 이를 다시 제3자에게 양도함으로써 1인의 조합원이 소유하던 2채의 주택을 수인(조합원과 제3자)이 소유하게 된 경우 그 조합원과 제3자를 대표하는 1인이 조합원의 자격을 갖음

4-1-28 | 미 동의자(다주택 소유)로부터 주택을 양수한 자의 조합원 자격 (법제처,'16.8.11.)

질의요지 주택재건축사업의 경우, 조합설립인가 후 주택재건축사업에 동의하지 않은 1인의 토지등소유자로부터 건축물 및 토지의 소유권을 수인이 양수하고, 양수한 수인이 주택재건축사업에 동의한 경우에 그 수인을 대표하는 1인에게만 조합원 자격이 인정되는지, 아니면 수인이 각각 조합원 자격이 있는지

회신내용 주택재건축사업의 경우, 조합설립인가 후 주택재건축사업에 동의하지 않은 1인의 토지등소유자로부터 건축물 및 토지의 소유권을 수인이 양수하고, 양수한 수인이 주택재건축사업에 동의한 경우에 그 수인을 대표하는 1인에게만 조합원 자격이 인정됨

4-1-29 | 2주택 공급받은 조합원이 이중 1주택을 매도할 수 있는지 ('16.06.14.)

질의요지 재건축사업에서 2주택을 공급받은 경우 전매제한이 없는 나머지 1주택은 언제 매매할 수 있는지

회신내용 도시정비법 제48조제2항제7호다목 단서에 따르면 60제곱미터 이하로 공급받은 1주택은 제54조제2항에 따른 이전고시일 다음 날부터 3년이 지나기 전에는 주택을 전매하거나 이의 전매를 알선할 수 없도록 하고 있으며, 질의하신 전매제한 대상이 아닌 1주택에 대하여 이전고시 이전에 매도하는 경우에 대하여는 동 법에 별도로 제한하고 있지 않으나, 이 경우 종전자산에 대한 대표조합원 선정 및 해당 관리처분계획 내용에 반영 및 변경가능 여부 등을 검토하여 결정하여야 할 것으로 판단됨

| 4-1-30 | 가로구역내 집합건축물의 조합설립동의율 산정 방법('16.03.07.)

질의요지   집합건축물의 경우 가로주택정비사업 조합설립을 위한 동의율 산정 방법

회신내용   도시정비법제2조제9호다목에 따르면 가로주택정비사업의 경우 가로구역에 있는 토지 또는 건축물의 소유자 또는 그 지상권자를 토지등소유자로 보도록 규정하고 있으며, 제16조제1항에 따르면 가로주택정비사업의 조합을 설립하려면 토지등소유자의 10분의 8 이상 및 토지면적의 3분의 2 이상 동의를 얻도록 규정하고 있는 바,

질의 사항은 위 규정에 따라 가로구역 내 토지 또는 건축물의 소유자 또는 지상권자 10분의 8 이상의 동의를 얻어야 하며, 특히 토지면적의 동의율 산정 시 집합건축물인 경우 각 소유자별 구분등기된 토지면적에 따라 동의율을 산정해야 할 것으로 판단됨.

4-2 창립총회

| 4-2-1 | 추진위원회 직무대행자가 창립총회를 소집할 수 있는지('16.12.1.)

질의요지   가. 추진위원회 위원장 직무대행자가 토지등소유자 5분의 1 이상의 창립총회 개최 요구를 근거로 창립총회를 개최할 수 있는지

나. 위원장 직무대행자가 창립총회 소집요구에 응하지 아니한 경우, 소집요구 대표자가 창립총회를 개최할 수 있는지

다. 위원장 직무대행자가 창립총회 추진을 위한 선거관리위원회를 구성, 입후보 등록을 추진할 수 있는지 및 조합설립 동의율이 충족되기 전에 창립총회 준비업무를 추진해도 되는지

> 회신내용

가. 「정비사업추진위원회 운영규정」 별표 제18조제3항에 따르면 위원이 자의로 사임하거나 해임되는 경우에는 지체없이 새로운 위원을 선출하도록 하고 있으므로, 위원장을 새로이 선출한 후 창립총회를 개최하여야 할 것임

나. 「도시 및 주거환경정비법(이하 "도시정비법") 시행령」 제22조의2제3항 단서에 따르면 창립총회는 토지등소유자 5분의 1 이상의 소집요구에도 불구하고 위원장이 2주 이상 소집요구에 응하지 아니하는 경우 소집요구한 자의 대표가 소집할 수 있도록 하고 있으므로, 위원장이 2주 이상 창립총회 소집을 하지 않을 경우 소집을 요구한 자의 대표가 창립총회를 개최할 수 있을 것임

다. 도시정비법령에서는 조합설립 동의율 충족 전 창립총회 개최를 위한 사전준비(선거관리위원회 구성 등) 등에 대해서는 별도 제한하고 있지 않음. 다만, 같은 법 시행령 제22조의2제1항 및 제2항에 따라 창립총회 개최, 공고 등은 조합설립 동의율 충족 후 행해져야 함

4-2-2 | '09.8.7.이전 창립총회를 개최한 경우 조합인가 신청 가능 여부('09. 9. 11.)

> 질의요지

도시정비법 제16조 규정에 따른 조합설립인가조건인 토지등소유자의 동의율이 미달된 상태에서 2009.8.7 이전에 조합설립을 위한 창립총회를 개최한 후에 조합집행부를 구성한 경우, 조합

설립인가 조건의 동의율을 충족한 다음 추가로 창립총회를 개최한 후 인가 신청을 하여야 하는지

회신내용 도시정비법 시행령 제22조의2제1항의 규정에 따르면 도시정비법 제16조제1항부터 제3항까지의 규정에 따른 토지등소유자의 동의를 받은 후 조합설립인가의 신청 전에 조합설립을 위한 창립총회를 개최하도록 하고 있으며, 도시정비법 시행령 제22조의2의 개정규정은 부칙〈제21679호, 2009.8.11〉 제3조의 규정에 따라 이 영 시행(2009.8.11.) 후 최초로 창립총회를 소집 요구하는 분부터 적용하는 것으로 규정되어 있는 바, 2009.8.11. 이전에 창립총회를 개최한 경우로서 위 규정에 의한 동의요건을 갖추었으면 조합설립인가 신청을 할 수 있을 것으로 보임

4-2-3 | 창립총회 시 서면으로 의결권 행사가 가능한지(법제처, '10. 6. 29.)

질의요지 도시정비법 시행령 제22조의2제5항에 따른 창립총회 의사결정 시 토지등소유자가 서면으로 의결권을 행사하는 것이 가능한지

회신내용 도시정비법 시행령 제22조의2제5항에 따른 창립총회 의사결정 시 토지등소유자가 서면으로 의결권을 행사하는 것이 가능함

4-2-4 | 주민총회 의결사항을 창립총회에서 의결 가능한 지('10. 8. 3.)

질의요지 주민총회의 의결사항을 창립총회에서 의결할 수 있는지

회신내용 주민총회에서 의결할 수 있는 사항은 운영규정 별표 제21조에 규정되어 있고, 창립총회에서 처리할 수 있는 업무는 도시정비법 시행령 제22조의2제4항에 규정되어 있는 사항으로, 운영규정

별표 제20조에서 정한 주민총회는 도시정비법 시행령 제22조의2에서 정하고 있는 조합설립을 위한 창립총회와는 다른 것임

4-2-5 창립총회 전 사퇴한 이사후보자를 이사로 선임하는 방법('12. 9. 25.)

질의요지 창립총회 전 사퇴한 이사후보자를 창립총회 후 이사로 선임하고자 할 경우 이사 선임 방법

회신내용 도시정비법 시행령 제22조의2제5항에 따르면 조합임원의 선임은 창립총회에서 확정된 정관이 정하는 바에 따라 선출하도록 하고 있고, 도시정비법 제24조제3항제8호에 따르면 조합임원의 선임 및 해임은 총회의 의결을 거치도록 하고 있음

4-2-6 주민총회에서 선출된 추진위원장이 바로 창립총회 개최 가능한 지('10 3. 22.)

질의요지 주민총회에서 선출된 추진위원회 위원장이 곧바로 주민총회와 창립총회를 동시에 개최할 수 있는지

회신내용 추진위원회가 위원장을 변경하고자 하는 경우에는 당해 시장·군수·구청장의 승인을 받도록 운영규정 별표 제6조제2항에 규정하고 있고, 추진위원회가 창립총회를 하려면 도시정비법 시행령 제22조의2제2항에 따라 창립총회 14일전까지 회의목적·안건·일시·장소·참석자격 및 구비사항 등을 인터넷 홈페이지 등을 통해 공개하고 토지등소유자에게 등기우편으로 발송·통지하도록 하고 있으며, 주민총회를 개최하거나 일시를 변경하는 경우에는 주민총회의 목적·안건·일시·장소·변경사유 등에 관하여 미리 추진위원회의 의결을 거치도록 운영규정 별표 제20조제4항에 규정되어 있는 바, 주민총회 및 창립총회에 관한

각각의 규정이 정하는 절차를 준수하여야 할 것임

4-2-7 조합설립 동의 요건에 미달하는 경우 창립총회 개최 가능 여부('10. 9. 15.)

질의요지 창립총회 소집공고 이전에 도시정비법 제16조제1항부터 제3항까지의 규정에 따른 동의를 받아 소집공고를 한 이후 추진위원회 설립에 동의한 자가 동의를 철회하여 동의요건에 미달하는 경우 창립총회를 개최할 수 있는지와 창립총회는 도시정비법 시행령 제22조의2에서 규정한 토지등소유자의 동의를 얻어야 소집공고를 할 수 있는지 및 그 근거 법령은

회신내용 창립총회는 추진위원회에서 도시정비법 제14조제3항에 따라 도시정비법 제16조제1항부터 제3항까지의 규정에 따른 동의를 받은 후 조합설립인가의 신청 전에 조합설립을 위한 창립총회를 개최하도록 도시정비법 시행령 제22조의2제1항 및 제2항에 규정되어 있는 바, 창립총회는 도시정비법 제16조제1항부터 제3항까지의 동의를 받는 규정에 적합한 상태에서 조합설립인가 신청 전에 개최할 수 있는 것으로 보며, 동의는 창립총회 소집요구 이전에 받아야 할 것임

4-2-8 조합설립동의 요건을 미충족한 창립총회 효력 여부(법제처, '11. 11. 24.)

질의요지 가. 도시정비법 제14조제3항, 같은 법 시행령 제22조의2제1항 및 구 도시정비법 시행령(2009. 8. 11. 대통령령 제21679호로 개정·시행된 것을 말함) 부칙 제3조에 따르면, 주택재개발사업을 위한 추진위원회는 조합설립인가를 신청하기 전에 조합설립을 위한 창립총회를 개최하여야 하고, 2009. 8. 11. 이후 최초로 소집요구되는 창립총회는 조합설립에

대한 토지등소유자의 4분의 3 이상 및 토지면적의 2분의 1 이상의 토지소유자의 동의를 받은 후에 개최하여야 하는데,

나. 주택재개발추진위원회가 조합설립에 대한 토지등소유자의 4분의 3 이상 및 토지면적의 2분의 1 이상의 토지소유자의 동의를 받았다고 판단하여 창립총회를 개최한 후 조합설립인가를 신청하였으나, 위 동의요건에 미달된 것으로 판명된 경우, 추가로 조합설립에 대한 동의를 받아 토지등소유자의 4분의 3 이상 및 토지면적의 2분의 1 이상의 토지소유자의 동의요건을 충족한 경우에도 다시 창립총회를 개최하여야 하는지

회신내용 조합설립에 대한 토지등소유자의 동의요건에 미달한 수가 극히 소수에 불과하고, 추진위원회가 통상적인 방법에 따라 토지등소유자를 산정하여 동의요건을 충족하였다는 판단하에 창립총회를 개최한 경우로서 다시 창립총회를 개최하는 것이 지극히 불합리하다고 판단되는 등의 특별한 사정이 있는 경우는 별론으로 하고, 추가로 조합설립에 대한 동의를 받아 토지등소유자의 4분의 3 이상 및 토지면적의 2분의 1 이상의 토지소유자의 동의요건을 충족하였더라도 원칙적으로 다시 창립총회를 개최하여야 할 것임

4-2-9 2009.8.11. 신설 도시정비법 시행령 제22조의2에 따른 창립총회 재개최 여부 ('12. 5. 18.)

질의요지 가. 해당 추진위원회는 조합설립동의서를 약 70% 징구한 시점인 2009.4.30. 조합설립 창립총회를 개최하여 조합정관을 확정하고, 조합임원 및 대의원을 선임하였으나 동의율 부족으로 조합설립인가 신청을 하지 못하였음

나. 이후 당초 조합 임원 및 대의원이 변동되고 조합정관이 많이 변경된 경우 2009.8.11일 신설된 도시정비법 시행령 제22조의2에 따라 조합설립을 위한 창립총회를 다시 개최해야 하는지 여부

회신내용　가. 도시정비법 시행령 제22조의2제1항에 따르면 추진위원회는 도시정비법 제14조제3항에 따라 제16조제1항부터 제3항까지에 따른 동의를 받은 후 조합설립인가의 신청 전에 조합설립을 위한 창립총회를 개최하도록 하고 있고, 같은 조 제5항에는 조합임원 및 대의원의 선임은 제4항제1호에 따라 확정된 정관에서 정하는 바에 따라 선출하도록 하고 있음

　　나. 또한, 도시정비법 시행령 부칙〈대통령령 제21679호, 2009.8.11〉 제3조에 따르면 도시정비법 시행령 제22조의2의 개정규정은 이 영 시행 후 최초로 창립총회를 소집요구하는 분부터 적용하도록 하고 있으므로, 동 부칙의 적용여부는 2009.8.11. 이전 민법 등 관계법령에 따른 창립총회의 인정 여부에 따라 판단해야 할 것임

4-2-10 재건축사업의 창립총회 성원 산정 방법 ('12. 8. 10.)

질의요지　주택재건축사업의 경우 창립총회의 성원 또는 의사결정은 조합설립의 동의여부와 관계없이 전체 토지등소유자의 과반수 이상이 참석하여야 하는지, 아니면 도시정비법 시행령 제22조의2제5항의 규정에 의거 조합설립에 동의한 토지등소유자의 과반수 이상만 참석하면 되는지

회신내용　가. 도시정비법 시행령 제22조의2제5항에 따르면 창립총회의 의사결정은 토지등소유자(주택재건축사업의 경우 조합설립

에 동의한 토지등소유자로 한정한다)의 과반수 출석과 출석한 토지등소유자 과반수 찬성으로 결의하도록 하고 있고, 조합임원 및 대의원의 선임은 제4항제1호에 따라 확정된 정관에서 정하는 바에 따라 선출한다고 하고 있음

나. 또한, 도시정비법 제24조제5항에서 총회의 소집절차·시기 및 의결방법 등에 관하여는 정관으로 정하도록 하면서 총회에서 의결을 하는 경우에는 조합원의 100분의 10(창립총회, 사업시행계획서와 관리처분계획의 수립 및 변경을 의결하는 총회 등 대통령령으로 정하는 총회의 경우에는 조합원의 100분의 20을 말한다) 이상이 직접 출석하도록 하고 있음

4-2-11 조합설립인가 취소 후 다시 조합설립 시 창립총회가 가능한 지('15.02.12.)

질의요지 조합설립인가 처분 취소 후 추진위원회를 재구성하여 조합설립을 준비중이나, 추진위원장의 유고로 추진위원회 운영규정에 따라 부위원장이 위원장의 직무를 대행하고 있음. 이 경우 직무대행자인 부위원장이 도시정비법 시행령 제22조의2 규정에 따라 창립총회를 소집할 수 있는지

회신내용 운영규정 별표 제18조제3항에 따르면 위원이 자의로 사임하거나 해임되는 경우에는 지체없이 새로운 위원을 선출하도록 하고 있고, 창립총회의 중요성 등을 고려할 때 질의의 경우 추진위원회 위원장을 새로이 선출한 후 도시정비법 시행령 제22조의2 규정에 따라 창립총회를 개최하여야 할 것임

| 4-2-12 | 창립총회전 정관이 변경된 경우 조합의 조치방법 ('16.05.16.) |

질의요지 조합정관(창립총회에서 확정되기 전의 정관)이 변경된 경우 조합설립동의서를 철회할 수 있는지

회신내용 구 도시 및 주거환경정비법 시행령(대통령령 제26928호, 이하 "영") 제28조제4항제2호 단서에 따르면 법 제16조에 따른 조합설립의 인가에 대한 동의 후 제26조제2항 각 호의 사항이 변경되지 아니한 경우로서 각 호의 어느 하나에 해당하는 경우에는 철회할 수 없다고 명시하고 있으며, 영 제26조제2항제5호는 조합정관을 규정하고 있기 때문에 조합정관이 변경된 경우에는 동 규정에 따라 조합설립 동의를 철회할 수 있을 것으로 판단됨

참고로, 도시정비법제14조제3항에 따르면 추진위원회는 제16조제1항 및 제2항에 따른 조합설립인가를 신청하기 전에 대통령령으로 정하는 방법 및 절차에 따라 조합설립을 위한 창립총회를 개최하여야 한다고 규정하고 있고, 같은 법 시행령 제22조의2제4항제1호에는 창립총회에서 조합정관을 확정한다고 규정하고 있기 때문에 조합설립을 위한 동의서는 창립총회 개최 전에 징구되기 때문에 확정 전의 조합정관일 수 밖에 없음

4-3 조합설립동의

| 4-3-1 | 2012.2.1. 개정·공포된 도시정비법 제17조제1항의 동의서 징구 방법 ('12. 7. 18.) |

질의요지 2012.2.1. 개정·공포된 도시정비법 제17조제1항과 관련하여 이 법 시행전부터 동의서를 제출받던 추진위원회 또는 조합도 이

법 시행후 제출받는 동의서에 토지등소유자가 지장날인하고 신분증 사본을 첨부하여 제출할 수 있는지

회신내용 2012.2.1. 개정·공포된 도시정비법 제17조제1항에 따른 지장(指掌) 날인 및 자필 서명의 동의방법은 부칙 제1조에 따라 공포 후 6개월이 경과한 날부터 시행하도록 하고 있으므로, 도시정비법 제17조제1항 시행일인 2012.8.2. 전까지는 인감도장(인감증명서 첨부)을 사용한 서면동의의 방법으로 하고, 시행일부터는 개정 내용에 따라 지장 날인 및 자필서명(신분증명서 사본 첨부)의 방법으로 동의를 받아야 할 것임

4-3-2 | 2010.7.16. 시행된 도시정비법 시행령 제24조제1항의 적용 여부('12. 3. 9.)

질의요지 2010.7.15. 이전에 시장·군수의 승인을 받은 추진위원회도 2010.7.16. 시행된 도시정비법 시행령 제24조제1항의 조합설립에 대한 동의철회 및 방법과 조합설립 동의서에 포함되는 사항을 조합설립인가 신청일 60일 전까지 추진위원회 구성에 동의한 토지등소유자에게 등기우편으로 통지하도록 한 규정을 적용받는지

회신내용 도시정비법 시행령 제24조제1항은 추진위원회 구성에 동의한 조합설립 동의철회 여부나 방법 등에 대한 통지의무를 부여하여 토지등소유자의 권리보호를 강화하고자 한 규정으로, 추진위원회 승인시점에 따라 동 규정의 적용을 배제하는 별도의 규정이 없으므로 동 규정 시행 이전에 시장·군수 승인을 얻어 구성된 추진위원회도 2010.7.16. 이후부터는 조합설립인가 신청일 60일 전까지 추진위원회 구성에 동의한 토지등소유자에게 조합설립에 대한 동의철회 및 방법과 조합설립 동의서에 포함되는 사항을 등기우편으로 통지하여야 할 것으로 판단됨

| 4-3-3 | 조합설립동의자에게 도시정비법 시행령 제24조제1항의 통지를 해야 하는지 ('12. 4. 10.)

질의요지 추진위원회 구성에 동의한 토지등소유자에게 조합설립동의서를 받은 경우에 도시정비법 시행령 제24조제1항 단서에 따라 통지하여야 하는지 여부

회신내용 도시정비법 제13조제3항에 따라 추진위원회의 구성에 동의한 토지등소유자는 조합의 설립에 동의한 것으로 보고 있으며, 같은 법 시행령 제24조제1항 단서에 따라 추진위원회는 조합설립에 대한 동의철회 및 방법, 같은 법 시행령 제26조제2항에 따른 조합설립동의서에 포함되는 사항을 조합설립인가 신청일 60일 전까지 추진위원회 구성에 동의한 토지등소유자에게 등기우편으로 통지하도록 하고 있으나, 이는 추진위원회 구성에 동의한 토지등소유자에 대한 통지 규정으로 보이므로, 추진위원회 구성 동의와 별개로 조합설립동의서를 새로 받은 경우에는 같은 법 시행령 제24조제1항 단서에 따른 통지는 필요하지 않은 것으로 판단됨

| 4-3-4 | 조합설립 동의서 징구 시 주택단지는 정비구역 전체인지 여부('09. 3. 10.)

질의요지 일단의 정비구역 안에 수개의 소규모 주택단지가 있는 경우 도시정비법 제16조제2항에서 규정하고 있는 "주택단지"라 함은 각각의 단지를 말하는지, 아니면 정비구역 전체를 말하는지

회신내용 도시정비법 제16조제2항에서 규정하고 있는 주택단지는 주택 및 부대·복리시설을 건설하거나 대지로 조성되는 일단의 토지로서 동 법 제2조제7호 각 목의 어느 하나에 해당하는 일단의

토지를 말하는 것임

4-3-5 조합설립 동의 시 주택단지로 볼 수 있는 연립주택 범위('11. 6. 14.)

질의요지 도시정비법 제2조제7호 마목에 따른 주택단지에 해당하는 연립주택은 건축물대장상 기재된 용도로 구분하여 주택단지 여부를 판단하면 되는지

회신내용 「건축법」 제11조에 따라 건축허가를 얻은 연립주택을 건설한 일단의 토지를 주택단지로 도시정비법 제2조제7호에 규정하고 있고, 연립주택이라 함은 주택으로 쓰는 1개 동의 바닥면적(지하주차장 면적은 제외함) 합계가 660제곱미터를 초과하고, 층수가 4개층 이하인 주택으로「건축법」 시행령 제3조의4 관련 별표1 제2호나목에 규정되어 있음

4-3-6 주택단지 외 다른 필지 포함 시 조합설립동의 방법('10. 3. 17.)

질의요지 정비구역이 아닌 구역에서 주택재건축사업을 시행하는 경우 주택단지 외에 다른 필지가 사업계획서에 포함되는 경우 동 지역의 토지등소유자에게 도시정비법 제16조제3항에 따른 조합설립동의를 얻어야 하는지

회신내용 가. 도시정비법 시행령 제6조에 따르면「주택법」에 따른 사업계획승인 또는「건축법」에 따른 건축허가를 받아 건설한 아파트 또는 연립주택 중 노후·불량건축물에 해당하는 것으로서 기존 세대수가 20세대 이상인 때에는 정비구역의 지정 없이 주택재건축사업을 시행할 수 있고, 이 경우 지형여건 및 주변환경으로 보아 사업시행 상 불가피하다고 시

장·군수가 인정하는 경우에는 아파트 및 연립주택이 아닌 주택을 일부 포함할 수 있도록 하고 있으며, 도시정비법 제16조제3항에 따르면 주택단지가 아닌 지역이 정비구역에 포함된 때에는 주택단지가 아닌 지역안의 토지 또는 건축물 소유자의 동의 등을 얻도록 하고 있음

나. 따라서, 도시정비법 제16조제3항은 주택단지가 아닌 지역이 정비구역에 포함된 경우 조합설립을 위한 동의에 관하여 규정하고 있는 사항으로, 정비구역이 아닌 구역에서의 재건축사업에 있어 불가피하게 아파트 및 연립주택이 아닌 주택이 포함된 경우라 하면 위 규정의 적용대상이 아닌 것으로 보이나 민법 등 관계법령에도 적합하여야 할 것임

4-3-7 재건축사업은 재개발과 달리 동의한 자를 조합원으로 보는지('10. 5. 19.)

질의요지 주택재건축사업의 경우 주택재개발사업과 달리 주택재건축사업에 동의한 자만을 조합원으로 보는 이론 또는 배경은

회신내용 주택재건축사업은 주택재개발과는 사업의 목적·성격과 사업시행방법 및 절차 등에서 본질적인 차이가 있고, 일반적으로 토지보상법에서 말하는 공익사업에 해당하지 않아 사업시행자에게 정비구역 안의 토지 등을 수용 또는 사용할 수 있는 권한이 부여되어 있지도 않기 때문에 사업에 동의한 자만을 조합원으로 하여 시행하는 사업으로 봄

4-3-8 공유지 조합설립동의를 공유자 지분에 비례하여 산정 가능한 지('10. 6. 15.)

질의요지 주택재개발사업에서 한 필지의 토지를 공유하고 있는 11인 중

10인이 조합설립에 동의하는 경우 도시정비법 제16조제1항에 따라 토지면적에 대한 토지소유자의 동의율 산정 시 조합설립에 동의한 공유자의 지분에 비례하여 산정할 수 있는지

회신내용   주택재개발사업의 경우, 도시정비법 제2조제9호가목에 따라 정비구역 안에 소재한 토지의 소유자도 토지등소유자에 해당하며, 도시정비법 제17조에 따라 도시정비법 제13조부터 제16조까지의 규정에 따른 토지등소유자의 동의자수 산정은 1필지의 토지가 수인의 공유에 속하는 때에는 그 수인을 대표하는 1인을 토지등소유자로 산정하도록 도시정비법 시행령 제28조제1항제1호가목에서 규정하고 있는 바, 동의자수 산정은 이에 적합하게 하여야 할 것으로 보며, 공유자간의 의사불일치로 인하여 대표자 선정이 되지 아니하거나, 일치된 의견으로 동의의 의사표시를 하지 못하는 경우 동의의 의사표시가 있다고 볼 수 없을 것임

4-3-9 개략적인 사업시행계획서 작성 없는 조합설립동의서 징구가 가능한 지 ('10. 9. 17.)

질의요지   개략적인 사업시행계획서를 작성하지 않고 주택재건축정비사업조합 설립동의서를 징구하는 경우 그 효력 유무

회신내용   가. 운영규정 별표 제30조에 따르면 추진위원회에서 작성하는 개략적인 사업시행계획서에는 용적률·건폐율 등 건축계획, 건설예정 세대수 등 주택건설계획, 철거 및 신축비 등 공사비와 부대경비, 사업비의 분담에 관한 사항 및 사업완료 후 소유권의 귀속에 관한 사항을 포함하도록 하고 있고, 개략적인 사업시행계획서 등은 운영규정 별표 제9조제1항에 토지등소유자가 쉽게 접할 수 있는 장소에 게시하거나

인터넷 등을 통하여 공개하고, 필요한 경우에는 토지등소유자에게 서면통지를 하는 등 토지등소유자가 그 내용을 충분히 알 수 있도록 하게 되어 있으며, 도시정비법 제16조 제1항부터 제3항까지의 규정에 따른 조합설립을 위한 토지등소유자의 동의서에는 건설되는 건축물의 설계의 개요, 건물의 철거 및 신축에 소요되는 비용의 개략적인 금액과 그에 따른 비용의 분담기준, 사업 완료 후 소유권의 귀속에 관한 사항 및 조합정관을 포함하도록 도시정비법 시행령 제26조제2항에서 규정하고 있음

나. 주택재건축사업의 경우 도시정비법에 따른 조합설립동의는 도시정비법 시행규칙 제7조제3항에 따라 별지 제4호의3 서식에 받도록 하고 있으며, 위 서식에 따르면 동의 내용 중에 "( )주택재건축정비사업조합설립추진위원회에서 작성한 정비사업 시행계획서와 같이 주택재건축사업을 한다"라는 내용을 포함하고 있음

다. 따라서 주택재건축정비사업조합 설립동의서는 추진위원회에서 개략적인 정비사업 시행계획서를 작성하지 않는 경우에는 동의서를 징구 할 수 없는 것임

4-3-10 재개발사업 동의를 재건축 동의서에 받아도 유효한지('10. 11. 11.)

질의요지 주택재개발사업 조합설립에 대한 동의를 주택재건축정비 사업조합 설립동의서 서식에 받아도 유효한지

회신내용 주택재개발사업 조합설립 동의서는 도시정비법 제16조제1항 및 도시정비법 시행규칙 제7조제3항에 따라 별지 제4호의2서식인 주택재개발사업·도시환경정비사업 조합설립동의서에 받아야 할 것임

4-3-11 조합설립동의서에 간인이 없는 경우의 효력('12. 1. 9.)

질의요지 재건축조합설립동의서에 간인이 없는 경우에는 동의로 보아야 할 것인지, 아니면 다시 간인을 받아야 하는지 여부 및 조합설립동의서상 동의내용이 변경되었을 때 동의서를 새로 받아 조합설립인가를 신청해야하는 지 여부

회신내용 가. 도시정비법 시행규칙 별지 제4호의3서식 주택재건축정비사업조합 설립동의서 양식에 동의서 각 장에 간인을 하도록 규정하는 내용이 없으므로 동의서의 간인 여부는 추진위에서 자율적으로 결정할 사항으로 판단됨

나. 또한, 도시정비법 제16조제2항에 따라 주택재건축사업의 추진위원회가 조합을 설립하고자 하는 때에는 같은 항에서 규정하고 있는 동의를 얻어 정관 및 국토해양부령이 정하는 서류(조합설립동의서 등)를 첨부하여 시장·군수의 인가(변경인가 포함)를 받도록 하고 있음

4-3-12 도시정비법 시행규칙 별지4-2서식과 운영규정 별지3-2서식의 사용 ('12. 10. 30.)

질의요지 도시정비법 시행규칙 별지4-2서식과 운영규정 별지3-2서식을 함께 사용하면 유효한지 여부

회신내용 가. 도시정비법 시행령 제26조제1항, 도시정비법 시행규칙 제7조제3항 및 부칙 〈제21171호, 2008.12.17〉에 따르면 제16조의 제1항부터 제3항까지의 규정에 따른 토지등소유자의 동의는 주택재개발사업의 경우에는 별지 제4호의2서식의 동의서에 동의를 받는 방법에 따르도록 하고 있고, 동 규정

은 이 영 시행 후(2008.12.17.) 조합의 설립인가(변경인가를 포함함)를 신청하는 분부터 적용하도록 하고 있음

나. 아울러, 2008.12.17 공포 시행된 도시정비법 시행령 및 도시정비법 시행규칙의 개정으로 조합설립동의서 양식의 변경에 따른 업무처리기준(주택정비과-651호)에 의하면 개정 시행규칙 공포 전에 종전 규정에 따라 이미 적법하게 징구한 "조합설립을 위한 토지등소유자의 동의서"는 유효한 동의서로 보고 조합설립인가 업무를 처리하도록 하되, 2008.12.17일 개정된 도시정비법 시행령 제26조제1항의 개정 규정 공포 이후에는 변경된 동의서 양식에 따라 동의가 이루어지도록 하였음

4-3-13 정비구역 고시 전 조합설립동의서 징구가 가능한 지('12. 12. 18.)

질의요지

가. 추진위원회 구성(2007년) 후 정비구역 지정 고시 전에 토지등소유자에게 조합설립동의서를 받을 수 있는지

나. 도시정비법 제17조제1항 단서에 따라 토지등소유자가 해외 장기체류하거나 법인인 경우 외에 어떠한 경우가 시장·군수가 인정하는 불가피한 사유인지와 불가피한 사유인정시 그 사유를 증명할 수 있는 서류를 함께 제출하여야 하는지

회신내용

가. 도시정비법 제16조제1항 및 같은 법 시행령 제26조제2항에 따르면 주택재개발사업 추진위원회가 조합을 설립하려면 "건설되는 건축물의 설계의 개요", "공사비 등 정비사업에 드는 비용" 등이 포함된 동의서에 토지등소유자의 4분의 3이상 및 토지면적의 2분의 1이상의 토지등소유자의 동의를 얻어 시장·군수의 인가를 얻도록 하고 있으나, 정비구역

지정 전 정비예정구역내 토지등소유자를 대상으로 조합설립 동의서를 받을 수 있는지에 대하여는 동의서 징구시 필요한 관련서류 구비여부 등에 따라 판단하여야 할 것임

나. 도시정비법 제17조제1항 단서에 따르면 토지등소유자가 해외에 장기체류하거나 법인인 경우 등 불가피한 사유가 있다고 시장·군수가 인정하는 경우에는 토지등소유자의 인감도장을 날인한 서면동의서에 해당 인감증명서를 첨부하는 방법으로 할 수 있도록 하고 있으나, 시장·군수가 인정하는 불가피한 사유와 이에 대한 증빙서류의 첨부여부에 대하여는 시장·군수의 불가피성 인정여부에 따라 개별적으로 판단하여야 할 것임

4-3-14 일부 동만 재건축을 시행하는 경우 주민 동의 방법('12. 9. 10.)

질의요지 ○○아파트 14개동 중 11개동 일부만 주택재건축사업을 추진하고자 하는 경우 14개 동의 주민동의를 받아야 하는지

회신내용 가. 도시정비법 제13조에 따라 조합을 설립하고자 하는 경우에는 정비구역지정 고시(정비구역이 아닌 구역에서의 주택재건축사업의 경우에는 제12조제5항에 따른 주택재건축사업의 시행결정을 말한다) 후 위원장을 포함한 5인 이상의 위원 및 제15조제2항에 따른 운영규정에 대한 토지등소유자 과반수의 동의를 받아 조합설립을 위한 추진위원회를 구성하여 시장·군수의 승인을 받도록 하고 있으며, 이 때 토지등소유자는 정비구역 안의 토지등소유자로 보아야 할 것으로 판단됨

나. 또한, 도시정비법 제33조제1항 및 제2항에 따르면 사업시행자는 일부 건축물의 존치 또는 리모델링에 관한 내용이 포함된 사업시행계획서를 작성하여 사업시행인가를 신청할 수 있도록 하고 있으며, 이 경우 존치 또는 리모델링되는 건축물 소유자의 동의(집합건물법 제2조제2호의 규정에 의한 구분소유자가 있는 경우에는 구분소유자의 3분의 2 이상의 동의와 당해 건축물 연면적의 3분의 2 이상의 구분소유자의 동의로 한다)를 얻도록 하고 있음

4-3-15 법이 개정된 경우 정관을 변경하여 조합설립동의를 다시 받아야 하는지 ('12. 5. 3.)

질의요지 도시정비법 시행령 제26조제2항에 따라 설계개요, 개략적인 금액, 조합정관 등을 포함하여 조합설립동의서를 받고 있는데, 조합정관에 이자지급에 관한 사항이 빠진 채 2012.8.2.전까지 조합설립인가 신청이 없는 경우 조합정관에 이자지급에 관한 사항을 포함하여 조합설립동의서를 다시 받아야 하는지 여부 등

회신내용 도시정비법 제47조제2항의 개정규정에 따라 사업시행자는 제1항에 따른 기간 내에 현금으로 청산하지 아니한 경우에는 정관 등으로 정하는 바에 따라 해당 토지등소유자에게 이자를 지급하도록 하고 있으나, 같은 법 부칙〈법률 제11293호, 2012.2.1〉제8조에 따라 제20조제1항 및 제47조제2항의 개정규정은 이 법 시행(2012.8.2.) 후 최초로 조합 설립인가를 신청하는 정비사업부터 적용하도록 하고 있으며, 귀 질의 경우와 같이 2012.8.2. 이후 조합설립인가를 신청을 하는 경우에는 같은 법 개정규정 제20조제1항제11의2에 따라 조합정관에 법 제47조제2항에 따른 이자 지급에 관한 사항을 포함하여 조합설립동의서를 받아야

할 것으로 판단됨

4-3-16 재건축정비사업구역 확대에 따른 조합설립변경인가 동의 요건('12. 6. 8.)

질의요지 단독주택 재건축정비사업구역의 확대(10% 이상)로 조합설립변경인가를 받기 위한 동의 요건은

회신내용 단독주택 재건축정비사업조합이 정비구역 확대(10% 이상)에 따라 조합설립 변경인가를 받기 위해서는 단독주택 재건축정비구역 내 주택단지에 대하여는 도시정비법 제16조제2항에 따른 동의를 받아야 하며, 주택단지가 아닌 지역에 대하여는 같은 법 제16조제3항에 따라 주택단지가 아닌 지역안의 토지 또는 건축물 소유자의 4분의 3 이상 및 토지면적의 3분의 2 이상의 토지소유자의 동의를 얻어야 함

4-3-17 대표조합원 선임동의서 작성방법 및 정보공개('12. 8. 7.)

질의요지 가. 도시정비법 제17조가 시행되는 2012.8.2 이후에도 주택재개발정비사업조합 표준정관 제9조제4항 별지에 따라 대표조합원 선임동의서에 인감날인하고 인감증명서를 첨부해야 하는지

나. 조합원명부에 대한 공개열람시 조합원의 이름, 주소, 전화번호, 조합에 신고된 대표조합원의 표시 중에서 조합에서 공개열람해야 하는 범위는

회신내용 대표조합원 선임동의서에 인감날인 및 인감증명서 첨부에 대하여는 도시정비법에서 별도 규정하고 있지 않으며, 도시정비법 제20조제2항에 따라 표준정관을 작성하여 보급할 수 있도록 하고 있으나, 표준

정관은 하나의 예시로 유권해석을 하고 있지 않음. 또한, 도시정비법 제81조제6항에 따르면 조합원이 조합원 명부의 열람·복사 요청을 한 경우 사업시행자는 15일 이내에 그 요청에 따라야 하고, 같은 조 제3항에 따라 공개 및 열람·복사 등을 하는 경우에는 주민등록번호를 제외하고 공개하도록 하고 있음

4-3-18 재건축사업에서 지상권자의 조합설립동의 여부('12. 8. 10.)

질의요지 주택재건축사업에서 조합설립을 위한 동의에서 지상권이 설정된 토지의 소유자는 지상권자의 동의 및 대표 선임없이 소유자만의 동의만으로도 동의의 기준을 충족하는지

회신내용 도시정비법 제2조제9호나목에 따르면 주택재건축사업의 경우에는 토지등소유자는 정비구역안에 소재한 건축물 및 그 부속토지의 소유자로 하고 있으며, 도시정비법 제28조제1항제2호나목에 따르면 주택재건축사업에서 소유권 또는 구분소유권이 여러 명의 공유에 속하는 경우에는 그 여러 명을 대표하는 1명을 토지등소유자로 산정하도록 하고 있음

4-3-19 재개발사업 조합설립인가 동의 요건('12. 2. 13.)

질의요지 가. 주택재개발정비사업의 추진위원회가 조합을 설립하고자 하는 때에 토지등소유자의 4분의 3 이상의 동의를 받았다면 토지면적의 2분의 1 이상 토지소유자의 동의는 별도로 받지 않아도 되는지

나. 주택재개발정비사업의 추진위원회가 조합을 설립하고자 토지등소유자의 4분의 3 이상의 동의를 받은 경우, 동의한

토지등소유자의 토지면적이 전체 토지면적의 2분의 1 이상인 경우에 조합설립동의 요건을 충족한 것인지

회신내용 도시정비법 제16조제1항에 따르면 주택재개발사업 및 도시환경정비사업의 추진위원회가 조합을 설립하고자 하는 때에는 토지등소유자의 4분의 3 이상 및 토지면적의 2분의 1 이상의 토지소유자의 동의를 얻도록 하고 있으므로, 추진위원회에서 도시정비법 시행규칙 별지 제4호의2서식에 따른 조합설립동의서에 토지등소유자의 동의를 받은 내용이 동 규정에 적합한 경우에는 조합설립인가 신청이 가능할 것으로 판단됨

4-3-20 서면동의서에 무인(손도장)이나 날인(도장)하는 방법 중 하나만 선택해도 되는지 ('13. 2. 6.)

질의요지 도시정비법 제17조제1항의 "지장(指章)을 날인하다"의 의미가 서면동의서에 무인(손도장)과 도장 날인하는 방법 중 하나를 선택하는 의미인지

회신내용 도시정비법 제17조제1항에 따르면 제16조제1항 등에 따른 동의는 서면동의서에 토지등소유자의 지장(指章)을 날인하고 자필로 서명하는 서면동의의 방법으로 하도록 하고 있으며, 동 규정에서 날인의 대상을 지장(指章)으로 명시적 규정하고 있으므로, 동 규정에 따른 날인의 대상은 지장(指章)으로 봄이 타당할 것으로 판단됨

4-3-21 조합설립에 동의한 것으로 보는 자도 추정분담금 등 정보 제공 대상인지 ('13. 7. 18.)

질의요지 도시정비법 제16조제6항에 추진위원회는 조합설립에 필요한 동

의를 받기 전에 추정분담금 등 정보를 토지등소유자에게 제공하도록 하고 있고, 도시정비법 제13조제3항에 추진위원회 구성에 동의한 토지등소유자는 조합의 설립에 동의한 것으로 보도록 하고 있는데, 조합설립에 동의한 것으로 보는 토지등소유자의 경우 도시정비법 제13조제3항에도 불구하고 추정분담금 등 정보 제공 후 조합설립동의서를 새로 제출 받아야 하는지

회신내용 도시정비법 제16조제6항에 따라 추진위원회는 조합설립에 필요한 동의를 받기 전에 추정 분담금 등 대통령령으로 정하는 정보를 토지등소유자에게 제공하도록 하고 있으므로, 질의하신 조합 설립에 동의한 것으로 보는 토지등소유자에게도 추정 분담금 등의 정보를 제공하여야 할 것으로 보이며, 조합설립 동의와 관련해서는 도시정비법 제13조제3항에 따라야 할 것으로 판단됨

4-3-22 신분증을 사진으로 찍어 출력한 출력물이 신분증명서 사본에 해당되는지 ('13. 7. 18.)

질의요지 도시정비법 제16조의2제1항에 따라 추진위원회 해산동의 시 같은 법 제17조제1항과 관련하여 신분증을 사진으로 찍어 출력한 출력물도 신분증명서의 사본으로 볼 수 있는지

회신내용 도시정비법 제17조제1항에 따라 제16조의2제1항에 따른 동의는 서면동의서에 토지등소유자의 지장을 날인하고 자필로 서명하는 서면동의의 방법으로 하며, 주민등록증, 여권 등 신원을 확인할 수 있는 신분증명서의 사본을 첨부하도록 하고 있으며, 이 때 '사본'이란 원본을 옮기어 베낀 것으로 귀 질의하신 '신분증을 사진으로 찍어 출력한 출력물'도 신분증명서의 사본으로 볼 수 있을 것임

4-3-23 복리시설 전체가 구분소유자가 5인 이하인 경우 동별 동의대상에서 제외여부 ('13. 8. 29.)

질의요지   연립주택이 아닌 아파트단지를 재건축하는 경우 아파트단지 안의 복리시설 전체의 구분소유자가 5인 이하인 경우 동별 동의대상에서 제외되는지

회신내용   도시정비법 제16조제2항에 따라 주택재건축사업의 추진위원회(제13조제6항에 따라 추진위원회를 구성하지 아니하는 경우에는 토지등소유자를 말한다)가 조합을 설립하고자 하는 때에는 「집합건물의 소유 및 관리에 관한 법률」 제47조제1항 및 제2항에도 불구하고 주택단지 안의 공동주택의 각 동(복리시설의 경우에는 주택단지 안의 복리시설 전체를 하나의 동으로 본다)별 구분소유자의 3분의 2 이상 및 토지면적의 2분의 1 이상의 토지소유자의 동의(공동주택의 각 동별 구분소유자가 5 이하인 경우는 제외한다)와 주택단지 안의 전체 구분소유자의 4분의 3 이상 및 토지면적의 4분의 3 이상의 토지소유자의 동의를 얻도록 하고 있으므로, 귀 질의의 경우는 동별 동의대상에서 제외되는 것으로 판단됨

4-3-24 조합설립인가 취소 후 조합설립동의서 재징구 시 최초 대표자선정동의서 인정여부 ('13. 7. 30.)

질의요지   조합설립인가가 취소된 이후 조합설립동의서를 재징구하여 창립총회를 개최하고 조합설립인가를 신청한 경우 수인의 공유에 속하는 경우의 대표자의 선임 동의서를 최초 조합설립인가 신청 시 제출한 대표자선정동의서로 갈음할 수 있는지

회신내용   도시정비법 제16조 및 같은 법 시행규칙 제7조제1항제6호에 따라

조합설립인가 신청시 토지·건축물 또는 지상권이 수인의 공유에 속하는 경우에는 대표자의 선임 동의서를 첨부하도록 하고 있으나, 당초 조합설립인가 취소 사유가 조합설립동의서의 하자로 인한 것이고, 질의하신 대표자선임동의서가 유효하게 작성되어 당초 조합설립인가 신청 시 제출된 이후 대표자 선임 동의철회 등의 변경사항이 없는 경우라면 당초 조합설립인가 신청시 제출된 대표자선임동의서로 갈음할 수 있을 것으로 판단됨

4-3-25 시행자가 토지등의 소유권을 양도한 경우 권리·의무 변경('12. 10. 10.)

질의요지

사업시행인가를 득한 토지등소유자 방식의 도시환경정비사업에서 사업시행자가 소유하고 있는 토지 및 건축물의 소유권 전부를 타인에게 양도하였을 경우, 종전의 사업시행자의 권리·의무가 양수한 타인에게 승계되는지와 사업시행자 변경이 사업시행인가의 경미한 변경인지 및 사업시행을 변경할 경우 종전 사업시행자의 포기각서가 필요한지

회신내용

가. 도시정비법 제28조제7항에 따라 도시환경정비사업을 토지등소유자가 시행하고자 하는 경우에는 사업시행인가를 신청하기 전에 제30조에 따른 사업시행계획서에 대하여 토지등소유자의 4분의3이상의 동의를 얻도록 하고 있고, 인가 받은 사항을 변경하고자 하는 경우에는 규약이 정하는 바에 따라 토지등소유자의 과반수의 동의를 얻어야 하며, 같은 법 제28조 제1항 단서에 따른 경미한 변경인 경우에는 토지등소유자의 동의를 필요로 하지 않도록 하고 있습니다. 또한, 도시정비법 제10조에 따르면 사업시행자의 변동이 있은 때에는 종전의 사업시행자의 권리·의무는 새로이 사업시행자가 된 자가 이를 승계하도록 하고 있으므로, 동 규정에 따

라 새로이 사업시행자가 된 자는 종전의 사업시행자의 권리·의무를 승계하는 것으로 판단됨

나. 한편, 도시정비법 시행령 제38조에 따르면 사업시행자의 변경은 사업시행인가의 경미한 사항에 포함되지 아니하는 것으로 보이며, 사업시행자 변경을 포함한 사업시행변경인가 시 종전 사업시행자의 포기각서 제출에 대하여는 도시정비법에 별도 규정하고 있는 바가 없음

4-3-26 조합설립동의서 징구 시 정관상 이자지급에 관한 사항이 없는 경우 동의서 재징구 여부('15.5.21.)

질의요지

2012.8.2. 이전에 징구한 조합설립동의서에 첨부된 조합정관에는 이자지급에 관한 사항이 빠져 있는데 2012.8.2. 개정법에 따라 조합정관에 이자지급에 관한 사항을 포함하여 조합설립동의서를 다시 받아야 하는지

회신내용

도시정비법제20조제1항제11호의2에 따라 정관에는 제47조제2항에 따른 이자 지급에 관한 사항이 포함되어야 하며, 같은 법 부칙〈제11293호, 2012.2.1〉제8조에 따라 제20조제1항 및 제47조제2항의 개정규정은 이 법 시행(2012.8.2.) 후 최초로 조합설립인가를 신청하는 정비사업부터 적용하도록 하고 있습니다. 따라서 2012.8.2. 이전에 이자지급에 관한 사항이 포함되지 않은 정관을 첨부하여 조합설립동의서를 받았다 하더라도 창립총회에서 이자지급에 관한 사항을 포함하여 조합정관을 확정하였고 2012.8.2. 이후 확정한 조합정관을 첨부하여 최초로 조합설립인가를 신청하는 경우 이자지급에 관한 사항이 포함된 정관을 첨부하여 조합설립동의서를 다시 받을 필요는 없음

4-3-27 기존 조합설립인가 동의서 재사용 가능 여부('14. 8. 18.)

질의요지 2011년 12월 22일 주택재개발 조합설립인가를 받은 후 2013년 12월 법원에서 조합설립동의율 부족으로 조합설립인가가 취소된 경우, 2011년 12월 22일 조합설립인가시 제출받은 조합설립동의서와 동의 내용이 동일한 조합설립동의서를 도시정비법에서 정하는 바에 따라 추가로 제출받아 조합설립인가를 신청하고자 할 때 기존에 제출 받은 조합설립동의서를 사용하여 신청할 수 있는지

회신내용 도시정비법 제16조제1항에 따라 주택재개발사업의 추진위원회가 조합을 설립하고자 하는 때에는 같은 항에서 규정하고 있는 요건의 토지등소유자의 동의를 얻어야 하나 조합설립동의서의 유효기간에 대하여는 별도 규정하고 있지 않고 있으므로, 질의하신 기존의 조합설립동의서 사용여부와 관련해서는 조합설립 동의내용의 변동 여부 등 사실관계를 고려하여 판단할 사항임

4-3-28 인감증명서가 첨부된 서면 동의서를 인정할 수 있는지('14. 10. 29.)

질의요지 도시정비법 제17조제1항에 따른 동의 방법의 경우 인감증명서가 첨부된 서면동의서도 인정할 수 있는지

회신내용 도시정비법 제17조제1항에 따르면 서면동의는 토지등소유자의 지장(指章)을 날인하고 자필로 서명하는 서면동의의 방법으로 하며, 주민등록증, 여권 등 신원을 확인할 수 있는 신분증명서의 사본을 첨부하여야 함

| 4-3-29 | 국가 또는 지방자치단체로 부터 조합설립 동의를 받아야 하는지('15.12.11.)

질의요지 도시정비법 제16조의 규정에 의거 조합을 설립하고자 토지등소유자의 4분의 3이상 및 토지면적의 2분의 1이상의 토지소유자의 동의를 받고자 하는 바, 해당 구역 내 도로 등 국공유지소유자인 국가와 지방자치단체에 대해서도 제17조(토지등소유자의 동의방법 등)에 따라 별도로 동의를 받아야 하는지

회신내용 도시정비법 제17조 및 같은 법 시행령 제28조제1항제5호에 의하면 토지등소유자의 조합설립 동의방법을 규정하면서 국유지·공유지에 대해서는 그 재산관리청을 토지등소유자로 산정하도록 하고 있으므로, 국유지·공유지에 대해서는 그 재산관리청으로부터 조합설립 동의를 받아야 할 것임.

| 4-3-30 | 정비사업전문관리업자가 아닌 자가 동의서 징구를 할 수 있는지('14. 12. 11.)

질의요지 정비사업전문관리업자가 아닌 자가 조합설립동의서를 징구 할 수 있는지

회신내용 도시정비법 제69조제1항 및 같은 법 시행령 제63조에 따라 추진위원회 또는 사업시행자로부터 조합설립의 동의에 관한 업무의 대행 등에 관한 사항을 위탁받거나 이와 관련한 자문을 하고자 하는 자는 정비사업전문관리업으로 등록을 하도록 하고 있으며, 이는 추진위원회 또는 조합의 업무를 위탁 등의 방법으로 대행하는 경우에 적용되는 것으로서, 질의하신 조합설립의 동의에 관한 업무 수행은 추진위원회가 직원채용 등의 방법으로 직접 업무를 수행하거나 도시정비법 제69조제1항에 따라 등록한 정비사업전문관리업자가 업무를 위탁받아 수행하여야 할 것임

> 4-3-31　**2012.2.1일 이전 받은 조합설립동의서가 유효한지**(법제처, '14. 5. 29.)

질의요지　구 도시정비법(2012. 2. 1. 법률 제11293호로 개정되기 전의 것)에 따라 2010. 8. 6. 주택재건축사업조합의 설립인가를 받았으나 2010. 11. 26. 조합설립인가가 취소되고, 그 후 현행 도시정비법에 따라 조합설립인가를 신청하는 경우 2010. 8. 6. 주택재건축사업조합의 설립인가를 받을 때 사용되었던 토지등소유자의 조합설립동의서를 다시 사용할 수 있는지

회신내용　구 도시정비법(2012. 2. 1. 법률 제11293호로 개정되기 전의 것)에 따라 2010. 8. 6. 주택재건축사업조합의 설립인가를 받았으나 2010. 11. 26. 조합설립인가가 취소되고, 그 후 현행 도시정비법에 따라 조합설립인가를 신청하는 경우 2010. 8. 6. 주택재건축사업조합의 설립인가를 받을 때 사용되었던 토지등소유자의 조합설립동의서는 새로운 조합설립인가 신청 시 다시 사용할 수 없다고 할 것임

> 4-3-32　**1인(7개 점포 소유)이 1동 전체를 소유한 경우 동별 동의요건이 적용되는지**('15.11.16.)

질의요지　재건축 사업에서 상가 건물의 7개 점포가 1인의 소유인 경우 동의율 산정은 어떻게 하는지

회신내용　도시정비법 제16조제2항에 따르면 주택재건축사업의 추진위원회가 조합을 설립하고자 하는 때에는 주택단지 안의 공동주택의 각 동별 구분소유자의 3분의 2 이상 및 토지면적의 2분의 1 이상의 토지소유자의 동의와 주택단지 안의 전체 구분소유자의 4분의 3 이상 및 토지면적의 4분의 3 이상의 토지소유자의 동의

를 언도로 하고 있고, 이 경우 공동주택의 각 동별 구분소유자가 5 이하인 경우는 동별 동의 요건에서 제외하도록 하고 있으므로, 질의하신 상가 건물 전체를 1인이 소유한 경우 동 규정에 따라 동별 동의 요건 적용 대상이 되지 않음

4-3-33 | 동의서 첨부 신분증명서 사본 제출 시 주민등록번호 삭제 여부 ('15.07.08.)

질의요지 도시정비법 제17조제1항에 따라 토지등소유자가 서면동의서 제출 시 신분증명서 사본을 첨부하여야 하는 데 주민등록번호 뒷자리를 가린 신분증 사본을 제출하는 경우 신분증명서 사본으로 인정될 수 있는지

회신내용 도시정비법 제17조1항에 따라 토지등소유자가 서면동의서 제출 시 첨부하는 신분증명서 사본은 가린 곳 없이 온전하게 제출되어야 할 것임

4-3-34 | 2016년 개정된 조합설립인가 동의서 작성 방법 ('16.05.18.)

질의요지 2016. 3. 4. 개정된 조합설립인가 동의서의 적용시기 및 동의서 양식의 접수번호, 접수일 등의 작성여부 및 주체

회신내용 도시정비법 시행규칙 부칙(국토교통부령 제296호, 2016.3.4.) 제1조 및 제2조에 따르면 별지 제4호의2서식 및 별지 제4호의3서식의 개정규정은 2016년 5월 1일 이후 조합 설립에 동의하는 경우부터 적용한다고 규정하고 있으며, 동의서 양식의 접수번호, 접수일에 대해서는 동의서를 접수하는 사업시행자 등이 작성하여야 하며, 발급일, 처리기간에 대해서는 필요한 경우 작성하여야 할 것임

4-4 조합설립동의 시 추정분담금

4-4-1 조합설립 동의서에 분담금 추산방법 표기의 적합 여부('10. 2. 10.)

질의요지 주택재개발사업 조합설립동의서에 도시정비법 시행규칙 제7조제3항 관련 별지 제4호의2 서식 내용에 있는 "분양대상자별 분담금 추산방법"대로 표기한 것이 적합한지 아니면 추정 계산된 수치를 기재하여야 하는지

회신내용 도시정비법 시행령 제26조제1항의 규정에 따르면 도시정비법 제16조제1항부터 제3항까지의 규정에 따른 토지등소유자의 동의는 국토해양부령으로 정하는 동의서에 동의를 받는 방법에 따르도록 하고 있고, 주택재개발정비사업조합 설립동의서는 별지 제4호의2서식으로 도시정비법 시행규칙 제7조제3항에 규정되어 있으며, 【별지 제4호의2서식】에는 분양대상자별 분담금 추산방법을 알 수 있도록 산술식(예시)으로 기재되어 있는 것임

4-4-2 추정 분담금 고지없이 징구한 동의서가 효력이 있는지('12. 6. 8.)

질의요지 추진위원회가 2013년 2월1일 이후에 조합설립인가 신청을 하는 경우 도시정비법 제16조제6항 시행 전에 추정 분담금 고지없이 징구한 동의서가 유효한지

회신내용 2012.2.1. 개정·공포된 도시정비법 제16조제6항에 따르면 추진위원회는 조합설립에 필요한 동의를 받기 전에 추정 분담금 등 대통령령으로 정하는 정보를 토지등소유자에게 제공하도록 하고 있으나, 동 개정규정은 부칙 제1조에 따라 공포 후 1년이 경과한 날(2013.2.2.)부터 시행하도록 하고 있으므로, 동 규정 시행

전에는 동 규정에 따른 추정 분담금 제공없이 조합설립에 필요한 동의서 징구가 가능할 것으로 판단됨

4-4-3 2013.2.2. 이전에 추정분담금 등 정보제공 없이 징구한 조합설립동의서의 인정여부('13. 6. 10.)

질의요지 추진위원회에서 2013.2.2.이전부터 조합설립 동의를 받아 2013.2.2. 이후 조합설립인가 신청을 하는 경우, 2013.2.2. 이전에 추정분담금 등 정보제공 없이 징구한 조합설립동의서의 인정여부

회신내용 도시정비법 제16조제6항에 따라 추진위원회는 조합설립에 필요한 동의를 받기 전에 추정분담금 등 대통령령으로 정하는 정보를 토지등소유자에게 제공하여야 하며, 부칙〈제11293호, 2012.2.1〉제1조에 따라 제16조제6항의 개정규정은 공포 후 1년이 경과한 날(2013.2.2.)부터 시행하므로, 2013.2.2. 이전에 추정분담금 등의 정보제공 없이 징구한 조합설립동의서는 인정되어야 할 것으로 판단됨

4-4-4 도시정비법 제16조의2제2항에 따른 추정분담금 등 제공시 토지등소유자의 요청이 필요한 지('13. 7. 23.)

질의요지 도시정비법 제16조의2제2항에 따른 추정분담금 등 제공과 관련하여 일정비율 이상의 토지등소유자의 요청이 반드시 필요한지 여부

회신내용 도시정비법 제16조의2제2항에 따르면 토지등소유자의 100분의 10 이상 100분의 25 이하의 범위에서 시·도조례로 정하는 비율 이상의 요청이 있는 경우, 시장·군수는 토지등소유자의 의사결정에 필요한 정보를 제공하기 위하여 개략적인 정비사업비 및 추정분담금 등을 조사하여 토지등소유자에게 제공할 수 있

으므로, 시장·군수가 추정분담금 등을 토지등소유자에게 제공하기 위해서는 시·도조례로 정하는 비율 이상의 토지등소유자의 요청이 있어야 할 것임

4-4-5 | 조합설립동의서에 포함되는 비용의 분담기준이란('13. 2. 7.)

질의요지 도시정비법 시행령 제26조제2항제3호에 따라 조합설립동의서에 포함되는 비용의 분담기준은

회신내용 도시정비법 시행령 제26조제2항제3호에 따른 비용의 분담기준은 같은 항 제2호의 공사비 등 정비사업에 드는 비용의 분담기준을 말하는 것임

4-4-6 | 토지등소유자에 대한 개인별 추정부담금 제공 방법('15.11.18.)

질의요지 도시정비법 제16조제6항에 따라 추정분담금 정보 제공시 토지등소유자 개인별로 추정분담금을 알 수 있도록 제공해야하는지

회신내용 도시정비법 제16조제6항에 따르면 추진위원회는 조합설립에 필요한 동의를 받기 전에 토지등소유자별 분담금 추산액 및 산출근거, 그 밖에 추정 분담금의 산출 등과 관련하여 시·도 조례로 정하는 정보를 토지등소유자에게 제공하도록 하고 있으며, 질의하신 사항의 경우 총사업비 및 개략적인 추정액 외에 토지등소유자 개인별 분담금 추산액 및 산출 근거를 포함하여 제공하여야 함

4-4-7 | 추진위원회 구성에 동의한 자에 대한 추정분담금 정보제공 시점('15.07.13.)

질의요지

가. 도시정비법 제16조제6항에서 조합설립 동의를 받기 전에 추정분담금에 관한 정보를 추진위원회가 토지등소유자에게 제공하도록 하고 있으나, 같은 법 제13조제3항에서 추진위원회 구성에 동의한 토지등소유자는 조합의 설립에 동의한 것으로 보고 있어, 토지등소유자에게 추정분담금에 관한 정보를 제공하여야 하는 시점은 추진위원회 구성 동의전인지 아니면 추진위원회 구성 후인지

나. 추정분담금에 관한 정보를 제공하지 않고 추진위원회 승인이 이루어진 경우 추진위원회 동의를 한 토지등소유자(조합설립에 동의한 것으로 보는 토지등소유자)는 도시정비법 제16조제6항에 따른 조합설립 동의를 받기 전 추정분담금의 정보를 제공받지 못했으므로, 조합설립인가를 위해 추진위원회 동의를 한 토지등소유자에게도 추정분담금 정보를 제공한 후 추진위원회 동의와 별개로 별도의 조합설립 동의를 받아야 하는지

다. 추진위원회 구성에 동의한 토지등소유자(조합설립에 동의한 것으로 보는 토지등소유자)에게 조합설립을 위한 별도의 동의서 징구가 필요하지 않을 경우, 도시정비법 제16조제6항에 따른 추정분담금에 관한 정보제공시점은

회신내용

가. 질의 "가"에 대하여

도시정비법 제16조제6항에 따르면 추진위원회는 조합설립에 필요한 동의를 받기 전에 추정분담금 등 대통령령으로 정하는 정보를 토지등소유자에게 제공하여야 하므로 추정분담금

에 대한 정보제공 시점은 추진위원회 구성 후임

나. 질의 "나"에 대하여

도시정비법 제13조제3항에 따르면 제2항에 따라 추진위원회의 구성에 동의한 토지등소유자는 제16조제1항부터 제3항까지에 따른 조합의 설립에 동의한 것으로 보므로, 추진위원회 구성에 동의한 토지등소유자에게는 별도의 조합설립 동의를 받을 필요가 없음

다. 질의 "다"에 대하여

추진위원회 구성에 동의한 토지등소유자(조합설립에 동의한 것으로 보는 토지등소유자)에 대한 도시정비법 제16조제6항에 따른 추정분담금에 관한 정보 제공 시점은 도시정비법에서 별도로 규정하고 있지 아니하므로 추진위원회 구성에 동의하지 않은 토지등소유자에게 추정분담금에 관한 정보를 제공하는 시기로 보아야 할 것임

4-5 조합설립동의 철회 및 해산

4-5-1 심의결과 설계개요 변경 시 인가 신청 전에 동의 철회가 가능한 지('10. 9. 1.)

질의요지 조합설립동의서 징구 시 문화재현상변경 심의에 따라 정비계획이 변경될 수 있다는 내용을 명시하여 동의를 받았고 현재 조합설립동의서의 기재내용(설계개요 등)과 인가받은 정비계획은 동일하나, 심의결과에 따라 설계 개요의 일부가 변경될 예정인 경우 토지등소유자가 조합설립인가 신청 전에 동의 철회가 가능한지

회신내용 토지등소유자는 도시정비법 제17조제1항 전단 및 제12조의 동의(도시정비법 제8조제4항제7호·제13조제3항 및 제26조제3항에 따라 동의가 의제되는 경우를 포함함)에 따른 인·허가 등의 신청 전에 동의를 철회하거나 반대의 의사표시를 할 수 있으나, 도시정비법 제16조에 따른 조합설립의 인가에 대한 동의 후 건설되는 건축물의 설계의 개요 등을 포함한 도시정비법 시행령 제26조제2항 각호의 사항이 변경되지 않은 경우에는 조합설립의 인가신청 전이라 하더라도 철회할 수 없도록 도시정비법 시행령 제28조제4항에 규정되어 있는 바, 심의에 따른 정비계획 변경으로 건설되는 건축물의 설계의 개요 등을 포함한 도시정비법 시행령 제26조제2항 각호의 사항이 변경되는 경우라면 철회가 가능할 것임

4-5-2 추진위원회 위원이 조합설립동의서 철회가 가능한 지('10. 9. 16.)

질의요지 추진위원회의 추진위원 및 감사가 조합설립에 동의한 것을 철회할 수 있는지와 추진위원이 조합설립에 동의하지 않는 것이 조합설립을 목적으로 설립된 추진위원회 구성 취지에 적합하지 않다고 명문화 하고 있는지

회신내용 추진위원 및 감사를 포함한 토지등소유자는 도시정비법 시행령 제28조제4항에 따라 도시정비법 제16조에 따른 조합설립의 인가에 대한 동의 후 도시정비법 시행령 제26조제2항 각 호의 사항이 변경되는 경우에는 조합설립의 인가신청 전에는 철회할 수 있도록 하고 있으며, 도시정비법상 추진위원회 위원이 조합설립에 동의하지 않은 경우 해임할 수 있다고 명시하고 있지는 않으나, 추진위원회는 조합설립을 위하여 도시정비법 제13조에 따라 구성되는 것이므로 추진위원회를 운영하는 추진위원이 조

합설립에 동의하지 않는 것은 조합설립을 목적으로 설립된 추진위원회 구성 취지에 적합하지는 않은 것으로 사료됨

4-5-3 | 조합설립인가 신청 후 조합설립인가 동의철회가 가능한 지('12. 10. 19.)

질의요지 도시정비법 시행령 제26조제2항 각 호의 사항이 변경된 경우 조합설립인가 신청 후에도 조합설립 인가에 대한 동의를 철회할 수 있는지

회신내용 도시정비법 시행령 제28조제4항 단서에서 같은 시행령 제26조제2항 각 호의 사항이 변경된 경우에는 조합설립 인가에 대한 동의를 조합설립인가 신청 전에 철회할 수 있도록 하고 있음

4-5-4 | 조합설립 동의 간주 처리된 자의 조합설립인가 반대('12. 6. 11.)

질의요지 도시정비법 제13조제3항에 따라 추진위원회의 구성에 동의하여 조합의 설립에 동의한 것으로 보는 토지등소유자가 조합설립인가 신청 후 조합설립 동의를 철회할 수 있는지 등

회신내용 도시정비법 제13조제3항에 따라 추진위원회의 구성에 동의하여 조합의 설립에 동의한 것으로 보는 토지등소유자는 같은 법 제13조제3항 단서 및 같은 법 시행령 제28조제4항에 따라 법 제16조에 따른 조합설립인가 신청 전에 시장·군수 및 추진위원회에 조합설립에 대한 반대의 의사표시를 할 수 있으며(시행령 제26조제2항 각 호의 사항의 변경여부와 무관), 같은 법 시행령 제28조제5항에서 반대의 의사표시 방법을 규정하고 있음

| 4-5-5 | 추진위 설립 동의자의 조합설립 동의 철회가 가능한 지('12. 6. 13.)

질의요지 정비사업조합추진위원회 설립동의서에 동의한 토지등소유자가 조합설립 신청시 조합설립 동의 철회서를 제출할 경우 조합설립에 대한 동의 철회가 가능한지

회신내용 도시정비법 제13조제3항에 따르면 조합설립추진위원회의 구성에 동의한 토지등소유자는 도시정비법 제16조제1항부터 제3항까지에 따른 조합의 설립에 동의한 것으로 보나, 제16조에 따른 조합설립인가 신청 전에 시장·군수·구청장 및 추진위원회에 조합설립에 대한 반대의 의사표시를 한 추진위원회 동의자의 경우에는 그러하지 아니하도록 하고 있으며, 동 개정규정은 이 법 시행(2009.8.7.) 후 추진위원회 구성에 동의를 얻는 분부터 적용하도록 동법 부칙〈제9444호, 2009.2.6〉제4조에 규정하고 있음

| 4-5-6 | 조합설립동의를 철회한 경우 동의서를 돌려주어야 하는지('12. 6. 21.)

질의요지 조합설립인가 신청 전·후 조합설립 동의를 철회하고자 동의서를 반환해 줄 것을 요구할 경우 추진위원회(또는 구청)에서 동의서를 돌려주어야 하는지와 조합설립인가를 위한 동의자 수에서 제외하여야 하는지

회신내용 가. 도시정비법 시행령 제28조제4항에 따르면 토지등소유자는 조합설립의 인가 신청 전에 동의를 철회하거나 반대의 의사표시를 할 수 있도록 하면서 도시정비법 제16조에 따른 조합설립의 인가에 대한 동의 후 도시정비법 시행령 제26조제2항 각 호의 사항(조합정관 등)이 변경되지 않은 경우

에는 조합설립의 인가신청 전이라 하더라도 철회할 수 없도록 하고 있음

나. 또한, 같은 시행령 제28조제6항에 따르면 제4항에 따른 동의의 철회나 반대의 의사표시는 철회서가 동의의 상대방에게 도달한 때 또는 시장·군수가 동의의 상대방에게 철회서가 접수된 사실을 통지한 때 중 빠른 때에 효력이 발생하도록 하고 있음

4-5-7 도시정비법 제17조 개정·시행 관련 조합해산 동의방법 및 효력('12. 7. 16.)

질의요지

조합해산 동의서에 자필서명과 지장을 찍고 신분증사본을 첨부하는 개정내용이 2012.8.2.부터 시행되는데, 시행 전에 주민들로부터 받은 인감도장을 찍은 해산동의서와 첨부된 인감증명서가 시행 후에도 유효한지와 시행 후에 받는 해산동의서에는 자필서명과 지장을 찍고 신분증사본만 첨부하면 되는지

회신내용

도시정비법 제16조의2제1항제1호 및 제2호에 따라 추진위원회 및 조합의 해산을 신청하고자 하는 경우 2012.2.1. 개정·공포된 도시정비법 제17조제1항에 따른 지장(指章) 날인 및 자필 서명의 동의방법은 부칙 제1조에 따라 공포 후 6개월이 경과한 날부터 시행하도록 하고 있으므로, 도시정비법 제17조제1항의 시행일인 2012.8.2. 전까지는 인감도장(인감증명서 첨부)을 사용한 서면동의의 방법으로 하고, 시행일부터는 동 개정 규정에 따라 지장 날인 및 자필서명(신분증명서 사본 첨부)의 방법으로 동의를 받아야 할 것임

4-5-8 조합설립동의 철회 양식 및 철회방법은('13. 1. 16.)

질의요지 도시정비법 제16조에 따른 조합설립동의서를 철회하는 경우 별도 양식이 있는지, 도시정비법 시행령 제28조제5항과 관련하여 철회서에 지장(指章)만 날인하고 자필 서명을 하지 않은 경우 효력이 있는지

회신내용 도시정비법에는 조합설립동의 철회와 관련하여 규정된 서식은 없으며, 도시정비법 시행령 제28조제5항에서 같은 조 제4항에 따라 동의를 철회하거나 반대의 의사표시를 하려는 토지등소유자는 동의의 상대방 및 시장·군수에게 철회서에 토지등소유자의 지장(指章)을 날인하고 자필로 서명한 후 주민등록증 및 여권 등 신원을 확인할 수 있는 신분증명서 사본을 첨부하여 내용증명의 방법으로 발송하여야 한다고 하고 있음

4-5-9 토지등소유자가 조합해산 동의를 철회하는 경우 동의의 상대방이 누구인지('13. 4. 23.)

질의요지 도시정비법 시행령 제28조제5항 관련 토지등소유자가 조합해산 동의를 철회하는 경우 동의의 상대방이 누구인지

회신내용 도시정비법 제17조제1항 및 같은 법 시행령 제28조제5항에 따라 조합해산동의를 철회하려는 토지등소유자는 동의의 상대방 및 시장·군수에게 철회서에 토지등소유자의 지장을 날인하고 자필로 서명한 후 신분증명서 사본을 첨부하여 발송하도록 하고 있고, 이 경우 시장·군수가 철회서를 받은 때에는 지체 없이 동의의 상대방에게 철회서가 접수된 사실을 통지하도록 하고 있으며, 이 경우 "동의의 상대방"이란 토지등소유자로부터

동의서를 제출받은 자를 말하는 것임

4-5-10 | 개정 도시정비법 시행령 제28조제5항의 적용('12. 8. 20.)

질의요지 동의철회를 위해서 시행령 개정(2012.7.31.) 전 징구한 인감증명과 반대서명은 유효한 것인지 아니면 새로이 지장과 자필서명을 받고 신분증 사본을 첨부하여 동의의 상대방 및 시장·군수에게 철회서를 발송해야 하는지

회신내용 도시정비법 시행령 제28조제5항에 따라 동의를 철회하거나 반대의 의사표시를 하려는 토지등소유자는 동의의 상대방 및 시장·군수에게 철회서에 토지등소유자의 지장을 날인하고 자필로 서명한 후 주민등록증 및 여권 등 신원을 확인할 수 있는 신분증명서 사본을 첨부하여 내용증명의 방법으로 발송하도록 하고 있으나, 동 시행령 부칙〈제24007호, 2012.7.31〉 제4조에 따라 제28조제5항의 개정규정은 이 영 시행(2012.8.2.) 후 토지등소유자가 동의의 상대방 및 시장·군수에게 철회서를 발송하는 경우부터 적용하도록 하고 있음

4-5-11 | 국·공유지관리청이 조합해산 동의서를 제출할 수 있는지('13. 11. 18.)

질의요지 국·공유지관리청이 도시정비법 제16조의2제1항제2호에 따라 조합 해산 신청동의서를 제출할 수 있는지

회신내용 도시정비법 제17조제1항 및 같은 법 시행령 제28조제1항제5호에 따라 조합해산 신청 시 토지등소유자의 동의방법에 대하여는 국유지·공유지에 대해서는 그 재산관리청을 토지등소유자로 산정하도록 하고 있으므로, 국유지·공유지 관리청도 도시정비

법 제16조의2제1항제2호에 따라 조합해산 신청동의서를 제출할 수 있을 것으로 판단됨

4-5-12 조합해산 동의서 징구 대상에 분양신청을 하지 않은 자도 포함되는지 ('14. 7. 7.)

질의요지 도시정비법 제16조의2제1항제2호의 조합설립에 동의한 조합원이 조합설립 당시의 조합원을 말하는지와 분양신청을 하지 않은 자도 이에 해당하는지

회신내용 도시정비법 제16조의2제1항제2호에 따르면 시장·군수는 조합설립에 동의한 조합원의 2분의 1 이상 3분의 2 이하의 범위에서 시·도조례로 정하는 비율 이상의 동의로 조합의 해산을 신청하는 경우 조합 설립인가를 취소하도록 하고 있으나, 이 경우 조합 설립에 동의한 조합원은 조합해산 신청 당시 조합설립에 동의한 조합원을 기준으로 하여야 할 것으로 판단되며, 조합원의 자격에 대하여는 도시정비법 제20조제1항제2호에 따라 조합 정관에 따라야 할 것임

4-5-13 조합해산 동의서 징구 시 현금청산자 포함 여부(법제처, '14. 11. 13.)

질의요지 도시정비법 제46조제2항에 따른 분양신청을 하지 아니한 자가 같은 법 제16조의2제1항제2호에 따라 조합 해산을 신청할 수 있는 "조합 설립에 동의한 조합원"에 포함되는지

회신내용 도시정비법 제46조제2항에 따른 분양신청을 하지 아니한 자는 같은 법 제16조의2제1항제2호에 따라 조합 해산을 신청할 수 있는 "조합 설립에 동의한 조합원"에 포함되지 않는다고 할 것임

4-5-14 창립총회에서 정비계획 변경 시 조합설립 동의 철회가 가능한지 ('15.04.23.)

질의요지 창립총회에서 기존 사업시행계획 동의에 대한 안건과 정비계획 변경안 승인에 대한 안건을 같이 의결한 경우 도시정비법 시행령제28조제4항에 따라 조합설립 동의 철회가 가능한지

회신내용 도시정비법 시행령제28조제4항에 따라 토지등소유자는 법 제12조 및 제17조제1항 전단의 동의(법 제8조제4항제7호·제13조제3항 및 제26조제3항에 따라 동의가 의제되는 경우를 포함한다)에 따른 인·허가 등의 신청 전에 동의를 철회하거나 반대의 의사표시를 할 수 있으나, 법 제16조에 따른 조합설립의 인가에 대한 동의 후 제26조제2항 각 호의 사항이 변경되지 아니한 경우로서 "조합설립에 최초로 동의한 날부터 30일이 지난 경우" 또는 "제22조의2제1항에 따라 창립총회를 개최한 경우"에 해당하는 경우에는 철회할 수 없습니다. 따라서 질의의 경우 인허가 신청 전에 조합설립 동의 철회 가능여부는 제26조제2항 각 호의 사항이 변경되었는지 여부에 따라 판단하여야 할 것임

4-5-15 소유권이 변동된 경우 조합해산 동의가 승계되는지('16.07.07.)

질의요지 정비사업 조합원이 조합해산 동의서를 제출 후 토지 또는 건축물을 양도하여 조합원 자격이 양수인에게 승계된 경우 조합해산 동의도 승계되는지

회신내용 도시정비법제10조에 따르면 정비사업과 관련하여 권리를 갖는 자(이하 "권리자")의 변동이 있은 때에는 종전의 권리자의 권리·의무는 새로이 권리자로 된 자가 이를 승계한다고 규정하고 있는 바, 질의와 같이 정비사업 조합원이 조합해산 동의서를

제출 후 토지 또는 건축물을 양도하여 조합원 자격이 양수인에게 승계된 경우 조합해산 동의도 승계되는 것으로 판단됨

4-5-16 | 세대수 및 정비사업비용이 변경된 경우 동의서 철회가 가능한지('16.04.25.)

질의요지

추진위원회가 징구한 조합설립 동의서에는 건설되는 건축물의 세대수가 기재되어 있지 않으나, 정비계획과 건설되는 건축물의 세대수(증 340세대), 대지면적(감 3,937.2㎡), 용적률(증 10.4%p), 연면적(감 20,437㎡) 등이 변경된 경우 '건설되는 건축물의 설계개요'의 변경으로 보아 조합설립 동의서를 철회할 수 있는지 여부 및 대지면적, 건축연면적, 용적률 등이 경미하게 변경되었고 정비사업 비용이 증가된 경우 조합설립 동의서를 철회할 수 있는지

회신내용

가. 세대수 변경에 대하여

구 도시 및 주거환경정비법 시행령(대통령령 제26928호, 이하 "영") 제28조제4항 단서에 따르면 법 제16조에 따른 조합설립의 인가에 대한 동의 후 제26조제2항 각 호의 사항이 변경되지 아니한 경우로서 각 호의 어느 하나에 해당하는 경우에는 철회할 수 없다고 명시하고 있으며, 영 제26조제2항제1호는 건설되는 건축물의 설계의 개요를 규정하고 있어 건축물의 설계의 개요가 변경된 경우에는 조합설립 동의를 철회할 수 있음

다만, 같은 법 시행규칙 별지 서식에 따른 조합설립 동의서에는 신축 건축물의 설계 개요로 대지면적, 연면적, 규모를 기재하도록 하고 있으므로, 여기에 포함되지 않은 세대수의 변경만으로는 조합설립 동의를 철회할 수 없을 것임

나. 대지면적, 용적률, 연면적, 정비사업비 변경에 대하여

질의와 같이 세대수 외에도 대지면적, 연면적 등 건축물의 설계 개요 사항이 함께 변경되었다면 위 규정에 따라 조합설립 동의서를 철회할 수 있음

다만, 동의서 내용이 일부 변경되었다고 하더라도 사회 통념상 종전 동의서와 동일성이 인정되는 경우 토지등소유자는 동의서에 의한 동의를 철회할 수 없다는 대법원 판결(2014.3.13, 2012두14095)있으므로, 이를 참고하여 해당 지자체에서 변경되는 내용이 사회 통념상 종전 동의서와 동일성이 인정되는지 여부에 따라 동의서의 철회가 가능한지 여부를 결정할 수 있을 것으로 판단됨

4-6 조합설립인가 및 (경미한)변경 (정관변경 포함)

4-6-1 도시정비법 시행령 제27조제3호에 해당하는 건폐율 또는 용적률의 변경 범위 (법제처, '11. 10. 7.)

질의요지 주택재개발사업과 관련하여 정비구역 또는 정비계획의 변경에 따라 건폐율 또는 용적률이 확대되어 조합설립인가내용이 변경되어야 하는 경우라면, 건폐율 또는 용적률이 얼마나 확대되는지와 상관없이 도시정비법 시행령 제27조제3호에 해당하는지

회신내용 주택재개발사업과 관련하여 정비구역 또는 정비계획의 변경에 따라 건폐율 또는 용적률이 확대되어 조합설립인가내용이 변경되어야 하는 경우라면, 건폐율 또는 용적률이 얼마나 확대되는지와 상관없이 도시정비법 시행령 제27조제3호에 해당한다고 할 것임

4-6-2 조합원 변경사항이 조합설립인가내용의 경미한 변경인지('12. 4. 6.)

질의요지 분양신청을 하지 아니한 자가 조합정관에 따라 조합원 자격이 상실되어 조합원 변경을 하고자 하는 경우 도시정비법 시행령 제27조의 조합설립인가내용의 경미한 변경에 해당되는지

회신내용 도시정비법 제46조에 따라 분양신청을 하지 않은 조합원이 조합정관에 따라 조합원 자격이 상실되어 조합설립인가내용을 변경하려는 경우, 도시정비법 시행령 제27조제4호에 따라 시·도 조례에서 조합설립인가내용의 경미한 변경으로 규정하고 있지 않은 경우에는 도시정비법 시행령 제27조에 따른 경미한 변경으로 볼 수 없다는 법제처 법령해석(안건번호 11-0684)에 따라야 할 것으로 판단됨

4-6-3 정비구역고시가 되지 않은 상태에서 조합설립변경인가의 적절성('12. 4. 18.)

질의요지 정비구역지정 및 정비계획변경안(2개 획지를 1개 획지로 합치는 것과 현황 측량결과 토지면적 축소)에 대해 확정고시가 되지 않은 상태에서의 조합설립변경인가가 적법한 것인지

회신내용 가. 도시정비법 제16조제1항 및 같은 법 시행규칙 제7조제2항에 따르면 조합설립인가 내용을 변경하고자 하는 경우에는 조합설립변경 인가신청서에 변경내용을 증명하는 서류를 첨부하여 시장·군수의 인가를 받도록 하면서 조합설립변경인가 신청이나 조합설립변경인가 시점에 대하여는 따로 규정하고 있지는 않음

나. 따라서, 조합설립변경인가의 적법성 여부에 대하여는 조합

설립변경인가 신청시 첨부된 변경내용의 객관성이나 근거 여부 등을 종합적으로 고려하여 판단하여야 할 것임

4-6-4 도시정비법 시행령 제27조제2의5호 중 정관에 따라 조합원이 변경되는 경우란 ('12. 9. 11.)

질의요지 도시정비법 시행령 제27조제2의5호의 현금청산으로 인하여 정관에서 정하는 바에 따라 조합원이 변경되는 경우란 분양신청을 하지 않는 등의 사유로 현금청산대상자로 분류된 자를 의미하는지, 아니면 분양신청을 하지 않는 등의 사유로 실제 현금청산을 받은 자를 의미하는지

회신내용 도시정비법 시행령 제27조제2의5호의 현금청산으로 인하여 정관에서 정하는 바에 따라 조합원이 변경되는 경우란 현금청산대상자로 분류되었거나, 실제 현금청산을 받는 경우 등 현금청산을 이유로 정관으로 정하는 바에 따라 조합원이 변경되는 경우를 말하는 것으로 판단됨

4-6-5 현금청산조합원에게 사업비를 부담시키는 정관 변경 ('14. 9. 17.)

질의요지 조합원이 분양신청을 하지 않거나 분양계약을 취소하여 현금으로 청산하는 절차를 이행할 경우 그 원인금액 시점까지 집행된 사업비를 개별 종전자산 비율로 안분하여 현금청산조합원에게 부담시키는 내용으로 정관을 변경할 때 조합원 동의 기준은

회신내용 도시정비법제20조제1항에 따라 조합은 "정비사업비의 부담시기 및 절차" 등 같은 항 각 호의 사항을 정관에 포함하도록 하고 있고, 같은 조 제3항에 따라 조합이 정관을 변경하고자 할 때

제1항제12호(정비사업비의 부담시기 및 절차)의 경우에는 총회를 개최하여 조합원 3분의 2 이상의 동의를 얻어 시장·군수의 인가를 받아야 함

4-6-6 | 변경된 정관의 효력 시점은 언제부터 인지('14. 11. 10.)

질의요지 변경된 정관의 효력 발생 시점은 총회 의결된 날인지 또는 인가·신고 수리된 날인지 여부와 변경된 정관이 인가·신고 수리된 경우 인가 전에 수행된 사항에 대하여 법적 효력이 소급 적용 되는지

회신내용 도시정비법 제20조제3항에 따르면 조합이 정관을 변경하고자 하는 경우에는 총회를 개최하여 조합원 과반수의 동의를 얻어 시장·군수의 인가를 받도록 하고 있으므로, 변경하고자 하는 정관의 효력은 동 규정에 따른 인가 이후에 발생하는 것으로 봄이 타당할 것임

4-6-7 | 조합장이 아닌 대표자 서명에 의한 조합설립 변경인가 신청('15.01.06.)

질의요지 조합설립 후 조합장을 포함한 조합임원 해임 및 새로운 임원 선임에 따라 조합설립변경인가 신청 시 새로 선임된 조합장이 조합설립변경인가신청서상에 조합직인이 아니라 대표자가 서명하고 조합설립변경 인가를 신청할 경우 인가 처리가 가능한지

회신내용 「도시정비법 시행규칙」 별지 제4호서식(주택재건축사업 조합설립변경인가신청서)에는 "신청인 대표 (서명 또는 인)"으로 되어 있으므로 조합설립변경인가신청서를 작성하여 새로 선임된 조합장이 직인이 아니라 조합의 대표자로서 서명하고 조합설립

변경인가를 신청하는 것이 가능할 것임

> **4-6-8** 조합장 변경이 조합설립인가 경미한 변경 사항인 지(법제처,'16.10.13.)

질의요지 주택재건축사업 조합의 조합장 변경 시 조합설립인가의 변경인가를 받기 위하여 도시정비법 제16조제2항 본문에 따른 토지등소유자의 동의를 받아야 하는지

회신내용 주택재건축사업 조합의 조합장 변경 시 조합설립인가의 변경인가를 받기 위하여 도시정비법 제16조제2항 본문에 따른 토지등소유자의 동의를 받아야 하는 것은 아님

4-7 조합임원 선출 및 해임

> **4-7-1** 도로지분 공유자의 조합임원 자격 유무('12. 6. 14.)

질의요지 도로지분이 공유로 되어 있는 경우 조합장이나 임원이 될 수 있는지 여부

회신내용 도시정비법 제19조제1항제1호에 따르면 토지 또는 건축물의 소유권과 지상권이 수인의 공유에 속하는 때에는 그 수인을 대표하는 1인을 조합원으로 보도록 하고 있고, 같은 법 제20조제1항제6호에 따르면 조합임원의 권리·의무·보수·선임방법·변경 및 해임에 관한 사항은 조합정관에 포함하도록 하고 있음

4-7-2 | 법 시행 전 선임된 조합임원이 법 시행 후 결격사유에 해당되는 경우
(법제처, '09. 11. 20.)

질의요지 구 도시정비법(법률 제9444호로 일부개정되어 2009. 2. 6. 공포·시행된 것) 시행 전에 조합임원으로 선임된 자가 같은 법 시행 이후에 이 법에 위반하여 구 도시정비법 제23조제1항제5호의 결격사유에 해당하게 된 경우 같은 조 제2항에 따라 당연 퇴임하여야 하는지

회신내용 구 도시정비법(법률 제9444호로 일부개정되어 2009. 2. 6. 공포·시행된 것) 시행 전에 조합임원으로 선임되었다가 같은 법 시행 이후에 이 법의 위반으로 구 도시정비법 제23조제1항제5호의 결격사유에 해당하게 된 자는 같은 조 제2항에 따라 당연 퇴임되지 아니함

4-7-3 | 도시정비법 제23조제1항제5호 "형의 선고"의 의미 ('12. 10. 9.)

질의요지 도시정비법 제23조제1항제5호에 따르면 이 법을 위반하여 벌금 100만원 이상의 형을 선고받고 5년이 지나지 아니한 자는 조합의 임원이 될 수 없다고 하는 바, 이 때 "형의 선고"는 대법원의 최종 확정 선고를 말하는 것인지, 이 경우 대법원 확정 판결까지 직무를 수행할 수 있는지

회신내용 도시정비법 제23조제1항제5호의 내용 중 "형의 선고"는 확정판결을 의미하는 것이고, 도시정비법 제20조제1항제6호에 따르면 조합임원의 권리·의무·선임방법·변경 및 해임에 관한 사항은 조합의 정관으로 정하도록 하고 있으므로, 질의하신 직무수행에 대하여는 해당 조합의 정관에 따라 판단하여야 할 것임

4-7-4 | 표준정관 보다 완화된 조건의 임원자격을 정할 수 있는지('12. 11. 13.)

질의요지 도시정비법 제20조제2항에 따른 표준정관에 비해 임원 조건 중의 토지 또는 건축물 소유기간, 사업시행구역 안의 거주기간을 완화하여 변경 할 수 있는지와 상기 내용이 도시정비법에 별도의 규정이 있는지

회신내용 도시정비법 제20조제1항제6호 및 같은 조 제2항에 따르면 조합임원의 권리·의무·보수·선임방법·변경 및 해임에 관한 사항에 관한사항은 조합정관에 정하도록 하고 있고, 국토해양부장관은 표준정관을 작성하여 보급할 수 있도록 하고 있으나, 조합의 표준정관은 예시적으로 작성된 것으로 특정 조합의 정관은 법령 및 관련규정의 범위 안에서 조합의 특성에 맞게 정하면 될 것임

4-7-5 | 임원선임 후 조합설립변경 절차를 진행하지 않은 경우의 적정성('12. 2. 6.)

질의요지 주택재건축조합에서 1년 전에 조합임원(이사)을 선임하였으나 현재까지 조합설립변경 절차를 진행하지 않은 경우 지금이라도 조합설립변경절차를 이행하여야 하는지와 조합설립변경 지연에 따른 벌금규정이 있는지

회신내용 조합장을 제외한 조합임원의 변경은 조합설립변경의 경미한 사항으로 시장·군수에게 신고하고 변경할 수 있다고 도시정비법 제16조제1항 단서 및 같은 법 시행령 제27조제2의2호에서 규정하고 있고, 조합설립변경절차의 지연에 대해서는 별도 벌칙규정을 두고 있지 않음

| 4-7-6 | 조합임원이 연임된 경우 도시정비법 제23조제1항제5호 개정규정 적용여부 ('13. 1. 24.)

질의요지 도시정비법 제23조제1항제5호에 따르면 이 법을 위반하여 벌금 100만원 이상의 형을 선고받고 5년이 지나지 아니한 자는 조합의 임원이 될 수 없도록 하고 있고, 같은 법 부칙〈법률 제9444호, 2009.2.6〉 제5조제1항에서는 제23조제1항제5호의 개정규정은 이 법 시행 후 최초로 임원을 선임하는 분부터 적용하도록 하고 있는 바, 이 법 시행 후 임기만료에 따라 연임된 조합임원에 대하여 개정규정을 적용할 수 있는지

회신내용 도시정비법 제23조제1항제5호의 개정규정은 이 법 시행 후 연임을 포함하여 최초로 임원을 선임하는 분부터 적용하여야 할 것임

| 4-7-7 | 도시정비법 제23조제1항제5호에서 벌금 100만원 이상이 사건별 벌금 합계액인지 ('13. 4. 9.)

질의요지 도시정비법 제23조제1항제5호의 '이 법을 위반하여 벌금 100만원 이상의 형을 선고받고 5년이 지나지 아니한 자' 중 벌금 100만원 이상이 사건별 벌금 합계액도 포함되는 것인지 아니면 개별 사건에 대한 벌금을 말하는지

회신내용 도시정비법 제23조제1항제5호에서 벌금 100만원 이상이란 개별 사건에 대한 벌금 100만원 이상을 말하는 것임

| 4-7-8 | 같은 목적의 정비사업의 조합 임원 또는 직원의 겸직 가능여부('13. 5. 9.)

질의요지 A조합의 임원이 B조합의 임원후보로 등록하는 것이 위법한지

또한 B조합의 임원으로 당선되었을 경우 언제 A조합 임원을 사임해야 하는지

회신내용 도시정비법 제22조제5항에서는 조합임원은 같은 목적의 정비사업을 하는 다른 조합의 임원 또는 직원을 겸할 수 없도록 하고 있음

4-7-9 | **조합장의 연임이 조합설립인가의 신고 또는 변경인가 사항인지**('13. 6. 10.)

질의요지 조합장의 연임이 신고 또는 변경인가 사항인지 여부

회신내용 도시정비법 제16조제1항 및 같은 법 시행령 제27조제2호의2에 따라 조합설립 인가받은 사항을 변경하는 것과 관련하여 조합임원 또는 대의원의 변경(조합장은 법 제24조에 따라 총회의 의결을 거쳐 변경인가를 받아야 한다)은 시장·군수에게 신고하고 변경할 수 있으나, 조합장이 연임된 경우는 조합임원이 변경된 것으로 볼 수 없으므로, 신고 또는 변경인가 대상이 아닌 것으로 판단됨

4-7-10 | **조합임원 해임 시 총회 발의 요건의 적정성**('12. 4. 25.)

질의요지 조합 임원을 해임할 경우 총회 발의(요구) 요건의 적정성 여부

회신내용 도시정비법 제23조제4항 및 제24조제2항에 따라 조합임원의 해임은 조합장의 직권 또는 조합원 5분의 1 이상 또는 대의원 3분의 2 이상의 요구로 조합장이 소집한 조합총회의 의결을 거치거나 조합원 10분의 1 이상의 발의로 소집된 총회에서 조합원 과반수의 출석과 출석 조합원 과반수의 동의를 얻어 할 수

있도록 규정하고 있음. 따라서, 총회 발의(요구)요건의 적정성 여부는 해당 조합의 총회 개최시 적용한 관계 규정과 조합정관 등을 종합적으로 고려하여 판단하여야 함

4-7-11 | 조합임원 해임총회 개최시 법원의 허가를 받아야 하는지('12. 10. 30.)

질의요지 도시정비법 제23조제4항에 따른 조합임원 해임총회 개최시 법원의 허가를 받아야 하는지, 조합원 10분의 1 이상의 발의로 소집된 총회에서 조합원 과반수의 출석과 출석 조합원 과반수의 동의를 얻으면 조합임원을 해임 할 수 있는지

회신내용 도시정비법 제23조제4항에서는 조합임원의 해임은 도시정비법 제24조에도 불구하고 조합원 10분의 1 이상의 발의로 소집된 총회에서 조합원 과반수의 출석과 출석 조합원 과반수의 동의를 얻어 할 수 있도록 하고 있으나, 이 경우 법원의 허가를 받도록 하는 별도의 규정은 없음

4-7-12 | 벌금 100만원 이상의 형을 선고의 의미는('13. 6. 25.)

질의요지 도시정비법 제23조제1항제5호에 따르면 이 법을 위반하여 벌금 100만원 이상의 형을 선고받고 5년이 지나지 아니한 자는 조합의 임원이 될 수 없다고 하는 바, 이 때 "형의 선고"는 어느 시점을 의미 하는지

회신내용 도시정비법 제23조제1항제5호의 내용 중 "형의 선고"는 확정판결을 의미하는 것임

| 4-7-13 | 도시정비법 제23조제1항의 조합임원 결격사유를 추진위원회 직원도 적용하는지 ('13. 10. 7.) |

질의요지 도시정비법 제23조제1항 각호의 1에 해당하는 자는 조합의 임원이 될 수 없는데 추진위원회 직원도 이에 해당되는지

회신내용 도시정비법 제23조제1항은 조합임원의 결격사유를 말하는 것으로 조합임원이 아닌 추진위원회 직원은 이에 해당되지 않음

| 4-7-14 | 유죄판결을 받고 항소한 조합장의 자격이 상실되는지('15.05.11.) |

질의요지 조합장이 도시정비법 위반으로 1심에서 100만원 이상을 선고받고 항소한 경우에 조합장 자격이 상실되는지,

회신내용 도시정비법 제20조제1항제6호 및 도시정비법 시행령 제31조제2호에 따르면 조합임원의 권리·의무·선임방법·변경 및 해임, 임원의 임기, 업무의 부담 및 대행 등에 관한 사항은 조합 정관으로 정하도록 하고 있고, 도시정비법 제23조제1항제5호에 따르면 도시정비법을 위반하여 벌금 100만원 이상의 형을 선고받고 5년이 지나지 아니한 자는 조합의 임원이 될 수 없도록 하고 있으므로, 질의하신 조합장 자격 및 직무대행자에 대하여는 조합정관 등을 검토하여 결정하여야 할 것으로 판단되며, 도시정비법 제23조제1항제5호 내용의 "형의 선고"는 "확정 판결"을 의미함

| 4-7-15 | 법원에서 선임된 임시조합장을 조합임원으로 볼 수 있는지('15.03.20.) |

질의요지 2014.7.1. 조합임원 전원해임 총회 후 2014.9.5. 민법 제63조에

따라 법원에서 임시조합장이 선임되어 2015.1.6. 법원에 사임계를 제출하기 전까지 조합업무를 수행함. 이 경우 법원에서 선임된 임시조합장이 도시정비법 제24조제7항에 따라 6개월 이내 선임된 조합임원에 해당하는지

회신내용 도시정비법 제24조제7항에 따르면 제2항과 제5항에도 불구하고 조합 임원의 퇴임 또는 해임 후 6개월 이상 조합 임원이 선임되지 아니한 경우에는 시장·군수가 조합 임원 선출을 위하여 총회를 소집할 수 있습니다. 질의하신 사항에 대하여는 시장·군수가 총회를 소집하였는지, 총회에서 조합장이 선출되었는지 여부를 고려할 때 법원에서 선임한 임시조합장이 도시정비법 제24조제7항에 따라 선출된 조합장으로 볼 수 없음

4-7-16 | 조합정관으로 조합임원의 결격사유를 추가로 정할수 있는지(법제처, '16.11.7.)

질의요지 조합은 도시정비법 제23조제1항 각 호에서 규정하고 있는 조합임원의 결격사유 외의 결격사유를 정관에서 추가로 정할 수 있는지

회신내용 조합은 도시정비법 제23조제1항 각 호에서 규정하고 있는 조합임원의 결격사유 외의 결격사유를 정관에서 추가로 정할 수 있음

4-7-17 | 조합임원 후보자격 변경이 경미한 정관 변경 사항 인지(법제처, '16.06.23.)

질의요지 조합장 및 감사 후보자격 변경이 조합 정관의 경미한 변경에 해당하는지

회신내용 도시정비법제20조제3항 및 같은 법 시행령 제32조제1호에 따르면 조합이 정관을 변경하고자 하는 경우에는 제16조제1항부터

제3항까지에도 불구하고 총회를 개최하여 조합원 과반수(제1항 제2호 내지 제4호·제8호·제12호 또는 제15호의 경우에는 3분의 2이상)의 동의를 얻어 시장·군수의 인가를 받아야 하나, 대통령령이 정하는 경미한 사항을 변경하고자 하는 때에는 이 법 또는 정관으로 정하는 방법에 따라 변경하고 시장·군수에게 신고하여야 한다고 규정하고 있음

또한, 같은 법 시행령 제32조에서 대통령령이 정하는 경미한 사항에 대해 규정하고 있으며, 같은 조 제1호에 따르면 법 제20조제1항제6호(조합임원의 선임방법에 관한 사항)를 경미한 사항으로 규정하고 있는 바, 질의와 같이 조합임원의 선임방법인 조합장 및 감사 후보자격 변경은 위 규정에 따른 경미한 사항을 변경하고자 하는 때로 봐야 할 것으로 판단됨

4-7-18 조합임원 선출과 관련하여 사은품 제공이 위반 대상인지 ('16.03.17.)

질의요지 A 재건축조합에서는 이사회를 통해 조합임원 선출(연임)을 위한 총회 참석 조합원에게 사은품(프라이팬)을 주기로 결의 후 총회에 참석한 조합원들에게 프라이팬을 사은품으로 제공한 사항이 도시정비법 제21조제4항을 위반했는지

회신내용 도시정비법 제21조제4항에 따르면 누구든지 추진위원회 위원 또는 조합 임원의 선출과 관련하여 금품, 향응 또는 그 밖의 재산상 이익을 제공하거나 제공의사를 표시하거나 제공을 약속하는 행위 등을 할 수 없다고 규정하고 있는 바,

조합에서 조합임원 선출을 위한 총회 참석 조합원들에게 프라이팬을 제공한 행위는 상기 법령을 위반할 소지가 높다고 판단됨

4-7-19 조합임원 선출과 관련하여 교통비 제공이 위반 대상인지 ('16.11.10.)

질의요지 조합임원 선출을 위한 총회 참석 조합원에게 참석비, 교통비 등 명목으로 금품(현금)을 지급하는 것이 도시정비법제21조제4항을 위반했는지

회신내용 도시정비법 제20조제1항제8호 및 제10호에 따르면 조합의 비용부담 및 조합 회계 등에 대하여는 조합 정관으로 정하도록 하고 있으므로, 총회 참석 조합원에게 참석비 또는 교통비 상당의 현금 지급에 대하여는 정관에 따라 가능할 것으로 판단됩니다. 다만, 같은 법 제21조제4항에 따르면 누구든지 추진위원회 위원 또는 조합 임원의 선출과 관련하여 금품, 향응 또는 그 밖의 재산상 이익을 제공하거나 제공의사를 표시하거나 제공을 약속하는 행위 등을 할 수 없다고 규정하고 있는 바, 현금 이외의 물품 등을 총회 참석 조합원들에게 제공하는 행위는 상기 법령을 위반할 소지가 높다고 판단됨

4-7-20 개정된 조합임원의 임기 규정 적용 대상('16.07.22.)

질의요지 가. 조합임원이 2012년 8월 선임된 경우 도시정비법 제23조제1항제5호가 적용되는지

회신내용 가. 도시정비법 부칙〈법률 제9444호, 2009.2.6.〉제5조제1항에 따르면 제23조제1항제5호의 개정규정은 이 법 시행 후 최초로 임원을 선임하는 분부터 적용한다고 규정하고 있으며, 이 때의 '최초'란 최초로 임원이 된 경우가 아닌 최초로 선임(연임 포함)된 경우를 의미하기 때문에 2009.2.6. 이후 선임된 임원에 대해서는 제23조제1항제5호를 적용하여야 함

4-7-21 | 시장·군수가 일부 임원을 선출하기 위한 총회 개최가 가능한지('16.10.06.)

질의요지 시장·군수의 조합 임원 선출을 위한 총회 소집의 세부 요건(임원 선출 대상)은 무엇인지

회신내용 도시정비법 제24조제8항에 따르면 제2항과 제6항에도 불구하고 조합 임원의 퇴임 또는 해임 후 6개월 이상 조합 임원이 선임되지 아니한 경우에는 시장·군수가 조합 임원 선출을 위하여 총회를 소집할 수 있다고 규정하고 있음. 동 규정은 조합 임원이 퇴임, 해임 후 6개월 이상 선임되지 않는 경우 시장·군수가 조합 임원 선출을 위한 총회를 소집하도록 하여 정상적인 조합운영과 원활한 정비사업의 추진을 도모하기 위한 취지이므로 조합 임원의 어느 한 명이라도 퇴임 또는 해임 후 6개월 이상 선임되지 않는 경우라면 시장·군수는 조합 임원 선출을 위한 총회를 소집할 수 있을 것으로 판단됨

4-8 토지분할

4-8-1 | 법원에 토지분할이 청구된 경우의 조합설립 인가(법제처, '11. 6. 16.)

질의요지 도시정비법 제41조제3항에 따라 법원에 토지분할이 청구된 경우, 시장·군수 또는 자치구의 구청장은 같은 조 제4항에 따라 시·도지사가 지정하여 고시한 정비구역 내에서 분할되어 나갈 일부 토지를 제외하고 주택재건축조합 설립인가를 할 수 있는지

회신내용 도시정비법 제41조제3항에 따라 법원에 토지분할이 청구된 경우, 시장·군수 또는 자치구의 구청장은 같은 조 제4항에 따라

시·도지사가 지정하여 고시한 정비구역 내에서 분할되어 나갈 일부 토지를 제외하고 주택재건축조합 설립인가를 할 수 있음

4-8-2 도시정비법 제41조 토지분할 청구 및 조합설립인가 절차('12. 12. 18.)

질의요지

가. 도시정비법 제41조제1항 내지 제3항의 토지분할청구 요건과 절차에 대한 적법성은 법원에서 판단하는지 또는 관할 관청에서 판단하는지

나. 도시정비법 제41조제4항에 의한 시장군수의 조합설립인가 또는 사업시행인가시 같은 조 제1항 내지 제3항의 토지분할청구 요건 및 절차 이행이 전제되어야 하는지

다. 도시정비법 제41조제1항의 「건축법」 제57조의 규정에 불구하고 분할하고자 하는 토지면적이 동법 동조에서 정하고 있는 면적에 미달되어 토지분할이 되는 경우 「건축법」 제57조제1항 및 제2항이 모두 적용이 배제되는지

회신내용

가. 질의 '가'에 대하여,
도시정비법 제41조 제1항 내지 제3항에 따르면 사업시행자 또는 추진위원회는 제16조제2항에 따른 조합설립의 동의 요건을 충족하기 위하여 토지분할청구를 하는 때에는 토지분할 대상이 되는 토지 및 그 위의 건축물과 관련된 토지등소유자와 협의하여야 하며, 토지분할의 협의가 성립되지 아니한 경우에는 법원에 토지분할을 청구할 수 있도록 하고 있음

나. 질의 '나'에 대하여,
도시정비법 제41조제4항에 따르면 토지분할의 협의가 성립되지 않아 법원에 토지분할이 청구된 경우 시장·군수는

분할되어나갈 토지 및 그 위의 건축물이 법에 정한 요건(도시정비법 제41조제4항 각호 및 동법 시행령 제45조)을 충족하는 경우에는 토지분할이 완료되지 아니하여 제1항의 규정에 의한 동의요건에 미달되더라도 건축위원회의 심의를 거쳐 조합 설립의 인가와 사업시행인가를 할 수 있도록 하고 있음

다. 질의 '다'에 대하여,
도시정비법 제41조제1항에 따르면 사업시행자 또는 추진위원회는 조합 설립의 동의요건을 충족시키기 위하여 필요한 경우에는 그 주택단지 안의 일부 토지에 대하여 「건축법」 제57조의 규정에 불구하고 분할하고자 하는 토지면적이 동법 동조에서 정하고 있는 면적에 미달되더라도 토지분할을 청구할 수 있도록 하고 있음

4-8-3 도시정비법 제41조제1항에 따라 토지분할을 청구하는 경우 건축법 제57조의 적용 범위('13. 1. 16.)

질의요지

도시정비법 제41조제1항에서 「건축법」 제57조의 규정에 불구하고 분할하고자 하는 토지면적이 동법 동조에서 정하고 있는 면적에 미달되더라도 토지분할을 청구할 수 있도록 하고 있는데, 동 규정 중 「건축법」 제57조는 제1항을 말하는지 아니면 제1항과 제2항 모두 해당되는지

회신내용

도시정비법 제41조제1항에 따르면 사업시행자 또는 추진위원회는 조합 설립의 동의요건을 충족시키기 위하여 필요한 경우에는 그 주택단지 안의 일부 토지에 대하여 「건축법」 제57조의 규정에 불구하고 분할하고자 하는 토지면적이 동법 동조에서 정하고 있는 면적에 미달되더라도 토지분할을 청구할 수 있도

록 하고 있으므로, 건축법 제57조 전체 조항이 이에 해당되는 것으로 판단됨

4-8-4 | 토지가 동별로 분할등기가 되어 있는 경우 토지분할 청구 가능여부('13. 9. 13.)

질의요지

주택법 제16조제1항의 사업계획승인을 받은 주택단지에서 재건축사업을 하는 경우로서 입주 당시부터 토지가 동별로 분할등기가 되어 있는 경우에도 도시정비법 제41조제1항에 따라 조합설립의 동의요건을 충족하기 위하여 토지분할 청구를 할 수 있는지

회신내용

도시정비법 제41조제1항에는 사업시행자 또는 추진위원회는 주택법 제16조제1항의 규정에 의하여 사업계획승인을 받아 건설한 2 이상의 건축물이 있는 주택단지에 주택재건축사업을 하는 경우, 제16조제2항의 규정에 의한 조합 설립의 동의요건을 충족시키기 위하여 필요한 경우에는 그 주택단지안의 일부 토지에 대하여 「건축법」 제57조의 규정에 불구하고 분할하고자 하는 토지면적이 동법 동조에서 정하고 있는 면적에 미달되더라도 토지분할을 청구할 수 있도록 하고 있으나, 질의하신 토지가 동별로 이미 분할등기가 되어 있는 경우에 대하여는 도시정비법 제48조제1항에 따른 토지분할 청구 대상에 해당되지 않을 것으로 판단됨

4-8-5 | 4개 단지로 구성된 정비구역 분할 및 부대시설 공유 시 조합원 자격('15.11.13.)

질의요지

A주택재건축 정비구역은 4개 아파트 단지로 구성되어 있으며, 4개 조합설립추진위원회에서 정비구역 입안을 제안받아 구역지정 된 상황에서

가. A주택재건축 정비구역에 대하여 4개 추진위원회가 아닌 2개 추진위원회에서 정비구역 분할을 통해 2개 정비사업으로 시행하자는 토지등소유자 의견을 근거로 정비구역을 2개 구역으로 분할 신청할 경우 구역 분할이 가능한지

나. 1개 주택재건축 정비사업 구역을 2개(A, B)로 분할하는 경우 분할하고자 하는 A정비구역 내에 기계실이 있고 분할되고 남은 B정비구역 아파트 단지 각 세대가 A정비구역 내 기계실에 대하여 집합건축물 대장상 공용부분으로 소유하고 있는 경우에 B정비구역 아파트 단지 각 세대의 소유권자를 기계실에 대한 구분소유자 및 토지소유자로 인정하여 주택재건축정비사업 조합설립인가 신청을 위한 동의대상자인 토지등소유자나 조합원으로 볼 수 있는지

회신내용

가. 질의 "가"에 대하여

도시정비법 제34조에 따라 시장·군수는 정비사업의 효율적인 추진 또는 도시의 경관보호를 위하여 필요하다고 인정하는 경우에는 제4조의 규정에 의한 정비구역을 2이상의 구역으로 분할하거나, 서로 떨어진 2 이상의 구역(제4조제1항에 따라 대통령령으로 정하는 요건에 해당하는 구역에 한한다) 또는 정비구역을 제4조제1항에 따라 하나의 정비구역으로 지정 신청할 수 있으며 그 시행방법과 절차에 관한 세부사항은 시·도조례로 정하도록 하고 있으므로 시장, 군수 또는 구청장은 시·도조례로 정하는 바에 따라 정비구역을 분할하여 정비사업을 시행할 수 있을 것으로 판단됨

나. 질의 "나"에 대하여

도시정비법 제16조제2항에 따라 주택재건축사업의 추진위원

회가 조합을 설립하고자 하는 때에는 「집합건물의 소유 및 관리에 관한 법률」 제47조제1항 및 제2항에도 불구하고 주택단지 안의 공동주택의 각 동(복리시설의 경우에는 주택단지 안의 복리시설 전체를 하나의 동의로 본다)별 구분소유자의 3분의 2 이상 및 토지면적의 2분의 1 이상의 토지소유자의 동의(공동주택의 각 동별 구분소유자가 5 이하인 경우는 제외한다)와 주택단지 안의 전체 구분소유자의 4분의 3 이상 및 토지면적의 4분의 3 이상의 토지소유자의 동의를 얻도록 하고 있음

이 때 "구분소유자"란 「집합건물의 소유 및 관리에 관한 법률」 제2조제2호에 따라 구분소유권을 가지는 자를 말하며, 같은 조 제1호에 따라 "구분소유권"이란 같은 법 제1조 또는 제1조의2에 규정된 건물부분[제3조제2항 및 제3항에 따라 공용부분(共用部分)으로 된 것은 제외한다]을 목적으로 하는 소유권을 말합니다. 또한, 도시정비법 제2조제9호 나목(1)에 따라 주택재건축사업에 있어서 토지등소유자라 함은 "정비구역안에 소재한 건축물 및 그 부속토지의 소유자"를 말하므로 질의의 경우 B정비구역 내 아파트단지 각 세대의 소유권자들은 A정비구역의 토지등소유자가 될 수 없을 것임

4-8-6 동일지번의 아파트 동을 제척(토지분할)시킬 수 있는지('16.04.20.)

질의요지 동일지번에 위치한 아파트 동을 제척시켜 분할 할 수 있는지

회신내용 도시정비법 제41조제1항에 따르면 사업시행자 또는 추진위원회는 주택법 제16조제1항의 규정에 의하여 사업계획승인을 받아 건설한 2 이상의 건축물이 있는 주택단지에 주택재건축사업을

하는 경우, 제16조제2항의 규정에 의한 조합 설립의 동의요건을 충족시키기 위하여 필요한 경우에는 그 주택단지안의 일부 토지에 대하여 「건축법」 제57조의 규정에 불구하고 분할하고자 하는 토지면적이 동법 동조에서 정하고 있는 면적에 미달되더라도 토지분할을 청구할 수 있도록 하고 있으므로, 질의하신 동일지번에 대하여도 동 규정에 따라 토지분할이 가능할 것으로 판단됨

4-8-7 조합(토지분할 진행)의 개정된 조합설립인가 동별동의요건 적용 방법 ('16.04.20.)

질의요지 조합설립인가를 받은 재건축 조합에서도 개정된 동별 동의요건 기준을 적용할 수 있는지, 또한 새로운 동의서 징구 절차가 필요한지

회신내용 도시정비법 부칙〈법률 제13912호, 2016.1.27〉 제4조에 따르면 같은 법제16조제2항의 개정규정은 같은 개정규정 시행 후 조합의 설립인가(변경인가를 포함한다)를 신청하는 경우부터 적용하도록 하고 있으므로, 질의하신 조합설립인가 이후에도 조합설립의 변경을 통해 동 규정을 적용할 수 있을 것으로 판단됨

4-9 조합총회

4-9-1 2012.2.1. 개정·시행 도시정비법 제24조제7항의 적용 방법('12. 3. 28.)

질의요지 조합장 및 임원이 없는 상태로 3년이 경과된 경우 2012.2.1. 개정·시행된 도시정비법 제24조제7항을 적용하여 조합 임원 선출을 위한 총회를 소집할 수 있는지

회신내용 도시정비법 제24조제7항에 따르면 조합 임원의 퇴임 또는 해임 후 6개월 이상 조합 임원이 선임되지 아니한 경우에는 시장·군수가 조합 임원 선출을 위하여 총회를 소집할 수 있도록 있음

4-9-2 사업시행계획서의 수립 시 조합총회 의결 필요 여부('09. 8. 7.)

질의요지 도시정비법 제24조제3항 제9의2호에 대하여 조합 총회의 의결을 거쳐야 하는지

회신내용 도시정비법 제30조에 따른 사업시행계획서의 수립 및 변경(제28조제1항에 따른 정비사업의 중지 또는 폐지에 관한 사항을 포함하며, 같은 항 단서에 따른 경미한 변경은 제외한다)에 관한 사항은 동법 제24조제3항에 총회의 의결을 거쳐야 한다고 규정하고 있음

4-9-3 사업시행인가신청 시 서면동의 후 총회 의결을 얻어야 하는지('09. 10. 28.)

질의요지 사업시행인가 신청시 조합원의 동의방법으로 서면동의를 받은 후 총회에서 과반수의 의결을 얻어야 하는지

회신내용 도시정비법 제28조제5항에 따르면 사업시행자(시장·군수 또는 주택공사등을 제외함)는 사업시행인가를 신청(인가받은 내용을 변경하거나 정비사업을 중지 또는 폐지하고자 하는 경우 포함)하기 전에 미리 총회를 개최하여 조합원 과반수의 동의를 얻도록 규정하고, 다만 사업시행자가 지정개발자인 경우에는 정비구역 안의 토지면적 50퍼센트 이상 토지소유자의 동의와 토지등소유자 과반수의 동의를 각각 얻어야 하며, 제1항 단서에 따른

경미한 변경인 경우에는 총회 의결을 필요로 하지 아니한다고 규정하고 있음

따라서, 질의의 경우 총회를 개최하고 전체 조합원 과반수의 동의(의결)를 얻은 후 동법 시행규칙 제9조제1항에 따라 사업시행인가신청서에 "총회의결서 사본" 등을 첨부하여 시장·군수에게 제출하면 되는 것임

| 4-9-4 | 조합총회에서 가칭 추진위원회 회계를 의결한 경우 적합한 지('10. 4. 6.)

질의요지 추진위원회 승인 전 2개의 (가칭) 추진위원회에서 사용한 회계를 조합설립 후에 총회에서 포함하여 의결한 경우 도시정비법에 적합한지

회신내용 운영규정 별표 제36조에 따르면 추진위원회는 조합설립인가일까지의 업무를 수행할 수 있고, 조합이 설립되면 모든 업무와 자산을 조합에 인계하고 해산토록 하고 있으며, 도시정비법 제20조제1항제8호의 규정에 따르면 조합의 비용부담 및 조합의 회계는 정관에서 정하도록 하고 있으나, (가칭)추진위원회에 대하여는 도시정비법령상 이를 인정하는 명문의 규정을 두고 있지 않음

| 4-9-5 | 협력업체를 선정하는 경우 총회의결을 거쳐야 하는지('12. 10. 5.)

질의요지 사업시행계획 수립을 위해 협력업체를 선정하는 경우 도시정비법 제24조제3항제9의2호에 따라 총회 의결을 거쳐야 하는지

회신내용 도시정비법 제24조제3항제9의2호에 따르면 같은 법 제30조에 따른 사업시행계획서의 수립 및 변경을 하는 경우 총회의 의결

을 거치도록 하고 있으나, 이는 사업시행계획서 작성을 위한 업체선정이 아닌 사업시행계획서의 수립이나 변경을 하는 경우 적용되는 것임

4-9-6 총회의결과 다르게 자금을 차입하여 집행한 경우의 적정성('12. 1. 10.)

질의요지 제반 사업비(이주비 및 사업경비)에 대하여 창립총회에서 의결한 내용(시공자 또는 시중은행의 대출금 및 이율 등)과 다르게 자금을 차입(사채나 입찰보증금 등으로 조달, 이율변동 등)하여 집행한다면 적법한 것인지 여부

회신내용 도시정비법 제20조제1항제8호에 따라 "조합의 비용부담 및 조합의 회계"는 조합정관에 포함하도록 하고 있고, 같은 법 제24조제3항제2호에 따라 "자금의 차입과 그 방법·이율 및 상환방법"은 총회의 의결을 거치도록 하고 있으므로 귀 질의하신 자금 차입의 적정성에 대하여는 조합정관 및 총회 의결 결과에 따라 판단할 사항임

4-9-7 운영비를 차입할 경우 총회의 의결을 받아야 하는지('12. 5. 3.)

질의요지 추진위 또는 조합에서 정비사업전문관리업체 또는 시공자에게 운영비를 차입할 때 주민총회 또는 총회의 의결을 받아야 하는지

회신내용 운영규정 별표 제21조 각 호에 해당하는 경우 주민총회의 의결을 거쳐 결정하도록 하고 있으며, 도시정비법 제24조제3항제2호에 따라 "자금의 차입과 그 방법·이율 및 상환방법"에 대하여는 조합 총회의 의결을 거치도록 하고 있음

4-9-8 | OS계약체결 또는 용역비 지급 시 총회의결을 거쳐야 하는지('12. 5. 9.)

질의요지 조합설립동의서 징구, 총회를 위한 서면결의서 징구, 총회를 위한 경호·경비, 홍보·진행 업무 등을 위한 각 OS요원(업체)와 용역체결하거나 용역비를 지급하려면 도시정비법 제24조제3항제5호의 예산으로 정한 사항외에 조합원이 부담이 될 계약에 관한 규정에 따라 총회의 의결을 거쳐야 하는지 여부

회신내용 조합설립을 위한 각 용역업체와 계약체결 및 용역비 지급이 도시정비법 제24조제3항제5호의 규정을 적용해야 하는지 여부는 해당 용역계약의 내용이나 지급 용역비의 유형이나 성격, 예산에 반영여부 등을 종합적으로 고려하여 판단하여야 할 사항으로 보임

4-9-9 | 서면결의서 징구 가능 조합원 비율('12. 8. 14.)

질의요지 도시정비법 제24조제5항에 따르면 총회의 직접 참석을 조합원의 100분의 10 또는 100분의 20 이상으로 규정하고 있는데 나머지 80~90%에 대하여는 서면결의서 징구가 가능한지와 서면결의서 징구를 외부 용역업체(OS요원)을 활용하는 것이 위법인지

회신내용 도시정비법 제20조제1항제10호에 따르면 총회의 소집절차·시기 및 의결방법에 관한 사항은 조합정관에 포함하도록 하고 있으므로, 서면결의서에 의한 총회 의결방법은 조합정관에 따라 판단해야 할 것으로 보이며, 도시정비법 제69조제1항에 따르면 조합설립의 동의 및 정비사업의 동의 등에 관한 업무의 대행은 시·도지사에게 등록된 정비사업전문관리업자가 추진위원회 또

는 사업시행자로부터 위탁을 받아 할 수 있도록 하고 있음

4-9-10 | 마감자재 업체선정 취소건이 총회 안건으로 성립할 수 있는지('12. 2. 23.)

질의요지
2009.3월 선정한 마감자재 업체의 선정 취소 건이 총회 안건으로 성립할 수 있는지 여부 및 이사회 결정으로 총회 직접 참석자에게 교통비 명목으로 5만원 지급 후 사후에 총회 의결을 받는 것이 가능한지

회신내용
도시정비법 제20조제1항 및 같은 법 시행령 제31조에 따라 조합의 비용부담 및 조합의 회계, 총회의 소집절차 및 시행방법, 정비사업의 시행에 따른 회계 및 계약에 관한 사항, 총회의 의결을 거쳐야 할 사항의 범위 등에 대하여는 조합정관에서 정하도록 하고 있으므로, 귀 질의하신 특정 사안에 대한 총회 의결 여부나 의결 방법 등에 대하여는 조합정관 등에 따라 판단하여야 할 사항임

4-9-11 | 금융대출기관 변경건을 총회에서 사후 추인할 수 있는지('12. 2. 24.)

질의요지
주택재개발정비사업 조합이 이주비에 대한 금융대출기관 변경건에 대하여 이사회 및 대의원회의 의결을 거쳐 처리하고 추후에 정기총회나 임시총회에서 추인 받아서 처리할 수 있는지

회신내용
도시정비법 제24조제3항제2호에 따르면 '자금의 차입과 그 방법·이율 및 상환방법'은 조합 총회의 의결을 거치도록 하고 있고, 도시정비법 제25조제2항 및 같은법 시행령 제35조제1호에 따르면 도시정비법 제24조제3항제2호의 총회 의결사항은 대의원회에서 대행할 수 없도록 규정하고 있으므로, 질의의 경우가

이에 해당하는 경우에는 동 규정에 따라야 할 것으로 사료됨

4-9-12 도시정비법 제24조제5항에 따른 총회에 직접 출석한 조합원이란('13. 5. 2.)

질의요지 도시정비법 제24조제5항과 관련하여 총회에 직접 출석한 조합원이란 서면결의서를 제출한 자를 제외한 참석 조합원인지 서면결의서를 제출하고 참석한 조합원도 포함하는지

회신내용 도시정비법 제24조제5항 단서에 따르면 총회에서 의결을 하는 경우에는 조합원의 100분의 10 이상이 직접 출석하도록 하고 있으며, 이 경우 직접 출석은 서면결의서 제출여부와 관계없이 조합 총회에 직접 참석한 경우 이를 직접 출석으로 볼 수 있을 것임

4-9-13 국·공유지 재산관리청의 조합원 및 총회 의결권 인정여부('13. 9. 13.)

질의요지 국·공유자(국가 또는 지방자치단체)를 조합원으로 보는지와 국·공유자가 조합원으로 인정될 경우 조합 임시총회에서 의결 정족수에 포함되고 대리인 또는 서면으로 출석하여 의결권을 행사하여야 하는지

회신내용 도시정비법 제19조제1항에 따라 정비사업의 조합원은 토지등소유자(주택재건축사업과 가로주택정비사업의 경우에는 주택재건축사업과 가로주택정비사업에 각각 동의한 자만 해당한다)로 하도록 하고 있으므로, 국·공유지를 소유한 국가 또는 지방자치단체도 조합원으로 보아야 할 것으로 판단되며, 같은 법 제24조제5항에 따라 총회의 의결방법은 정관으로 정하도록 하고 있으므로 국·공유자의 총회에서의 의결권 행사방법은 조합정관에 따라야 할 것임

4-9-14 임시총회 개최 소집요건('14. 11. 4.)

질의요지 조합정관 변경에 대한 임시총회 개최 소집요건이 도시정비법 제24조제2항에서는 조합원 5분의 1 이상으로 규정하고 있으며, 당해 조합정관 제8조제1항에서는 조합원 3분의 1 이상으로 다르게 정하고 있어, 이 경우 도시정비법의 소집요건에 충족되어야 하는 것인지, 아니면 조합정관의 소집요건에 충족되어야 하는지

회신내용 도시정비법 제24조제2항에 의하면 총회는 제23조제4항의 경우를 제외하고는 조합장의 직권 또는 조합원 5분의 1 이상 또는 대의원 3분의 2 이상의 요구로 조합장이 소집하도록 하고 있으므로, 귀 질의의 경우와 같이 정관 변경을 위한 임시총회 개최 소집도 이에 따라야 할 것임

4-9-15 조합 총회 서면결의서 제출시 인감증명서 첨부 관련('14. 1. 22.)

질의요지 조합 총회에서 서면결의서를 제출하는 경우 의결방법에 대한 규정과 서면결의서에 인감증명서 첨부를 의무화 할 수 없는지

회신내용 도시정비법 제20조제1항제10호 및 제24조제5항에 따르면 총회의 소집절차·시기 및 의결방법에 대한 사항은 조합정관에서 정하도록 하고 있으므로 서면결의서에 인감증명서 첨부의 의무화는 필요할 경우 조합정관으로 정하는 것이 바람직할 것임

4-9-16 총회 서면결의서 제출 조합원의 직접출석 산정 방법('14. 10. 6.)

질의요지 조합 총회에서 서면 결의서를 제출한 후 참석한 조합원을 총회

에 직접 출석한 것으로 볼 수 있는지

회신내용 도시정비법 제24조제5항에 따르면 총회의 소집절차·시기 및 의결방법 등에 관하여는 정관으로 정하도록 하면서, 총회에서 의결을 하는 경우에는 조합원의 100분의 10이상이 직접 출석하도록 하고 있으며, 이는 조합원의 총회 직접참석 비율을 규정한 것이므로, 서면결의서를 제출한 후 총회에 참석하였다면 동 규정에 따른 직접 출석으로 봄이 타당할 것으로 판단됨

4-9-17 조합총회 참석자에 대한 회의비 지급이 가능한지('15.04.14.)

질의요지 총회 참석자에 대한 회의비 지급에 대하여 정관에 명시하여 지급하여도 되는지

회신내용 도시정비법 제20조제1항제8호 및 제10호에 따르면 조합의 비용부담 및 조합 회계 등에 대하여는 조합 정관으로 정하도록 하고 있으므로, 질의하신 회의비 지급에 대하여는 정관 등으로 정하여 결정할 수 있을 것임

4-10 대의원회

4-10-1 대의원회에서 정비사업전문관리업자 선정이 가능한 지('09. 9. 7.)

질의요지 대의원회에서 정비사업전문관리업자와 계약을 해지할 수 있는지 및 새로운 정비업체를 가선정해서 총회에 추인을 받을 수 있는지

회신내용 도시정비법 제25조제2항에 따르면 대의원회는 총회의 의결사항 중 정비사업전문관리업자의 선정 및 변경 등을 포함한 대통령

령으로 정하는 사항을 제외하고는 총회의 권한을 대행할 수 있다고 규정하고 있으므로 대의원회에서 정비사업전문관리업자와 계약을 해지하거나 새로이 선정할 수 없음

4-10-2 대의원 추가선임의 총회 의결사항 인지('10. 8. 25.)

질의요지 조합원의 10분의 1이 100인을 넘지 않은 경우로서 대의원의 추가 선임이 대의원회 의결사항인지 아니면 총회 의결사항인지

회신내용 도시정비법 시행령 제35조제2호에 따르면 정관이 정하는 바에 따라 임기 중 궐위된 대의원을 보궐선임하는 경우에는 대의원회가 총회의 권한을 대행할 수 있도록 하고 있으나, 대의원의 선임 및 해임에 관한 사항은 총회의 의결사항으로 도시정비법 시행령 제34조제2호에 규정되어 있음

4-10-3 궐위된 대의원 선임은 대의원회에서 하는지 총회에서 하는지('12. 9. 18.)

질의요지 궐위된 대의원 2인을 대의원회에서 보궐선임 할 수 있는지, 총회의결사항으로 총회에서 보궐선임 해야 하는지

회신내용 도시정비법 제25조에서는 대의원회의 대의원 수에 관하여 최소한의 범위를 규정하면서 대통령령이 정하는 범위 안에서 대의원의 수·의결방법·선임방법 및 선임절차 등에 관하여는 정관으로 정하도록 하고 있으며, 대의원회 의결을 위해서는 상기 법령에서 정한 최소한의 대의원 수(재적대의원 수)의 과반수 이상이 출석하여 출석대의원 과반수의 찬성으로 의결하여야 함

4-10-4 | 대의원회 구성 및 조합설립인가가 가능한 대의원 수(무자격자 포함) ('12. 4. 24.)

질의요지 조합정관에서 정한 대의원수에는 미달되나 도시정비법 제25조제2항에는 충족된 경우(조합원수 1,100인, 창립총회에서 선임한 정관상 대의원수 115인, 무자격자를 제외한 대의원수 110인) 대의원회 구성 및 조합설립인가가 가능한지 여부

회신내용 도시정비법 제20조제1항제7호에 따라 "대의원의 수, 의결방법, 선임방법 및 선임절차"는 조합정관에 포함하도록 하고 있고, 같은 법 제25조제2항에 따라 대의원회는 조합원의 10분의 1이 100인을 넘는 경우에는 조합원의 10분의 1 범위 안에서 100인 이상으로 구성할 수 있으므로, 대의원회를 구성하는 대의원의 수는 같은 법 제25조제2항에 따른 대의원수의 범위와 조합정관에 적합하여야 할 것으로 판단됨

4-10-5 | 조합장은 당연히 대의원에 해당하는지(법제처, '10. 10. 15.)

질의요지 도시정비법 시행령 제36조제1항에 따르면, 대의원은 조합원 중에서 선출하며, 대의원회의 의장은 조합장이 된다고 규정하고 있는바, 대의원회의 의장이 되는 조합장은 정관에 따라 대의원으로 선임되지 않은 경우에도 당연히 대의원에 해당하는지

회신내용 대의원회의 의장이 되는 조합장이 정관에 따라 대의원으로 선임되지 않은 경우에도 당연히 대의원에 해당하는 것은 아님

| 4-10-6 | 조합설립에 미 동의하면 대의원이 될 수 없다고 정관에 정할 수 있는지 ('10. 11. 11.)

질의요지 주택재개발 정비사업조합 표준정관 제24조제3항과 달리 "조합설립에 동의하지 않은 자는 대의원이 될 수 없다"고 정관에 규정할 수 있는지

회신내용 도시정비법 시행령 제36조제1항에 따라 대의원은 조합원 중에서 선출하는 것이며, 해당 조합의 정관은 법령 및 관계규정의 범위를 벗어나서 정할 수는 없는 것임

| 4-10-7 | 대의원회가 총회의 권한을 대행할 수 있는 업무('12. 5. 17.)

질의요지 도시정비법 제24조제3항 각호의 안건을 사업의 신속, 비용절감 등을 위하여 대의원회에 위임하여 의결할 수 있는지 아니면 각 호의 안건 중 같은 법 제25조제2항에 의거 대통령령이 정하는 사항을 제외하고는 대의원회에 위임할 수 있는지 여부

회신내용 도시정비법 제24조제3항 및 도시정비법 시행령 제34조에 따르면 각 호의 사항(정관의 변경 등)은 총회의 의결을 거치도록 하고 있고, 도시정비법 제25조제2항 및 도시정비법 시행령 제35조에서 총회의 의결사항중 도시정비법 제35조의 각 호에서 정하는 사항을 제외하고는 대의원회는 총회의 권한을 대행할 수 있도록 하고 있음

| 4-10-8 | 일부 토지를 양도한 경우 조합원 및 대의원의 자격 유무('12. 7. 10.)

질의요지 대의원인 조합원이 소유하고 있는 대지와 도로부지(2필지)중 도

로 1필지를 조합원이 아닌 타인에게 양도하였으나 대표자 선임 동의서를 받지 않은 경우 양도한 조합원의 조합원 및 대의원의 자격 변동 여부

회신내용 도시정비법 제19조제1항제3호에 따르면 정비사업의 조합원은 토지등소유자(주택재건축사업과 가로주택정비사업의 경우에는 주택재건축사업과 가로주택정비사업에 각각 동의한 자만 해당한다)로 하되, 조합설립인가 후 1인의 토지등소유자로부터 토지 또는 건축물의 소유권이나 지상권을 양수하여 수인이 소유하게 된 때 그 수인을 대표하는 1인을 조합원으로 보도록 하고 있고, 도시정비법 시행령 제36조제1항에 따르면 대의원은 조합원 중에서 선출하도록 하고 있음

4-10-9 | **대의원회 소집의 청구가 있는 경우, 소집시기(청구일로부터 14일) 산정 시점**
(법제처, '14. 1. 14.)

질의요지 도시정비법 시행령 제36조제4항제2호에 따라 대의원회 소집의 청구가 있는 경우, 조합장은 집회일을 소집 청구일부터 14일 이내로 정하여 대의원회를 개최하여야 하는지, 아니면 14일 이내에 대의원회 소집을 위한 절차만 개시하면 되는지

회신내용 도시정비법 시행령 제36조제4항제2호에 따라 대의원회 소집의 청구가 있는 경우, 조합장은 집회일을 소집 청구일부터 14일 이내로 정하여 대의원회를 개최하여야 할 것임

4-10-10 | **대의원회 개최 당일 대의원 사퇴로 정족수 부족시 의결이 가능한지**('16.02.26.)

질의요지 대의원회 개최 당일 일부 대의원 사퇴로 법정 대의원 수에 미

달하게 구성된 경우 대의원회 의결이 가능한지

회신내용　도시정비법제25조제1항 및 제2항에 따르면 조합원의 수가 100인 이상인 조합은 대의원회를 두어야 하고, 대의원회는 조합원의 10분의 1 이상으로 하되 조합원의 10분의 1이 100인을 넘는 경우에는 조합원의 10분의 1 범위 안에서 100인 이상으로 구성할 수 있으며, 총회의 의결사항 중 대통령령으로 정하는 사항을 제외하고는 총회의 권한을 대행할 수 있다고 규정하고 있기 때문에,
법령에서 규정하는 대의원 수에 미달하는 대의원회는 그 권한이 없다고 봐야하는 바, 대의원회 개최 당일이라도 법정 대의원 수에 충족되어야 대의원회 의결이 가능할 것임

4-10-11 | 대의원 선임관련 정관변경 사항을 인가전에 적용할 수 있는지(법제처, '16.11.7.)

질의요지　조합이 대의원의 선임방법 및 선임절차에 관한 사항을 변경하는 내용으로 선거관리규정을 개정하고, 해당 개정 내용을 반영한 조합 정관의 변경에 대하여 총회 의결을 마쳤으나 시장·군수의 인가를 받지 않은 경우, 조합 정관의 변경 인가 전에 개정된 선거관리규정에 따라 대의원을 선임할 수 있는지

회신내용　해당 조합이 속한 시·도의 조례에서 "대의원의 선임방법 및 선임절차"에 관한 사항을 정관의 경미한 변경사항으로 규정하고 있지 않다면, 대의원의 선임방법 및 선임절차에 관한 사항을 변경하는 내용으로 선거관리규정을 개정하였더라도 해당 개정 내용을 반영한 조합 정관의 변경에 대하여 시장·군수의 변경 인가를 받기 전에는 개정된 선거관리규정에 따라 대의원을 선임할 수 없음

4-11 조합임원 및 직무대행자 업무 범위

4-11-1 무자격자로 판명된 감사가 수행한 업무의 효력('12. 10. 30.)

질의요지

가. 무자격자로 판명된 감사가 작성하여 총회에서 보고한 결산·예산에 대한 감사 보고가 유효한지 여부

나. 무자격자로 판명된 감사가 결산 및 예산에 대하여 감사한 내용을 적법하게 새로 선임된 감사가 다시 결산 및 예산에 대한 감사를 해야 하는지 여부

다. 감사가 없는 조합원 총회가 적법한지 여부

회신내용

도시정비법 제20조제1항제6호 및 같은 법 시행령 제31조에 따르면 조합임원의 권리·의무·보수·선임방법·변경 및 해임에 관한 사항, 임원의 임기, 업무의 분담 및 대행 등에 관한 사항에 대해서는 조합정관에 포함하도록 하고 있고, 또한 도시정비법 제24조제5항에 따라 총회의 소집절차·시기 및 의결방법 등에 관한 사항에 관하여 정관으로 정하도록 하고 있으므로, 질의의 경우 해당 조합의 정관에 따라 판단하여야 할 것임

4-11-2 임기만료된 조합임원 업무수행의 적정성 및 임원의 자격('12. 10. 12.)

질의요지

가. 조합정관에 조합임원 임기만료 1개월 전에 임원선출 총회를 열도록 하고 있으나 임원선출 총회를 열지 않고 임기가 만료된 경우, 조합임원이 행한 행위의 위법 여부

나. 정관변경, 예산(안), 정비업체 업무정지 및 해약, 임원선임 등

의 안건으로 총회를 개최하는 경우 서면동의서에 지문날인 및 자필서명하고 주민등록이나 여권을 복사하여 첨부하여야 하는지, 이 경우 조합원 20%가 직접참석 하여야 하는지

다. 조합장이 명예훼손, 열람·복사거부 사건으로 각각 200만원, 150만원의 벌금형, 손해배상금 150만원을 선고 받은 경우 조합장의 자격유지 여부

회신내용

가. 질의 "가" 및 "다"에 대하여

도시정비법 제20조제1항 및 같은 법 시행령 제31조에 따르면 조합임원의 권리·의무·보수·선임방법·변경 및 해임에 관한 사항, 임원의 임기·업무분담 및 대행 등에 관한 사항은 해당 조합 정관에 정하도록 하고 있으므로, 질의하신 임기 만료시 임원선출 관련 사항의 적정여부는 해당 조합의 정관에 따라 판단하여야 할 것이므로, 이에 대한 보다 구체적인 내용은 해당 조합설립인가권자인 관할 시장·군수·구청장에게 문의하여 주시기 바라며, 또한 도시정비법 제23조제2항에 따르면 조합임원이 이 법을 위반하여 벌금 100만원 이상의 형을 선고받고 5년이 지나지 아니한 자에 해당되거나, 선임 당시 그에 해당하는 자이었음이 판명된 때에는 당연 퇴임하도록 하고 있음

나. 질의 "나"에 대하여

도시정비법 제24조제5항 및 같은 법 시행령 제34조제2항에 따르면 총회의 소집절차, 시기 및 의결방법은 조합정관에 정하도록 하고 있고, 창립총회·사업시행계획서와 관리처분계획의 수립 및 변경을 의결하는 총회의 경우에는 조합원의 100분의 20 이상 직접 출석하도록 하고 있음

4-11-3 직무대행자가 회의주재 및 계약, 분양업무를 할 수 있는지('12. 11. 1.)

질의요지 직무대행자로 선임된 자가 각종 회의(이사회, 대의원회, 총회) 및 업체와의 계약, 분양신청업무를 할 수 있는지

회신내용
가. 도시정비법 제24조제2항에 따르면 총회는 도시정비법 제23조제4항의 경우를 제외하고는 조합장의 직권 또는 조합원 5분의 1이상 또는 대의원 3분의 2이상의 요구로 조합장이 소집하도록 하고 있음

나. 또한, 도시정비법 제20조제1항제10호 및 같은 법 시행령 제31조제2호에 따르면 총회의 소집절차·시기 및 의결방법, 임원의 임기, 업무의 분담 및 대행 등에 관한 사항은 조합 정관에 정하도록 하고 있음

4-11-4 인가받지 못한 조합임원의 재선출 방법('14. 11. 17.)

질의요지 관할 행정청에서 총회소집절차 하자를 이유로 임원변경이 불허된 경우에 임원이 중도 궐위된 것으로 보고 대의원회에서 조합 임원을 선임할 수 있는지, 새로운 총회에서 임원을 다시 선정해야 하는지

회신내용 도시정비법 제24조제3항제8호에 따르면 조합임원을 선임 하는 경우에는 총회 의결을 거쳐 시장·군수의 인가를 받도록 하고 있고, 질의하신 사항은 총회소집 절차 하자를 이유로 임원변경이 불허된 경우이므로 총회에서 다시 선임해야 할 것임

| 4-11-5 | 총회에서 이사회에서 자금 차입을 포괄 위임할 수 있는지(법제처,'16.10.13.)

질의요지 조합이 자금을 차입할 때 그 자금의 차입에 관한 모든 사항을 이사회에서 자유롭게 결정할 수 있다는 내용으로 총회에서 의결을 한 경우, 그 이후부터는 조합은 이사회의 의결을 거치면 총회의 의결을 거치지 않아도 자금을 차입할 수 있는지

회신내용 조합이 자금을 차입할 때 그 자금의 차입에 관한 모든 사항을 이사회에서 자유롭게 결정할 수 있다는 내용으로 총회에서 의결을 하였더라도 조합은 이사회의 의결을 거치는 것만으로는 자금을 차입할 수 없음

4-12 정비사업비

| 4-12-1 | 도시정비법 제24조제6항단서의 정비사업비가 늘어나는 경우의 비교 방법은 ('13. 4. 9.)

질의요지 도시정비법 제24조제6항에 따르면 같은 법 제30조에 따른 사업시행계획서의 수립·변경에 대하여 정비사업비가 100분의 10 이상 늘어나는 경우 조합원 3분의 2 이상의 동의를 받도록 하고 있는데, 이 경우 정비사업비가 늘어나는 경우의 기준 시점은

회신내용 도시정비법 제24조제6항 단서의 정비사업비 산정시 기준 시점은 해당 정비사업에 대한 정비사업비에 대하여 현재 인·허가 기관에 최근 신고된 정비사업비를 기준으로 하여야 할 것으로 판단됨

4-12-2 조합설립인가 변경 시 정비사업비가 늘어나는 경우 동의 방법('13. 6. 23.)

질의요지 조합설립변경인가를 변경하고자 하는 경우로써 정비사업비가 100분의 10(생산자물가상승률분은 제외한다) 이상 늘어나는 경우에도 도시정비법 제24조제6항에 따라 조합원 3분의 2 이상의 동의를 받아야 하는지

회신내용 도시정비법 제24조제6항 단서에 의한 정비사업비가 100분의 10(생산자물가상승률분은 제외한다) 이상 늘어나는 경우에 조합원 3분의 2 이상의 동의를 받도록 한 사항은 같은 조 제3항의 제9호의2에 제30조에 따른 사업시행계획서의 수립·변경과 제10호의 제48조의 규정에 의한 관리처분계획의 수립·변경하는 경우에 해당되는 사항임

4-12-3 정비사업비 증가분 산정 시 현금청산금액 제외 방법('15.07.23.)

질의요지 도시정비법 제24조제6항과 관련하여 사업시행인가 신청시의 정비사업비와 조합설립인가시의 정비사업비를 비교하는 경우 현금청산금액과 관련한 정비사업비 증가분 산정방법

회신내용 도시정비법 제24조제6항에 따르면 같은 조 제3항제9호의2(사업시행계획서의 수립 및 변경) 및 제10호(관리처분계획의 수립 및 변경)의 경우에는 총회 의결 시 조합원 과반수의 동의를 받아야 하고, 다만 정비사업비가 100분의 10(생산자물가상승률분, 제47조에 따른 현금청산금액은 제외한다) 이상 늘어나는 경우에는 조합원 3분의 2 이상의 동의를 받도록 하고 있습니다. 따라서 현금청산금액과 관련한 귀 질의의 경우 조합설립인가시의 정비사업비와 사업시행인가 신청시의 정비사업비에서 현금청산

금액을 각각 제외한 정비사업비를 비교하여 정비사업비 증가분을 산정하여야 할 것임

4-12-4 | 정비사업비 증가액 산정 시 기준시점('15.12.23.)

질의요지 정비사업비가 100분의 10 이상 늘어난 경우 조합원 3분의 2 이상의 동의를 받도록 규정하고 있을 때, 정비사업비 산정의 기준시점은 언제인지

회신내용 도시정비법 제24조제7항 단서에 따르면 정비사업비가 100분의 10(생산자물가상승률분, 제47조에 따른 현금청산 금액은 제외) 이상 늘어나는 경우에는 조합원 3분의 2 이상의 동의를 받도록 규정하고 있으며,

같은 법 부칙(법률 제11293호, 2012.2.1.) 제5조에 따르면 제24조제5항부터 제7항까지의 개정규정은 이 법 시행 후 최초로 소집된 총회에서 의결하는 분부터 적용한다고 규정하고 있는 바, 정비사업비 상승률에 대한 산정은 총회일을 기준으로 해야 할 것임

4-12-5 | 시공자 선정으로 정비사업비가 증액될 경우 총회의결 방법(법제처,'16.6.2.)

질의요지 도시정비법 제30조에 따른 사업시행계획서를 작성하기 전에 시공자를 선정하려는 경우로서, 그 선정계약에 따라 정비사업비가 조합설립인가 시의 정비사업비보다 100분의 10 이상 늘어나는 경우, 시공자 선정을 총회에서 의결할 때 조합원 3분의 2 이상의 동의를 받아야 하는지

회신내용 도시정비법 제30조에 따른 사업시행계획서를 작성하기 전에 시

공자를 선정하려는 경우로서, 그 선정계약에 따라 정비사업비가 조합설립인가 시의 정비사업비보다 100분의 10 이상 늘어나더라도, 시공자 선정을 총회에서 의결할 때 조합원 3분의 2 이상의 동의를 받아야 하는 것은 아님

5 사업시행인가

5-1 사업시행계획서 및 사업시행인가

5-1-1 용적률 등을 산정 시 대지면적 범위 및 사업시행인가 대상 범위('11. 8. 4.)

질의요지 주택재건축사업 정비구역 내 12m 도시계획도로로 분리된 대지에 대한 건폐율 및 용적률 산정을 대지별로 각각 산정하여야 하는지와 이 경우 사업시행인가를 하나의 건으로 처리가 가능한지

회신내용 용적률 및 건폐율을 산정할 때 대지의 범위는 「건축법 시행령」 제3조 제1항에 규정되어 있고, 대지면적은 「건축법 시행령」 제119조 제1항제1호에 규정되어 있으며, 정비사업의 사업시행인가는 정비구역 단위로 처리할 사항으로 판단됨

5-1-2 정비구역 내에 보금자리주택건설 시 사업계획승인을 받아야 하는지 (법제처, '11. 11. 24.)

질의요지 보금자리법 제4조에 따라 국토해양부장관으로부터 보금자리주택사업자로 지정받은 자가 주택재개발사업을 위한 정비구역 중 일부 단지에 같은 법 제2조제1호에 따른 보금자리주택을 건설하려는 경우, 도시정비법 제28조제1항에 따른 사업시행인가 외에 별도로 보금자리법 제35조제1항에 따른 주택건설사업계획승인도 받아야 하는지

회신내용 보금자리법 제4조에 따라 국토해양부장관으로부터 보금자리주택사업자로 지정받은 자가 주택재개발사업을 위한 정비구역 중

일부 단지에 같은 법 제2조제1호에 따른 보금자리주택을 건설하려는 경우, 도시정비법 제28조제1항에 따른 사업시행인가 외에 별도로 보금자리법 제35조제1항에 따른 주택건설사업계획 승인도 받아야 할 것임

5-1-3 | 도시정비법 제30조의3제1항 중 지방도시계획위원회의 종류('12. 1. 17.)

질의요지 도시정비법 제30조의3제1항에 따라 과밀억제권역에서 시행하는 주택재건축사업을 "법적상한용적률"까지 건축하기 위하여 심의를 거쳐야하는 지방도시계획위원회는 시·도도시계획위원회를 말하는 것인지 또는 시·군·구 도시계획위원회를 말하는 것인지 여부

회신내용 도시정비법 제30조의3제1항에서 같은 법 제4조제4항에 따른 지방도시계획위원회 심의를 거치도록 하고 있는 바, 동 규정에 따른 지방도시계획위원회라 함은 시·도 또는 대도시에 설치된 지방도시계획위원회를 말하는 것임

5-1-4 | 사업시행인가 신청 시 제출하는 총회의결서 사본('12. 5. 10.)

질의요지 가. 도시정비법 시행규칙 제9조제1항제2호에 따라 사업시행인가 신청시 총회의결서 사본을 제출하도록 하고 있는데 총회속기록, 회의록 및 변호사의 공증을 받은 의사록을 제출해야 하는지 아니면 총회에 참석한 조합원 의결서와 서면결의서 모두 제출해야 하는지

나. 도시정비법 시행규칙 제9조제1항제2호의 총회의결서 사본이란 어떤 서류를 말하는 것인지

회신내용

가. 도시정비법 제24조제5항에 따르면 총회의 소집절차·시기 및 의결방법 등에 관하여는 정관으로 정하도록 하고 있으나, 총회에서 의결을 하는 경우에는 사업시행계획서를 의결하는 총회 등 대통령령으로 정하는 총회의 경우에는 조합원의 100분의 20 이상이 직접 출석하도록 하고 있으며, 도시정비법 제24조제6항 및 제28조제5항에서는 사업시행계획서의 수립 및 변경시, 사업시행인가 신청 전에 미리 총회를 개최하여 조합원 과반수의 동의를 얻도록 하고 있음

나. 귀 질의하신 도시정비법 시행규칙 제9조제1항제2호의 총회의결서 사본은 사업시행인가시 관련 규정에 따른 총회 의결의 이행사항을 확인하기 위한 서류를 말하는 것으로 보이니, 각 규정에 따른 총회의결서 사본의 구체적인 내용에 대하여는 사업시행인가권자인 관할 시장·군수·구청장에게 문의함이 바람직

5-1-5 일반상업지역내 재건축조합인가를 득한 경우 사업계획승인('12. 7. 18.)

질의요지

일반상업지역내 지구단위계획구역으로 재건축조합설립인가를 득한 경우 「주택법 시행령」 제15조제2항에 따라 300세대 이상의 주택건립과 주택외의 시설물을 동일건축물로 건축하지 않으면 사업계획승인을 득할 수 없는지

회신내용

도시정비법 제6조제3항에 따르면 주택재건축사업은 정비구역안 또는 정비구역이 아닌 구역에서 도시정비법 제48조의 규정에 의하여 인가받은 관리처분계획에 따라 주택 및 부대·복리시설을 건설하여 공급하는 방법에 의하도록 하고 있음

| 5-1-6 | 사업시행계획서 공람 및 통지를 하여야 하는 정비사업은 ('12. 8. 20.)

질의요지 도시정비법 제31조 및 같은 법 시행령 제42조에 따라 시장·군수가 일반인에게 공람하는 경우 토지등소유자에게 공고내용을 통지하는 규정이 주택재개발사업 및 주택재건축사업에 모두 해당되는지

회신내용 도시정비법 제31조 및 같은 법 시행령 제42조에 따라 사업시행인가 또는 사업시행계획서 작성과 관계된 서류를 일반인에게 공람하게 하려는 때에는 그 요지와 공람장소를 해당 지방자치단체의 공보등에 공고하고, 토지등소유자에게 공고내용을 통지하도록 하고 있으며, 동 규정은 정비사업에 해당하는 주택재건축사업 및 주택재개발사업 모두 적용됨

| 5-1-7 | 매도청구소송 제기한 자료를 사업시행인가 신청 시 제출하여야 하는지 ('12. 8. 23.)

질의요지 주택재건축사업에서 사업시행인가 신청 시 조합설립에 동의하지 않은 자들에게 매도청구소송을 제기한 자료(소제기증명원 등)를 제출하여야 하는지

회신내용 도시정비법 시행규칙 제9조제1항에 따라 사업시행자는 사업시행인가를 받고자 하는 때에는 별지 제6호서식의 사업(시행·변경·중지·폐지)인가신청서에 정관등 등 동조 동항 각 호의 서류를 첨부하여 시장·군수에게 제출하도록 하고 있으나, 주택재건축사업의 경우 조합설립에 동의하자 않은 자들에게 매도청구소송을 제기한 자료(소제기증명원 등)는 동 첨부서류에 포함되어 있지 않음

| 5-1-8 | 도시정비법 제28조제1항 본문의 "정비사업 폐지"의 의미는('13. 3. 6.) |

질의요지 도시정비법 제28조제1항 본문의 "정비사업 폐지"의 의미가 사업시행인가 폐지를 의미하는지, 사업시행인가-조합설립인가-정비구역지정 취소 등을 의미하는지

회신내용 도시정비법 제2조제2호 따르면 "정비사업"이라 함은 이 법에서 정한 절차에 따라 도시기능을 회복하기 위하여 정비구역 또는 가로구역에서 정비기반시설을 정비하거나 주택 등 건축물을 개량하거나 건설하는 같은 조 같은 호 각목의 사업이라고 규정하고 있어, "정비사업 폐지"는 사업시행자가 위 사업시행인가 절차에 따라 정비사업을 폐지하는 것으로서, 동 정비사업 폐지가 반드시 조합설립인가나 정비구역지정 취소까지 의미하는 것으로 볼 수는 없음

| 5-1-9 | 사업시행인가 관계서류 공람공고 기간 산정방법('13. 5. 29.) |

질의요지 도시정비법 제31조제1항의 공람기간과 관련하여 ① 공람기간 산정시 시작 시각은 해당일의 오전 0시부터 인지 ② 공람기간에 토요일, 일요일 및 공휴일을 포함하는지

회신내용 도시정비법 제31조제1항에서는 시장·군수는 사업시행인가를 하고자 하거나 사업시행계획서를 작성하고자 하는 경우에는 대통령령이 정하는 방법 및 절차에 따라 관계서류의 사본을 14일 이상 일반인이 공람하게 하도록 하고 있고, 이 경우 기간의 계산은 민법에서 정하는 방법에 따라야 할 것으로 보이나, 참고로 「민법」 제157조 및 제161조에서는 기간을 일, 주, 월 또는 연

으로 정한 때에는 그 기간이 오전영시로부터 시작하는 것이 아닌 경우에는 기간의 초일은 산입하지 아니하도록 하고 있고, 기간의 말일이 토요일 또는 공휴일에 해당한 때에는 기간은 그 익일로 만료한다고 규정하고 있음

5-1-10 도시정비법 제30조의3제1항 및 제2항의 적용 방법('12. 4. 25.)

질의요지

가. 정비구역이 지정된 주택재개발정비사업지역에서 사업시행자가 정비계획상 용적률을 초과하여 건축하지 않는 경우에도 사업시행인가 신청 전에 도시정비법 제30조의3제1항에 따른 '법정상한용적률'을 지방도시계획위원회 심의를 거쳐 확정해야 하는지 여부

나. 도시정비법 제30조의3제2항에 따른 소형주택 건설은 사업시행자가 정비계획상 용적률을 초과하여 건축할 때 적용하는 사항인지 아니면 정비계획상 용적률 초과여부와 관계없이 적용하는 사항인지 여부

회신내용

가. 질의 '가'에 대하여

도시정비법 제30조의3제1항에 따라 동조 동항 각 호의 어느 하나에 해당하는 정비사업을 시행하는 경우 그 사업시행자는 제4조에 따라 정비계획으로 정하여진 용적률에도 불구하고 같은 조 제4항에 따른 지방도시계획위원회의 심의를 거쳐 국토계획법 제78조 및 관계 법률에 따른 용적률의 상한까지 건축할 수 있도록 하고 있음

나. 질의 '나'에 대하여

도시정비법 제30조의3제2항에 따라 사업시행자는 법적상한

용적률에서 정비계획으로 정하여진 용적률을 뺀 용적률의 다음 각 호에 따른 비율에 해당하는 면적에 주거전용면적 60제곱미터 이하의 소형주택을 건설하여야 하도록 하고 있으며, 이는 정비계획상 용적률을 초과하여 건축하는지 여부와 관계없이 적용되는 것임

5-1-11 | 사업계획서에 교육시설의 교육환경 보호에 관한 계획 포함 여부('12. 2. 10.)

질의요지

2011.12.30 사업시행인가를 신청하였는데 도시정비법 제30조제7호의2에 따라 사업시행계획서에 "교육시설의 교육환경 보호에 관한 계획"을 포함하여야 하는지

회신내용

도시정비법 제4조제1항제6호의2에 따라 시장·군수는 "정비구역 주변의 교육환경 보호에 관한 계획"을 포함하여 정비계획을 수립하도록 하고(2007.12.21 개정공포·시행), 같은 법 제30조제7호의2에 따라 사업시행자는 제4조제5항에 따라 고시된 정비계획에 따라 "교육시설의 교육환경 보호에 관한 계획(정비구역으로부터 200미터 이내에 교육시설이 설치되어 있는 경우에 한한다)"을 포함하여 사업시행계획서를 작성하여야 하며(2007.12.21 개정·공포, 공포 후 3개월이 경과한 날부터 시행), 같은 법 부칙〈제8785호, 2007.12.21〉 제2항에 따라 제30조제7호의2의 개정 규정은 이 법 시행 이후 최초로 사업시행인가를 받는 분부터 적용함

5-1-12 | 정비계획의 내용을 벗어나는 사업시행계획서 작성('12. 1. 6.)

질의요지

도시정비법 제4조에 따라 수립된 정비계획 내용을 벗어나 사업시행자가 도시정비법 제30조에 따른 사업시행계획서를 작성(또

는 변경)할 수 있는지 여부

회신내용 도시정비법 제30조에서 사업시행자는 정비계획에 따라 사업시행계획서를 작성토록 하고 있으므로, 질의의 경우 도시정비법 제4조에 따른 정비계획 변경 등의 절차를 완료한 후 변경된 정비계획에 따라 사업시행계획서를 작성(변경)하여야 할 것으로 판단됨

5-1-13 | **사업시행인가 고시일이 고시문상 일자인지 공고일자인지**('14. 2. 21.)

질의요지 도시정비법 제48조제1항제4호의 '분양대상자별 종전의 토지 또는 건축물의 명세 및 사업시행인가의 고시가 있은 날을 기준으로 한 가격'에서 사업시행인가 고시문의 일자와 고시문을 게시한 지방자치단체의 공보 일자가 다른 경우 둘 중 어느 일자를 사업시행인가의 고시가 있은 날로 보아야 하는지

회신내용 도시정비법 제28조제4항 및 같은 법 시행규칙 제9조제3항에 따르면 시장·군수는 사업시행인가를 하거나 그 정비사업을 변경·중지 또는 폐지하는 경우에는 당해 지방자치단체의 공보에 고시하도록 하고 있으므로, 질의하신 도시정비법 제48조제1항제4호의 '사업시행인가 고시가 있은 날'은 당해 지방자치단체의 공보에 고시한 날로 보아야 할 것임

5-1-14 | **인가 전 취하한 경우 부칙의 '법 시행 후 최초로 신청'으로 볼 수 있는지** ('15.12.03.)

질의요지 도시정비법 개정에 따른 부칙에서 '최초로 [조합설립인가 / 사업시행인가]를 신청하는 분부터 적용한다'라고 규정하고 있을 때 신청자가 개정 법률 시행 전 최초로 인가를 신청(1차) 후 법이

개정·시행되었으며 이후 인가 처리되기 전에 동 신청 건을 취하하였다가 다시 신청(2차)하였을 경우 종전(개정 전) 규정을 적용하여야 하는지, 개정된 규정을 적용하여야 하는지

회신내용　도시정비법개정법률 부칙에서 '최초로 ~을 신청하는 분부터 적용한다'고 규정한 경우, 이 부칙 규정의 적용과 관련한 귀 질의에 대하여는 종전(개정 전) 규정을 적용하여야 할 것임

5-1-15 정비사업 시행기간의 기산기준('15.03.20.)

질의요지

가. 조합이 최초로 주택재개발정비사업 사업시행인가를 득할 시 「도시정비법 시행규칙」 제9조 관련 별지 제6호서식 2쪽 시행기간 란에 사업시행인가일로부터 4년으로 표기하여 사업시행인가를 받고, 그로부터 1년 후 사업시행변경인가 시 정비사업시행기간을 "사업시행인가일~4년 이내"로 받았다면 이 정비사업의 시행기간의 기산점이 최초 사업시행인가일인지 아니면 변경인가일인지

나. 사업시행인가서 상의 정비사업시행기간 내에 사업완료나 사업기간을 연장하는 사업시행변경인가를 득하지 못할 경우, 사업시행인가의 효력이 자동으로 실효되는지, 아니면 행정절차법에 의거 청문절차를 거쳐 사업시행인가 취소 처분통보를 해야 하는지

회신내용

가. 질의 "가"에 대하여

「도시정비법 시행규칙」 별지 제6호서식 사업(시행·변경·중지·폐지)인가신청서 내용 중 시행기간 란의 사업시행인가일은 최초 사업시행인가일로 보는 것이 타당할 것임

나. 질의 "나"에 대하여

도시정비법제77조제1항에 따라 정비사업의 시행이 이 법 또는 이 법에 의한 명령·처분이나 사업시행계획서 또는 관리처분계획에 위반되었다고 인정되는 때에는 정비사업의 적정한 시행을 위하여 필요한 범위안에서 시장·군수는 사업시행자에게 그 처분의 취소·변경 또는 정지 등의 필요한 조치를 취할 수 있으므로, 질의의 경우 시장·군수가 사업시행기간 경과를 이유로 사업시행인가를 취소할지 여부는 관리처분계획인가, 착공 등 사업시행인가 이후의 정비사업 진행상황, 조합이 사업시행기간 경과 전후에 사업시행기간 연장 등을 이유로 사업시행변경인가를 신청했는지 여부 등을 고려하여 사업시행인가권자가 판단하여야 할 것임

5-1-16 재건축사업에서 건축법에 따른 용적률 완화 적용('15.04.09.)

질의요지

가. 「건축법」 제5조, 동법 시행령 제6조제1항제11호에 따라 「주택건설 기준 등에 관한 규정」 제2조제3호에 따른 주민공동시설(주택소유자가 공유하는 시설로서 영리를 목적으로 하지 아니하고 주택의 부속용도로 사용하는 시설만 해당됨)에 대하여 건축위원회 심의를 받아 용적률 완화를 받았을 경우 도시정비법 제4조에 따른 정비계획에서 정해진 용적률을 완화할 수 있는지

나. 도시정비법 제30조의3에 따라 소형주택을 건설할 경우 동법 제4조에 따라 정비계획으로 정해진 용적률에도 불구하고 도시계획위원회 심의를 거쳐 법적상한용적률까지 건축할 수 있도록 규정되어 있으므로 아래와 같이 정비구역(제2종일반주거지역)에서 소형주택을 건설하였을 경우 「건축

법」 제5조, 동법 시행령 제6조제1항제11호 완화규정을 적용하여 법적상한용적률을 완화받을 수 있는지

회신내용 도시정비법 제30조의3 제1항에 따라 「수도권정비계획법」 제6조제1항제1호에 따른 과밀억제권역에서 주택재건축사업을 시행하는 경우 그 사업시행자는 제4조에 따라 정비계획으로 정하여진 용적률에도 불구하고 같은 조 제5항에 따른 지방도시계획위원회의 심의를 거쳐 「국토의 계획 및 이용에 관한 법률」 제78조 및 관계 법률에 따른 용적률의 상한까지 건축할 수 있습니다. 또한 같은 조 제3항에 따라 사업시행자는 제1항에 따라 정비계획상 용적률을 초과하여 건축하는 경우 그 초과된 용적률에 제2항에 따라 시·도조례로 정하는 비율을 곱한 용적률에 해당하는 면적에 제2항에 따라 건설한 소형주택을 국토교통부장관, 시·도지사, 시장, 군수, 구청장 또는 주택공사등에 공급하여야 합니다. 즉 사업시행자가 도시정비법 제30조의3제3항에 따라 소형주택을 공급하는 경우에만 정비계획상 용적률을 초과하여 건축할 수 있는 것임

또한, 도시정비법 제30조의3제4항에 의하면 제1항에 따른 관계 법률에 따른 용적률의 상한은 「국토의 계획 및 이용에 관한 법률」 제76조에 따른 건축물의 층수제한, 「건축법」 제60조에 따른 높이 제한, 「건축법」 제61조에 따른 일조 등의 확보를 위한 건축물의 높이제한 등임을 알려드리며, 따라서 소형주택 공급에 따라 완화받을 수 있는 용적률은 「국토의 계획 및 이용에 관한 법률」 제78조에 따른 용적률을 초과할 수 없는 것임

5-1-17 **사업시행인가시 사업시행기간 작성방법('16.12.09.)**

질의요지 사업시행인가 신청시 정비사업의 시행기간을 '사업시행인가일로

부터 청산일까지'가 아닌 '사업시행기간일로부터 ○○개월' 등과 같이 정하여야 하는지

회신내용　도시정비법 제30조제9호 및 같은 법 시행령 제41조제2항제1호에 따르면 사업시행계획서에는 정비사업의 시행기간을 포함하도록 규정되어 있습니다. 사업시행기간은 같은 법 제40조제3항에 따른 수용 등에 대한 재결신청 기한이 되고, 조합원, 인근 주민 등이 재산권 행사, 이사 등 생활계획을 예측할 수 있도록 명시한 것이기 때문에 정비사업의 시행기간은 '사업시행기간일로부터 ○○개월' 등과 같이 정하여야 함

5-1-18 조건부 사업시행인가가 가능한지('16.02.24.)

질의요지　사업시행인가를 받은 정비사업장에서 인가받은 내용을 변경하고자 하는 경우 도시정비법 제32조제1항제6호에 따른 의제사항에 대해 착공 전까지 산지관리법에 의한 절차를 이행할 것을 조건으로 사업시행변경인가가 가능한지

회신내용　도시정비법 제32조제1항에 따르면 사업시행인가를 받은 때에는 관련 법령에 따른 인가·허가 등이 있은 것으로 본다고 규정하고 있으며, 이는 사업시행자가 도시정비법에 따른 사업시행인가 이외에 「주택법」, 「건축법」 등 관련 법령에 따른 인가·허가 등을 받는데 소요되는 시간 및 비용 등을 줄이기 위한 규정이므로, 질의와 같이 산지관리법에 의한 절차 이행을 조건으로 사업시행변경인가가 가능한지 여부에 대해서는 도시정비법에 따른 관리처분계획 인가, 분양공고 및 분양신청 등 착공 전까지의 사업절차 진행 시 산지관리법령상 위반사항이 없는 경우에 한하여 조건부여 후 사업시행변경 인가가 가능할 것임

5-1-19 사업시행인가시 의제없이 개별법을 적용할 수 있는지('16.06.10.)

질의요지 주거환경개선사업 시행에 따른 사업시행인가를 받을 때 정비구역 내 일부 지역에 대해 주택법상 사업계획승인을 의제 받지 않고 별도로 주택법령에 따른 사업계획승인을 득한 후 주택건설이 가능한지 여부

회신내용 도시정비법제32조제1항제1호에 따르면 사업시행자가 사업시행인가를 받은 때에는 「주택법」 제16조에 따른 사업계획의 승인을 받은 것으로 본다고 규정하고 있음
동 규정은 각각의 법령에 따른 행정절차를 일원화하여 간편하게 처리하기 위한 것이므로, 사업시행계획의 내용에 따라서는 지방자치단체장이 사업의 진행에 문제가 없다고 판단하는 경우에는 일부 인·허가를 사업시행인가시 의제처리 하지 않고 별도로 관계법령에 따른 인·허가를 받을 수 있을 것임

5-1-20 사업시행인가시 공원조성계획 입안 절차가 필요한 지(법제처,'16.12.22.)

질의요지 도시정비법 제4조제6항에 따라 고시된 정비구역에서 같은 법 제28조제1항에 따라 사업시행인가를 받아 정비사업을 시행하면서 도시공원을 설치하는 경우에도 「도시공원 및 녹지 등에 관한 법률」(이하 "공원녹지법"이라 함) 제16조제1항 및 제16조의2제1항에 따라 공원조성계획의 입안 및 결정 절차를 거쳐야 하는지

회신내용 도시정비법 제4조제6항에 따라 고시된 정비구역에서 같은 법 제28조에 따라 사업시행인가를 받아 정비사업을 시행하면서 도시공원을 설치하는 경우에도 공원녹지법 제16조제1항 및 제16조의2제1항에 따라 공원조성계획의 입안 및 결정 절차를 거쳐야 함

5-1-21 | 사업시행인가 의제시 "협의"의 의미는 무엇인지(법제처, '16.6.27.)

질의요지 도시정비법 제32조제4항에서 따라 사업시행인가나 사업시행계획서 작성으로 의제되는 인·허가등에 해당하는 사항이 있으면 미리 관계 행정기관의 장과 "협의"하는 경우 "협의"는 단순히 자문하여 의견을 듣는 것을 의미하는지, 아니면 합의 또는 동의를 의미하는지

회신내용 특별자치시장, 특별자치도지사, 시장, 군수, 자치구의 구청장이 도시정비법 제28조제1항에 따른 사업시행인가를 하거나 사업시행계획서를 작성할 때 같은 법 제32조제4항에 따라 미리 관계 행정기관의 장과 협의하는 경우의 "협의"는 관계 행정기관의 장의 "합의 또는 동의"를 의미함

5-2 사업시행인가 동의

5-2-1 | 주택재건축사업계획 변경 시 정비구역내 토지등소유자의 동의 여부 (법제처 '11. 12. 8.)

질의요지 도시정비법(2002. 12. 30. 법률 제6852호로 제정되어 2003. 7. 1. 시행된 것)이 제정·시행되기 전, 「주택건설촉진법」(2002. 12. 30. 법률 제6836호로 타법개정되어 2003. 1. 1. 시행된 것) 제33조제1항에 따라 주택건설(재건축)사업계획승인을 하면서 조건을 부과하였는데, 이후 사업시행자가 조건을 이행하여 승인권자가 입주자모집공고 전에 주택건설사업계획변경승인을 함에 있어, 위 조건으로 부과된 사항을 이행함에 따라 사업계획의 경미한 변경 사항을 규정한 「주택건설촉진법시행규칙」(2003. 1. 30. 건설교통부령 제349호로 일부개정되어 2003. 2. 1. 시행된 것) 제21조

제1항제2호, 제4호 또는 제7호의 범위를 벗어난 변경이 발생한 경우, 이를 사업계획의 경미하지 않은 사항의 변경으로 보아 정비구역안의 토지등소유자의 동의를 받아야 하는지

회신내용 도시정비법(2002. 12. 30. 법률 제6852호로 제정되어 2003. 7. 1. 시행된 것)이 제정·시행되기 전, 「주택건설촉진법」(2002. 12. 30. 법률 제6836호로 타법개정되어 2003. 1. 1. 시행된 것) 제33조제1항에 따라 주택건설(재건축)사업계획승인을 하면서 조건을 부과하였는데, 이후 사업시행자가 조건을 이행하여 승인권자가 입주자모집공고 전에 주택건설사업계획변경승인을 함에 있어, 위 조건으로 부과된 사항을 이행함에 따라 사업계획의 경미한 변경사항을 규정한 「주택건설촉진법 시행규칙」(2003. 1. 30. 건설교통부령 제349호로 일부개정되어 2003. 2. 1. 시행된 것) 제21조제1항제2호, 제4호 또는 제7호의 범위를 벗어난 변경이 발생한 경우, 사업계획의 경미한 변경인지 여부를 불문하고 정비구역안의 토지등소유자의 동의를 받아야 하는 것은 아님

5-2-2 | 사업시행인가 시 동의율 확인을 위해 동의서를 제출받아야 하는지('10. 5. 25.)

질의요지 도시정비법 제28조제5항에 따라 사업시행자는 사업시행인가를 신청하기 전에 미리 총회를 개최하여 조합원 과반수의 동의를 얻어야 하는 바, 사업시행인가 시 과반수 동의를 확인하기 위해 총회 회의록 외에 토지등소유자의 동의서를 별도로 제출받아 확인하여야 하는지

회신내용 도시정비법 제28조제1항 본문에 따라 사업시행자는 사업시행인가를 받고자 하는 때에는 별지 제6호 서식의 사업(시행·변경·중지·폐지)인가신청서에 총회의결서 사본 등을 첨부하여 시장·군

수에게 제출하도록 도시정비법 시행규칙 제9조제1항에 규정하고 있는 바, 도시정비법 제28조제5항에 따른 총회의 동의요건 적합 여부를 판단하기 위하여 총회 회의록 외에 토지등소유자의 동의서를 별도로 제출받을지는 당해 인가권자가 사업시행인가 여부를 검토함에 있어 그 필요성에 따라 판단·결정할 사항임

5-2-3 재개발사업 사업시행인가 동의율 및 동의 방법('12. 10. 30.)

질의요지 ① 주택재개발사업 사업시행인가 동의율 ② 사업시행인가신청시 미리받은 사업시행인가 동의서 및 인감증명서가 유효한지 여부

회신내용 도시정비법 제24조제6항에 따르면 사업시행계획서의 수립 및 변경인 경우에는 조합원 과반수의 동의를 받도록 하고 있으나, 도시정비법 제24조제6항 및 제28조제5항의 동의 형식에 대하여는 도시정비법에서 별도 규정하는 바가 없으며, 총회 의결방법 등은 정관에서 정하도록 하고 있음

5-2-4 일반분양이 완료된 경우 사업시행변경인가 동의 요건('12. 6. 1.)

질의요지 주택재개발정비사업의 조합원 분양 및 일반분양이 완료된 상태에서 경비실의 위치를 변경하기 위한 사업시행변경인가를 신청하기 위해서는 도시정비법 제28조제5항에 따른 조합원 과반수의 동의를 얻어야 하는지 아니면 「주택법」 제16조 및 같은 법 시행규칙 제11조제3항에 따라 일반분양자를 포함한 수분양자 5분의 4 이상의 동의를 얻어야 하는지 여부

회신내용 도시정비법 제28조제5항 및 같은 법 시행령 제38조에 따라 경비실의 위치를 변경하는 것은 사업시행인가의 경미한 변경에

해당하지 않으므로 사업시행자는 사업시행변경인가를 신청하기 전에 미리 총회를 개최하여 조합원 과반수의 동의를 얻어야 할 것으로 판단되며, 「주택법 시행규칙」 제11조제3항에 따라 공급가격의 변경을 초래하거나 호당 또는 세대 당 주택공급면적 또는 대지지분의 변경을 초래하지 않는 경비실의 위치를 변경하는 경우 입주자의 동의를 받도록 규정하고 있지 않음

5-2-5 사업시행인가 변경에 따른 조합원 과반수 동의 시 동의서 제출 방법 ('10. 11. 18.)

질의요지 도시정비법 제28조제5항의 내용 중 "미리 총회를 개최하여 조합원 과반수의 동의를 얻어야 한다" 라는 것은 총회에서 조합원 과반수 동의를 얻어라는 것인지 아니면 과반수의 동의서를 첨부하여야 한다는 것인지

회신내용 도시정비법 제28조제5항의 내용 중 "조합원 과반수의 동의를 얻어야 한다"라고 되어 있는 것은 총회를 개최하여 전체 조합원 과반수의 동의(의결)를 얻도록 하고 있는 것임

5-2-6 사업시행인가 신청 시 존치 건축물에 대한 동의가 필요한 지(법제처, '11. 6. 9.)

질의요지 주택재개발사업 시행자가 도시정비법 제33조에 따라 일부 건축물의 존치에 관한 내용이 포함된 사업시행계획서를 작성하여 사업시행인가를 신청하는 경우, 존치되는 건축물 소유자의 동의를 얻어야 하는지

회신내용 주택재개발사업 시행자가 도시정비법 제33조에 따라 일부 건축물의 존치에 관한 내용이 포함된 사업시행계획서를 작성하여

사업시행인가를 신청하는 경우, 존치되는 건축물 소유자의 동의를 얻어야 함

5-2-7 도시정비법 제8조제3항에 따른 도시환경정비사업의 사업시행계획서의 동의방법 ('13. 1. 17.)

질의요지 도시정비법 제8조제3항에 따른 토지등소유자방식의 사업추진에서 임시총회를 개최하여 사업시행인가 동의 안건에 대해 토지등소유자의 4분의 3 이상의 동의를 받았다 하더라도 사업시행계획서에 대해 토지등소유자의 4분의 3 이상의 동의를 받아야 하는지

회신내용 도시정비법 제28조제7항에 따르면 제8조제3항에 따라 도시환경정비사업을 토지등소유자가 시행하고자 하는 경우에는 사업시행인가를 신청하기 전에 제30조에 따른 사업시행계획서에 대하여 토지등소유자의 4분의 3이상의 동의를 얻도록 하고 있고, 같은 법 제17조제1항에서는 제28조제7항에 따른 동의는 서면동의서에 토지등소유자의 지장(指章)을 날인하고 자필로 서명하는 서면동의의 방법으로 하며, 주민등록증, 여권 등 신원을 확인할 수 있는 신분증명서의 사본을 첨부하도록 하고 있음

5-2-8 관리처분계획 인가 후 도시정비법 제30조의3(주택재건축사업 등의 용적률 완화 및 소형주택 건설 등)을 적용하기 위한 토지등소유자의 동의 받는 시점 ('13. 1. 18.)

질의요지 주택재건축사업의 관리처분계획 인가 후 도시정비법 제30조의3(주택재건축사업 등의 용적률 완화 및 소형주택 건설 등)을 적용하기 위해 토지등소유자의 3/4이상의 동의를 받을 경우 동의를 받는 시점은

회신내용 「주택재건축사업의 용적률 완화 및 소형주택 건설 등 업무처리 기준」 5-2.에서 관리처분계획의 인가를 얻은 재건축사업에 제30조의3 규정을 적용하기 위하여는 토지등소유자 3/4 이상의 동의를 얻도록 하면서 동의 시점에 대하여는 별도 정하고 있지 않으나, 동 기준 5-1.에서 도시계획위원회 또는 건축위원회 심의를 통해 법적상한용적률을 확정하도록 하고 있으므로, 동 확정 절차 이행 후 사업시행계획서 변경시 등에 토지등소유자의 동의를 얻는 것이 바람직할 것으로 판단됨

5-3 사업시행인가(경미한) 변경

5-3-1 주택단지 출입구 변경이 사업시행인가 경미한 변경인지('09. 12. 28.)

질의요지 인가 받은 재개발사업에서 정비기반시설 및 건축물의 건축계획 변경 없이 단순 교통체계(양방통행→일방통행) 및 주택단지 차량 진출입구의 위치를 변경할 경우 경미한 변경에 해당되는지

회신내용 사업시행자가 정비사업을 시행하려면 도시정비법 제28조제1항에 의하여 시장·군수·구청장에게 정비기반시설 및 공동이용시설의 설치계획이 포함된 도시정비법 제30조의 규정에 의한 사업시행계획서를 첨부하여 사업시행인가를 받도록 하고 있고, 건축물의 설계와 용도별 위치를 변경하지 아니하는 범위 안에서 건축물의 배치 및 주택단지 안의 도로선형의 변경 및 그 밖에 시·도 조례로 정하는 사항을 변경하는 때에는 도시정비법 시행령 제38조제7호 및 제12호에 사업시행인가의 경미한 변경사항으로 규정하고 있음

따라서, 상기 도로가 주택단지 안의 도로가 아닌 경우라면 도시정비법 시행령 제38조제7호의 규정에 의한 경미한 사항의 변경

에 해당하지 않는 것으로 보입니다만 관련 조례에서 별도로 규정하고 있는 경우라면 그에 따라 판단하여야 할 사항임

5-3-2 사업시행 인가조건 이행이 사업시행계획의 경미한 변경인지('12. 9. 26.)

질의요지 교육청과의 협의과정에서 옹벽 공법의 변경 등 사업시행인가조건내용을 이행하기 위하여 하수관로의 위치 및 규격 등이 변경되었을 경우, 사업시행인가의 경미한 변경에 해당하는지 여부

회신내용

가. 도시정비법 제28조제3항에 따라 시장·군수는 사업시행인가를 하고자 하는 경우에는 해당 지방자치단체의 교육감 또는 교육장과 협의하도록 하고 있고, 같은 법 제28조 1항 단서에 따라 같은 법 시행령 제38조 각호의 어느 하나에 해당하는 때에는 사업시행인가의 경미한 변경으로 규정하고 있음

나. 질의의 경우가 사업시행인가를 위한 교육청 등과의 협의결과를 사업시행인가조건에 반영하여 옹벽공법을 변경하고 이에 따른 하수관로 위치, 규격 등을 변경하는 것이라면 같은 법 시행령 제38조제6호에 따른 사업시행인가의 조건으로 부과된 사항의 이행에 따라 변경하는 때로 볼 수 있을 것으로 판단됨

5-3-3 '09.8.7. 이전 진행 중인 사업도 현행규정에 따라 사업시행인가 변경대상 인지('10. 6. 20.)

질의요지 2009.8.7 이후 사업시행 변경인가를 받고자 하는 경우 2009.8.7 부터 시행되고 있는 도시정비법 제28조의 개정규정에 따라 변경인가 신청을 하여야 하는지 아니면 개정규정 시행 전 종전

규정에 따라 신청을 하여야 하는지

회신내용 도시정비법 제28조제5항에 따라 사업시행인가 받은 내용을 변경하고자 하는 경우에는 당해 시장·군수·구청장에게 사업시행인가사항에 대한 변경인가 신청을 하기 전에 미리 총회를 개최하여 조합원 과반수의 동의를 얻도록 되어 있고, 동 규정은 도시정비법 제28조의 개정 규정이 시행된 이후에 사업시행인가사항에 대한 변경인가 신청을 최초로 하는 것도 도시정비법 부칙 〈제9444호, 2009.2.6〉 제6조에 따라 도시정비법 제28조의 개정 규정을 적용하여야 할 것임

5-3-4 사업시행인가의 경미한 변경인 경우 총회를 개최하여야 하는지('12. 5. 29.)

질의요지 도시정비법 시행령 제38조의 규정에 의한 사업시행인가의 경미한 변경인 경우 총회를 개최해야 하는지

회신내용 도시정비법 제28조제5항에 따르면 사업시행자는 사업시행인가를 신청(인가받은 내용을 변경하거나 정비사업을 중지 또는 폐지하고자 하는 경우를 포함한다)하기 전에 미리 총회를 개최하여 조합원 동의를 얻도록 하고 있으나, 사업시행인가의 경미한 변경인 경우에는 총회 의결이 필요하지 않음

5-3-5 사업시행자가 변경된 경우의 규약 및 사업시행인가 변경 방법('12. 10. 25.)

질의요지 가. 토지등소유자방식 도시환경정비사업에서 종전 사업시행자의 권리·의무가 새로운 사업시행자에게 양도된 경우 ① 총회를 개최하여 규약 내용을 변경해야 하는지(권리·의무가 자동승계 되는 것으로 간주 할 수 있는지), ② 총회 개최시

종전 사업시행자 동의 없이 새로운 사업시행자가 규약에 따른 총회를 개최할 수 있는지

나. 도시정비법 제28조제7항 단서에서 인가 받은 사항을 변경하고자 하는 경우에는 규약이 정하는 바에 따라 토지등소유자의 과반수의 동의를 얻도록 하고 있는 바, 규약에서 별도로 정한 것이 없는 경우 토지등소유자의 과반수 동의를 얻으면 되는지

회신내용

가. 도시정비법 제10조에 따르면 사업시행자와 정비사업과 관련하여 권리를 갖는 자(이하 "권리자"라 한다)의 변동이 있은 때에는 종전의 사업시행자와 권리자의 권리·의무는 새로이 사업시행자와 권리자로 된 자가 이를 승계하도록 하고 있음

나. 도시정비법 제28조제7항에 따라 도시환경정비사업을 토지등소유자가 시행하는 경우 인가 받은 사항을 변경하고자 하는 경우에는 규약이 정하는 바에 따라 토지등소유자의 과반수의 동의를 얻도록 하고 있으므로, 해당 규약에 따라 판단하여야 할 것임

5-3-6 기본계획 변경 없이 사업시행계획서 변경만으로 주택재건축사업 등의 용적률 완화 및 소형주택 건설규정을 적용할 수 있는지('13. 8. 30.)

질의요지

주택재개발사업시 도시정비법 제30조의3(주택재건축사업 등의 용적률 완화 및 소형주택 건설 등)에 따라 소형주택을 건설 및 공급할 경우 『용적률 완화 및 소형주택 건설 등 업무처리기준(국토교통부)』 5-4 규정에 따라 기본계획 변경 없이 사업시행계획서 변경만으로 규정을 적용할 수 있는지

회신내용 질의하신 주택재개발사업의 경우에도 「주택재건축사업의 용적률 완화 및 소형주택 건설 등 업무처리기준」 5-4에 따라 종전 제30조의3 규정은 기본계획 및 정비계획에 불구하고 용적률을 조정하는 것이므로, 기본계획 및 정비계획의 변경절차 없이 사업시행계획서의 변경만으로 상기 규정을 적용할 수 있도록 하고 있음

5-3-7 종전 「주택건설촉진법」 승인 내용을 초과한 사업시행계획 변경 ('14. 3. 27.)

질의요지 주택재건축정비사업과 관련하여 종전 「주택건설촉진법」에 따라 주택건설사업계획의 승인을 받고 종전법에 의한 사업승인 범위를 초과한 사업승인변경에 해당되어 도시정비법에 따라 사업시행변경인가를 받은 경우 관리처분계획인가 등 도시정비법의 절차나 방식에 관한 규정들이 배제되는지 여부

회신내용 도시정비법 부칙〈제6852호, 2002.12.30〉 제7조제1항에 따르면 종전법률에 의하여 사업계획의 승인이나 사업시행인가를 받아 시행중인 것은 종전의 규정에 의하도록 하고 있으나, 「종전법에 의한 사업승인분에 대한 업무처리기준」(건설교통부 주거환경과, 2003.12.11.)에 따라 종전법에 의해 사업계획승인을 받았으나 종전법에 의한 사업승인 범위를 초과하여 도시정비법에 따라 사업시행변경인가를 받았다면, 관리처분계획 인가 등 향후 절차는 도시정비법에 따라야 할 것임

5-3-8 총회에서 의결한 사업시행계획서가 인가 신청 시 변경된 경우 총회의결 효력 ('15. 1. 29.)

질의요지 주택재개발 정비사업조합에서 총회 의결을 거쳐 사업시행계획서

를 수립하였으나, 총회에서 의결한 사업시행계획서와 상이하게 세대수 등이 변경된 사업시행계획서로 사업시행인가를 신청하고자 하는 경우 다시 총회를 개최하여 조합원의 동의를 받아야 하는지

회신내용 도시정비법 제24조제3항제9호의2에 따라 사업시행계획서의 수립 및 변경(제28조제1항에 따른 정비사업의 중지 또는 폐지에 관한 사항을 포함하며, 같은 항 단서에 따른 경미한 변경은 제외한다) 사항은 총회의 의결을 거쳐야 하므로, 질의하신 경우와 같이 세대수가 변경되는 경우는 같은 법 시행령 제38조에 따른 사업시행인가의 경미한 변경에 해당하지 아니하므로, 변경된 사업시행계획서에 대하여는 다시 총회의 의결을 거쳐야 할 것임

5-3-9 | 시행기간이 경과한 후 사업시행인가 변경이 가능한 지('16.06.10.)

질의요지 사업시행기간이 경과된 경우 사업시행인가를 취소하여야 하는지

회신내용 도시정비법 시행령 제41조제2항제1호에 따르면 사업시행자는 사업시행계획서 작성 시 정비사업의 종류·명칭 및 시행기간을 포함하도록 규정하고 있으나, 동 규정에 따른 시행기간이 경과하였다고 해서 사업시행인가가 실효된다는 별도의 규정이 없기 때문에 사업시행계획서상 시행기간이 경과된 경우 사업시행자는 도시정비법제28조제1항에 따라 사업시행변경 인가 또는 신고를 통해 사업시행기간을 변경해야 할 것으로 판단됨

5-3-10 | 용적률완화 규정 적용도 사업시행인가 경미한 변경인지('14. 1. 20.)

질의요지 도시정비법 제30조의3(주택재건축사업 등의 용적률 완화 및 소

형주택 건설 등)에 따라 법적 상한용적률을 적용한 정비계획을 금번 신설된 제4조의4(기본계획 및 정비계획 수립시 용적률 완화)를 적용하고자 하는 경우 같은 법 제4조 및 경미한 사항으로 처리해야 하는지와 관련 절차 및 지침이 있는지

회신내용 도시정비법 제4조의4제1항에 따르면 특별시장·광역시장 또는 시장·군수는 정비사업의 원활한 시행을 위하여 기본계획 또는 정비계획을 수립하거나 변경하고자 하는 경우 「국토의 계획 및 이용에 관한 법률」 제36조에 따른 주거지역에 대하여는 같은 법 제78조에 따라 조례로 정한 용적률에도 불구하고 같은 법 같은 조 및 관계 법률에 따른 용적률의 상한까지 용적률을 정할 수 있도록 하고 있음을 알려드리며, 이에 대한 적용은 도시정비법 제4조제1항에 따른 정비계획 수립 및 변경 절차에 따라야 할 것임

5-3-11 에스컬레이터 설치가 사업시행인가 경미한 변경인지('15.01.05.)

질의요지 점포 전면에 에스컬레이터를 설치하는 것이 도시정비법 시행령 제38조제2호의 예외 규정인 "부대복리시설의 위치가 변경하는 경우"에 해당되어 사업시행인가의 경미한 변경에서 제외되는지, 아니면 사업시행인가의 경미한 변경에 해당되는지

회신내용 도시정비법 시행령 제38조제2호에 따르면 건축물이 아닌 부대·복리시설의 위치가 변경되는 경우에는 사업시행인가의 경미한 변경에서 제외하도록 하고 있으므로, 질의하신 에스컬레이터 설치에 대한 동 규정 적용여부는 해당 부대·복리시설의 건축물 여부 및 위치 변경 여부 등을 종합적으로 검토하여 결정할 사안으로 판단됨

5-4 종전자산평가

5-4-1 법원의 설계자 선정 무효에 따른 업무처리 및 청산금추산액 평가 시점 ('12. 10. 30.)

질의요지

가. 법원의 판결에 따라 설계자 선정이 무효로 확정된 설계자가 해당 정비구역에 사업시행변경인가, 관리처분계획변경인가, 준공인가 신청의 업무를 진행하여 사업시행변경인가, 관리처분변경인가, 준공인가 등의 행정처리가 가능한지

나. 2006년 사업시행인가, 2011년 사업시행변경인가, 2012년 준공인가를 하였을 경우 청산금 추산액을 다시 감정해야하는지, 사업시행인가 시점의 감정가로 청산금을 지급하여야 하는지

다. 시공사와 공사계약을 확정지분제로 하였을 경우 관리처분계획대로 지출되었는지 확인할 수 있는 자료 등을 공개하여 총회에서 정산 하여야 하는지

라. 공사계약서에 공사내역서를 첨부하지 않아도 되는지

회신내용

가. 질의 "가"에 대하여,
도시정비법에서 사업시행변경인가, 관리처분변경인가, 준공인가시 법원 판결에 따른 설계자 선정의 무효로 인한 업무처리 절차나 기준에 대하여는 별도 규정하는 바가 없음

나. 질의 "나"에 대하여,
도시정비법 제48조제1항제4호에 따르면 분양대상자별 종전의 토지 또는 건축물의 명세 및 사업시행인가의 고시가 있

은 날을 기준으로 한 가격 등을 포함한 관리처분계획을 수립하여 인가를 받도록 하고 있음

다. 질의 "다" 및 "라"에 대하여,

도시정비법령상 시공사와 공사계약을 확정지분제로 하였을 경우 관리처분계획대로 지출되었는지 확인할 수 있는 자료 등을 공개하여 총회에서 정산하도록 하는 규정은 별도 없음. 참고로, 도시정비법 제24조제3항제11호에 따르면 조합 해산시의 회계보고에 대해서는 총회의 의결을 거치도록 하고 있습니다. 또한, 공사계약시 공사내역서 첨부여부에 대하여는 도시정비법 제20조제1항제15호에 따라 시공자 선정 및 계약에 포함될 내용은 정관에 포함하도록 하고 있으므로, 이에 대하여는 해당 조합정관에 따라 판단하여야 할 것임

5-4-2 사업시행인가를 폐지하고 다시 사업시행인가를 득하게 될 경우 종전 토지·건축물의 감정평가를 새로이 할 수 있는지('13. 2. 8.)

질의요지

도시정비법 제28조제1항에 따라 주택재개발정비사업 사업시행인가를 폐지하고 다시 사업시행인가를 득하게 될 경우 종전 토지·건축물의 감정평가를 새로이 할 수 있는지

회신내용

도시정비법 제48조제1항제4호에 따르면 관리처분계획수립을 위한 분양대상자별 종전의 토지 또는 건축물의 가격은 사업시행인가의 고시가 있은 날을 기준으로 하도록 하고 있으므로, 도시정비법 제28조제1항에 따른 정비사업 폐지 후 새로이 사업시행인가를 받아 고시한 경우 해당 고시가 있은 날을 기준으로 평가할 수 있을 것으로 판단됨

5-4-3 사업시행변경인가를 한 경우 종전자산 감정평가 시점('15.03.26.)

질의요지 A구역 주택재개발정비사업은 2007.9.5. 최초 사업시행인가를 받았고 건폐율, 용적률, 세대수 증가 등 사업계획을 변경하는 내용으로 2014.11.12. 사업시행변경인가를 받은 후 분양신청을 받고 있는 중으로, 도시정비법 제48조제1항제4호에 따른 관리처분계획 수립을 위한 "분양대상자별 종전의 토지 및 건축물의 가격"은 최초 사업시행인가의 고시가 있은 날로 하는지 아니면 사업시행변경인가의 고시가 있은 날로 하는지

회신내용 도시정비법 제48조제1항에 따라 사업시행자는 제46조에 따른 분양신청기간이 종료된 때에는 제46조에 따른 분양신청의 현황을 기초로 "분양대상자별 종전의 토지 또는 건축물의 명세 및 사업시행인가의 고시가 있은 날을 기준으로 한 가격" 등 같은 항 각 호의 사항이 포함된 관리처분계획을 수립하여 시장·군수의 인가를 받도록 하고 있으며, 이 때 관리처분계획 수립을 위한 분양대상자별 종전의 토지 및 건축물에 대한 평가는 최초 사업시행인가의 고시가 있은 날을 기준으로 하여야 할 것임

5-4-4 재건축사업의 종전자산평가 타당성조사 의뢰가 가능한지('16.02.23.)

질의요지 재건축사업의 종전자산평가에 대한 타당성 의뢰 요청

회신내용 가. 도시정비법 제48조제1항에 따르면 사업시행자인 조합은 분양대상자별 종전의 토지 또는 건축물의 명세 및 사업시행인가의 고시가 있은 날을 기준으로 한 가격 등의 사항이 포함된 사항이 포함된 관리처분계획을 수립하도록 하고 있음

나. 「부동산 가격공시 및 감정평가에 관한 법률」 제42조제3항 및 같은 법 시행령 제83조에 따르면 국토교통부장관은 감정평가서가 발급된 후 관계기관 또는 이해관계인이 요청하는 경우 해당 감정평가가 법령상 절차 등을 위반하였는지에 대하여 조사 할 수 있으며, 여기에서 이해관계인이라 「공익사업을 위한 토지 등의 취득 및 보상에 관한 법률」 제2조제3호에 따른 사업시행자나 토지등의 소유자로서 <u>해당 감정평가를 의뢰한 자</u>를 의미함으로 도시정비법에 따른 조합원은 위 법령에서 정하는 이해관계인에 해당되지 않아 타당성조사를 요청할 수 없음

5-5 분양신청

5-5-1 │ 분양신청기간 연장 관련(법제처, '11. 10. 13.)

질의요지

도시정비법 제46조제1항에서는 도시정비사업자는 사업시행인가의 고시가 있은 날부터 60일 이내에 개략적인 부담금내역 및 분양신청기간 등을 정하여 토지 등 소유자에게 통지하고, 이를 일간신문에 공고하여야 하며, 이 경우 분양신청기간은 그 통지한 날부터 30일 이상 60일 이내로 하되, 다만, 사업시행자는 제48조제1항의 규정에 의한 관리처분계획의 수립에 지장이 없다고 판단하는 경우에는 분양신청기간을 20일의 범위 이내에서 연장할 수 있다고 규정하고 있는데, 도시정비법 제46조제1항 단서에 따라 사업시행자가 분양신청기간을 연장하고자 할 경우 당초의 분양신청기간에 이어서만 연장할 수 있는지 아니면 관리처분계획에 지장이 없는 한 당초의 분양신청기간과 이어지지 않는 기간을 별도로 정하여 연장할 수 있는지

회신내용 도시정비법 제46조제1항 단서에 따라 사업시행자가 분양신청기간을 연장하고자 할 경우 당초의 분양신청기간에 이어서만 연장할 수 있음

5-5-2 시공자를 선정하지 않은 경우 분양공고 가능 시기('11. 3. 30.)

질의요지 주택재개발사업의 시공자 선정이 안 된 상태에서 사업시행인가가 되어 있는 경우 도시정비법 제46조제1항을 적용할 때 언제부터 60일 이내에 분양 공고를 하여야 하는지

회신내용 질의의 경우 사업시행인가 이후에 시공자를 선정하여야 할 경우라면 시공자와 계약을 체결한 날부터 60일 이내에 도시정비법 제46조제1항에 따른 절차를 거쳐야 할 것으로 봄

5-5-3 분양신청을 다시 받는 경우의 분양절차('12. 4. 25.)

질의요지 주택재건축사업에서 사업시행계획 변경인가 후 당초 분양 미신청 등의 사유로 현금청산 등의 절차를 거쳐 소유권이 조합으로 이전된 자를 제외한 조합원을 대상으로 분양신청을 다시 받는 경우에도 도시정비법 제46조에 따른 분양신청절차를 다시 거쳐야 하는지 여부

회신내용 도시정비법 제46조제1항에 따라 사업시행자는 사업시행인가의 고시가 있은 날부터 60일 이내에 개략적인 부담금내역 및 분양신청기간 그 밖에 대통령령이 정하는 사항을 토지등소유자에게 통지하고 분양의 대상이 되는 대지 또는 건축물의 내역 등 대통령령이 정하는 사항을 해당 지역에서 발간되는 일간신문에

공고하도록 하고 있으며, 귀 질의와 같이 분양신청을 하였던 조합원을 대상으로 사업시행계획변경에 따라 분양신청을 다시 받는 경우에도 도시정비법 제46조에 따른 분양신청절차를 거쳐야 할 것으로 판단됨

5-5-4 조합원이 계약을 포기한 아파트의 분양방법('12. 2. 16.)

질의요지 주택재개발사업으로 건설하여 조합원에게 공급했던 아파트 중 1세대는 계약금만 납부 후 해약하고, 또 1세대는 계약을 포기하여 2세대가 조합원분양 잔여분으로 남았을 때 남은 2세대에 대한 분양방법은(이미 일반분양과 보류시설 분양도 끝난 상태임)

회신내용 도시정비법 제50조제1항에 따라 사업시행자는 정비사업의 시행으로 건설된 건축물을 제48조의 규정에 의하여 인가된 관리처분계획에 따라 토지등소유자에게 공급하도록 하고 있고, 같은 조 제5항에 따라 사업시행자는 제1항에 따른 공급대상자에게 주택을 공급하고 남은 주택에 대하여는 제1항에 따른 공급대상자외의 자에게 공급할 수 있으며, 이 경우 주택의 공급방법·절차 등에 관하여는 「주택법」 제38조를 준용하도록 하고 있음

5-5-5 조합원의 분양받을 권리를 제한하는 규정이 있는지('12. 2. 7.)

질의요지 주택재개발 정비사업의 조합원으로 분양신청을 하였으나, 분양받을 권리를 제한하는 도시정비법상 규제조항이 있는지

회신내용 도시정비법 제50조의2제1항에 따르면 정비사업으로 인하여 주택 등 건축물을 공급하는 경우 도시정비법 제4조제4항에 따른 고시가 있은 날 또는 시·도지사가 투기억제를 위하여 기본계

획수립 후 정비구역지정·고시 전에 따로 정하는 날(이하 이 조에서 "기준일"이라 한다)의 다음 날부터 '1필지의 토지가 수 개의 필지로 분할되는 경우' 등 같은 항 각 호의 어느 하나에 해당하는 경우에는 해당 토지 또는 주택 등 건축물의 분양받을 권리는 기준일을 기준으로 산정하도록 규정하고 있음

5-5-6 관리처분계획 인가 신청 이후 분양신청 철회가 가능한지('12. 5. 7.)

질의요지 관리처분계획 인가 신청 이후 분양신청 철회를 받아주지 않는 경우 위법인지

회신내용 도시정비법 제47조 및 같은 법 시행령 제48조에 따라 사업시행자는 토지등소유자가 분양신청을 하지 아니한 자, 분양신청을 철회한 자 등에 해당하는 경우에는 그 해당하게 된 날부터 150일 이내에 토지·건축물 또는 그 밖의 권리에 대하여 현금으로 청산하도록 하면서 분양신청의 철회 시기에 대하여는 별도 규정하고 있지는 않으나, 관리처분계획 수립이나 조합원의 권리관계 영향 등을 고려할 때 분양신청 기간이나 관리처분계획 인가 신청전 적정 시점에서 철회하는 것이 바람직할 것으로 판단됨

5-5-7 분양신청을 다시 받은 경우 관리처분계획상 분양신청기간 만료일은 ('14. 5. 8.)

질의요지 사업시행인가 및 관리처분계획인가를 득한 도시환경정비사업 시행자가 건축계획 등 전반적인 사항을 변경하기 위해 사업시행 변경인가를 득한 후 변경된 건축계획에 따라 분양신청을 다시 받은 경우 관리처분계획변경의 '분양설계를 위한 계획수립 기준일'은 당초 분양신청기간 만료일로 보아야 하는지 아니면 다시

받은 분양신청기간 만료일로 보아야 하는지

회신내용 도시정비법 제48조제2항제5호에 따라 관리처분계획 수립시 분양설계에 관한 계획은 제46조의 규정에 의한 분양신청기간이 만료되는 날을 기준으로 하여 수립하도록 하고 있으므로, 귀 질의의 경우 사업시행자가 분양신청을 다시 받았다면 다시 받은 분양신청기간 만료일을 기준으로 분양설계에 관한 계획을 수립하여야할 것임

5-5-8 조합원 부담금을 확정하지 않고, 분양신청이 가능한지('14. 12. 24.)

질의요지 조합원 분양신청시 조합원 부담금이 확정되지 않은 부담금을 제시하여 분양신청을 받을 수 있는지

회신내용 도시정비법 제46조제1항에 따르면 사업시행자는 제28조제4항의 규정에 의한 사업시행인가의 고시가 있은 날부터 60일 이내에 개략적인 부담금내역을 토지등소유자에게 통지하도록 하고 있으므로, 분양신청시에는 개략적인 부담금을 통지하여 분양신청이 가능할 것임

5-5-9 사업시행변경인가 시 재분양 신청을 하여야하는 지('14. 10. 21.)

질의요지 최초 사업시행인가시 보다 정비사업비가 증액되고 대형 평형이 축소된 사업시행변경인가를 받은 경우 분양신청을 다시 해야 하는지

회신내용 도시정비법 제46조제1항에서 사업시행자는 사업시행인가 고시 이후 분양 공고 및 분양 신청을 받도록 규정하고 있으며, 질의

하신 경우와 같이 당초 사업시행인가를 받은 내용을 변경하여 다시 사업시행인가를 받은 경우 분양신청에 대한 사항은 최초 분양신청의 근거가 되는 사실관계에 중대한 변화가 생겨 최초 조합원들의 분양신청 의사 결정에 영향을 미치는지 여부 및 일반분양 실시 여부 등을 포함한 현지 현황, 관련서류 및 관련법령 등을 종합적으로 검토·판단하여야 할 사항임

5-5-10 | 조합원들에 대한 분양평형 배정순서를 정하는 기준은('14. 3. 6.)

질의요지 사업시행인가 후 분양신청을 받아 관리처분계획인가를 득하였으나 그 후 관리처분계획변경에 의하여 평형과 타입신청을 새로 배정하는 경우, 특정 평형 및 타입 배정에 있어 기존 평형신청 조합원, 평형변경 신청 조합원, 상가 조합원, 소송 등에 따라 총회 의결로 인정 받은 조합원들에 대한 해당 평형 및 타입배정 순서는

회신내용 도시정비법 제48조제1항에 따르면 사업시행자는 제46조에 따른 분양신청기간이 종료된 때에는 제46조에 따른 분양신청의 현황을 기초로 분양설계 등의 사항이 포함된 관리처분계획을 수립하여 시장·군수의 인가를 받아야 하며, 관리처분계획을 변경하는 경우에도 또한 같으며, 같은 법 시행령 제52조제1항제8호에 따르면 주택의 공급순위는 기존의 토지 또는 건축물의 가격을 고려하여 정하도록 하고 있고 이 경우 그 구체적인 기준은 시·도 조례로 정할 수 있도록 하고 있으므로, 질의하신 관리처분계획을 변경에 따른 주택 공급순위는 해당 관리처분계획내용 등을 검토하여 판단할 사항임

5-5-11 사업시행계획 변경으로 조합원들이 분양신청 변경을 원할 경우 가능한지
(법제처, '14. 3. 24.)

질의요지 주택재개발사업의 사업시행자인 주택재개발조합이 도시정비법 제28조제1항에 따라 전체 세대수 및 주택공급면적을 변경하고 조합원들이 종전에 분양신청을 한 주택에 대해서는 변경 후 가장 근접한 공급면적의 주택으로 배분하는 내용으로 사업시행변경인가를 받아 같은 조 제4항에 따라 해당 변경인가 내용이 고시되었는데, 변경된 공급면적의 주택으로 배분받는 것을 원하지 않는 조합원들이 있는 경우, 주택재개발조합은 같은 법 제46조에 따른 분양공고 및 분양신청 절차를 다시 이행하여 관리처분계획을 변경해야 하는지

회신내용 주택재개발사업의 사업시행자인 주택재개발조합이 도시정비법 제28조제1항에 따라 전체 세대수 및 주택공급면적을 변경하고 조합원들이 종전에 분양신청을 한 주택에 대해서는 변경 후 가장 근접한 공급면적의 주택으로 배분하는 내용으로 사업시행변경인가를 받아 같은 조 제4항에 따라 해당 변경인가 내용이 고시되었는데, 변경된 공급면적의 주택으로 배분받는 것을 원하지 않는 조합원들이 있는 경우, 주택재개발조합은 같은 법 제46조에 따른 분양공고 및 분양신청 절차를 다시 이행하여 관리처분계획을 변경해야 할 것임

5-5-12 사업시행인가 전 시공사를 선정한 경우 분양신청 시점은(법제처, '14. 8. 27.)

질의요지 주택재건축조합이 사업시행인가를 받기 전에 시공자를 선정하였으나 선정된 시공자와 공사계약을 체결하지 못한 상태에서 사업시행인가를 받은 경우, 도시정비법 제46조제1항에 따른 개략

적인 부담금내역 등의 통지 및 일간신문 공고는 시공자와 공사에 관한 계약을 체결한 날부터 60일 이내에 해야 하는지

회신내용 주택재건축조합이 사업시행인가를 받기 전에 시공자를 선정하였으나 선정된 시공자와 공사계약을 체결하지 못한 상태에서 사업시행인가를 받은 경우, 도시정비법 제46조제1항에 따른 개략적인 부담금내역 등의 통지 및 일간신문 공고는 사업시행인가의 고시가 있은 날부터 60일 이내에 해야 할 것임

5-5-13 | 대표조합원이 아닌 자가 분양신청할 수 있는지

질의요지 조합설립인가 이후 다주택 소유자가 토지 및 건축물을 타인에게 양도한 경우, 대표조합원이 아닌 토지등소유자가 분양신청을 할 수 있는지

회신내용 도시정비법 제19조제1항제3호에 따라 조합설립인가 후 1인의 토지등소유자로부터 토지 또는 건축물의 소유권이나 지상권을 양수하여 수인이 소유하게 된 때에는 그 수인을 대표하는 1인을 조합원으로 보도록 하고 있으므로, 질의하신 사항의 경우 그 수인을 대표하는 1인이 아닌 자는 분양신청을 할 수 없음

5-5-14 | 대표조합원이 아닌 자에 대한 분양자격 및 주택공급이 가능한 지('16.08.01.)

질의요지 대표조합원이 아닌 자에게 분양신청권을 주지 않는 것은 재산권등의 기본권 침해로 볼 수 있는지

회신내용 가. 도시정비법제19조제1항 후단에 따르면 수인의 토지등소유자가 1세대에 속하는 때에는 그 수인을 대표하는 1인을 조합

원으로 보도록 하고 있고, 같은 법 제48조제3항에 따르면 사업시행자는 분양신청을 받은 후 잔여분이 있는 경우에는 보류지로 정하거나 조합원 외의 자에게 분양할 수 있도록 하고 있는 등을 고려할 때, 질의하신 분양신청자격은 관리처분계획에서 주택을 공급받도록 하고 있는 토지등소유자 중 조합원 또는 대표조합원에게만 있는 것으로 판단됨

나. 다만, 도시정비법 제48조제2항제7호다목 및 라목의 경우에는 2주택 또는 3주택을 공급할 수 있도록 하고 있으므로, 질의하신 대표조합원이 아닌 토지등소유자는 분양신청할 권한은 없으나 관리처분계획에 따라 추가로 공급되는 주택 등에 대하여 공급받을 수 있을 것임

5-5-15 | 사업시행인가 60일 이후 분양공고절차 진행시 조치 사항('16.06.07.)

질의요지 사업시행인가의 고시가 있은 날부터 60일 경과 후 개략적인 부담금 내역 등을 토지등소유자에게 통지하는 등 분양공고 절차를 이행한 경우 해당 분양공고가 유효한지 여부 및 이 경우 시장·군수가 어떠한 행정처분을 할 수 있는지

회신내용 도시정비법 제46조제1항에 따르면 사업시행자는 제28조제4항에 따른 사업시행인가 고시가 있은 날부터 60일 이내에 개략적인 부담금내역 및 분양신청기간 등을 토지등소유자에게 통지하고 분양의 대상이 되는 대지 또는 건축물의 내역 등을 해당 지역에서 발간되는 일간신문에 공고하여야 한다고 규정하고 있으나,

질의와 같이 위 규정의 기간을 준수하지 않은 경우에 대한 분양공고의 유효여부 및 시장·군수의 행정처분에 대해서는 동 기간

의 미준수 사유, 지연기간 및 여건변화 등을 종합적으로 검토 후 해당 지자체가 유효여부를 판단해야 할 것이며, 이에 대한 행정처분에 대해서는 도시정비법제77조제1항에 따라 사업시행인가 등 처분의 취소·변경 또는 정지, 그 공사의 중지·변경, 임원의 개선 권고 그 밖의 필요한 조치를 취할 수 있을 것임.

5-5-16 분양신청기간 연장 횟수 ('16.01.05.)

질의요지 분양신청기간의 연장 후 추가 연장이 가능한지

회신내용 도시정비법제46조제1항에 따르면 사업시행자는 제28조제4항의 규정에 의한 사업시행인가의 고시가 있은 날부터 60일 이내에 개략적인 부담금내역 및 분양신청기간 그 밖에 대통령령이 정하는 사항을 토지등소유자에게 통지하고 분양의 대상이 되는 대지 또는 건축물의 내역 등 대통령령이 정하는 사항을 해당 지역에서 발간되는 일간신문에 공고하여야 하며, 이 경우 분양신청기간은 그 통지한 날부터 30일 이상 60일 이내로 하여야 하나, 사업시행자는 관리처분계획의 수립에 지장이 없다고 판단하는 경우에는 분양신청기간을 20일의 범위 이내에서 연장할 수 있다고 규정하고 있는 바,

분양신청기간의 연장은 최초 분양신청 이후 20일의 범위 이내에서 1회 연장할 수 있음

5-6 주택 및 상가공급 방법

5-6-1 토지 등을 새로운 권리자가 취득 시 주택공급순위 및 보상금 승계 방법 ('12. 1. 30.)

질의요지

가. 주거환경개선사업지구내에서 기준일 이후에 토지 및 건물 등을 새로운 권리자가 취득하였을 경우 주택공급순위가 권리·의무 승계 되는지

나. 주거환경개선사업지구내에서 기준일 이후에 토지 및 건물 등을 새로운 권리자가 취득하였을 경우 주거이전비, 이주정착금 등 간접보상이 승계되는지

회신내용

가. 질의 '가'에 대하여,
도시정비법 시행령 제54조에는 주거환경개선사업의 사업시행자가 정비구역안에 주택을 건설하는 경우에 주택 공급에 관하여는 별표2에 규정된 범위안에서 시장·군수의 승인을 얻어 사업시행자가 이를 따로 정할 수 있음을 알려드리며, 별표2 제4호의 주택 공급순위는 기준일 이후에 토지 및 건물등을 새로운 권리자가 취득할 경우에는 기존 권리자가 가지고 있던 공급순위는 소멸될 것으로 판단되는 바, 새로운 권리자에게 주택공급순위가 승계되지는 않을 것으로 봄

나. 질의 '나'에 대하여,
도시정비법에는 주거환경개선지구내 소유자의 이주정착금, 주거이전비 등 간접보상비에 대하여는 별도로 규정되어 있지 않으며, 도시정비법 제37조제3항에 손실보상에 관하여는 이 법에 규정된 것을 제외하고는 토지보상법을 준용토록 규정되어 있음

| 5-6-2 | **재건축사업에 도시정비법 제48조제2항제7호다목 규정 적용**('12. 4. 2.)

질의요지 ○○시 ○○구 삼성동 소재 아파트로서 현재 재건축사업을 추진중인 바, 해당 재건축사업에 도시정비법 제48조제2항제7호다목의 규정을 적용할 수 있는지

회신내용 도시정비법 제48조제2항제7호다목에 따라 사업시행자(법 제6조제1항제1호부터 제3호까지의 방법으로 시행하는 주거환경개선사업 및 같은 조 제5항의 방법으로 시행하는 주거환경관리사업의 사업시행자는 제외한다)는 분양대상자별 종전의 토지 또는 건축물의 사업시행인가의 고시가 있은 날을 기준으로 한 가격의 범위에서 2주택을 공급할 수 있고, 이 중 1주택은 주거전용면적을 60제곱미터 이하로 하도록 하고 있음. 또한, 60제곱미터 이하로 공급받은 1주택은 같은 법 제54조제2항에 따른 이전고시일 다음날부터 3년이 지나기 전에는 주택을 전매(매매·증여나 그 밖에 권리의 변동을 수반하는 모든 행위를 포함하되 상속의 경우는 제외한다)하거나 이의 전매를 알선할 수 없도록 하고 있음

| 5-6-3 | **법인회사가 재건축아파트를 매수한 경우 분양방법**('12. 7. 31.)

질의요지 법인회사에서 재건축아파트를 매수하였을 때 조합원과 동등한 권리를 가질 수 있는지, 법인회사가 소유한 아파트만큼 아파트를 배정받을 수 있는지

회신내용 가. 도시정비법 제19조제1항에 따라 주택재건축사업의 조합원은 주택재건축사업에 동의한 토지등소유자로 하고 있으며, 도시정비법 제48조제2항제6호에 따르면 1세대 또는 1인이 하

나 이상의 주택 또는 토지를 소유한 경우 1주택을 공급하고 있도록 하고 있으나, 도시정비법 제48조제2항제7호나목에서 「수도권정비계획법」 제6조제1항제1호에 따른 과밀억제권역에 위치하지 아니한 주택재건축사업의 토지등소유자, 근로자(공무원인 근로자를 포함한다) 숙소, 기숙사 용도로 주택을 소유하고 있는 토지등소유자 또는 국가, 지방자치단체 및 주택공사등에게는 소유한 주택 수만큼 공급할 수 있도록 하고 있음

나. 또한, 도시정비법 제48조제2항제7호다목에 따르면 제1항제4호(분양대상자별 종전의 토지 또는 건축물의 명세 및 사업시행인가의 고시가 있는 날을 기준으로 한 가격)에 따른 가격의 범위에서 2주택을 공급할 수 있고, 이 중 1주택은 주거전용면적을 60제곱미터 이하로 하도록 하고 있음

5-6-4 과밀억제권역에 위치하지 아니한 주택재건축정비사업의 분양신청 및 조합원 자격('13. 5. 23.)

질의요지

수도권정비계획법 제6조제1항제1호에 따른 과밀억제권역에 위치하지 아니한 주택재건축정비사업조합 설립인가 이후 다수의 건축물 및 그 부속토지를 소유한 조합원으로부터 하나의 건축물 및 그 부속토지를 매수하여 토지등소유자가 된 자는 분양신청자격과 조합원 자격이 있는지

회신내용

도시정비법 제48조제2항제7호나목에서 수도권정비계획법 제6조제1항제1호에 따른 과밀억제권역에 위치하지 아니한 주택재건축사업의 토지등소유자에게는 소유한 주택 수만큼 주택을 공급할 수 있으며, 같은 법 제19조제1항제3호에서는 주택재건축사업의 조합원은 정비사업에 동의한 토지등소유자로 하되, 조합설립

인가 후 1인의 토지등소유자로부터 토지 또는 건축물의 소유권이나 지상권을 양수하여 수인이 소유하게 된 때에는 그 수인을 대표하는 1인을 조합원으로 보도록 하고 있음

5-6-5 소필지 소유자에게 기존 건축물면적을 신축건축물로 분양할 수 있는지 ('12. 7. 26.)

질의요지 소필지 소유자의 재정착을 위하여 소필지 소유자에게 기존의 건축물면적을 신축건축물로 분양할 수 있다는 내용으로 정관을 작성할 경우 위법한지

회신내용 도시정비법 시행령 제52조제1항제3호에 따르면 주택재개발사업 및 도시환경정비사업의 경우 정비구역안의 토지등소유자에게 분양하도록 하면서 공동주택을 분양하는 경우 시·도 조례로 정하는 금액·규모·취득 시기 또는 유형에 대한 기준에 부합하지 아니하는 토지등소유자는 시·도 조례로 정하는 바에 의하여 분양대상에서 제외할 수 있다고 하고 있음

5-6-6 존치 건축물 토지등소유자에게 분양권 부여가 가능한지 ('14. 10. 23.)

질의요지
가. 주택재개발 정비구역 내 존치지역의 토지등소유자도 조합원으로서 동의권이 있으며 사업시행 시에도 동의를 받도록 명시되어 있으므로 존치 건축물 토지등소유자에게 분양권 부여가 가능한지 여부

나. 조합의 존치 건축물 수용 또는 현물 출자 등 조건부 부여로 존치 건축물의 토지등소유자에게 분양권을 부여할 수 있는지 여부

회신내용 가. 귀 질의의 경우 도시정비법 제50조제1항에 따르면 사업시행자는 정비사업의 시행으로 건설된 건축물을 제48조의 규정에 의하여 인가된 관리처분계획에 따라 토지등소유자에게 공급하도록 하고 있고, 같은 법 제48조1항의 관리처분계획에는 "분양대상자별 종전의 토지 또는 건축물의 명세 및 사업시행인가의 고시가 있은 날을 기준으로 한 가격" 등을 포함하도록 하고 있으며, 또한 주택재개발사업과 같은 정비사업에는 같은 법 제54조에 따른 이전고시가 필요하고, 같은 법 제57조에 따른 청산금 정산도 발생하게 되는 점 등을 고려할 때 존치건축물 토지등소유자에게 분양권 부여가 가능하지 않을 것으로 보임

나. 존치 건축물의 토지등소유자에게 분양권을 부여 할 것인지 여부는 도시정비법 제33조제2항에 따른 존치 건축물에 해당하는지 여부와 토지등소유자가 해당 건축물 등을 정비사업에 포함하여 관리처분계획에 따라 처분할 것인지를 검토하여 판단해야 할 것으로 보임

5-6-7 | **아파트 및 상가 소유자가 아파트만을 분양신청할 수 있는지**('15.12.30.)

질의요지 재건축사업에서 아파트 1채, 상가 1호를 가진 조합원이 상가를 분양신청하지 않고 아파트만을 분양 신청할 수 있는지

회신내용 도시정비법 시행령제52조제2항제2호에 따르면 부대·복리시설의 소유자에게는 부대·복리시설을 공급하도록 하고 있으나, 도시정비법 시행령 제52조제2항제2호 각목의 1에 해당하는 경우에는 1주택을 공급할 수 있도록 하고 있으므로, 질의하신 사항의 경우 상가에 대하여는 동 규정을 적용하면 될 것으로 판단되나,

이 경우 분양받는 주택의 합은 2주택(1주택은 주거전용면적 60제곱미터이하)까지 가능할 것으로 판단됨

5-6-8 조합원에게 나대지인 토지를 분양할 수 있는지('16.04.25.)

질의요지 주택재개발사업 시 나대지인 토지를 조합원에게 분양할 수 있는지

회신내용 도시정비법제6조제2항에 따르면 주택재개발사업은 정비구역안에서 관리처분계획에 따라 주택, 부대·복리시설 및 오피스텔(「건축법」 제2조제2항에 따른 오피스텔을 말함)을 건설하여 공급하거나, 제43조제2항의 규정에 의하여 환지로 공급하는 방법에 의한다고 규정하고 있는 바, 조합원에게 나대지인 토지를 분양할 수는 없음

5-6-9 정관과 관리처분계획의 2주택공급 방법이 다른 경우 적용방법('16.10.6.)

질의요지 도시정비법의 개정으로 2주택을 공급할 수 있는 관리처분계획의 기준이 당초 가격의 범위에서 가격 또는 종전 주택의 주거전용면적의 범위로 확대되었으나, 조합 정관에서는 관리처분계획의 기준을 종전 가격의 범위로만 규정하고 있을 경우 조합 정관에도 불구하고 종전 주택의 주거전용면적의 범위에서 2주택을 공급할 수 있는지

회신내용 도시정비법 제20조제1항제17호 및 같은 법 시행령 제31조제10호에 따르면 법 제48조제1항에 따른 관리처분계획에 관한 사항을 조합 정관에 포함하도록 규정하고 있기 때문에 조합 정관에 별도의 예외 규정이 없는 한 조합 정관의 개정없이 도시정비법의 개정사항을 적용하여 관리처분계획을 수립할 수는 없을 것

으로 판단되며, 특히, 같은 법 제48조제2항제7호다목의 적용 여부 또는 적용 범위에 대한 기준은 해당 조합 정관에 명시한 경우에는 조합 정관에 따르고, 그렇지 않은 경우에는 같은 법 제24조제3항제10호에 따라 총회 의결을 거쳐 결정해야 할 것임

5-6-10 조합원이 아닌 토지등소유자에게 주택공급이 가능한지 ('16.07.14.)

질의요지 비 수도권지역에서 재건축조합설립인가 후 공단이 소유한 다수 주택을 매각할 경우, 이를 양수한 자가 주택을 공급받을 수 있는지

회신내용 도시정비법 제48조제2항제7호에 따르면 같은 조제2항제6호에도 불구하고 「수도권정비계획법」 제6조제1항제1호에 따른 과밀억제권역에 위치하지 아니한 주택재건축사업의 토지등소유자 경우에는 각 목의 방법에 따라 주택을 공급할 수 있도록 하고 있으므로, 질의하신 경우에 공단의 주택을 양수한 토지등소유자에게도 주택을 공급할 수 있음

5-6-11 다주택자, 상가 및 주택 소유자에 대한 주택 공급 방법('14. 8. 22.)

질의요지

● 질의 1 : 가. 다주택소유 조합원(아파트 2주택 소유)인 경우, 도시정비법 제48조제2항제7호다목에 의하여 소유한 2개 주택의 종전자산가격의 합산 금액 또는 종전주택의 주거전용면적의 합산 면적 내에서 2주택을 공급할 수 있는지

나. 1인이 아파트와 상가를 소유한 경우 아파트와 상가의 종전자산가격 합산 범위내에서 2주택 공급 가능한지

다. 동일한 세대에 속하는 A(아파트소유자)와 B(상가소유자)의 종전자산 합계 범위 내에서 2주택을 공급할 수 있는지

라. 상가를 소유한 조합원에게 종전자산가격의 범위에서 도시정비법 제48조제2항제7호다목에 의하여 2주택을 공급할 수 있는지

◉ 질의 2 : A와 B는 1세대에 속하면서 A는 아파트를 B는 상가를 소유한 경우

마. A는 아파트를 B는 상가를 분양 신청하여 각각 공급할 수 있는지

바. 도시정비법 시행령 제52조제2항제2호와 조합정관에 따라 부대복리시설(상가)소유자에게도 아파트를 분양받을 수 있는 경우에 A와 동일세대인 B도 아파트 공급할 수 있는지

사. 동일한 세대에 속하는 A와 B의 아파트 또는 상가를(조합원 지위 제외) 매입하는 자(C)는 도시정비법 제19조제1항제3호에 의거 조합원의 자격을 취득할 수 없으므로 현금으로 청산 대상인지

회신내용

가. 질의 "가"에 대하여, 다주택소유 조합원의 경우 도시정비법 제48조제2항제7호다목에 의하여 소유한 다주택의 종전자산가격의 합산 금액 또는 종전주택의 주거전용면적의 합산 면적 내에서 2주택을 공급할 수 있을 것임

나. 질의 "나"에 대하여, 1인이 아파트와 상가를 소유한 경우 아파트에 대하여는 주택을 공급할 수 있을 것이며, 이와 별도로 상가는 도시정비법 시행령 제52조제2항제2호를 따

르되, 주택의 합은 2주택(1주택은 주거전용면적 60제곱미터 이하)까지 공급할 수 있을 것임

다. 질의 "다", "마", "바"에 대하여, 도시정비법 제19조제1항제2호에 따른 대표조합원이 아파트와 상가를 소유한 경우로 보아, 아파트에 대하여는 주택을 공급할 수 있을 것이며, 이와 별도로 상가는 도시정비법 시행령 제52조제2항제2호를 따르되, 그 결과 총 2주택(1주택은 주거전용면적 60제곱미터 이하)까지 공급받을 수 있을 것임

라. 질의 "라"에 대하여, 상가를 소유한 조합원은 도시정비법 시행령 제52조제2항제2호를 따라야 할 것임

마. 질의 "사"에 대하여, 질의의 경우는 도시정비법 제19조제1항제3호에 해당하지 않으며, 따라서 C는 조합원의 자격을 취득할 수 있을 것임

5-7 임대주택

5-7-1 | 재건축 시 임대주택 공급 의무 여부(법제처, '10. 1. 15.)

질의요지 2009. 4. 22. 법률 제9632호로 개정·시행된 도시정비법 부칙 제2항과 관련하여, 개정 전 도시정비법 제30조의2에 따라 주택재건축사업을 시행하면서 개정된 도시정비법 시행 전에 이미 「주택법」 제38조에 따른 입주자 모집승인을 받은 경우, 개정 전 도시정비법 제30조의2에 따른 임대주택 공급의무가 있는지

회신내용 2009. 4. 22. 법률 제9632호로 개정·시행된 도시정비법 부칙

제2항과 관련하여, 개정 전 도시정비법 제30조의2에 따라 주택재건축사업을 시행하면서 개정된 도시정비법 시행 전에 이미 「주택법」 제38조에 따른 입주자 모집승인을 받은 경우, 반드시 개정 전 도시정비법 제30조의2에 따른 임대주택의 공급의무가 있다고 할 수 없음

5-7-2 도시정비법 개정('09.4.22. 법률 제9632호) 전 재건축사업 임대주택 공급(법제처, '10. 3. 5.)

질의요지

가. 2009. 4. 22. 법률 제9632호로 개정·시행된 도시정비법 부칙 제3항과 관련하여, 같은 법 개정 전에 주택재건축사업의 사업시행인가를 받았으나 관리처분계획인가를 받지 않은 경우 도시정비법 제30조의3에서 규정한 내용에 따라 사업시행 변경인가를 받아야 하는지

나. 2009. 4. 22. 법률 제9632호로 도시정비법이 개정되기 전에 주택재건축사업의 사업시행인가 및 관리처분계획인가를 받은 경우로서 사업시행 변경인가없이 공사가 완료되어 준공인가된 경우, 개정 전 도시정비법 제30조의2 규정에 따라 재건축임대주택을 공급할 의무가 있는지

회신내용

가. 2009. 4. 22. 법률 제9632호로 개정·시행된 도시정비법 부칙 제3항과 관련하여, 같은 법 개정 전에 주택재건축사업의 사업시행인가를 받았으나 관리처분계획인가를 받지 않은 경우 도시정비법 제30조의3에서 규정한 내용에 따라 사업시행 변경인가를 받아야 함

나. 2009. 4. 22. 법률 제9632호로 도시정비법이 개정되기 전에 주택재건축사업의 사업시행인가 및 관리처분계획인가를 받

은 경우로서 사업시행 변경인가 없이 공사가 완료되어 준공인가된 경우, 개정 전 도시정비법 제30조의2 규정에 따라 재건축임대주택을 공급할 의무가 있음

5-7-3 | 고시가 있은 날부터 60일 산정 시 초일 산입여부('10. 1. 15.)

질의요지 도시정비법 제46조제1항에서 규정하고 있는 "고시가 있은 날부터 60일 이내" 및 "통지한 날부터 30일 이상 60일 이내"에 대한 기간산정과 관련하여, 여기서 말하는 "60일 이내"는 고시 또는 통지가 있는 날을 포함하여 산정 하는지

회신내용 민법 제157조 및 제159조에 따르면 기간을 일, 주, 월 또는 연으로 정한 때에는 기간의 초일은 산입하지 아니하되, 그 기간이 오전영시부터 시작되는 때에는 그러하지 아니하고, 기간말일의 종료로 기간이 만료한다고 규정되어 있음

5-7-4 | 임대주택의 공급 시에 거주기간 산정일 등(법제처, '11. 9. 22.)

질의요지 도시정비법 시행령 별표 3의 제2호가목(1)은 "임대주택은 기준일 3월전부터 당해 주택재개발사업을 위한 정비구역 또는 다른 주택재개발사업을 위한 정비구역안에 거주하는 세입자로서 입주를 희망하는 자에게 공급한다."고 규정하고 있는 바, 위 규정에 따라 세입자의 거주기간을 산정할 때 기준일을 산입하여야 하는지

회신내용 도시정비법 시행령 별표 3의 제2호가목(1)에 따라 세입자의 거주기간을 산정할 때 기준일을 산입하지 않음

5-7-5 | 재개발 정비구역내 세입자의 임대주택 입주자격('12. 2. 1.)

질의요지   주택재개발 정비구역내 세입자의 임대주택 입주자격

회신내용   도시정비법 제50조제4항에 따라 정비사업의 시행으로 임대주택을 건설하는 경우에 임차인의 자격·선정방법·임대보증금·임대료 등 임대조건에 관한 기준 및 무주택세대주에게 우선 매각하도록 하는 기준 등에 관하여는 시장·군수의 승인을 얻어 사업시행자가 이를 따로 정하도록 하고 있음

5-7-6 | 임대주택 매입계약 진행 중 임대주택 표준 건축비 변경 시 적용 기준은 ('15. 1. 7.)

질의요지   일반분양분이 없는(즉 입주자 모집공고의 승인 신청이 없음) 1:1 주택재건축정비사업에서 임대주택 매입에 관한 당사자간 협의절차를 2008.08.29.부터 시작하여 2008.12.12. 임대주택 매입계약을 체결하였는데, 해당 주택의 가액 산정을 위한 표준건축비를 적용·산정함에 있어서 2004.09.20. 건설교통부장관 고시 '공공건설임대주택 표준건축비'를 적용하여야 하는지, 아니면 2008.12.09 국토해양부장관 고시 '공공건설임대주택 표준건축비'를 적용하여야 하는지

회신내용   도시정비법 부칙〈제7392호, 2005.3.18〉 제2조(재건축임대주택 공급에 관한 적용례)에서 '제30조의2의 개정규정은 이 법 시행(2005.5.18.) 후 최초로 조합원 외의 자에게 주택을 공급하기 위하여 주택법 제38조의 규정에 의하여 입주자 모집승인을 신청하는 분부터 적용하고, 다만, 주택법 제38조의 규정에 의한 입주자 모집승인 대상이 아닌 경우에는 주택공급계약의 체결을

개시하는 분부터 적용한다'고 규정하고 있고, 귀 시의 '재건축임대주택 매입 및 공급 업무처리지침'(2007.3.26.)에서 '표준건축비 적용은 매매 계약체결 당시의 공공건설임대주택의 표준건축비를 적용' 하도록 하고 있음을 고려할 때 질의의 경우 임대주택 공급계약 체결 당시(2008.12.12.)의 국토해양부장관 고시 공공건설 임대주택 표준건축비(2008.12.09.)를 적용하여야 할 것임

5-7-7 주택재개발 임대주택 건설 시 세대수 산정기준 ('15.05.14.)

질의요지 관할 구역에서 시행된 주택재개발사업에서 건설하는 주택 전체 세대수의 산정기준은

회신내용 도시정비법 시행령(2015.5.29.시행) 제13조의3제1항제2호나목에 따라 주택재개발사업에서 임대주택은 건설하는 주택 전체 세대수의 100분의 15 이하로 하되, 다만 시장·군수가 정비계획을 수립할 때 관할 구역에서 시행된 주택재개발사업에서 건설하는 주택 전체 세대수에서 별표3제2호가목(1)에 해당하는 세입자가 입주하는 임대주택 세대수가 차지하는 비율이 시·도지사가 정하여 고시한 임대주택 비율보다 높은 경우에는 산식(해당 시·도지사가 고시한 임대주택 비율 + (건설하는 주택 전체 세대수 × 5/100))에 따라 산정한 임대주택 비율 이하의 범위에서 임대주택 비율을 높일 수 있습니다. 이때 "관할 구역에서 시행된 주택재개발사업에서 건설하는 주택 전체 세대수"란 귀 시의 경우 "자치구별로 관할 구역에서 시행된 재개발사업으로 건설한 주택의 전체 세대수"를 말하는 것임

5-7-8 민간임대업자에게 임대주택매각이 가능한지('15.11.06.)

질의요지

가. 주택재개발사업의 시행으로 건설된 임대주택을 조합이 의무적으로 지자체, LH등에 매각해야 하는지

나. 주택재개발 임대주택의 인수자로 LH가 지정된 경우, 임대주택의 인수절차, 방법, 인수가격 등의 조건을 수용할 수 없음을 이유로 조합에서 임대주택의 인수요청을 철회할 수 있는지 및 같은 사유로 LH가 인수자 지정을 철회하도록 국토교통부에 요청할 수 있는지

다. 주택재개발조합이 임대주택을 의무적으로 지자체, LH등에 매각하지 않고 자체적으로 임대사업을 운영하든지 민간임대사업자에게 매각할 수 있는지

회신내용

가. 질의 "가", "다"에 대하여
도시정비법제50조제3항에 따르면 국토교통부장관, 시·도지사, 시장, 군수, 구청장 또는 주택공사등은 조합이 요청하는 경우 주택재개발사업의 시행으로 건설된 임대주택을 인수하도록 하고 있으나, 그 외 민간임대사업자 등에게 매각할 수 있다는 규정은 없음

또한, 같은 조 제4항에서 임차인 자격, 선정방법 등을 시장·군수의 승인을 얻어 사업시행자가 정하도록 한 것을 고려할 때 주택재개발사업의 시행으로 건설된 임대주택은 사업시행자인 조합이 직접 운영하거나, 지자체, 주택공사등에게 인수를 요청하는 것만 가능하고, 민간임대사업자 등에게 매각하는 것은 매각 절차나 임대주택 운영방법 등에 대

한 규정이 없는 점을 감안할 때 가능하지 않음

다만, 조합이 직접 임대주택을 운영하는 경우 「임대주택법」에 따라 민간건설임대주택에 대한 의무임대기간이 지났을 때에는 매각할 수 있을 것임

나. 질의 "나"에 대하여

조합이 재개발사업의 시행으로 건설한 임대주택을 주택공사 등이 인수하는 경우 도시정비법 시행령제54조의2제2항 및 제4항에 따라 임대주택의 인수가격은 「임대주택법 시행령」 제13조제5항에 따라 정해진 분양전환가격의 산정기준 중 건축비에 부속토지의 가격을 합한 금액으로 하며, 부속토지의 가격은 법 제28조제4항에 따른 사업시행인가의 고시가 있는 날을 기준으로 「부동산 가격공시 및 감정평가에 관한 법률」에 따른 감정평가업자 2인 이상이 평가한 금액을 산술평균한 금액으로 하며, 이 경우 건축비 및 부속토지의 가격에 가산할 항목은 인수자가 조합과 협의하여 정할 수 있습니다. 또한 재개발임대주택의 인수가격 체결을 위한 사전협의, 인수계약의 체결, 인수대금의 지급방법 등 필요한 사항은 인수자가 따로 정하는 바에 따르도록 하고 있음

질의하신 임대주택의 인수절차 및 방법, 인수가격 등의 조건이 협의되지 않은 경우 조합의 인수요청 철회 또는 LH의 인수자 지정 철회 가능여부는 도시정비법에서 별도 정하고 있지 않으나, 조합에서 인수자(LH)가 정한 임대주택의 인수절차 및 방법 등 사항에 대하여 수용하지 못하는 경우 조합의 인수요청 철회는 가능할 것임

5-7-9 | 주거환경개선사업의 공공임대주택 분양전환 방법('16.05.11.)

질의요지 주거환경개선사업지구 내 주택공급기준과 관련하여 분양전환을 목적으로 건설한 공공임대주택을 당해 지구주민(이하 '원주민')에게 공급하여 임대의무기간이 지난 후 분양전환 하는 경우, 분양전환 당시 주택을 소유하고 있는 임차인(원주민)을 우선분양 자격을 제한할 수 있는지

회신내용

가. 도시정비법제50조제4항에서 정비사업의 시행으로 임대주택을 건설하는 경우에 임차인의 자격·선정방법·임대보증금·임대료 등 임대조건에 관한 기준 및 무주택세대주에게 우선 매각하도록 하는 기준 등에 관하여는 「민간임대주택에 관한 특별법」 제42조 및 제44조, 「공공주택 특별법」 제48조, 제49조 및 제50조의3의 규정에 불구하고 대통령령이 정하는 범위안에서 시장·군수의 승인을 얻어 사업시행자가 이를 따로 정할 수 있으며,

나. 같은 법 시행령 제54조제2항에서 임대주택을 건설하는 경우의 임차인의 자격·선정방법·임대보증금·임대료 등 임대조건에 관한 기준 및 무주택세대주에게 우선분양 전환하도록 하는 기준 등에 관하여는 별표 3에 규정된 범위에서 시장·군수의 승인을 받아 사업시행자가 따로 정할 수 있음

다. 따라서 주거환경개선사업에 따른 공공임대주택의 분양전환은 관련 규정에 따라 시장·군수의 승인을 받아 사업시행자가 따로 정할 수 있을 것임

5-7-10 재개발임대주택 인수자 변경 및 철회가 가능한 지('16.01.19.)

질의요지 주택재개발임대주택 인수자로 지정된 기관과 조합간 인수 협의가 되지 않을 경우, 주택재개발임대주택 인수자 지정을 철회할 수 있는지

회신내용 도시정비법 시행령 제54조의2제1항에 따르면 법 제50조제3항에 따라 조합이 주택재개발사업의 시행으로 건설된 임대주택의 인수를 요청하는 경우 시·도지사 또는 시장·군수가 우선하여 인수하여야 하며, 시·도지사 또는 시장·군수가 예산·관리인력의 부족 등 부득이한 사정으로 인수하기 어려운 경우에는 국토교통부장관에게 주택공사등을 인수자로 지정할 것을 요청할 수 있다고 규정하고 있을 뿐,

인수자 지정 철회에 대해서는 이 법에서 별도 정하고 있지 않으나, 조합에서 인수자가 정한 임대주택의 인수절차 및 방법 등 사항에 대하여 수용하지 못하는 경우 조합의 인수지정 요청을 철회하는 것도 가능할 것으로 판단됨

5-8 현금청산

5-8-1 조합원 토지 및 건축물에 대한 근저당권자가 조합원 및 현금청산 대상자에 해당되는지('13. 2. 4.)

질의요지 재개발정비사업조합 조합원이 소유한 토지 및 건축물의 가치에 비하여 과도하게 근저당 금액이 설정되어 있는 경우 근저당권자(금융기관)가 조합원 및 현금청산 대상자가 될 수 있는지

회신내용 도시정비법 제2조제9호가목에 따르면 주택재개발사업의 경우 정비구역안에 소재한 토지 또는 건축물의 소유자 또는 그 지상권자를 "토지등소유자"로 하고 있고, 같은 법 제19조제1항에는 정비사업의 조합원은 토지등소유자로 하고 있고, 도시정비법 제47조에서 사업시행자는 토지등소유자가 분양신청을 하지 아니한 경우 등에 대하여 해당 토지·건축물 또는 그 밖의 권리에 대하여 현금으로 청산하도록 하고 있으므로, 귀 질의의 근저당권자는 재개발정비사업조합의 조합원이나 현금청산 대상자가 될 수 없는 것임

5-8-2 | 현금청산대상자의 조합원 지위 상실 시점은 언제인 지('10. 9. 28.)

질의요지 주택재건축사업에서 도시정비법 제47조에 따른 현금청산 대상자는 조합원의 지위가 상실되는 것으로 보는지 및 조합원 지위가 상실된다면 그 시점은

회신내용 현금청산대상자가 된 조합원은 조합원으로서 지위를 상실한다는 대법원 판결(대법원 2009다81203, 2010.8.19.)은 존중되어야 할 것으로 사료되며, 아울러 도시정비법 제20조제1항제2호 및 제3호에 따르면 조합원의 자격에 관한 사항, 조합원의 제명·탈퇴 및 교체에 관한 사항 등은 해당 조합의 정관에 정하도록 되어 있음

5-8-3 | 청산금액 산정을 위한 경우 시장·군수의 감정평가업자 추천 가능한 지 ('12. 5. 29.)

질의요지 도시정비법 개정(2009. 5.27.) 이전에 제48조제5항에 따라 분양대상자별 종전의 토지 또는 건축물의 명세 및 사업시행인가의 고시가 있은 날을 기준으로 한 가격을 산정하기 위해 시장·군

수가 감정평가업자를 추천한 경우에도 도시정비법 시행령 제48조에 따라 청산금액을 산정하기 위하여 사업시행자가 감정평가업자를 추천요청하였을 경우 별도로 추천하여야 하는지

회신내용 도시정비법 제48조제5항에 따라 분양대상자별 종전의 토지 또는 건축물의 명세 및 사업시행인가의 고시가 있는 날을 기준으로 한 가격을 산정하기 위한 감정평가업자의 추천과 도시정비법 시행령 제48조에 따라 청산금액을 산정하기 위한 감정평가업자의 추천은 별도의 규정이므로, 사업시행자가 도시정비법 시행령 제48조에 따라 청산금액을 산정하기 위해 감정평가업자의 추천을 요청하는 경우 시장·군수는 감정평가업자를 추천할 수 있는 것으로 판단됨

5-8-4 | 현금청산대상자의 소유권 확보 시기('12. 6. 14.)

질의요지 도시정비법 제47조에 규정된 현금청산대상자의 경우 이전고시 전까지만 소유권을 확보하면 되는지

회신내용 도시정비법 제54조제1항에 따르면 사업시행자는 같은 법 제52조제3항에 따른 준공인가 고시가 있은 때에는 대지 확정측량을 하고 토지의 분할절차를 거쳐 관리처분계획에 정한 사항을 분양을 받을 자에게 통지하고 대지 또는 건축물의 소유권을 이전하도록 하고 있음

5-8-5 | 현금청산자가 발생한 경우 관리처분계획변경 인가를 받아야 하는지('12. 8. 10.)

질의요지 분양신청은 하였으나 분양계약을 체결하지 아니하여 조합정관에 따라 새로이 현금청산자가 발생된 경우 이에 따른 별도의 관리

처분계획변경인가를 득하여야 하는지

회신내용   도시정비법 제48조제1항에 따라 사업시행자는 분양신청기간이 종료된 때에는 분양신청의 현황을 기초로 동조 동항 각 호의 사항이 포함된 관리처분계획을 수립하여 시장·군수의 인가를 받도록 하고 있고, 관리처분계획을 변경하고자 하는 경우에도 같으므로, 분양계약을 체결하지 아니하여 조합정관에 따라 현금청산자가 발생하여 관리처분계획의 내용이 변경된 경우 시장·군수의 인가를 받아야 할 것으로 판단됨

5-8-6 현금청산자에 대한 감정평가업체 선정과 관련하여 시장·군수가 추천한 업체로 반드시 감정평가를 하여야 하는지('13. 6. 28.)

질의요지   도시정비법 시행령 제48조에 따라 현금청산자에 대한 관리처분계획 수립시 감정평가업체 선정과 관련하여 시장·군수가 추천한 업체로 반드시 하여야 하는지 아니면 사업시행자가 선정한 업체로도 가능한지 여부

회신내용   도시정비법 시행령 제48조에 따라 사업시행자가 법 제47조의 규정에 의하여 토지등소유자의 토지·건축물 그 밖의 권리에 대하여 현금으로 청산하는 경우 청산금액은 사업시행자와 토지등소유자가 협의하여 산정하도록 하고 있고, 이 경우 시장·군수가 추천하는 「부동산가격공시 및 감정평가에 관한 법률」에 의한 감정평가업자 2인 이상이 평가한 금액을 산술평균하여 산정한 금액을 기준으로 협의할 수 있도록 하고 있으므로, 반드시 시장·군수 추천하는 감정평가업자 2인 이상이 평가한 금액을 기준으로 협의하여야 하는 것은 아닌 것으로 판단됨

5-8-7 재분양신청 시 현금청산자의 청산기간('15.09.15.)

질의요지 조합의 재분양신청시 현금청산의무기간 시점도 변경되는지

회신내용 도시정비법〈제11293호, 2012.2.1.〉 제47조제1항에 따르면 사업시행자는 토지등소유자가 같은 조각 호의 어느 하나에 해당하는 경우에는 같은 조각 호의 구분에 따른 날부터 150일 이내에 대통령령으로 정하는 절차에 따라 토지·건축물 또는 그 밖의 권리에 대하여 현금으로 청산하도록 하고 있으며, 질의하신 분양신청을 하지 않은 청산자에 대한 현금청산은 최초 분양신청 신청 마감일 기준으로 하여야 할 것으로 판단됨

5-8-8 현금청산자의 조합원 자격 부여 및 추가분양신청('15.11.18.)

질의요지

가. 분양신청기간 이내에 분양신청을 하지 않은 현금청산자에게 정관을 변경하여 변경된 정관에 따라 조합원 자격 부여 가능한지

나. 조합원 자격 부여가 가능하다면 조합이 향후 추가로 분양신청을 받는다면 분양신청에 대한 방법 및 절차, 기한 등을 조합 대의원회의에서 결정할 수 있도록 정관변경을 할 경우 대의원회의에서 결정할 수 있는지

회신내용

가. 질의 "가"에 대하여

도시정비법 제20조제1항제2호에 따라 "조합원의 자격에 관한 사항"은 정관에 포함하도록 하고 있으므로, 분양신청기간 이내에 분양신청을 하지 않은 자에 대한 조합원 자격 여부는 해당 조합의 정관에 따라야 할 것임

나. 질의 "나"에 대하여

분양신청 절차 등에 관한 사항은 도시정비법 제46조 및 같은 법 시행령 제47조에 따라 시행하여야 할 것이며, 같은 법 제46조에서 사업시행자는 사업시행인가의 고시가 있은 날부터 60일 이내에 개략적인 부담금내역 및 분양신청기간 그 밖에 대통령령이 정하는 사항을 토지등소유자에게 통지하여야 하고, 분양신청기간은 그 통지한 날부터 30일 이상 60일 이내로 하여야 하며 사업시행자는 관리처분계획의 수립에 지장이 없다고 판단하는 경우에는 분양신청기간을 20일의 범위 이내에서 연장할 수 있도록 하고 있음

5-8-9 | 조합방식이 아닌 경우 현금청산 관련 부칙 적용 방법('16.03.22.)

질의요지 도시정비법〈법률 제12116호, 2013.12.24.〉 제47조제1항의 개정규정이 한국토지주택공사가 사업시행자로 지정된 재개발구역에 대하여는 어느 시점부터 적용 되는지

회신내용 도시정비법 부칙 〈법률 제12116호, 2013.12.24.〉 제4조에 따르면 제47조제1항의 개정규정은 이 법 시행 후 최초로 조합설립인가를 신청하는 분부터 적용한다고 규정하고 있으나, 질의와 같이 사업시행자가 조합이 아닌 한국토지주택공사인 경우에는 위 부칙 중 '조합설립인가를 신청하는 분'은 '사업시행자 지정'으로 적용해야 할 것으로 판단됨

5-8-10 | 현금청산자의 조합원의 지위 상실 시점은 언제인지(법제처,'16.3.7.)

질의요지 주택재개발사업 조합의 정관에 분양신청기간 이내에 분양 신청을 하지 않은 자는 조합원 자격이 상실된다고 규정하고 있는

경우로서, 해당 조합의 조합원이 도시정비법 제46조제2항에 따른 분양신청을 하지 아니하여 같은 법 제47조제1항에 따른 현금청산대상자가 된 경우에는 현금청산이 완료되어 해당 토지 또는 건축물에 대한 소유권이 조합에 이전되기 전이라고 하더라도 조합원으로서의 지위가 상실되는지

회신내용 주택재개발사업 조합의 정관에 분양신청기간 이내에 분양 신청을 하지 않은 자는 조합원 자격이 상실된다고 규정하고 있는 경우로서, 해당 조합의 조합원이 도시정비법 제46조제2항에 따른 분양신청을 하지 아니하여 같은 법 제47조제1항에 따른 현금청산대상자가 된 경우에는 현금청산이 완료되어 해당 토지 또는 건축물에 대한 소유권이 조합에 이전되기 전이라고 하더라도 조합원으로서의 지위가 상실됨.

5-8-11 도시정비법에 따른 현금청산자 감정평가 방법 ('16.10.26.)

질의요지 시장·군수가 주택재개발사업의 청산금액 산정을 위한 감정평가업자를 추천하는 경우에 선정 업무도 포함되는지

회신내용 도시정비법 시행령 제48조에 따르면 사업시행자가 법 제47조의 규정에 의하여 토지등소유자의 토지·건축물 그 밖의 권리에 대하여 현금으로 청산하는 경우 청산금액은 사업시행자와 토지등소유자가 협의하여 산정하며, 이 경우 시장·군수가 추천하는 감정평가업자 2 이상이 평가한 금액을 산술평균하여 산정한 금액을 기준으로 협의할 수 있다고 규정하고 있을 뿐 시장·군수가 감정평가업자를 선정하도록 한 규정은 아니기 때문에 시장·군수가 추천하는 감정평가업자의 선정은 사업시행자와 토지등소유자가 협의하여야 할 것으로 판단됨

| 5-8-12 | 현금청산자의 도시정비법에 따른 감정평가업자 선정 방법(법제처,'16.11.7.)

질의요지 사업시행자가 현금청산대상자와 청산금액을 협의할 때, 도시정비법 시행령 제48조에 따라 시장·군수가 추천하는 감정평가업자 2 이상이 평가한 금액을 산술평균하여 산정한 금액을 기준으로 협의하지 않고, 사업시행자가 임의로 선정한 감정평가업자가 평가하여 산정한 금액을 기준으로 협의해도 되는지

회신내용 사업시행자는 현금청산대상자와 청산금액을 협의할 때, 도시정비법 시행령 제48조 후단에 따라 시장·군수가 추천하는 감정평가업자 2 이상이 평가한 금액을 산술평균하여 산정한 금액을 기준으로 협의하지 않고, 사업시행자가 임의로 선정한 감정평가업자가 평가하여 산정한 금액을 기준으로 협의할 수 있음

5-9 손실보상, 영업보상 및 주거이전비

| 5-9-1 | 재건축사업의 세입자 손실보상이 가능한 지('09. 8. 7.)

질의요지 도시정비법 개정과 관련하여 토지보상법에 따른 세입자 손실보상이 재건축사업에도 해당되는지

회신내용 도시정비법 제40조에서는 정비구역 안에서 정비사업의 시행을 위한 토지 또는 건축물의 소유권과 그 밖의 권리에 대한 수용 또는 사용에 관하여는 이 법에 특별한 규정이 있는 경우를 제외하고는 토지보상법을 준용토록 하고 있는 바, 토지보상법에 따른 손실보상은 수용이 전제되어 이루어지므로 수용이 적용되지 아니하는 재건축사업은 세입자 손실보상에 해당되지 않음

| 5-9-2 | 종교시설에 대한 영업보상이 가능한 지('09. 10. 27.) |

질의요지 이사회 또는 대의원의 의결로 종교시설에 대한 영업권보상이 가능한지

회신내용 도시정비법 제37조제3항에 따르면 손실보상에 관하여는 이 법에 규정된 것을 제외하고는 토지보상법을 준용하도록 하고 있고, 도시정비법 제40조제1항의 규정에 의하면 정비구역 안에서 정비사업의 시행을 위한 토지 또는 건축물의 소유권과 그 밖의 권리에 대한 수용 또는 사용에 관하여는 이 법에 특별한 규정이 있는 경우를 제외하고는 토지보상법을 준용하도록 하고 있으며, 토지보상법 시행규칙 제45조의 규정에 따르면 사업인정고시일등 전부터 적법한 장소에서 인적·물적시설을 갖추고 계속적으로 행하고 있는 영업이어야 하며, 영업을 행함에 있어서 관계법령에 의한 허가·면허·신고 등을 필요로 하는 경우에는 사업인정고시일등 전에 허가등을 받아 그 내용대로 행하고 있는 영업이 공익사업으로 인하여 폐지하거나 휴업함에 따른 영업손실을 보상하도록 규정하고 있는 사항으로, 상기 취지를 감안할 때 종교시설은 영업보상 대상에 해당되지 아니한 것으로 사료되며, 도시정비법상 종교시설에 대하여 영업보상의 절차를 명문화 하고 있는 규정은 없음

| 5-9-3 | 임대주택 포기 시 주거이전비 지급이 가능한 지('12. 1. 10.) |

질의요지 2007.4.2 사업시행인가를 득한 주택재개발 정비사업에서 임대주택을 공급받은 세입자들이 높은 보증금 및 월임대료로 인하여 임대주택을 포기하고, 이미 포기하였던 주거이전비의 지급을 요

구하는데 이의 지급여부 및 지급주체(조합, 임대주택인수자)

회신내용 2007.4.12 개정되어 시행되기 전의 토지보상법 시행규칙 제54조제2항 단서 규정에서, 다른 법령(도시정비법 포함)에 의하여 주택입주권을 받았거나 무허가건축물등에 입주한 세입자에 대하여는 주거이전비를 보상하지 아니한다고 규정하고 있고, 2007.4.12 개정·시행된 토지보상법 시행규칙 제54조제2항에서는 위 내용의 단서규정이 삭제되면서 부칙 제4조에서 토지보상법 제15조에 따라 보상계획을 공고하고 토지소유자 및 관계인에게 보상계획을 통지한 분부터 적용한다고 규정하고 있음

5-9-4 | 현금청산자에 대한 주거이전비 및 이사비 지급이 가능한 지('12. 2. 14.)

질의요지 분양신청을 하지 아니하여 현금청산대상자가 된 주택재개발정비사업의 조합원이 주거이전비 및 이사비를 지급받을 수 있는지

회신내용 가. 도시정비법 제37조제3항에 따르면 손실보상에 관하여는 도시정비법에 규정된 것을 제외하고는 토지보상법을 준용하도록 하고, 도시정비법 시행령 제44조의2제2항에서 주거이전비 보상대상자의 인정기준 및 영업손실의 보상기준에 관하여 구체적인 사항은 국토해양부령으로 따로 정할 수 있도록 하고 있으며, 도시정비법 시행규칙 제9조의2제2항에서 토지보상법 시행규칙 제54조제2항에 따른 주거이전비의 보상은 도시정비법 시행령 제11조에 따른 공람공고일 현재 해당 정비구역에 거주하고 있는 세입자를 대상으로 하도록 하고 있음

나. 또한, 도시정비법 제30조제3호에 따르면 '임시수용시설을 포

함한 주민이주대책'을 사업시행계획서에 포함하도록 하고, 도시정비법 시행령 제50조제1호에서 같은 법 제47조에 따른 현금으로 청산하여야 하는 토지등소유자별 기존의 토지·건축물 또는 그 밖의 권리의 명세와 이에 대한 청산방법을 관리처분계획에 포함하도록 하고, 도시정비법 시행령 제44조의2제1항에서는 같은 시행령 제11조에 따른 공람공고일로부터 계약체결일 또는 수용재결일까지 계속하여 거주하고 있지 아니한 건축물의 소유자는 토지보상법 제40조제3항제2호에 따라 이주대책대상자에서 제외하도록 하고 있음

다. 따라서, 귀 질의하신 현금청산대상자의 주거이전비 및 이사비 지급 여부 등에 관하여는 해당 정비사업의 사업시행인가 및 관리처분계획인가 내용 등을 종합적으로 검토하여 판단할 사항으로 보임

5-9-5 주민등록 되지 않은 세입자 주거이전비 지급이 가능한 지('12. 9. 25.)

질의요지 정비구역내에 실제 거주하고 관리처분계획인가후 이주하였으나, 주민등록이 되지 않았을 경우 세입자 주거이전비 대상여부, 재개발지구내 현금청산자의 철거건물 부착물중 일부(창문, 샤시)를 가져 갈 수 있는지

회신내용 도시정비법 시행규칙 제9조의2제3항에 따른 주거이전비 보상은 도시정비법 시행령 제11조에 따른 공람공고일 현재 해당 정비구역에 거주하고 있는 세입자를 대상으로 하도록 하고 있고, 도시정비법 제40조제1항에서 정비구역안에서 정비사업의 시행을 위한 토지 또는 건축물의 소유권과 그 밖의 권리에 대한 수용 또는 사용에 관하여는 이 법에 특별한 규정이 있는 경우를 제

외하고는 토지보상법을 준용하도록 하고 있으므로, 주거이전비 지급대상 여부와 철거건물 부착물 이전 가능성 여부에 대하여는 사업시행자가 사실관계 확인 및 관계규정에 따라 판단하여 처리할 사항임

5-9-6 현금청산자에 대한 보상평가 기준시점('16.01.22.)

질의요지

가. 토지보상법에 따른 보상감정평가 시 가격시점은 분양신청 종료일 다음날인지, 아니면 토지보상법에 따른 협의 성립 당시의 가격시점인지

나. 조합이 협의를 위한 보상평가 시점을 분양신청 종료일로 했을 경우 토지보상법 제17조에 따른 재평가 대상이 되는지

회신내용

가. 도시정비법제40조제1항에 따르면 정비구역안에서 정비사업의 시행을 위한 토지 또는 건축물의 소유권과 그 밖의 권리에 대한 수용 또는 사용에 관하여는 이 법에 특별한 규정이 있는 경우를 제외하고는 토지보상법을 준용하도록 하고 있습니다.

나. 질의하신 토지보상법에 따른 협의를 진행하기 위하여는 동 규정에 따라 토지보상법 시행규칙 제16조제1항에 따른 대상물건의 가격시점을 적용하여야 하며, 또한 토지보상법에 의한 재평가시에도 토지보상법에 따라 시행된 평가를 재평가하는 경우만 해당됨

5-9-7 세입자 영업손실 보상 주체는 어디인지('16.03.28.)

질의요지 세입자 영업손실 보상은 사업시행자가 하는 것인지, 아니면 조합원 개인이 하는 것인지

회신내용 도시정비법 제37조제3항에 따르면 손실보상에 관하여는 이 법에 규정된 것을 제외하고는 공익사업을위한토지등의취득 및 보상에 관한 법률을 준용하도록 하고 있고, 도시정비법 제38조에 따르면 사업시행자는 정비구역안에서 정비사업을 시행하기 위하여 필요한 경우에는 공익사업을위한토지등의취득및보상에관한법률 제3조의 규정에 의한 토지·물건 또는 그 밖의 권리를 취득하거나 사용할 수 있도록 하고 있으므로, 질의하신 동 규정에 따른 손실보상은 해당 정비사업의 사업시행자가 해야 할 것으로 판단됨

5-9-8 현금청산자에 대한 토지보상 및 가격 산정방법 ('16.05.11.)

질의요지

가. 재개발조합과 현금청산자가 청산금액을 협의에 의해 매매할 경우 감정평가를 실시해야 하는 지, 또한 감정평가를 실시하는 경우는 언제인지

나. 토지수용위원회의 재결에 의한 수용을 할 경우에 보상액 산정을 위하 감정평가를 해야 하는지

다. 토지보상법제68조를 적용하여 보상액을 감정평가액을 산정하는 기준(가격시점)은 무엇인지, 또한 공시지가를 기준으로 보상하는 경우는 무엇인지

라. 가구원수가 1~4인인 경우 주거이전비를 산정하는 방법은 무엇인지

회신내용

가. 도시정비법 시행령 제48조에 따르면 사업시행자가 같은 법 제47조의 규정에 의하여 토지등소유자의 토지·건축물 그 밖의 권리에 대하여 현금으로 청산하는 경우 청산금액은 사업시행자와 토지등소유자가 협의하여 산정하도록 하고 있고, 이 경우 시장·군수가 추천하는 「부동산가격공시 및 감정평가에 관한 법률」에 의한 감정평가업자 2인 이상이 평가한 금액을 산술평균하여 산정한 금액을 기준으로 협의할 수 있도록 하고 있으므로, 질의하신 동 규정에 따른 협의를 진행하는 경우에는 필요시 감정평가업자의 가격으로 협의할 수 있음

나. 토지보상법 제60조에 따르면 토지수용위원회의 운영 등에 필요한 사항은 대통령령으로 정하도록 하고 있으나, 질의하신 토지수용위원회의 감정평가 실시여부에 대하여는 동법에 별도로 정하고 있지 않으므로, 이에 대하여는 해당 토지수용위원회에서 운영세칙 등을 검토하여 결정하여야 할 것으로 판단됨

다. 토지보상법에 따른 토지의 보상은 같은 법제68조에 따른 감정평가업자가 평가하여 보상도록 하고 있고, 감정평가업자는 같은 법 제70조에 따라 공시지가를 기준으로 해당 토지를 평가를 하도록 하고 있으며, 아울러 가격시점에 대하여는 같은 법 제67조에 따라 협의성립 당시의 가격 및 재결 당시의 가격을 기준으로 하도록 하고 있음

라. 주거이전비는 통계법에 의하여 산정한 금액으로 보상하며,

5인까지는 해당 통계(1인, 2인, 3인, 4인, 5인 이상으로 구분되어 있음)에서 산정된 것을 활용하시면 됨을 알려드리며, 참고로 통계에 의하여 보상액을 직접 산정하는 경우 한국감정원 홈페이지(http://www.kab.co.kr/ 거래정보 - 법규보상액 안내)를 통해 금액을 산정해 보실 수 있음

5-9-9 세입자가 보상비 지급 전 이사하는 경우 보상비 지급대상 인지('16.06.14.)

질의요지 주거용 건축물 세입자 주거이전비의 보상대상자를 정하는 기준일은

회신내용

가. 도시정비법제37조제3항에서 손실보상에 관하여는 「도시 및 주거환경정비법」에 규정된 것을 제외하고는 「공익사업을 위한 토지 등의 취득 및 보상에 관한 법률」을 준용 하도록 정하고 있음

나. 도시정비법시행규칙 제9조의2제3항에서 주거이전비의 보상대상자는 「공익사업을 위한 토지 등의 취득 및 보상에 관한 법률」 시행규칙 제54조제2항에도 불구하고 정비구역의 지정을 위한 공람공고일 현재 해당 정비구역에 거주하고 있는 세입자를 대상으로 하고 있음

다. 따라서, 공익사업에 따른 주거이전비는 위 규정에 따라 공람공고일 현재 정비구역에 거주하고 있는 세입자에 대하여 주거이전비 등을 보상하여야 할 것입니다. 세입자가 공익사업과 관계없이 거주지를 옮겼다면 공익사업으로 인한 손실이 없다고 볼 수 있을 것이나 개별적인 사례에 대하여는 사업시행자가 관련법령, 이주경위 등 사실관계 등을 검토하여 판단할 사항임

6 관리처분계획, 착공 및 청산

6-1 관리처분계획 수립

6-1-1 토지등소유자 1인이 일반분양 완료상태에서 관리처분계획수립 가능 여부 ('10. 7. 5.)

질의요지 도시환경정비사업의 토지등소유자 1인이 정비구역 안의 토지 및 건축물을 모두 소유하여 관리처분계획 수립 및 인가절차를 거치지 아니하고 공사 착공 및 입주자 모집(일반분양) 절차를 완료한 상태일 경우 준공인가 전에 관리처분계획인가 신청·인가 가능

회신내용 사업시행자(주거환경개선사업을 제외함)는 도시정비법 제46조에 따른 분양신청기간이 종료된 때에는 분양신청의 현황을 기초로 분양설계 등을 포함한 같은 항 각호의 사항이 포함된 관리처분계획을 수립하여 시장·군수의 인가를 받도록 하고 있고, 분양신청을 받은 후 잔여분이 있는 경우에는 정관 등 또는 사업시행계획이 정하는 목적을 위하여 보류지(건축물을 포함)로 정하거나 주택법 제38조의 규정을 준용하여 조합원 외의 자에게 분양할 수 있도록 도시정비법 제48조제1항·제3항 및 도시정비법 시행령 제51조에서 규정하고 있는 바, 관리처분계획을 수립함이 없이 이미 일반분양 절차를 거쳐 입주자 모집까지 완료한 상태에서 관리처분계획을 수립하는 것은 관리처분계획을 수립하는 목적이나 도시정비법 상의 절차 등을 감안할 때 타당하지 않은 것으로 판단됨

6-1-2 세대별 추가분담금 산출 근거('12. 4. 9.)

질의요지 같은 아파트 같은 평수 입주인데 조합원마다 추가분담금이 큰 차이가 나는데 세대별 추가분담금 산출 근거는 어떻게 되는지

회신내용

가. 도시정비법 제48조제1항에 따라 사업시행자(조합)는 제46조에 따른 분양신청기간이 종료된 때에는 제46조에 따른 분양신청의 현황을 기초로 다음 각 호(분양설계, 분양대상자의 주소 및 성명, 분양대상자별 분양예정인 대지 또는 건축물의 추산액, 분양대상자별 종전의 토지 또는 건축물의 명세 및 사업시행인가의 고시가 있은 날을 기준으로 한 가격, 정비사업비의 추산액 및 그에 따른 조합원 부담규모 및 부담시기 등)의 사항이 포함된 관리처분계획을 수립하여 시장·군수의 인가를 받도록 하고 있으며, 사업시행자는 관리처분계획의 수립 및 변경의 사항을 의결하기 위한 총회의 개최일부터 1개월 전에 제3호부터 제5호까지(분양대상자별 분양예정인 대지 또는 건축물의 추산액, 분양대상자별 종전의 토지 또는 건축물의 명세 및 사업시행인가의 고시가 있은 날을 기준으로 한 가격, 정비사업비의 추산액 및 그에 따른 조합원 부담규모 및 부담시기)에 해당하는 사항을 각 조합원에게 문서로 통지하도록 하고 있음

나. 또한, 같은 법 제49조제1항에 따라 사업시행자는 제48조에 따른 관리처분계획의 인가를 신청하기 전에 관계서류의 사본을 30일 이상 토지등소유자에게 공람하게 하고 의견을 듣도록 하고 있음을 알려드리며, 질의하신 조합원별 추가분담금은 위 관리처분계획의 수립이나 변경절차에 따라 산정된 것으로 보임

6-1-3 '분양대상자별 분양예정인 대지 또는 건축물의 추산액'의 의미('12. 5. 21.)

질의요지 도시정비법 제48조제1항에 따라 분양신청 현황을 기초로 총회 개최 1개월 전에 조합원들에게 통지하여야 하는 "분양대상자별 분양예정인 대지 또는 건축물의 추산액"의 의미는

회신내용 도시정비법 제48조제1항제3호에 따른 "분양대상자별 분양예정인 대지 또는 건축물의 추산액"은 같은 법 제46조에 따른 분양신청 결과 등을 반영하여 분양신청을 한 분양대상자별 분양예정인 대지 또는 건축물의 추산액을 말하는 것으로서, 같은 법 제48조제5항 및 제6항에 따라 해당 재산 또는 권리를 평가할 때에는 부동산공시법에 따른 감정평가업자 중 시장·군수가 선정·계약한 감정평가업자 2인 이상이 평가한 금액을 산술평균하여 산정하도록 하고 있음

6-1-4 개략적인 부담금내역이란 토지등소유자별 개별적인 부담금내역을 말하는 것인지 ('13. 2. 4.)

질의요지 도시정비법 제46조제1항에 따라 토지등소유자에게 통지하여야 하는 개략적인 부담금내역이란 토지등소유자별 개별적인 부담금내역을 말하는 것인지

회신내용 도시정비법 제46조제1항에 따라 사업시행자는 사업시행인가의 고시가 있은 날부터 60일 이내에 개략적인 부담금내역 및 분양신청 기간 등을 토지등소유자에게 통지하도록 하고 있는 바, 이 경우 '개략적인 부담금 내역'은 관련 내역을 통해 토지등소유자가 개략적인 부담금을 알 수 있도록 작성한 내역을 말하는 것임

6-1-5 관리처분계획 변경 시 도시정비법 제48조제5항제1호 단서규정에서의 사업시행자 및 토지등소유자 전원이 합의 의미는('13. 8. 29.)

질의요지 관리처분계획 변경시 분양예정 대상인 대지 또는 건축물의 추산액 변경이 있을 경우 도시정비법 제48조제5항제1호 단서규정에서 사업시행자 및 토지등소유자 전원이 합의를 하여 이를 산정할 수 있도록 정하고 있는 바, 만일 토지등소유자 전원이 합의하지 않고 관리처분 총회 의결을 거친 경우 관리처분인가가 가능한지와 토지등소유자 전원 합의가 토지등소유자 100% 동의를 의미하는 것인지

회신내용 도시정비법 제48조제5항제1호 단서에 따르면 관리처분계획을 변경·중지 또는 폐지하고자 하는 경우에는 분양예정 대상인 대지 또는 건축물의 추산액과 종전의 토지 또는 건축물의 가격은 사업시행자 및 토지등소유자 전원이 합의하여 이를 산정할 수 있도록 하고 있으며, 이 경우 토지등소유자 전원 합의는 토지등소유자 100% 합의를 말함

6-1-6 종전의 토지 또는 건축물에 대하여 사용 할 수 없는 시점은('14. 10. 22.)

질의요지 도시정비법 제49조제6항 "종전의 토지 또는 건축물에 대하여 이를 사용하거나 수익할 수 없다"는 규정의 적용 시점이 최초 관리처분계획 고시일 기준인지 아니면 재분양신청 완료후 변경된 관리처분계획 고시일 기준인지

회신내용 도시정비법 제49조제6항에 따르면 관리처분계획 고시가 있은 때에는 종전의 토지 또는 건축물의 소유자·지상권자·전세권자·임차권자 등 권리자는 제54조의 규정에 의한 이전의 고시

가 있은 날까지 종전의 토지 또는 건축물에 대하여 이를 사용하거나 수익할 수 없도록 하고 있으므로, 귀 질의의 경우 최초 관리처분계획 인가시점을 기준으로 적용됨이 타당할 것임

6-1-7 관리처분계획 공람시기('15.11.18.)

질의요지

도시정비법 제48조 규정은 관리처분계획 수립을 위한 조합총회 개최 1개월 전에 조합원에게 문서통지 후, 같은 법 제49조에 의거 관리처분계획 인가 신청 전 토지등소유자에게 30일 이상 공람 및 의견청취 하여야 하나 조합총회 개최를 위한 각 조합원 문서통지 시 토지등소유자의 공람(의견청취)절차를 동시에 진행하여도 되는지

회신내용

도시정비법 제48조제1항에 따르면 조합(사업시행자)은 "관리처분계획의 수립 및 변경"을 의결하기 위한 총회의 개최일부터 1개월 전에 같은 항 제3호부터 제5호까지에 해당하는 사항을 각 조합원에게 문서로 통지하도록 하고 있고,

같은 법 제49조제1항에서 사업시행자는 제48조에 따른 관리처분계획의 인가를 신청하기 전에 관계서류의 사본을 30일 이상 토지등소유자에게 공람하게 하고 의견을 듣도록 하고 있습니다.

이때 공람시기 및 기간에 대하여는 관리처분계획의 인가를 신청하기 전 30일 이상으로만 규정하고 있고, "관리처분계획의 수립 및 변경"을 의결하기 위한 총회 이후에 공람하도록 규정하고 있지는 않으므로 제48조제1항에 따른 통지와 제49조제1항에 따른 주민공람을 동시에 진행하는 것이 가능할 것으로 판단됩니다.

6-1-8 관리처분계획 통지 및 공람을 동시에 할 수 있는지('15.01.28.)

질의요지 관리처분계획총회 1개월 전에 부담금등을 사전통지하고, 이와 동시에 주민공람을 함께 진행하여도 되는지

회신내용 도시정비법 제48조제1항에 따르면 조합은 제24조제3항제10호의 사항을 의결하기 위한 총회의 개최일부터 1개월 전에 같은 조 제3호부터 제5호까지에 해당하는 사항을 각 조합원에게 문서로 통지하도록 하고 있고, 도시정비법 제49조제1항에 따르면 사업시행자는 도시정비법 제48조에 따른 관리처분계획의 인가를 신청하기 전에 관계서류의 사본을 30일 이상 토지등소유자에게 공람하게 하고 의견을 듣도록 하면서, 각 절차의 동시 이행에 대하여는 이를 제한하는 등의 별도 규정이 없으므로, 동 규정 범위에서 적정시기에 해당 절차를 이행하면 될 것임

6-1-9 주택공사등이 시행하는 경우 관리처분계획 변경 의결방법('15.01.23.)

질의요지 주택공사등이 주택재개발사업의 단독 사업시행자인 경우 사업계획 및 관리처분계획 변경을 위한 주민전체회의 개최 시 의결방법으로 「시행규정」을 따라야 하는지 아니면 도시정비법 제24조에 따른 조합총회 의결방법을 준용하여야 하는지

회신내용 도시정비법 제30조제8호에 따르면 시장·군수 또는 주택공사등이 단독으로 시행하는 정비사업에 대하여는 사업시행자는 시행규정을 포함하여 사업시행계획서를 작성하도록 하고 있으며, 같은 법 시행령 제41조제1항에 따르면 시행규정에는 "관리처분계획 및 청산에 관한 사항", "사업시행계획서의 변경에 관한 사항" 등 같은 항 각 호의 사항 중 해당 정비사업에 필요한 사항을

포함하도록 하고 있으므로, 질의하신 주택공사등이 주택재개발사업의 단독시행자인 경우 사업계획 및 관리처분계획 변경은 해당 주택재개발정비사업의 시행규정에 따라야 할 것임

6-1-10 관리처분계획 공람 시기 및 서류의 범위

질의요지

가. 도시정비법 제49조에 따른 관리처분계획의 공람시기가 관리처분계획 총회 개최 전인지 총회 개최 이후 인지

나. 관리처분계획 공람서류의 범위

회신내용

가. 도시정비법 제49조제1항에 따르면 사업시행자는 제48조에 따른 관리처분계획의 인가를 신청하기 전에 관계서류의 사본을 30일 이상 토지등소유자에게 공람하게 하고 의견을 들어야 하는 바,

토지등소유자에 대한 공람시기는 위 규정에 명시한 바와 같이 관리처분계획의 인가를 신청하기 전에 해야 하는 것임을 알려드립니다. 다만, 사업시행자가 총회 전 공람하고자 하는 경우 공람서류는 관리처분계획인가 신청 관계서류와 같은 내용이어야 할 것임

나. 같은 법 시행규칙 제11조에 따르면 관리처분계획인가신청서에 관리처분계획서, 총회의결서 사본을 제출토록 규정하고 있으며, 총회 전 토지등소유자에게 공람하는 경우 총회의결서 사본은 공람서류에서 제외될 수 있을 것임

| 6-1-11 | 정비구역이 확대된 구역의 권리산정기준일('16.07.05.) |

질의요지 정비계획 변경으로 정비구역 면적이 확대된 경우 확대된 구역의 권리산정기준일은

회신내용 도시정비법제50조의2제1항에 따르면 정비사업으로 인하여 주택 등 건축물을 공급하는 경우 제4조제6항에 따른 고시가 있은 날 또는 시·도지사가 투기억제를 위하여 기본계획수립 후 정비구역지정·고시 전에 따로 정하는 날(이하 "기준일")의 다음 날부터 1필지의 토지가 수개의 필지로 분할되는 경우 등에 해당하는 경우에는 해당 토지 또는 주택 등 건축물의 분양받을 권리는 기준일을 기준으로 산정한다고 규정하고 있는바, 질의와 같이 정비구역 확대로 새로이 정비구역에 포함된 구역의 권리산정일은 해당 구역을 정비구역으로 포함하는 내용의 고시가 있은 날의 다음 날을 기준일로 봐야할 것으로 판단됨

6-2 관리처분계획(경미한) 변경

| 6-2-1 | 분양신청을 철회한 경우 관리처분계획의 경미한 변경인 지('09. 11. 5.) |

질의요지 관리처분계획인가를 받은 분양신청자가 철회하여 현금청산을 한 경우 관리처분계획의 경미한 변경에 해당되는지

회신내용 도시정비법 시행령 제49조에 따르면 관리처분계획의 변경에 대하여 이해관계가 있는 토지등소유자 전원의 동의를 얻어 변경하는 때를 포함한 동조 각호의 1에 해당되는 때에는 관리처분계획의 경미한 변경으로 봄

6-2-2 관리처분 변경 시 조합원에게 문서 통지절차 이행 여부('09. 12. 16.)

질의요지 2009.11.28. 이전에 총회를 개최하고 2009.11.28 이후에 관리처분계획인가를 신청하는 경우 2009.11.28부터 시행되고 있는 도시정비법 제48조제1항에 따라 총회의 개최일부터 1개월 전에 동조 제3호부터 제5호까지에 해당하는 사항을 각 조합원에게 문서로 통지하는 절차를 거쳐야 하는지

회신내용 2009.5.27 개정되어 2009.11.28부터 시행중인 도시정비법 제48조제1항에 따라 관리처분계획의 수립 및 변경 시 동조 제3호부터 제5호까지에 해당하는 사항을 총회의 개최일부터 1개월 전에 각 조합원에게 문서로 통지하도록 한 사항은 2009.11.28. 이후에 상기 개정된 규정에 따라 총회를 개최하는 경우에 적용되는 사항으로 봄

6-2-3 소유자 전원 동의로 관리처분계획 변경 시 경미한 변경인지('12. 1. 2.)

질의요지 도시정비법 시행령 제49조제3호에 따라 이해관계가 있는 토지등소유자 전원의 동의를 얻어 관리처분계획을 변경할 경우 경미한 변경에 해당되는지

회신내용 도시정비법 제48조제1항 단서 및 같은 법 시행령 제49조제3호에 따라 이해관계가 있는 토지등소유자 전원의 동의를 얻어 관리처분계획을 변경하는 때에는 경미한 변경에 해당되며, 경미한 사항을 변경하고자 하는 때에는 시장·군수에게 신고하도록 하고 있음

6-2-4 조합원 분양신청 변경요구에 따른 관리처분계획변경 가능한 지('12. 6. 27.)

질의요지 관리처분계획 인가를 득하고 착공준비 중에 분양신청 변경을 요구하는 일부 조합원들에게 일반분양 세대수 범위 내에서 추첨방식으로 공급하도록 관리처분계획 변경을 할 수 있는지

회신내용 도시정비법 제48조제1항에 따르면 사업시행자가 도시정비법 제46조에 따른 분양신청기간이 종료된 때에 분양신청의 현황을 기초로 관리처분계획을 수립하여 시장·군수·구청장의 인가를 받도록 하고 있으므로(관리처분계획을 변경·중지 또는 폐지하고자 하는 경우에도 같음), 귀 질의의 경우와 같이 분양신청 변경에 대한 사항은 최초 분양신청의 현황 변화에 따른 최초 조합원들의 분양신청 의사 결정에 영향을 미치는지 여부 등을 포함한 현지현황, 관련서류 및 관련법령 등을 종합적으로 검토하여 판단하여야 할 것으로 보임

6-2-5 관리처분계획인가 후 사업시행변경인가에 따라 관리처분계획을 변경하는 경우 경미한 변경에 해당되는지('13. 9. 4.)

질의요지 관리처분계획인가 후에 사업시행변경인가에 따라 관리처분계획을 변경하는 경우 도시정비법 시행령 제49조제4호에 따른 관리처분계획의 경미한 변경에 해당되는지

회신내용 도시정비법 제48조제1항 및 같은 법 시행령 제49조제4호에 따르면 법 제20조제3항 및 법 제28조제1항의 규정에 의한 정관 및 사업시행인가의 변경에 따라 관리처분계획을 변경하는 때에 해당하는 경우에는 관리처분계획의 경미한 변경으로 시장·군수에게 신고하도록 하고 있음

6-3 토지 수용 및 매도청구

6-3-1 | 재개발사업의 경우 협의절차를 생략하고 수용이 가능한지('12. 1. 18.)

질의요지 주택재개발정비사업의 경우 분양신청을 하지 아니한 자에 대한 현금청산 시 도시정비법 제47조 및 같은 법 시행령 제48조의 협의절차를 거친 후 토지수용이 가능한지 아니면 이를 생략하고도 토지수용이 가능한지 여부

회신내용 가. 도시정비법 제38조에 따라 사업시행자는 정비구역안에서 정비사업을 시행하기 위하여 필요한 경우에는 토지보상법 제3조의 규정에 의한 토지·물건 또는 그 밖의 권리를 수용 또는 사용할 수 있도록 하고 있고, 도시정비법 제40조제1항에 따라 정비구역안에서 정비사업의 시행을 위한 토지 또는 건축물의 소유권과 그 밖의 권리에 대한 수용 또는 사용에 관하여는 이 법에 특별한 규정이 있는 경우를 제외하고는 토지보상법을 준용하도록 하고 있으며, 도시정비법 제40조제3항에서 제1항의 규정에 의한 수용 또는 사용에 대한 재결의 신청은 사업시행인가를 할 때 정한 사업시행기간 이내에 이를 행하여야 한다고 규정하고 있음

나. 또한, 도시정비법 제47조 및 같은 법 시행령 제48조에 따라 분양신청을 하지 아니한 자는 그 해당하게 된 날로부터 150일 이내에 토지·건축물 또는 그 밖의 권리에 대하여 현금으로 청산하여야 하며, 청산금액은 사업시행자와 토지등소유자가 협의하여 산정하도록 하고 있으므로, 주택재개발정비사업에서 분양신청을 하지 않은 현금청산대상자의 경우 도시정비법 제47조 및 같은 법 시행령 제48조에 따른

협의 후에 도시정비법 제40조제3항에 따라 사업시행인가를 할 때 정한 사업시행기간 이내에 수용절차 진행이 가능할 것으로 판단됨

6-3-2 매도소송이 종결되지 않은 상태에서 착공한 경우의 적정성('12. 10. 17.)

질의요지 사업주체가 종전 법령인 주택건설촉진법 제33조에 따라 주택건설사업계획승인을 받고, 사업시행지의 구분소유자에 대하여 「집합건물법」 제48조에 따른 매도청구소송을 제기하여 법원의 승소판결을 받았으나 그 판결이 확정되지 아니한 상태에서 착공신고필증을 교부받은 경우, 그 매도청구소송 대상 대지 부분에 공사를 시작한 경우가 적법한지

회신내용 구 주택건설촉진법시행령 제34조의4제2호에 따르면 주택건설촉진법 제33조의4 및 주택건설촉진법 제44조제3항의 규정에 의하여 토지소유자·주택조합 또는 고용자가 등록업자와 공동으로 주택을 건설하고자 하는 경우에는 토지소유자·주택조합 또는 고용자가 주택용 대지의 소유권을 확보하여 사업계획승인을 신청하여야 하나, 예외적으로 재건축조합이 「집합건물법」 제48조의 규정에 의하여 재건축에 참가하지 아니하는 구분소유권자의 소유권등을 매도청구한 경우에는 그러하지 아니하다고 규정하고 있음

6-3-3 재건축사업에서 영업권이 상실되는 경우 영업보상 ('15.07.14.)

질의요지 재건축사업으로 영업권이 상실될 경우 토지보상법에 따라 영업보상을 받을 수 있는지

회신내용 도시정비법 제38조에 따르면 사업시행자는 정비구역안에서 정비사업을 시행하기 위하여 필요한 경우에는 토지보상법 제3조의 규정에 의한 토지·물건 또는 그 밖의 권리를 취득하거나 사용할 수 있으며, 이 경우 재건축사업은 도시정비법 제8조제4항제1호의 규정에 해당하는 사업으로 한정하도록 하고 있으므로, 질의하신 재건축사업에서는 동규정에 따른 영업보상이 어려울 것임

6-3-4 | 재건축사업에서 개별법에 따른 수용 규정을 적용할 수 있는지(법제처,'16.8.29.)

질의요지 도시정비법에 따른 주택재건축사업의 시행자가 도시정비법 제38조에 따라 천재·지변, 그 밖의 불가피한 사유로 인하여 긴급히 정비사업을 시행할 필요가 있는 사업의 경우에만 수용할 수 있는지, 아니면 그러한 사업에 해당하지 않더라도 「국토의 계획 및 이용에 관한 법률」 제95조를 적용하여 수용할 수 있는지

회신내용 도시정비법에 따르면 주택재건축사업의 시행자가 정비구역 내 기반시설인 도시·군계획시설에 대해 「국토의 계획 및 이용에 관한 법률」 제86조제5항에 따라 도시·군계획시설사업의 시행자로 지정받고 같은 법 제88조에 따라 실시계획을 작성하여 인가받는 것은 도시 및 주거환경정비법령상 가능하지 않다고 할 것이고, 설령 주택재건축사업 시행계획과 별개로 「국토의 계획 및 이용에 관한 법률」상 실시계획인가 및 사업시행자 지정을 받은 경우라고 하더라도, 사업시행자는 도시·군계획시설의 설치에 필요한 토지를 도시정비법 제38조에 따라 천재·지변, 그 밖의 불가피한 사유로 인하여 긴급히 정비사업을 시행할 필요가 있는 사업의 경우에만 수용할 수 있음

6-4 일반분양

6-4-1 | 현금청산 전 입주자 모집승인이 가능한지('12. 5. 24.)

질의요지 조합설립에 동의한 조합원이 분양신청 등을 하지 않아 현금청산 대상자가 된 경우 현금청산 전에 입주자 모집승인이 가능한지

회신내용 도시정비법 제50조제5항에서는 관리처분계획 등에 따른 공급대상자에게 주택을 공급하고 남은 주택에 대하여는 관리처분계획 등에 따른 공급대상자외의 자에게 공급할 수 있도록 하면서, 도시정비법 제46조에 따른 분양신청 결과 도시정비법 제47조에 따른 현금청산 대상자가 있는 경우 현금청산을 완료하고 공급하도록 하는 별도의 규정이 없으므로, 귀 질의내용과 같이 조합원이 분양신청 등을 하지 않아 현금청산 대상자가 있는 경우 현금청산 완료 전이라도 도시정비법 제50조제5항에 따른 주택공급을 위한 입주자 모집이 가능할 것으로 판단

6-4-2 | 단지내 상가에 대한 일반분양은 어떻게 하는지('16.05.23.)

질의요지 단지내 상가를 일반 분양할 경우 분양 보증, 분양승인을 받아야 하는지, 이 경우 조합에 어떤 책임이 있는지

회신내용 도시정비법제50조제5항에 따르면 사업시행자는 제1항부터 제4항까지에 따른 공급대상자에게 주택을 공급하고 남은 주택에 대하여는 제1항부터 제4항까지에 따른 공급대상자외의 자에게 공급할 수 있고, 이 경우 주택의 공급방법·절차 등에 관하여는 「주택법」 제38조를 준용하도록 하고 있으나, 질의하신 일반건축물 분양에 대하여는 동법에 별도로 정하고 있지 않으므로, 이

에 대하여는 주택법 및 일반건축물 분양 관련 법률 등을 검토하여 결정하여야 할 것으로 판단됨

※ 주택공급에 관할 규칙 제62조에 복리시설을 공급하면 됨

6-5 이전고시

6-5-1 도시정비법 제55조제1항 관련 종전토지 설정 권리 및 이전고시('12. 8. 10.)

질의요지
가. 도시정비법 제55조제1항과 관련하여 종전토지에 설정된 권리는 토지만에, 건물에 설정된 권리는 건물만에 설정된 것으로 보는지, 아니면 종전토지에 설정된 권리가 아파트 토지와 건물에 공통으로 설정된 것으로 보는지

나. 이전고시를 할 때 종전토지에 설정되어 있는 것을 새로운 건축물에 이기하면서 토지에만 설정할 것인지, 토지건물에 함께 할 것인지가 조합의 재량사항인지

회신내용
도시정비법 제55조제1항에 따라 대지 또는 건축물을 분양받을 자에게 소유권을 이전한 경우 종전의 토지 또는 건축물에 설정된 지상권·전세권·저당권·임차권·가등기담보권·가압류 등 등기된 권리 및 주택임대차보호법 제3조제1항의 요건을 갖춘 임차권은 소유권을 이전받은 대지 또는 건축물에 설정된 것으로 보도록 하고 있음

6-5-2 준공인가를 하지 못한 경우 일부 이전고시가 가능한 지('14. 7. 14.)

질의요지 주택재건축사업에서 임시사용승인을 득하여 조합원 및 일반분양

자 전원이 입주하였으나 정비사업구역 중 토지 소유권의 일부를 확보하지 못하여 준공인가 및 공사완료 고시를 얻지 못 한 경우 건축물에 대한 일부 이전고시가 가능한지 여부

회신내용 도시정비법 제54조제1항에 따르면 사업시행자는 제52조제3항 및 제4항의 규정에 의한 고시가 있은 때에는 지체없이 대지확정측량을 하고 토지의 분할절차를 거쳐 관리처분계획에 정한 사항을 분양을 받을 자에게 통지하고 대지 또는 건축물의 소유권을 이전하도록 하고 있고, 정비사업의 효율적인 추진을 위하여 필요한 경우에는 당해 정비사업에 관한 공사가 전부 완료되기 전에 완공된 부분에 대하여 준공인가를 받아 대지 또는 건축물별로 이를 분양받을 자에게 그 소유권을 이전할 수 있도록 하고 있음

6-5-3 관리처분계획 변경이 지연된 정비구역의 이전고시 시점('16.O.O.)

질의요지 관리처분계획 변경인가가 지연 중인 재건축사업장의 이전고시 시점은 언제인지

회신내용 도시정비법제54조제1항에 따르면 사업시행자는 제52조제3항 및 제4항의 규정에 의한 고시가 있은 때에는 지체없이 대지확정측량을 하고 토지의 분할절차를 거쳐 관리처분계획에 정한 사항을 분양을 받을 자에게 통지하고 대지 또는 건축물의 소유권을 이전하여야 한다고 규정하고 있는 바, 정비사업의 이전고시는 관리처분계획 변경인가가 완료된 이후 가능할 것으로 판단됨

6-6 진입도로 확보

6-6-1 | 주택재건축정비사업의 진입도로 토지 확보 방법 ('15.09.17.)

질의요지 주택재건축정비사업에서 진입도로 토지를 수용 및 사용하기 위하여 토지보상법을 적용할 수 있는지

회신내용 도시정비법 제38조에 따르면 사업시행자는 정비구역안에서 정비사업을 시행하기 위하여 필요한 경우에는 공익사업을위한토지등의취득및보상에관한법률 제3조의 규정에 의한 토지·물건 또는 그 밖의 권리를 취득하거나 사용할 수 있고, 이 경우 주택재건축사업의 경우에는 도시정비법 제8조제4항제1호의 규정에 해당하는 사업으로 한정하도록 하고 있으므로, 질의하신 주택재건축사업에 대하여는 토지보상법을 적용하기 어려울 것임

6-6-2 | 진입로 및 그 인접지역 의미 ('15.03.18.)

질의요지 도시 및 주거환경정비법 제64조제3항의 "진입로 지역"과 "그 인접지역"의 의미는 무엇인지

회신내용 도시정비법 제64조제3항에 따르면 시·도지사 또는 대도시의 시장은 제4조의 규정에 의하여 정비구역을 지정함에 있어서 정비구역의 진입로 설치를 위하여 필요한 경우에는 진입로 지역과 그 인접지역을 포함하여 정비구역을 지정할 수 있도록 하고 있으며, 질의하신 "진입로 지역"은 진입도로를 설치할 지역을 말하며, "그 인접지역"은 진입도로를 설치할 지역과 접한 인근 지역을 말함

7 관리처분계획, 착공 및 청산

7-1 국·공유지 점용료

7-1-1 국·공유지의 사용료 또는 점용료를 면제받는 시점은('12. 3. 28.)

질의요지 재개발사업 추진 중 국유지·공유지의 사용 또는 점용에 따른 사용료 또는 점용료를 면제받는 시점은

회신내용 도시정비법 제32조제1항에 따르면 사업시행자가 사업시행인가를 받은 때에는 다른 법률에 따른 인·허가등이 있은 것으로 보고 있으며, 같은 법 제32조제6항에서 정비사업에 대하여 다른 법률에 따른 인·허가등을 받은 것으로 보는 경우에는 관계 법률 또는 시·도조례에 따라 해당 인·허가등의 대가로 부과되는 수수료와 해당 국유지·공유지의 사용 또는 점용에 따른 사용료 또는 점용료를 면제하도록 하고 있음

7-1-2 주택재건축정비사업구역내 정비기반시설 중 공원도 점용료 면제 ('13. 8. 20.)

질의요지 주택재건축정비사업구역내 정비기반시설 중 도로에 대해서는 도시정비법 제32조제1항제3호 및 같은 조 제6항에 따라 도로점용허가에 대해 의제 처리되는 조항이 있어 도로점용료는 면제사항에 해당되나, 공원에 대해서는 관련 의제처리 조항이 없어 점용료 면제대상인지 여부

회신내용 도시정비법 제32조제6항은 정비사업에 대하여 같은 조 제1항이

나 제2항에 따라 다른 법률에 따른 인·허가 등을 받은 것으로 보는 경우 관계 법률 또는 시·도조례에 따라 해당 인·허가 등의 대가로 부과되는 수수료와 해당 국유지·공유지의 사용 또는 점용에 따른 사용료 또는 점용료를 면제하는 규정이므로, 도시정비법 제32조제1항 및 제2항에 따라 다른 법률의 인·허가 등의 의제대상이 아닌 경우는 동 규정에 따른 면제대상이 아닌 것으로 판단됨

7-1-3 | 재건축 사업의 국공유지 도로에 대부료를 부과해도 되는지 ('15.11.25.)

질의요지

가. 도시정비법 제32조제1항제3호에 따라 사업시행인가로 도로의 점용허가가 의제되는 사업에 재건축 사업이 포함되는지

나. 재건축사업의 경우 사업시행인가로 도로에 대한 점용허가가 의제된다면, 도로법에서 정하는 점용료를 부과해야하는지 아니면, 대법원 판결에 따른 대부료를 부과해야하는지

회신내용

가. 도시정비법 제32조제1항에 따르면 사업시행자가 사업시행인가를 받은 때에는 같은 조 각 호의 인가·허가·승인·신고·등록·협의·동의·심사 또는 해제(이하 "인·허가등"이라 한다)가 있은 것으로 보며, 도시정비법 제28조제4항에 따른 사업시행인가의 고시가 있은 때에는 같은 조 각 호의 관계 법률에 따른 인·허가등의 고시·공고 등이 있은 것으로 보도록 하고 있으므로, 질의하신 도시정비법 제32조제1항제3호에 따른 사업시행인가 의제는 재건축사업을 포함한 모든 정비사업을 말함.

나. 도시정비법 제32조제6항에 따르면 정비사업에 대하여 제1

항이나 제2항에 따라 다른 법률에 따른 인·허가등(「국유재산법」 제30조에 따른 사용허가(주택재개발사업 및 도시환경정비사업에 한한다), 「공유재산 및 물품관리법」 제20조에 따른 사용·수익허가(주택재개발사업 및 도시환경정비사업만 해당한다) 등)을 받은 것으로 보는 경우에는 관계 법률 또는 시·도조례에 따라 해당 인·허가 등의 대가로 부과되는 수수료와 해당 국유지·공유지의 사용 또는 점용에 따른 사용료 또는 점용료를 면제하도록 하고 있으며, 질의하신 경우의 대부료는 동 규정에 따라 면제대상이 아님

7-2 국·공유지 무상 양도·양수

7-2-1 정비기반시설의 무상양도 시 감정평가 기준시점('11. 2. 15.)

질의요지 도시정비법 제65조제2항에 따른 정비기반시설 무상양도 시 폐지되는 정비기반시설과 새로이 설치한 정비기반시설의 설치비용 산정을 위한 감정평가 기준시점은

회신내용 도시정비법 제65조제2항에서 무상양도 하는 경우 정비기반시설이나 그 설치비용 산정을 위한 감정평가 시점에 관하여 명문화하고 있지는 않으나, 도시정비법 제66조제6항에 따르면 국·공유재산을 매각할 때 사업시행인가의 고시가 있은 날을 기준으로 평가하고 있으므로, 이를 준용할 수 있을 것으로 봄

7-2-2 재개발구역 내 국·공유지 매각가격결정을 위한 감정평가업자의 선정 (법제처, '11. 11. 4.)

질의요지 구 도시정비법(2009. 5. 27. 법률 제9729호로 일부개정되어

2009. 11. 28. 시행되기 전의 것을 말함) 제66조제6항에 따르면, 주택재개발정비사업을 목적으로 우선매각하는 국·공유의 일반재산의 평가는 사업시행인가의 고시가 있은 날을 기준으로 행한다고 규정되어 있는데, 이 경우 국·공유의 일반재산의 매각가격 결정을 위한 감정평가의 의뢰자는 누구인지

회신내용 구 도시정비법(2009. 5. 27. 법률 제9729호로 일부개정되어 2009. 11. 28. 시행되기 전의 것을 말함) 제66조제6항에 따라 국·공유의 일반재산의 매각가격 결정을 위한 평가를 행할 경우, 국유의 일반재산에 대하여 감정평가법인에게 감정을 의뢰하는 주체는 원칙적으로 해당 국유재산의 총괄청 또는 관리청이고, 공유의 일반재산에 대하여 감정평가법인에 감정을 의뢰하는 주체는 지방자치단체의 장이라고 할 것임

7-2-3 국가 귀속 친일재산인 정비기반시설 무상양도 가능 여부(법제처, '09. 5. 22.)

질의요지 「친일반민족행위자 재산의 국가귀속에 관한 특별법」에 따라 국가에 귀속된 도로 등의 정비기반시설이 도시정비법에 따른 정비사업으로 용도가 폐지되는 경우, 그 시설은 도시정비법 제65조제2항의 "사업시행자에게 무상으로 양도되는 국가 또는 지방자치단체 소유의 정비기반시설"에 해당되는지

회신내용 「친일반민족행위자 재산의 국가귀속에 관한 특별법」에 따라 국가에 귀속된 도로 등의 정비기반시설이 도시정비법에 따른 정비사업으로 용도가 폐지되는 경우, 그 시설은 도시정비법 제65조제2항의 "사업시행자에게 무상으로 양도되는 국가 또는 지방자치단체 소유의 정비기반시설"에 해당됨

| 7-2-4 | 정비구역으로 새로 포함된 도로의 무상양도가 가능한 지(법제처, '10. 11. 12.)

질의요지 시장·군수 또는 주택공사 등이 아닌 정비사업시행자가 정비구역 밖의 국토계획법에 따른 도시계획시설인 진입도로에 대하여 도시계획시설사업시행자 지정을 받아 개선공사에 착공한 후 해당 도로가 정비구역에 포함되는 내용의 정비사업시행계획 변경 및 인가를 받아 정비사업을 완료한 경우, 해당 도로가 도시정비법 제65조제2항의 "정비사업의 시행으로 새로이 설치한 정비기반시설"에 해당되는지

회신내용 시장·군수 또는 주택공사등이 아닌 정비사업시행자가 정비구역 밖의 국토계획법에 따른 도시계획시설인 진입도로에 대하여 도시계획시설사업시행자 지정을 받아 개선공사에 착공한 후 해당 도로가 정비구역에 포함되는 내용의 정비사업시행계획 변경 및 인가를 받아 정비사업을 완료한 경우, 해당 도로는 도시정비법 제65조제2항의 "정비사업의 시행으로 새로이 설치한 정비기반시설"에 해당됨

| 7-2-5 | 교육감이 관리하는 공유지에 대한 무상양여 협의의 의미(법제처, '10. 12. 9.)

질의요지 주거환경개선구역 안에 있는, 교육감이 관리청인 토지에 대하여 도시정비법 제68조제4항에 따른 협의에 따라 같은 조 제1항 본문에 따른 무상양여 여부를 결정할 수 있는지

회신내용 주거환경개선구역 안에 있는, 교육감이 관리청인 토지에 대하여 도시정비법 제68조제4항에 따른 협의에 따라 같은 조 제1항 본문에 따른 무상양여 여부를 결정할 수 없음

7-2-6 용도폐지되는 정비기반시설의 무상양도 범위(법제처, '11. 12. 8.)

질의요지

도시정비법 제65조제2항에서는 정비사업의 시행으로 인하여 용도가 폐지되는 국가 또는 지방자치단체 소유의 정비기반시설은 시장·군수 또는 주택공사등이 아닌 사업시행자가 새로이 설치한 정비기반시설의 설치비용에 상당하는 범위 안에서 사업시행자에게 무상으로 양도된다고 규정하고 있는바, 정비사업의 시행으로 용도가 폐지되는 국가 또는 지방자치단체 소유의 정비기반시설의 평가금액이 시장·군수 또는 주택공사등이 아닌 사업시행자가 새로이 설치한 정비기반시설의 설치비용을 초과하는 경우, 해당 행정청은 사업시행자에게 용도가 폐지되는 정비기반시설 전부를 무상으로 양도하여야 하는지

회신내용

정비사업의 시행으로 용도가 폐지되는 국가 또는 지방자치단체 소유의 정비기반시설의 평가금액이 시장·군수 또는 주택공사등이 아닌 사업시행자가 새로이 설치한 정비기반시설의 설치비용을 초과하는 경우, 해당 행정청은 사업시행자에게 용도가 폐지되는 정비기반시설 전부를 무상으로 양도하여야 하는 것은 아니라고 할 것임

7-2-7 국·공유지 관리청과 조합원간 매매계약을 조합이 승계 할 수 있는지 ('12. 1. 10.)

질의요지

정비구역내의 국·공유지에 대하여 재산관리청과 점유자인 조합원이 서로 매매계약을 체결하였고 계약금(10%)을 조합에서 대신 납부 하였으나, 해당 조합원이 매매계약 체결을 부정하고 매수를 포기할 경우에, 조합에서 상기의 계약 건에 대하여 잔금을 일시에 납부하는 조건으로 계약을 승계 받을 수 있는지

회신내용 도시정비법 제66조제4항에 따르면 정비구역내의 국·공유재산은 사업시행자 또는 점유자 및 사용자에게 다른 사람에 우선하여 수의계약으로 매각 또는 임대할 수 있다고 규정하고 있으나, 재산관리청과 점유자인 조합원 간에 체결한 매매계약을 조합에서 승계할 수 있는지에 대하여는 매매계약서 및 관계법령 등을 종합적으로 검토하여 판단할 사항이므로 이에 대하여는 매매계약을 체결한 재산관리청에 문의하시거나 법률전문가의 자문을 받아보시는 것이 바람직 할 것으로 판단됨

7-2-8 주거환경개선사업 구역내 정비기반시설공사에 따른 추가공사 비용부담 ('12. 2. 22.)

질의요지 주거환경개선사업 구역(현지개량사업)에서 정비기반시설(도로)의 공사로 인하여 발생된 배전설비 이전 등 타공사의 비용을 누가 부담하여야 하는지

회신내용 도시정비법 제30조에 따라 시장·군수 또는 주택공사등이 시행하는 정비사업은 사업시행계획서의 작성시 시행규정을 포함하도록 되어 있고, 도시정비법 시행령 제41조제1항에 따라 시행규정 작성시 도로 등 정비기반시설의 비용부담에 관한 사항이 포함되도록 하고 있으나 도로공사에 수반하는 타공사 비용의 부담에 대해서는 도시정비법에서 규정하는 바가 없으므로, 타공사 비용 부담 주체에 대해서는 도로법 등 관련 법령과 사업시행계획서 등을 종합적으로 검토하여 결정하여야 할 것으로 판단됨

7-2-9 주거환경개선사업구역 내 국공유지가 무상양여 대상인지('15.02.16.)

질의요지 가. 주거환경개선구역내 국가 또는 지방자치단체가 소유하는 토

지는 일반재산인 경우에만 도시정비법 제68조제1항을 적용하여 사업시행자에게 무상양여되는지

나. 국유지·공유지 중 도로 등 정비기반시설에 대해서는 대부분 공공용재산으로 행정재산으로 분류되므로 도시정비법 제68조제1항 단서조항에 따라 무상양여 되지 않고, 도시정비법 제65조제1항과 제3항을 적용하여 종래의 정비기반시설인 경우 사업시행자에게 무상으로 귀속하는 것으로 관리청과 협의하는 것이 적법한 것인지

다. 도시정비법 제65조제1항에 의하여 사업시행자에게 무상귀속되는 종래의 정비기반시설은 도시계획시설로 정비기반시설 조성 완료된 시설을 의미하는지

회신내용

가. 질의 "가"에 대하여

도시정비법 제68조제1항에 따라 주거환경개선구역안에서 국가 또는 지방자치단체가 소유하는 토지는 「국유재산법」, 「공유재산 및 물품관리법」 및 그 밖에 국유지, 공유지의 관리 및 처분에 관하여 규정한 관계법령에도 불구하고 해당 사업시행자에게 무상으로 양여되나, 「국유재산법」 제6조제2항에 따른 행정재산과 국가 또는 지방자치단체가 양도계약을 체결하여 정비구역지정 고시일 현재 대금의 일부를 수령한 토지에 대하여는 그러하지 아니함

나. 질의 "나"에 대하여

도시정비법 제65조제1항에 따라 시장·군수 또는 주택공사 등이 정비사업의 시행으로 새로이 정비기반시설을 설치하거나 기존의 정비기반시설에 대체되는 정비기반시설을 설치한 경우에는 「국유재산법」 및 「공유재산 및 물품관리법」에

도 불구하고 종래의 정비기반시설은 사업시행자에게 무상으로 귀속되고, 새로이 설치된 정비기반시설은 그 시설을 관리할 국가 또는 지방자치단체에 무상으로 귀속됨. 따라서 같은 조 제3항에 따라 시장·군수는 정비기반시설의 귀속에 관한 사항이 포함된 정비사업의 시행을 인가하고자 하는 경우 미리 그 관리청의 의견을 들어야 할 것임

다. 질의 "다"에 대하여
도시정비법 제65조제1항에 따라 사업시행자에게 무상 귀속되는 정비기반시설은 같은 법 제2조제4호 및 같은 법 시행령제3조에서 정하는 시설임

7-2-10 사업시행인가 고시일이 없는 경우 국·공유지 감정평가 기준일('12. 5. 29.)

질의요지 주거환경개선사업 방식이 현지개량방식으로 추진하여 사업시행인가 고시일이 없는 경우 국공유지의 감정평가 기준일과 매각가격 산정은 어떻게 해야 하는지

회신내용
가. 도시정비법 제66조제6항에는 제4항의 규정에 의하여 정비사업을 목적으로 우선 매각하는 국·공유지의 평가는 사업시행인가의 고시가 있는 날을 기준으로 하도록 규정하고 있으며, 도시정비법 제28조제1항에는 사업시행자가 시장·군수인 경우에는 사업시행인가를 하지 않을 수 있도록 규정하고 있음

나. 사업시행인가는 각종 개별법상 인·허가등이 의제되는 등 법적 효과를 발생시키는 행정행위이고, 도시정비법 제32조제1항에 의거 다른 법률의 인·허가등의 의제시 "사업시행

자가 사업시행 인가를 받은 때"를 "시장·군수가 직접 정비사업을 시행하는 경우에는 사업시행계획서를 작성한 때"로 규정하고 있는 것을 감안할 때, 질의의 경우 국·공유지의 감정평가 기준일은 이를 기준으로 하는 것이 바람직하다고 사료됨

7-2-11 정비기반시설에 해당하지 아니하는 토지의 도시정비법 제65조제2항의 적용 ('12. 9. 11.)

질의요지

도시정비법에 따른 정비기반시설이 아닌 지방자치단체 소유의 토지(A)가 정비구역에 포함되어 용도가 폐지되고, 그 중 일부 토지(B)에 정비사업의 시행으로 새로이 정비기반시설이 설치되는 경우 B토지가 사업시행자(시장·군수 또는 주택공사등이 아님)에게 무상으로 양도되는지 여부

회신내용

가. 도시정비법 제65조제2항에서 사업시행자가 시장·군수 또는 주택공사등이 아닌 경우 정비사업의 시행으로 인하여 용도가 폐지되는 국가 또는 지방자치단체 소유의 정비기반시설은 그가 새로이 설치한 정비기반시설의 설치비용에 상당하는 범위에서 사업시행자에게 무상으로 양도되도록 규정하고 있음

나. 질의의 용도 폐지되는 토지 B가 도시정비법 제2조제4호에 따른 정비기반시설에 해당하지 아니하는 경우라면 동 토지는 사업시행자에게 무상으로 양도하는 대상에 해당하지 않을 것으로 보임

7-2-12 | 정비구역 지정전 계획된 도시계획도로 개설 시 도로개설 주체('12. 12. 4.)

질의요지 주택재개발정비구역으로 지정고시 되기 이전부터 폭 25미터의 도시계획도로로 결정되어 정비구역 안을 관통하고 있는 도로를 정비구역지정 이후에 개설하고자 할 경우 도로개설 주체 및 도로개설을 위한 설치비용의 지방자치단체 부담여부

회신내용 도시정비법 제64조제1항에 따르면 사업시행자는 관할 지방자치단체장과의 협의를 거쳐 정비구역안에 정비기반시설을 설치하도록 하고 있고, 도시정비법 제60조제1항 및 제2항에 따르면 정비사업비는 이 법 또는 다른 법령에 특별한 규정이 있는 경우를 제외하고는 사업시행자가 부담하도록 하고 있으며, 시장·군수는 시장·군수가 아닌 사업시행자가 시행하는 정비사업의 정비계획에 따라 설치되는 도시·군계획시설 중 대통령령으로 정하는 도로 등 주요 정비기반시설에 대하여는 그 건설에 소요되는 비용의 전부 또는 일부를 부담할 수 있도록 하고 있음

7-2-13 | 학교부지를 정비기반시설로 보아 용도폐지 및 무상양도가 가능한지('13. 3. 14.)

질의요지 ○○구역 주택재개발정비사업계획에 포함된 ○○시 교육감 소관 학교부지를 도시정비법 제2조제4호의 정비기반시설로 보아 같은 법 제65조제2항에 따라 용도폐지 및 무상양도가 가능한지

회신내용 도시정비법 제65조제2항에 따라 시장·군수 또는 주택공사등이 아닌 사업시행자가 정비사업의 시행으로 새로이 설치한 정비기반시설은 그 시설을 관리할 국가 또는 지방자치단체에 무상으로 귀속되고, 정비사업의 시행으로 인하여 용도가 폐지되는 국

가 또는 지방자치단체 소유의 정비기반시설은 그가 새로이 설치한 정비기반시설의 설치비용에 상당하는 범위안에서 사업시행자에게 무상으로 양도되도록 하고 있으나, 학교 부지는 같은 법 제2조제4호에 따른 "정비기반시설"에 포함되어 있지 않아 동 규정에 따른 무상 양도 대상이 아닌 것으로 판단됨

7-2-14 | 용도가 폐지되는 모든 정비기반시설이 무상 양도 대상인 지('13. 8. 14.)

질의요지

정비사업의 시행으로 정비구역내 용도가 폐지되는 국토교통부 소유(재산관리청은 철도시설공단)의 정비기반시설의 평가금액이 시장·군수 또는 주택공사등이 아닌 사업시행자가 새로이 설치한 정비기반시설의 설치비용 범위 안에 속하는 경우, 해당 재산관리청(철도시설공단)은 사업시행자에게 용도가 폐지되는 정비기반시설 전부를 무상으로 양도하여 하여야 하는지

회신내용

도시정비법 제65조제2항에 따르면 시장·군수 또는 주택공사등이 아닌 사업시행자가 정비사업의 시행으로 새로이 설치한 정비기반시설은 그 시설을 관리할 국가 또는 지방자치단체에 무상으로 귀속되고, 정비사업의 시행으로 인하여 용도가 폐지되는 국가 또는 지방자치단체 소유의 정비기반시설은 그가 새로이 설치한 정비기반시설의 설치비용에 상당하는 범위 안에서 사업시행자에게 무상으로 양도되도록 하고 있으므로, 질의하신 경우와 같이 용도가 폐지되는 국가 소유의 정비기반시설이 새로이 설치한 정비기반시설의 설치비용에 상당하는 범위 안인 경우는 사업시행자에게 무상으로 양도되어야 할 것으로 판단됨

7-2-15 사업시행인가 이전에 도로 신설로 기존 도로가 폐지된 경우, 폐지된 도로를 정비기반시설로 볼수 있는지('14. 12. 19.)

질의요지 사업시행인가 이전에 사업지역 내 시 소유의 도시계획도로를 폐지하고 주택재건축 조합소유의 부지에 대체 도시계획도로를 신설하여 기존의 시 소유의 도시계획도로가 사업시행인가 시점에 정비기반시설이 아니라면, 사업시행인가 시점에 과거의 도시계획도로인 시 소유의 도로를 '정비사업의 시행으로 인하여 용도가 폐지되는 국가 또는 지방자치단체 소유의 정비기반시설'로 볼 수 있는지

회신내용 도시정비법제65조제2항에 따라 시장·군수 또는 주택공사등이 아닌 사업시행자가 정비사업의 시행으로 새로이 설치한 정비기반시설은 그 시설을 관리할 국가 또는 지방자치단체에 무상으로 귀속되고, 정비사업의 시행으로 인하여 용도가 폐지되는 국가 또는 지방자치단체 소유의 정비기반시설은 그가 새로이 설치한 정비기반시설의 설치비용에 상당하는 범위안에서 사업시행자에게 무상으로 양도됨을 알려드립니다. 질의의 경우 재건축 정비사업 시행을 위해 정비구역 중심부를 관통하여 사업추진에 지장을 주는 기정 도시계획도로(A) 노선을 폐지하고 정비구역 외곽부에 대체 도시계획도로(B) 노선을 신설한 것으로 보이므로 기정 도시계획도로(A)는 정비사업의 시행으로 인하여 용도가 폐지된 정비기반시설로 보아야 할 것임

7-2-16 사업구역내 체비지가 있는 경우 사업시행자에게 무상양여 되는지('14. 9. 17.)

질의요지 LH는 주거환경개선사업 사업시행자로 지정('06.5.16.)되어 사업시행인가를 득하였으며 현재 보상을 완료하고 철거공사 중으로,

사업지구 내 과거 「지자체의 토지구획정리사업」 환지처분('78.4.10.)에 의한 지자체의 체비지가 포함된 경우 이 체비지는 사업시행자에게 무상 양여되는지, 아니면 사업시행자가 유상 취득해야 하는지

회신내용 도시정비법제68조제1항에 의하면 주거환경개선구역안에서 국가 또는 지방자치단체가 소유하는 토지는 제28조제4항에 따른 사업시행인가의 고시가 있는 날부터 종전의 용도가 폐지된 것으로 보며, 「국유재산법」, 「공유재산 및 물품 관리법」 및 그 밖에 국유지·공유지의 관리 및 처분에 관하여 규정한 관계법령에도 불구하고 해당 사업시행자에게 무상으로 양여되나, 「국유재산법」 제6조제2항에 따른 행정재산 또는 「공유재산 및 물품 관리법」 제5조제2항에 따른 행정재산과 국가 또는 지방자치단체가 양도계약을 체결하여 정비구역지정 고시일 현재 대금의 일부를 수령한 토지에 대하여는 그러하지 아니함

따라서, 귀 질의하신 주거환경개선사업지구 내 체비지가 "행정재산"과 "국가 또는 지방자치단체가 양도계약을 체결하여 정비구역지정 고시일 현재 대금의 일부를 수령한 토지"가 아닌 지방자치단체 소유 토지라면 사업시행자에게 무상으로 양여되어야 할 것임

7-2-17 지방자치단체가 시행하는 경우 무상 양여 및 수익금 관리('15.04.30.)

질의요지 가. 주거환경개선사업에서 토지소유자로서의 지방자치단체와 사업시행자로의 지방자치단체가 같은 경우 국가 또는 지방자치단체가 소유하는 토지에 해당 지방자치단체도 포함되어 무상양여 대상인지

나. 사업시행자가 무양양여 받은 토지의 사용 또는 처분에 따른 수입금 관리는 방법은 어떻게 하는지

회신내용　가. 도시정비법제68조제1항에 따라 주거환경개선구역안에서 국가 또는 지방자치단체가 소유하는 토지는 같은 법 제28조제4항에 따른 사업시행인가의 고시가 있은 날부터 종전의 용도가 폐지된 것으로 보며, 「국유재산법」, 「공유재산 및 물품 관리법」 및 그 밖에 국유지·공유지의 관리 및 처분에 관하여 규정한 관계 법령에도 불구하고 해당 사업시행자에게 무상으로 양여됨

　　　아울러, 같은 조 제3항에 따라 무상양여 된 토지의 사용수익 또는 처분으로 인한 수입은 주거환경개선사업외의 용도로 이를 사용할 수 없음

　　　나. 같은 법 제68조 제5항에 따라 사업시행자에게 양여된 토지의 관리처분에 관하여 필요한 사항은 국토교통부장관의 승인을 얻어 당해 시·도조례 또는 주택공사 등의 시행규정으로 정하도록 하고 있으므로, 무상 양여된 토지의 관리처분에 대하여는 해당 조례에서 정한 바에 따라야 할 것임

7-2-18 | 공용주차장이 무상양도 대상인지('16.O.O.)

질의요지　국토계획법에 따른 도시·군관리계획으로 결정된 시설이 아닌 지방자치단체 소유의 공용주차장도 도시정비법제65조제2항에 따라 사업시행자에게 무상양도가 가능한지

회신내용　도시정비법 제65조제2항에 따르면 시장·군수 또는 주택공사등

이 아닌 사업시행자가 정비사업의 시행으로 새로이 설치한 정비기반시설은 그 시설을 관리할 국가 또는 지방자치단체에 무상으로 귀속되고, 정비사업의 시행으로 인하여 용도가 폐지되는 국가 또는 지방자치단체 소유의 정비기반시설은 그가 새로이 설치한 정비기반시설의 설치비용에 상당하는 범위안에서 사업시행자에게 무상으로 양도된다고 규정하고 있으며,

같은 법 제2조제4호에서 정비기반시설을 도로·상하수도·공원·공용주차장·공동구로 규정하고 있기 때문에 질의의 국토계획법에 따른 도시·군관리계획으로 결정된 시설이 아닌 지방자치단체 소유의 공용주차장도 도시정비법 제65조제2항에 따라 무상 양도가 가능할 것임

| 7-2-19 | **정비구역내 국유지 매매시 가격산정 방법('16.08.04.)**

질의요지 사업시행인가 고시일부터 3년 이내에 매매계약을 체결하지 않은 국유지를 사업시행자에게 매각할 경우 토지보상법에 따른 가격산정 방식(동법 제67조·제70조/보상가-개발이익 배제)이 적용되는지, 아니면 국유재산법에 따른 가격산정 방식이 적용되는지

회신내용 도시정비법 제66조제6항 단서에 따르면 사업시행인가의 고시가 있은 날부터 3년 이내에 매매계약을 체결하지 아니한 국유지·공유지는 「국유재산법」 또는 「공유재산 및 물품 관리법」에서 정하는 바에 따르도록 하고 있으므로, 질의하신 국유지 매각에 대하여는 「국유재산법」을 적용하면 될 것으로 판단됨

7-2-20 | 정비구역내 국·공유지 매각 가능 시점('16.05.18.)

질의요지 도시환경정비사업 구역 내 국·공유지 매각 시점

회신내용 도시정비법 제66조제5항에 따르면 다른 사람에 우선하여 매각 또는 임대할 수 있는 국유·공유 재산은 「국유재산법」, 「공유재산 및 물품 관리법」 및 그 밖에 국유지·공유지의 관리와 처분에 관하여 규정한 관계 법령에도 불구하고 사업시행인가의 고시가 있은 날부터 종전의 용도가 폐지된 것으로 본다고 규정하고 있으며, 같은 조 제6항에 정비사업을 목적으로 우선 매각하는 국유지·공유지의 평가는 사업시행인가의 고시가 있은 날을 기준으로 하여 행하며, 주거환경개선사업의 경우 매각가격은 이 평가금액의 100분의 80으로 하며, 사업시행인가의 고시가 있은 날부터 3년 이내에 매매계약을 체결하지 아니한 국유지·공유지는 「국유재산법」 또는 「공유재산 및 물품 관리법」에서 정하는 바에 따른다고 규정하고 있는 점을 고려할 때 도시환경정비사업 구역 내 국·공유지 매각은 사업시행인가 이후 가능할 것으로 판단됨

7-2-21 | 사업시행인가 전에 국유지를 매각할 수 있는지('16.9.12.)

질의요지 도시정비법 제66조제4항에 따라 도시환경정비구역 안의 국유지를 그 점유자에게 수의계약으로 매각하려는 경우, 사업시행인가 고시 전에 해당 국유지를 매각할 수 있는지

회신내용 도시정비법 제66조제4항에 따라 도시환경정비구역 안의 국유지를 그 점유자에게 수의계약으로 매각하려는 경우, 사업시행인가 고시 전에 해당 국유지를 매각할 수 없음

8 정비사업의 업체 선정(시공사, 정비사업전문관리업자 등)

8-1 시공사 선정

8-1-1 | 법 시행 전 추진위원회가 승인된 경우 시공자를 경쟁입찰로 선정하는지
(법제처, '09. 7. 27.)

질의요지 2006. 5. 24. 법률 제7960호로 일부개정되어 2006. 8. 25. 시행된 도시정비법 시행 전에 주택재개발사업 조합설립 추진위원회가 승인되었고, 그 추진위원회가 설립한 주택재개발사업조합이 설립인가를 받은 후 시공자를 선정하려는 경우, 반드시 경쟁입찰의 방법으로 시공사를 선정해야 하는지

회신내용 2006. 5. 24. 법률 제7960호로 일부개정되어 2006. 8. 25. 시행된 도시정비법 시행 전에 주택재개발사업 조합설립 추진위원회가 승인되었고, 그 추진위원회가 설립한 주택재개발사업조합이 설립인가를 받은 후 시공자를 선정하려는 경우, 반드시 경쟁입찰의 방법으로 시공사를 선정해야 하는 것은 아님

8-1-2 | 주택재개발사업 시공자 선정 시기('09. 12. 8.)

질의요지 주택재개발사업의 경우 시공자 선정은 어느 단계에서 할 수 있는지

회신내용 도시정비법 제11조제1항에 따르면 조합은 제16조에 따른 조합설립인가를 받은 후 조합총회에서 국토해양부장관이 정하는 경쟁입찰의 방법으로 건설업자 또는 등록사업자를 시공자로 선정

하여야 하며, 다만 조합원이 100명 이하인 정비사업의 경우에는 조합총회에서 정관으로 정하는 바에 따라 선정할 수 있다고 규정하고 있음

8-1-3 조합이 시공자를 선정하는 경우 직접 참석 비율('12. 5. 9.)

질의요지 2012년 4월 27일 설립인가를 받은 조합이 시공자를 선정할 때 「시공자 선정기준」에 따라 과반수 이상이 직접 참석하여야 하는지와 조합이 계약 체결한 수주기획사를 통해 서면결의서 징구를 할 수 있는지

회신내용 도시정비법 제11조제1항 및 「시공자 선정기준」(국토해양부 고시 제2012-93호, 2012.3.8.) 제14조제1항에 따라 시공자 선정을 위한 총회는 조합원 총수의 과반수 이상이 직접 참석(정관이 정한 대리인이 참석한 때에는 직접 참여로 봄)하여 의결하도록 하고 있음. 또한 조합원은 총회 직접 참석이 어려운 경우 서면으로 의결권을 행사할 수 있으나, 서면의결권의 행사는 조합에서 지정한 기간·시간 및 장소에서 서면결의서를 배부받아 제출하도록 하고 있음

8-1-4 조합이 시공자 선정 전에 금품을 제공받은 것이 위법한 지('12. 6. 4.)

질의요지 조합이 시공자를 선정하기 전 건설업자로부터 수천만원을 수차례 제공받아 사용한 후 총회에서 추인의결을 받은 조합, 시공자를 선정하기 전 건설업자를 지급보증인으로 하여 은행을 통하여 수백억원을 차입하기로 의결을 받은 조합 등의 경우 도시정비법 제11조제5항 위반여부 및 시공자의 입찰참여자격은

회신내용

가. 도시정비법 제11조제5항에 따라 누구든지 시공자, 설계자 또는 제69조에 따른 정비사업전문관리업자의 선정과 관련하여 금품, 향응 또는 그 밖의 재산상 이익을 제공하거나 제공의사를 표시하거나 제공을 약속하는 행위 등 동조 동항 각 호의 행위를 할 수 없도록 하고 있으며, 같은 법 제84조의2에 따라 제11조제5항 각 호의 어느 하나를 위반하여 금품이나 그 밖의 재산상 이익을 제공하거나 제공의사를 표시하거나 제공을 약속하는 행위를 하거나 제공을 받거나 제공의사 표시를 승낙한 자에 해당하는 자는 5년 이하의 징역 또는 5천만원 이하의 벌금을 처하도록 되어 있음.

나. 또한, 「시공자 선정기준」(국토해양부 고시) 제5조 및 제6조에 따라 조합이 건설업자등을 시공자로 선정하고자 하는 경우에는 일반경쟁입찰, 제한경쟁입찰 또는 지명경쟁입찰(조합원이 200명 이하인 경우에 한함)의 방법으로 선정하도록 하고 있으며, 제한경쟁입찰의 경우 조합은 건설업자등의 자격을 시공능력평가액, 신용평가등급(회사채 기준), 해당 공사와 같은 종류의 공사실적, 그 밖에 조합의 신청으로 시장·군수·구청장이 따로 인정한 것으로만 제한할 수 있음

8-1-5 시공자 선정 시 서면결의서 징구 및 직접 참석 투표('12. 6. 25.)

질의요지

가. 시공사 선정 부재자 투표 공지안내에 대하여

나. 시공자선정 총회에서 조합원 과반수 이상이 직접 참석하여 투표했는지 및 부재자투표수가 직접 참석 투표수에 포함되지 않았다는 확인과 관리감독을 누가 어떻게 해야 하는지

회신내용   가. 질의 "가"에 대하여

「시공자 선정기준」 제14조제4항에 따라 조합은 조합원의 서면의결권 행사를 위해 조합원 수 등을 고려하여 서면결의서 제출기간·시간 및 장소를 정하여 운영하여야 하고, 시공자 선정을 위한 총회 개최 안내 시 서면결의서 제출요령을 충분히 고지하도록 하고 있으므로, 시공자 선정 부재자 투표 공지안내서에는 서면결의서 제출기간, 시간, 장소 및 제출요령 등의 내용이 포함되어야 할 것.

나. 질의 "나"에 대하여

시공자선정 총회에 대한 관리감독 등에 대하여는 「시공자 선정기준」에서 별도로 규정하고 있지 않으나, 동 기준 제3조에 따라 이 기준으로 정하지 않은 사항은 정관 등이 정하는 바에 따르며, 정관 등에서 정하지 않은 구체적인 방법 및 절차는 대의원회의 의결에 따르도록 하고 있음

8-1-6 | **100인 이하 조합의 시공사 선정** ('15.10.01.)

질의요지   조합원수가 100인 이하인 조합에서 정관에 따라 시공자를 선정하는 경우, 시공사 선정 총회에서 안건이 부결되면 재입찰 공고를 해야 하는지, 또는 바로 수의 계약을 할 수 있는지

회신내용   도시정비법 제11조제1항에 따르면 조합은 도시정비법 제16조에 따른 조합설립인가를 받은 후 조합총회에서 국토교통부장관이 정하는 경쟁입찰의 방법으로 건설업자 또는 등록사업자를 시공자로 선정하도록 하고 있고, 다만 조합원이 100명 이하인 정비사업의 경우에는 조합총회에서 정관으로 정하는 바에 따라 선정할 수 있도록 하고 있으므로, 질의하신 사항의 경우 조합정관

에 정한 바에 따라 결정하면 될 것임

8-1-7 | 워크아웃기업을 제외하는 것이 제한경쟁 입찰에 해당 되는지('12. 9. 20.)

질의요지 시공자 선정 입찰자격을 "현재 워크아웃기업 또는 법정 관리업체는 불가"라고 제한했을 경우 「시공자 선정기준」 제6조의 제한경쟁 입찰에 해당되는지

회신내용 「시공자 선정기준」 제5조제1항 및 제6조제1항에 따르면 조합이 건설업자등의 시공자를 선정하고자 하는 경우에는 조합은 건설업자등의 자격을 시공능력평가액, 신용평가등급(회사채 기준), 해당공사와 같은 종류의 공사실적, 그 밖의 조합의 신청으로 시장·군수·구청장이 따로 인정하는 것으로만 제한할 수 있도록 하고 있고, 같은 선정기준 부칙에 따르면 경쟁입찰의 방법은 이 기준 시행(2012.3.8일)후 최초로 제8조에 따라 시공자 선정을 위하여 입찰공고를 하는 분부터 적용하도록 규정되어 있음

8-1-8 | 입찰에 참가한 건설업자등이 2개인 경우 대의원회의 선정절차 없이 모두 총회에 상정하여야 하는지('13. 5. 21.)

질의요지 주택재건축사업조합의 시공사 선정 입찰에 참가한 건설업자등이 2개인 경우 대의원회의 선정절차 없이 모두 총회에 상정하여야 하는지

회신내용 「정비사업의 시공자 선정기준」 제12조제1항 및 제2항에 따르면 조합은 제출된 입찰서를 모두 대의원회에 상정하도록 하고 있고, 대의원회는 총회에 상정할 6인 이상의 건설업자등을 선정하

여야 하나, 입찰에 참가한 건설업자등이 5인 이하인 때에는 모두 총회에 상정하도록 하고 있음

8-1-9 시공사 선정이 3회이상 유찰된 후 용적률이 상향조정 된 경우에도 수의계약 할 수 있는지 ('15. 1. 4.)

질의요지 도시정비법제11조제1항에 근거한 「시공자 선정기준」(국토해양부 고시) 제5조제2항을 적용함에 있어, 미 응찰 등의 사유로 3회 이상 유찰된 이후 정비계획이 변경되어 용적률 상향 등이 이루어진 경우에도 같은 조항에 따라 총회의 의결을 거쳐 수의계약 할 수 있는지

회신내용 도시정비법제11조제1항 및 「시공자 선정기준」 제5조제2항에 따르면 조합은 조합설립인가를 받은 후 조합총회에서 국토교통부장관이 정하는 경쟁입찰의 방법으로 건설업자 또는 등록사업자를 시공자로 선정하여야 하고, 조합이 시공자 선정 시 미 응찰 등의 사유로 3회 이상 유찰된 경우에는 총회의 의결을 거쳐 수의계약을 할 수 있도록 하고 있습니다. 또한 같은 기준 제9조에 따르면 조합이 시공자 선정을 위하여 입찰에 부치기 위하여 공고할 때 "사업계획의 개요(공사규모, 면적 등)" 등 같은 조 각 호의 사항을 명시하도록 하고 있고, 같은 기준 제10조제2항에 의하면 조합이 현장설명회를 개최할 때 현장설명에는 "설계도서" 등 같은 항 각 호의 사항을 포함하도록 하고 있음을 고려할 때, 질의의 경우 용적률 상향 등 정비계획의 변경으로 사업계획의 개요, 설계도서 등의 변경이 수반된다면 새로이 경쟁입찰의 방법으로 시공자를 선정하여야 할 것임

| 8-1-10 | 시공자 선정이 무효 또는 사업개요가 변경된 경우 다시 경쟁입찰로 하여야 하는지('15.04.23.)

질의요지

가. 시공자 선정기준 및 「조합정관」에 따라 총 3회에 걸쳐 입찰공고를 하였으나 참여 시공자가 없어 3회 유찰된 후 '14.2.23. 조합 총회에서 수의계약 대상 시공자를 선정하였으나, 선정된 시공자와 3월 이내에 계약을 체결하지 못하여 '15.2.14. 조합 총회의 의결을 거쳐 당해 선정을 무효로 한 경우에, 조합에서 다시 시공자를 선정하려면 다시 경쟁입찰의 방법으로 하여야 하는지 아니면 총회의결을 거쳐 다른 업체와 수의계약이 가능한지

나. '14.2.23. 총회에서 시공자를 선정한 경우를 포함하여 선행 3회의 입찰공고 시 "사업계획 개요"는 모두 동일하였으나, '15.2.14. 총회에서 새로운 시공자를 선정하는 안건의 "사업계획 개요"가 달라진 경우(2,002세대 → 2,549세대) 새로이 경쟁입찰의 방법으로 선정하여야 하는지 아니면 수의계약의 방법으로 선정할 수 있는지

회신내용

가. 질의 "가"에 대하여

시공자 선정기준제5조제2항에 따라 미 응찰 등의 사유로 3회 이상 유찰된 경우에는 총회의 의결을 거쳐 수의계약 할 수 있으므로, 이에 따라 총회에서 수의계약 대상 시공자를 선정하였으나 선정한 시공자와의 계약 미체결로 시공자 선정을 무효로 한 경우에 다시 총회의 의결을 거쳐 수의계약 할 수 있을 것으로 판단됨

나. 질의 "나"에 대하여

시공자 선정기준 제9조에 따르면 조합이 시공자 선정을 위

하여 입찰에 부치기 위하여 공고할 때 "사업계획의 개요(공사규모, 면적 등)" 등 같은 조 각 호의 사항을 명시하도록 하고 있고, 같은 기준 제10조제2항에 의하면 조합이 현장설명회를 개최할 때 현장설명에는 "설계도서" 등 같은 항 각 호의 사항을 포함하도록 하고 있음을 고려할 때, 질의의 경우와 같이 사업계획 개요가 변경된 경우(2,002세대 → 2,549세대) 새로이 경쟁입찰의 방법으로 시공자를 선정하여야 할 것으로 판단됨

8-1-11 | **수의계약한 시공자를 변경하는 절차('15.05.11.)**

질의요지 주택재건축정비사업 조합에서 3회 유찰되어 총회 의결을 거쳐 수의계약(2012.1.31.)한 시공자를 변경하는 경우, 수의계약으로 할 수 있는지(해당 조합 정관에는 시공자를 변경하는 경우 수의계약 할 수 있도록 하고 있음)
* 정비계획 변경(용적률 290%→400%, '12.9.6.), 사업시행변경인가('13.5.16.)

회신내용 도시정비법 제11조제1항에 따라 조합은 제16조에 따른 조합설립인가를 받은 후 조합총회에서 국토교통부장관이 정하는 경쟁입찰의 방법으로 건설업자 또는 등록사업자를 시공자로 선정하여야 하며, 시공자 선정기준제5조제2항에 따라 미 응찰 등의 사유로 3회 이상 유찰된 경우에는 총회의 의결을 거쳐 수의계약을 할 수 있으나, 조합이 시공자와 계약체결 한 이후 시공자를 변경하는 것은 기존 시공자와의 계약을 해지하고 새로운 시공자를 선정하는 것으로 이 경우 조합은 시공자 선정기준에 따라 새로이 경쟁입찰의 방법으로 시공자를 선정하여야 할 것으로 판단됨

아울러, 시공자 선정기준제9조에 따르면 조합이 시공자 선정을 위하여 입찰에 부치기 위하여 공고할 때 "사업계획의 개요(공사 규모, 면적 등)" 등 같은 조 각 호의 사항을 명시하도록 하고 있고, 같은 기준 제10조제2항에 의하면 조합이 현장설명회를 개최할 때 현장설명에는 "설계도서" 등 같은 항 각 호의 사항을 포함하도록 하고 있음을 고려할 때 사업계획의 개요가 변경된 경우에도 새로이 경쟁입찰의 방법으로 시공자를 선정하여야 할 것으로 판단됨

8-1-12 2006년 이전 재개발 사업의 시공자 선정 방법('16.02.25.)

질의요지 재개발사업의 경우 2006.5.24.일 개정된 도시정비법시행 전인 2005년에 추진위원회에서 시공자를 선정한 경우 어떠한 절차에 따라야 하는지

회신내용 「도시 및 주거환경정비법」(법률 제7392호, 2005.3.18.) 제11조제1항에 따르면 주택재건축사업조합은 사업시행인가를 받은 후 건설업자 또는 등록사업자를 시공자로 선정하도록 하고 있고, 같은 조제2항에 따르면 주택재건축사업조합은 같은 조 제1항의 규정에 의한 시공자를 건설교통부장관이 정하는 경쟁입찰의 방법으로 선정하도록 하고 있으나, 질의하신 재개발 사업의 시공사 선정방법에 대하여 종전 법률에 별도로 정하고 있지 않음

8-1-13 시공자 입찰공고 내용 변경시 수의계약 시기 관련('16.05.24.)

질의요지 시공자 선정을 위한 입찰이 2회 유찰된 상황에서 3차 입찰공고시 입찰자 참가자격을 완화했음에도 유찰됨에 따라 수의계약의 방법으로 시공자를 선정한 것이 「정비사업의 시공자 선정기준」

에 위반된 것인지

회신내용   「정비사업의 시공자 선정기준」 제5조제2항에 따르면 미 응찰 등의 사유로 3회 이상 유찰된 경우에는 총회의 의결을 거쳐 수의계약 할 수 있다고 규정하고 있는 바, 실효성 있는 공개경쟁을 통해 시공자를 선정하려는 동 규정의 취지를 고려했을 때 질의의 경우와 같이 최초의 입찰에 부칠 때 정한 내용을 도중에 변경하여 입찰공고한 경우에는 3회 이상 유찰된 것으로 보기 곤란하기 때문에 수의계약 대상이 아닌 것으로 판단됨

8-2 정비사업전문관리업자 선정

8-2-1 공인중개사의 정비사업전문관리업 등록요건('10. 6. 7.)

질의요지   공인중개사로서 재건축정비사업 조합 임원으로 5년 이상 종사한 경우 도시정비법 시행령 별표4 제2호가목(4)에서 규정하고 있는 정비사업 관련 업무에 5년 이상 종사한 자로 볼 수 있는지

회신내용   정비사업전문관리업의 등록요건은 도시정비법 시행령 제63조제1항 관련 별표4 제2호에 따라야 하며, 공인중개사가 재건축정비사업 조합의 임원으로서 정비사업전문관리업 관련업무를 5년 이상 수행한 근무경력이 있는 경우에는 등록자격이 있는 것임

8-2-2 정비사업전문관리업자 등록취소 처분 전 업무의 계속 수행 여부('10. 7. 2.)

질의요지   도시정비법 제73조제5항제2호의 규정은 조합설립인가 전인 추진위원회 단계에서도 적용되는지

회신내용 도시정비법 제73조제5항제2호는 정비사업전문관리업자가 등록취소처분 등을 받은 날부터 3월 이내에 사업시행자로부터 업무의 계속 수행에 대하여 동의를 받지 못한 경우에는 등록취소처분 등을 받기 전에 계약을 체결한 업무를 계속하여 수행할 수 없도록 하고 있는 것으로, 이 경우 사업시행자라 함은 도시정비법 제2조제8호에서 정하고 있는 정비사업을 시행하는 자를 말하는 것인 바, 사업시행자가 정해지지 않은 추진위원회 단계에서는 도시정비법 제73조제5항제2호의 적용대상이 아닌 것임

8-2-3 조합설립동의서 징구가 등록 정비사업전문관리업체 업무인지('10. 9. 24.)

질의요지 조합설립을 위한 동의서 징구 및 조합설립총회를 위한 서면결의서 징구업무는 시·도지사에게 정비사업전문관리업체로 등록한 뒤에 업무를 수행하여야 하는지와 정비사업전문관리업체의 업무에 해당한다면 도시정비법 몇 조에 해당하는지

회신내용 추진위원회 또는 사업시행자로부터 조합설립의 동의 및 정비사업의 동의에 관한 업무 등 도시정비법 제69조제1항 각호의 사항을 위탁받아 대행하거나 이와 관련한 자문을 하고자 하는 자는 도시정비법 제69조제1항에 따라 일정한 자본·기술인력 등의 기준을 갖춰 시·도지사에게 등록한 후 할 수 있는 것이며, 도시정비법 제69조제1항에 따른 등록을 하지 아니하고 도시정비법에 따른 정비사업을 위탁받은 자에 대한 벌칙 규정은 도시정비법 제85조제9호에 규정되어 있음

8-2-4   조합설립인가 이후 정비사업전문관리업자를 선정할 수 있는지('12. 11. 1.)

질의요지

가. 조합설립인가 이후에 정비사업전문관리업자를 선정한 경우 도시정비법에 위배되는지

나. 추진위원회가 조합설립동의서 징구 업무 및 조합설립인가 업무를 위하여 컨설팅업체와 계약을 체결하여 용역비를 지급하고자 하는 경우 도시정비법에 위배되는지

회신내용

가. 도시정비법 제14조에 따르면 추진위원회가 정비사업전문관리업자를 선정하고자 하는 경우에는 추진위원회 승인을 얻은 후 국토해양부장관이 정하는 경쟁입찰의 방법으로 선정하도록 하고 있고, 도시정비법 제24조제3항제7호에 따르면 정비사업전문관리업자의 선정 및 변경은 조합 총회의 의결을 거치도록 하고 있으므로, 조합설립인가 이후 조합 총회의 의결을 거쳐 정비사업전문관리업자의 선정·변경이 가능할 것으로 판단됨

나. 도시정비법 제69조제1항에 따르면 정비사업의 시행을 위하여 필요한 조합설립의 동의 및 정비사업의 동의에 관한 업무의 대행 등을 추진위원회 또는 사업시행자로부터 위탁받거나 이와 관련한 자문을 하고자 하는 자는 대통령령이 정하는 자본·기술인력 등의 기준을 갖춰 시·도지사에게 등록하도록 하고 있음

8-2-5   퇴직으로 정비사업전문관리업자 등록기준 미달 시 등록취소 되는지('10. 10. 28.)

질의요지   퇴직으로 정비사업전문관리업자의 등록기준에 따른 인력확보기

준에 미달한 경우 후임자를 3월 이내에 채용하고 보고하면 적합한지 아니면 2월 이내에 하여야 하는지

회신내용 도시정비법 시행령 제66조 관련 별표 5의 "등록취소 및 업무정지처분의 기준" 제1호의 규정은 도시정비법 시행령 제63조 관련 별표 4의 등록기준에 3월 이상 미달된 때에는 등록을 취소할 수 있도록 하고 있는 규정이며, 등록기준에 미달되게 된 때에는 가급적 빠른 시일 내에 등록기준에 맞게 보완하는 것이 바람직할 것임

8-2-6 정비사업전문관리업자의 업무범위 관련 등(법제처, '11. 5. 12.)

질의요지 도시정비법 제13조제2항에 따른 추진위원회가 개최하는 운영규정 별표 제20조제1항에 따른 주민총회 및 도시정비법 제24조제1항에 따른 총회의 운영과 관련하여 추진위원회 또는 조합으로부터 위탁을 받아 총회에 참석하지 않은 토지등소유자 또는 조합원으로부터 총회 의결을 위한 서면을 받는 업무나 투·개표관리 업무를 하는 자의 경우 해당 업무가 도시정비법 제69조제1항제1호의 "조합 설립의 동의 및 정비사업의 동의에 관한 업무의 대행"에 해당하여 정비사업전문관리업의 등록을 하여야 하는지

회신내용 주민총회 및 조합 총회 운영과 관련하여 추진위원회 또는 조합으로부터 위탁을 받아 총회에 참석하지 않은 토지등소유자 또는 조합원으로부터 총회 의결을 위한 서면을 받는 업무나 투·개표관리 업무를 하는 자의 경우 해당 업무는 도시정비법 제69조제1항제1호의 "조합 설립의 동의 및 정비사업의 동의에 관한 업무의 대행"에 해당하므로 정비사업전문관리업의 등록을 하여야 함

8-2-7 정비사업전문관리업자 상근인력 자격 ('11. 7. 18.)

질의요지 정비사업전문관리업자가 「건설기술관리법 시행령」 제4조의 규정에 의하여 동등하다고 인정되는 특급기술자 2인과 법무사사무소를 등록·운영하는 법무사 1인을 상근인력으로 하고, 감정평가법인 및 법무법인과 각각 법인협약(2개)을 맺은 경우 등록기준상의 인력확보 기준에 적합한지

회신내용 도시정비법 시행령 제63조제1항 관련 별표4의 「정비사업전문관리업의 등록기준」 제2호 나목에 따라 같은 호 가목(1) 및 (2)의 인력은 각각 1인 이상을 확보하여야 하며, 법무사사무소를 등록·운영하는 법무사는 상근인력으로 볼 수 없음

8-2-8 정비사업전문관리업체 대표가 형을 선고받은 경우 계약해지가 가능한 지 ('12. 1. 12.)

질의요지 주택재개발 정비사업조합에서 정비사업전문관리업자와 계약체결(2010.3월)후에 정비사업전문관리업체의 대표가 정비사업과 관련하여 금품수수 협의로 8년형을 선고(2011.12월) 받은 경우에 계약해지가 가능한지

회신내용 가. 정비사업전문관리업자가 도시정비법을 위반하여 벌금형 이상의 선고를 받는 경우(법인의 경우에는 그 소속 임직원을 포함) 등 도시정비법 제73조제1항 각 호의 어느 하나에 해당하는 때에는 그 등록을 취소하거나 1년 이내의 기간을 정하여 업무의 전부 또는 일부의 정지를 명할 수 있다고 규정하고 있음

나. 또한, 도시정비법 제73조제4항에 따르면 정비사업전문관리
업자는 같은 조 제1항의 규정에 의하여 등록취소처분 등을
받기 전에 계약을 체결한 업무는 이를 계속하여 수행할 수
있으나, 같은 조 제5항 각 호의 어느 하나에 해당하는 경
우에는 업무를 계속하여 수행할 수 없다고 규정하고 있으
므로, 질의의 경우에 정비사업전문관리업자와의 계약해지
가능 여부 등에 관하여는 정비사업전문관리업자로서의 등
록취소 여부 등을 고려하여 판단할 사항임

8-2-9 정비사업전문관리업자만이 설계도서의 적정성 검토를 수행할 수 있는지
('12. 3. 5.)

질의요지 설계도서의 적정성 검토를 도시정비법 제69조제1항제4호에 따른 "설계자 및 시공자 선정에 관한 업무의 지원" 업무에 포함되는 것으로 보아 정비사업전문관리업자만이 설계도서의 적정성 검토를 수행할 수 있는지 여부

회신내용 도시정비법 제69조제1항제4호에 따른 "설계자 및 시공자 선정에 관한 업무의 지원"이란 정비사업을 시행함에 있어 설계자 및 시공자 선정을 위한 입찰, 총회 의결 등의 과정을 행정적으로 지원하는 업무로서, 설계도서의 적정성 검토는 정비사업전문관리업자만이 수행할 수 있는 고유업무로 보기에는 곤란할 것으로 사료됨

8-2-10 인력확보기준에 미달된 상태로 2개월 14일이 경과한 경우 행정처분
('12. 4. 18.)

질의요지 도시정비법 시행령 별표 4의 정비사업전문관리업의 등록기준 중 인력확보기준에 미달된 상태로 2개월 14일이 경과한 경우

정비사업전문관리업자에 대한 행정처분 여부

회신내용

가. 도시정비법 제73조제1항 각 호의 어느 하나에 해당하는 때에는 시·도지사는 정비사업전문관리업의 등록을 취소하거나 1년 이내의 기간을 정하여 업무의 전부 또는 일부의 정지를 명할 수 있도록 규정하고 있고, 같은 조 제2항에서 그 처분의 기준을 대통령령(별표 5, 등록취소 및 업무정지처분의 기준)으로 정하도록 하고 있음

나. 이에 따라 정비사업전문관리업자가 정비사업전문관리업 등록기준에 미달하게 된 때에는 그 기간에 따라 도시정비법 시행령 별표 5의 제1호 또는 제5호를 적용할 수 있을 것이며, 질의의 경우에는 도시정비법시행령 별표 5의 제5호에 따른 처분이 가능할 것으로 판단됨

8-2-11 추진위원회에서 직원을 채용하여 동의서 징구할 수 있는지('12. 5. 15.)

질의요지

추진위원회설립동의서, 조합설립동의서, 사업시행인가동의서, 총회를 위한 서면결의서 징구업무, 총회를 위한 경호·경비업무 및 홍보·진행업무와 투·개표 관리업무를 추진위원회 또는 조합에서 토지등소유자(조합원)로 구성된 자원봉사자 또는 임시직원을 채용하여 직접 수행할 수 있는지

회신내용

도시정비법 제69조제1항 및 같은 법 시행령 제63조에 따라 추진위원회 또는 사업시행자로부터 조합설립의 동의에 관한 업무의 대행 등에 관한 사항을 위탁받거나 이와 관련한 자문을 하고자 하는 자는 정비사업전문관리업으로 등록을 하도록 하고 있으나, 이는 추진위원회 또는 조합의 업무를 위탁 등의 방법으

로 대행하는 경우에 적용되는 것으로서, 귀 질의내용과 같이 추진위원회나 조합이 조합원이나 직원채용 등의 방법으로 직접 업무를 수행하는 경우에는 적용되지 않는 것으로 판단됨

| 8-2-12 | 추진준비위원회가 미등록업체에게 동의서 징구업무를 위탁할 수 있는지 ('12. 6. 19.)

질의요지

가. 추진준비위원회(추진위원회 미승인)로부터 동의서 징구 등의 업무를 위탁받은 업체는 정비사업전문관리업자로 등록하지 않아도 되는지 여부

나. 추진준비위원회가 비 정비업자(미등록자)와 정비사업지원에 관한 약정을 한 경우 도시정비법 제71조에 따라 민법중 위임에 관한 규정을 준용할 수 있는지 여부

회신내용

도시정비법 제69조제1항은 대통령령이 정하는 자본·기술인력 등의 기준을 갖춰 시·도지사에게 등록한 정비사업전문관리업자가 추진위원회 또는 사업시행자로부터 조합설립의 동의 및 정비사업의 동의에 관한 업무의 대행 등 동조동항각호의 업무를 위탁받을 수 있도록 하는 것으로서, 질의하신 추진준비위원회(추진위원회 미승인)가 동의서 징구 등의 업무를 위탁하는 경우와 추진준비위원회가 비정비업자와 정비사업지원에 관한 약정을 한 경우 도시정비법 제69조 및 제71조의 규정은 적용되지 않는 것으로 판단됨

| 8-2-13 | 조합에서의 정비사업전문관리업자 선정 방법('14. 7. 28.)

질의요지

인가받은 주택재건축정비사업조합에서 정비사업전문관리업자 선정을 변경하는 경우 도시정비법 제14조제2항에 따른 '정비사업전

문관리업자 선정기준'에 따라야 하는지

회신내용 도시정비법 제14조제2항에 따르면 추진위원회가 정비사업전문관리업자를 선정하고자 하는 경우에는 제13조에 따라 시장·군수의 추진위원회 승인을 얻은 후 국토교통부장관이 정하는 경쟁입찰의 방법으로 선정하여야 한다고 하고 있으므로, 조합에서 정비사업전문관리업자를 선정하고자 하는 경우에는 이에 해당되지 않음

8-2-14 **정비사업전문관리업자 지위 매도가 가능한지**('15.02.11.)

질의요지 정비사업전문관리업자가 추진위원회로부터 선정된 지위를 타 정비사업전문관리업자에게 매도하는 행위가 도시 및 주거환경정비법 위반인지

회신내용 도시정비법 제14조제2항에 따르면 추진위원회가 정비사업전문관리업자를 선정하고자 하는 경우에는 도시정비법 제13조에 따라 시장·군수의 추진위원회 승인을 얻은 후 국토교통부장관이 정하는 경쟁입찰의 방법으로 선정하도록 하고 있으며, 도시정비법 제84조의3제5호에 따르면 경쟁입찰의 방법에 의하지 아니하고 정비사업전문관리업자를 선정한 경우에는 3년 이하의 징역 또는 3천만원 이하의 벌금에 처하도록 하고 있음

8-2-15 **정비사업전문관리업 등록증 자진 반납 시 업무수행** ('15.09.23.)

질의요지 정비사업전문관리업 등록중 자진 반납에 의해 등록 취소된 경우 도시정비법 제73조제3항 및 제4항을 적용할 수 있는지 여부

회신내용 도시정비법 제73조제3항 및 제4항에 따르면 정비사업전문관리업자는 제1항에 따라 등록취소처분 등을 받은 경우 당해 내용을 지체 없이 사업시행자에게 통지하여야 하며, 등록취소처분 등을 받기 전에 계약을 체결한 업무는 이를 계속하여 수행할 수 있고, 이 경우 정비사업전문관리업자는 당해 업무를 완료할 때까지는 정비사업전문관리업자로 본다고 규정하고 있으나, 질의의 경우와 같이 자진 반납에 대해서는 같은 조 제1항 각 호에 규정된 사항이 아니기 때문에 제3항 및 제4항을 적용할 수 없을 것임

8-2-16 | 총회 홍보 및 서면결의서 징구 시 정비사업전문관리업자 등록 여부('16.12.02.)

질의요지 조합과 총회 홍보 및 서면결의서 징구 업무계약을 체결한 업체는 정비사업전문관리업 등록을 해야 하는지

회신내용 도시정비법제69조제1항제1호에 따르면 정비사업의 동의에 관한 업무의 대행을 사업시행자로부터 위탁받거나 이와 관련한 자문을 하고자 하는 자는 대통령령이 정하는 자본·기술인력 등의 기준을 갖춰 시·도지사에게 등록하여야 한다고 규정하고 있기 때문에 질의와 같이 조합과 서면결의서 징구 업무계약을 체결한 업체는 위 규정에 따라 시·도지사에게 등록하여야 하며 그렇지 않은 경우 같은 법 제85조제9호에 따라 따른 등록을 하지 아니하고 이 법에 따른 정비사업을 위탁받은 자에 해당하므로 2년 이하의 징역 또는 2천만원 이하의 벌금에 처하게 됨

8-3 기타 협력업체 선정(철거업무 포함)

8-3-1 도시정비법 제4조의3의 적용 여부 및 철거업체 수의계약이 가능한 지
('12. 10. 2.)

질의요지

가. 2009.8.6. 조합설립인가를 받은 이후 2012.8.6. 현재까지 사업시행인가를 득하지 못하였을 경우 정비구역등 해제가 가능한지

나. 조합정관에서 정한 임원의 임기가 만료된 임원이 직무를 계속 수행할 수 있는지

다. 2009.8.6. 조합설립인가를 받은 재개발 조합이 철거업체 선정을 조합원 총회에서 수의계약으로 선정하는 것이 타당한지

회신내용

가. 도시정비법 제4조의3 및 부칙〈제11293호. 2012.2.1〉 제3조에 따르면 시장·군수는 조합이 조합설립인가를 받은 날부터 3년이 되는 날까지 사업시행인가를 신청하지 아니하는 경우 시·도지사 또는 대도시의 시장에게 정비구역등의 해제를 요청하도록 하고 있으며, 동 규정은 이법 시행(2012.2.1일) 후 최초로 정비계획을 수립(변경수립은 제외한다)하는 분부터 적용하도록 하고 있음

나. 도시정비법 제20조제1항제5호 및 제6호 같은 법 시행령 제31조에 따르면 조합임원의 수 및 업무의 범위, 조합임원의 권리·의무·보수·선임방법·변경 및 해임에 관한 사항, 임원의 임기, 업무의 분담 및 대행 등에 관한 사항은 조합 정관에 정하도록 하고 있으므로, 질의하신 임기가 만료된 임원의 직무 수행여부에 대하여는 해당 조합의 정관에 따

라 판단하여야 할 사항임

다. 도시정비법 제11조 제4항 및 부칙〈제10268호, 2010.4.15〉에 따르면 사업시행자는 시공자와 공사에 관한 계약을 체결할 때에는 기존 건축물의 철거 공사에 관한 사항을 포함하도록 하고 있으며, 동 규정은 이 법 시행(2010.4.15.) 후 최초로 조합이 설립인가를 받은 분부터 적용하도록 하고 있음

8-3-2 도시정비법 제11조에 따라 주민대표회의가 철거업자를 선정할 수 있는지 ('12. 11. 23.)

질의요지

도시정비법 제8조제4항에 따라 2006년도에 한국토지주택공사가 사업시행자로 지정된 주택재개발사업에 대하여 2008년도에 시공자를 선정한 후 현재 철거업자를 선정하고자 하는 경우 도시정비법 제11조제3항 및 제4항을 적용하여 주민대표회의가 철거업자를 선정할 수 있는지

회신내용

2009.2.6 개정·공포된 도시정비법 제11조제3항은 주민대표회의가 시공자를 추천할 수 있도록 하는 규정으로 부칙 제9444호 제1조에 따라 공포 후 6개월이 경과한 날부터 시행하도록 하고 있고, 2010.4.15 개정·공포된 도시정비법 제11조제4항은 사업시행자가 시공자와 공사에 관한 계약을 체결할 때 기존 건축물의 철거에 관한 사항을 포함하도록 한 규정으로 부칙 제10268호 제2항에 따라 공포 후 최초로 조합이 설립인가를 받은 분부터 적용하도록 하고 있으므로, 질의의 경우는 동 규정의 적용대상이 아닌 것으로 판단됨

8-3-3 조합총회를 통해 철거업체를 선정할 수 있는지('13. 4. 3.)

질의요지 재개발 조합에서 시공자가 제시한 철거공사 금액보다 저가의 금액을 제시한 철거업체를 조합 총회를 통해 선정할 수 있는지

회신내용 도시정비법 제11조제4항에 따라 사업시행자는 제1항부터 제3항까지의 규정에 따라 선정된 시공자와 공사에 관한 계약을 체결할 때에는 기존 건축물의 철거 공사에 관한 사항을 포함하도록 하고 있음

8-3-4 기존 건축물의 철거 공사에 관한 사항에 정비구역내 상수도, 가스, 전기 등의 기존 기반 시설물의 철거 및 이설공사가 해당되는지('13. 12. 30.)

질의요지 도시정비법 제11조제4항의 기존 건축물의 철거 공사에 관한 사항에 정비구역내 상수도, 가스, 전기 등의 기존 기반 시설물의 철거 및 이설공사가 해당되는지

회신내용 도시정비법 제11조제4항에 의하면 사업시행자는 제1항부터 제3항까지의 규정에 따라 선정된 시공자와 공사에 관한 계약을 체결하는 때에는 기존 건축물의 철거 공사에 관한 사항을 포함하도록 하고 있고, 이 경우 기존 건축물의 철거 공사에 관한 사항에는 정비구역내 철거 대상 건축물을 포함한 모든 철거대상 시설물을 포함하여야 할 것임

8-3-5 추진위원회에서 감정평가사를 선정·계약할 수 있는지('12. 5. 14.)

질의요지 추진위원회가 정비사업전문관리업자가 아닌 업체에 동의서 징구 업무를 맡길 수 있는지와 추진위원회에서 감정평가사를 선정·

계약할 수 있는지

회신내용 도시정비법 제14조 및 같은 법 시행령 제22조, 도시정비법 제69조제1항에 따라 추진위원회 또는 추진위원회로부터 위탁받은 정비사업전문관리업자가 토지등소유자의 동의서 징구, 조합설립 동의 등의 업무를 수행할 수 있으며, 도시정비법 제15조 및 운영규정(국토해양부 고시) 별표 제5조제4항에 따라 시공자·감정평가업자의 선정 등 조합의 업무에 속하는 부분은 추진위원회의 업무범위에 포함되지 아니함

8-3-6 계약서를 작성하지 아니하고 용역을 수행해도 되는지('12. 3. 15.)

질의요지 재개발조합 임원이 조합을 운영함에 있어 용역계약서(대의원회의 경호용역, 사회자, 촬영기사 등 관련 용역)도 작성하지 아니하고 관련 업무를 진행하고 관련 업무가 완료된 이후 계약서를 작성하여도 되는지

회신내용 도시정비법 제20조제1항제17호 및 같은 법 시행령 제31조제6호에 따르면 정비사업의 추진 및 조합의 운영을 위하여 조합정관에 정비사업의 시행에 따른 회계 및 계약에 관한 사항을 정하도록 하고 있고, 도시정비법 제27조에서 조합에 관하여는 이 법에 규정된 것을 제외하고는 민법중 사단법인에 관한 규정을 준용하도록 하고 있으므로, 귀 질의하신 계약 관련 조합 운영의 적정성 여부는 조합 정관 등에 따라 판단하여야 할 사항으로 보임

8-3-7 재건축사업에서 평가업자를 조합총회에서 선정할 수 있는지('12. 7. 6.)

질의요지 주택재건축사업에서 사업시행자가 반드시 도시정비법 제48조제6

항에 따라 시장·군수에게 감정평가업자의 선정·계약을 요청하고 감정평가에 필요한 비용을 미리 예치하여야 하는지 아니면 조합에서 조합총회 등을 통해 감정평가업자 2인 이상과 직접 계약할 수 있는지

회신내용 도시정비법 제24조제3항제6호 따르면 감정평가업자(주택재개발사업은 제외한다)의 선정 및 변경은 총회의 의결을 거치거나 총회 의결을 거쳐 시장·군수·구청장에게 위탁할 수 있도록 하고 있고, 도시정비법 제48조제6항에 따르면 주택재건축사업에서 사업시행자가 도시정비법 제48조제1항제3호 및 제4호에 따른 재산에 대하여 감정평가업자의 평가를 받으려는 경우에는 제5항 각 호의 방법을 준용하여 할 수 있도록 하고 있으므로, 주택재건축사업의 경우 조합은 총회 의결을 거쳐 감정평가업자를 선정할 수 있음

8-3-8 | 철거공사에 포함되는 업무 범위는('14. 4. 1.)

질의요지 도시정비법 제11조제4항의 기존 건축물의 철거 공사에 관한 사항에 지장물(상수도, 가스, 전기) 및 석면 해제공사 등이 기존 기반 시설물의 철거공사에 해당되는지

회신내용 도시정비법 제11조제4항에 의하면 사업시행자는 제1항부터 제3항까지의 규정에 따라 선정된 시공자와 공사에 관한 계약을 체결하는 때에는 기존 건축물의 철거 공사에 관한 사항을 포함하도록 하고 있고, 이 경우 기존 건축물의 철거 공사에 관한 사항에는 정비구역내 철거 대상 건축물을 포함한 모든 철거대상 시설물을 포함하여야 할 것임

8-3-9 | 상수도, 가스, 전기가 기존 건축물의 철거 공사에 포함되는 지('14. 5. 30.)

질의요지 도시정비법 제11조제4항의 기존 건축물의 철거 공사에 관한 사항에 건축물이 아닌 시설물(상수도, 가스, 전기) 등이 기존 건축물의 철거공사에 해당되는지

회신내용 도시정비법 제11조제4항에 의하면 사업시행자는 제1항부터 제3항까지의 규정에 따라 선정된 시공자와 공사에 관한 계약을 체결하는 때에는 기존 건축물의 철거 공사에 관한 사항을 포함하도록 하고 있고, 이 경우 기존 건축물의 철거 공사에 관한 사항에는 정비구역내 철거 대상 건축물을 포함한 모든 철거대상 시설물을 포함하여야 할 것으로 판단됨

8-3-10 | 협력업체 선정 및 계약 체결에 대한 대의원회 위임('14. 8. 29.)

질의요지 총회에서 협력업체의 선정 및 계약을 대의원회의에 위임하기로 의결하고 협력업체 선정 및 계약을 대의원회의에서 진행했을 경우 도시정비법 제24조제3항제5호 위반으로 볼 수 있는지

회신내용 협력업체의 선정 및 계약이 도시정비법 제24조제3항제5호에 따른 "예산으로 정한 사항외에 조합원의 부담이 될 계약"에 해당된다면 같은 법 제25조제2항 및 같은 법 시행령 제35조제1호에 따라 대의원회가 대행할 수 없는 총회 의결사항에 해당되는 것임

9 정보공개

9-1 정보공개

9-1-1 | 정보공개 요청 근거 법 조항 및 이에 응하지 않는 경우의 제재('12. 2. 10.)

질의요지 주택재건축정비사업조합의 총회, 이사회, 대의원회의 속기록 사본, 영상비디오 복사본, 녹음테이프 복사본, 투표 직접참석자 명단 및 서면결의자 명단 명부 사본, 직접참석자의 투표결과 및 서면결의자의 투표결과 집계표 사본을 조합에 요청하여 받아볼 수 있는 법 조항 및 복사 등 요청에 응하지 아니할 경우 제재할 수 있는 법률조항은

회신내용 도시정비법 제81조제1항에서 말하는 관련 자료라 함은 같은 법 제81조제1항 각 호에 직접 규정한 서류 외에 이와 관련되는 부속자료 등을 말하는 것으로서 속기록, 녹음 또는 영상자료는 같은 법 제81조제1항제3호의 의사록과 관련된 자료로 볼 수 있을 것으로 판단되며, 같은 법 제81조 각 호의 서류 및 관련 자료에 대한 조합원의 열람·등사요청이 있는 경우 같은 법 시행규칙 제22조제1항에서 공개를 제한하고 있는 사항 이외에는 사업시행자는 이에 응하도록 하고 있음. 또한, 같은 법 제86조제6호에 따라 제81조제1항을 위반하여 조합원의 열람·등사 요청에 응하지 아니하는 조합임원은 1년 이하의 징역 또는 1천만원 이하의 벌금에 처하도록 하고 있음

| 9-1-2 | 정보공개를 거부한 경우 도시정비법 제81조제1항을 위반한 것인지('12. 2. 14.)

질의요지 조합원이 조합원의 알 권리를 사용목적으로 하여 정보공개를 청구한 경우 조합장이 사용목적이 없다는 이유로 이를 거부할 경우 도시정비법 제81조제1항을 위반한 것인지

회신내용 가. 도시정비법 제81조제1항에 따르면 정비사업의 시행에 관한 조합 정관, 용역업체의 선정계약서 등 관련 자료가 작성되거나 변경된 후 15일 이내에 이를 조합원, 토지등소유자 또는 세입자가 알 수 있도록 인터넷과 그 밖의 방법을 병행하여 공개하도록 하고 있고, 도시정비법 시행규칙 제22조제2항에서는 토지등소유자 또는 조합원의 열람·등사 요청은 사용목적 등을 기재한 서면 또는 전자문서로 하도록 하고 있음

나. 따라서, 정비사업 관련자료의 공개요청시 사용목적 등을 기재하여 공개를 요청하여야 할 것이며, 공개 요청시 조합원이 해당 내용을 알기 위한 알 권리를 사용목적으로 하여 열람 등을 요청하는 경우 도시정비법령상 알 권리를 사용목적으로 하는 경우 공개를 제한하는 별도의 규정이 없으므로 조합은 이에 응하는 것이 타당한 것으로 판단됨

| 9-1-3 | 조합원이 원하지 않는 경우에도 조합원명부를 공개해야 하는지('12. 7. 18.)

질의요지 가. 개정된 도시정비법 제81조제6항(2012.8.2.시행)의 조합원 명부 공개와 관련하여 조합원이 개인정보 공개를 원하지 않을 경우에도 성명, 주소를 공개하여야 하는지

나. 이를 공개하여야 한다면 조합설립인가 시 또는 사업시행인가 시 관공서에 제출한 조합원 명부로 제공하여도 되는 것인지

　　다. 조합원 자택전화번호 및 핸드폰번호 요청 시 이것을 조합원 명부에 포함시켜야 하는지

회신내용 도시정비법 제81조제6항(2012.8.2. 시행)에 따라 조합원이 조합원 명부의 열람·복사 요청을 한 경우 사업시행자는 15일 이내에 그 요청에 따라야 하고, 같은 조 제3항에 따라 열람·복사 등을 하는 경우에는 주민등록번호를 제외하고 공개하여야 함

9-1-4 | 본인 동의 없이 성명, 주소, 전화번호 등을 공개하여야 하는지('12. 9. 14.)

질의요지 사업시행자는 도시정비법 제81조제3항에 따라 자료를 공개 및 열람·복사를 하는 경우 토지등소유자(또는 조합원) 본인 동의 없이도 주민등록번호를 제외하고 성명, 주소, 전화번호 등을 공개하여야 하는지

회신내용 도시정비법 제81조제3항에 따라 사업시행자는 같은 조 제1항 및 제6항에 따라 공개 및 열람·복사 등을 하는 경우에는 주민등록번호를 제외하고 공개하도록 하고 있으며, 도시정비법 시행규칙 제22조제2항에 따르면 도시정비법 제81조제6항에 따른 토지등소유자 또는 조합원의 열람·복사 요청은 사용목적 등을 기재한 서면 또는 전자문서로 하도록 하고 있음

9-1-5 | 관리처분계획서 전부를 공람 및 공개해야 하는지('12. 7. 18.)

질의요지 사업시행자가가 관리처분계획서 전부(타인의 토지, 건축물의 명

세 및 가격을 포함)를 도시정비법 제49조 및 제81조에 따라 공람 및 공개해야 하는지

회신내용

가. 도시정비법 제49조제1항에 따르면 사업시행자는 도시정비법 제48조에 따른 관리처분계획의 인가를 신청하기 전에 관계서류의 사본을 30일 이상 토지등소유자에게 공람하도록 하고 있고, 도시정비법 제81조제1항제5호 및 같은 법 시행규칙 제22조제1항에 따라 사업시행자(조합의 경우 조합임원)는 정비사업시행에 관한 관리처분계획서 및 관련 자료에 대하여 인터넷과 그 밖의 방법을 병행하여 공개하도록 하고 있음

나. 또한, 도시정비법 제48조제1항에 따라 관리처분계획서에는 분양대상자별 분양예정인 대지 또는 건축물의 추산액, 분양대상자별 종전의 토지 또는 건축물의 명세 및 사업시행인가의 고시가 있은 날을 기준으로 한 가격이 포함되며, 도시정비법 시행규칙 제22조제1항에 따라 도시정비법 제81조제5호(관리처분계획서)의 사항은 인터넷으로 공개할 때 조합원 또는 토지등소유자의 과반수 이상의 동의를 얻어 그 개략적인 내용만 공개할 수 있도록 하고 있음

9-1-6 동의서 징구율 및 추진위원장 학력 등이 정보공개 대상인지('12. 7. 18.)

질의요지

추진위원회에서 토지등소유자에게 조합설립동의서를 징구 중인데 현재 동의서 징구율과 추진위원장의 학력과 약력에 대한 정보공개 요구가 가능한지

회신내용

도시정비법 제81조에 따라 추진위원회위원장은 정비사업의 시

행에 관한 동조 동항 각 호의 서류 및 관련 자료를 토지등소유자의 열람·복사 요청이 있는 경우 즉시 이에 응하여야 하나, 징구 중에 있는 조합설립동의서의 징구율 및 추진위원장의 학력과 약력에 관한 사항은 같은 법 제81조제1항 및 같은 법 시행령 제70조제1항의 공개대상 서류 및 관련 자료에 해당하지 않는 것으로 판단됨

9-1-7 시장·군수에게 직접 토지등소유자 명부 등의 자료를 요청할 수 있는지 ('12. 10. 23.)

질의요지

가. 도시정비법 제81조에 따라 토지등소유자가 시장·군수에게 직접 토지등소유자 명부 등의 자료를 요청하는 경우 구청장은 도시정비법 제81조에 따라 관련 자료를 공개하여야 하는 것인지

나. 도시정비법 제16조의2제2항에 따라 토지등소유자가 구청장에게 추정분담금 등에 대한 정보제공을 요청하였으나, 시장·군수가 해당 정비구역 여건 등을 고려하여 정보제공의 필요성이 없다고 판단하여 관련 정보를 제공하지 않은 경우 시·도지사가 관련 정보를 제공할 수 있는지

회신내용

도시정비법 제81조제1항 및 제6항은 정비사업의 시행에 관한 서류 및 관련 자료를 추진위원회위원장 또는 사업시행자가 공개하거나 조합원, 토지등소유자 등이 열람·복사 등을 요청하는 경우 추진위원회위원장 또는 사업시행자가 그 요청에 따르도록 하는 규정이며, 도시정비법 제16조의2제2항은 토지등소유자의 의사결정에 필요한 정보를 제공하기 위하여 개략적인 추정분담금 등을 조사하여 시장·군수가 토지등소유자에게 제공할 수 있도록 규정하고 있음

9-1-8 | 총회 등과 관련한 서면결의서의 공개를 조합이 이행하지 않는 경우 조치방법은 ('13. 1. 11.)

질의요지   총회 등과 관련한 서면결의서가 공개 대상임에도 조합이 이를 이행하는 않는 경우 조치방법은

회신내용   도시정비법 제86조제6호에서 같은 법 제81조 제1항을 위반하여 정비사업시행과 관련한 서류 및 자료를 인터넷과 그 밖의 방법을 병행하여 공개하지 아니하거나 같은 법 제81조제6항을 위반하여 조합원 등의 요청에 응하지 아니하는 조합임원에 대하여 1년 이하의 징역 또는 1천만원 이하의 벌금에 처하도록 하고 있음

9-1-9 | 유찰되었던 시공자 선정 입찰서류도 정보공개 대상인지 ('13. 2. 7.)

질의요지   「정비사업의 시공자 선정기준」에 따라 입찰을 실시하였으나 3회 유찰되어 임시총회 개최 후 수의계약을 체결한 경우 유찰되었던 입찰서류도 도시정비법 제81조에 따른 열람 및 등사 요청에 따라야 하는지

회신내용   도시정비법 제81조에는 추진위원회위원장 또는 사업시행자는 정비사업 시행에 관한 제1항 각 호 및 제6항 각 호의 정비사업 시행에 관한 서류와 관련 자료를 조합원, 토지등소유자가 열람·복사 요청하는 경우 15일 이내에 그 요청에 따르도록 되어 있으며, 질의하신 '시공자 선정 입찰서류'도 정비사업 시행에 관한 서류와 관련 자료에 해당될 것으로 판단됨

| 9-1-10 | 조합총회 등에 제출된 서면결의서가 도시정비법 제81조에 따른 공개 대상인지 ('13. 3. 14.)

질의요지 조합총회 등에 제출된 서면결의서가 도시정비법 제81조에 따른 공개 대상인지

회신내용 서면결의서는 도시정비법 제81조제1항제3호의 조합총회 등의 의사록과 관련된 자료로 볼 수 있고, 도시정비법 제81조제3항에서 추진위원회 위원장 또는 사업시행자는 같은 법 제81조제1항 및 제6항에 따라 공개 및 열람·복사 등을 하는 경우에는 주민등록번호를 제외하고 공개하도록 하고 있음

| 9-1-11 | 주민총회 참석자 명부 및 서면결의서도 도시정비법 제81조에 따른 공개 대상인지 ('13. 4. 30.)

질의요지 주민총회 참석자 명부 및 서면결의서도 정비사업 시행에 관한 서류 및 관련 자료에 해당되어 열람·복사 요청에 따라야 하는지

회신내용 도시정비법 제81조에 따라 사업시행자는 동조 제1항 각 호의 서류 및 제6항 각 호의 서류를 포함하여 정비사업의 시행에 관한 서류와 관련 자료를 조합원, 토지등소유자가 열람·복사 요청을 한 경우 주민등록번호를 제외하고 15일 이내에 그 요청에 따르도록 하고 있으므로, 질의하신 총회 등과 관련한 참석자 명부 및 서면결의서는 동조 제1항 제3호의 조합총회 및 조합의 이사회·대의원회의 의사록의 관련 자료로 판단됨

| 9-1-12 | 총회 영상기록물이 도시정비법 제81조에 따른 공개대상 여부('13. 8. 22.)

질의요지 조합 총회시 촬영한 영상기록물이 도시정비법 제81조에 따른

공개대상에 해당되는지

회신내용 도시정비법 제81조에 따라 사업시행자는 동조 제1항 각 호의 서류 및 제6항 각 호의 서류를 포함하여 정비사업의 시행에 관한 서류와 관련 자료를 조합원, 토지등소유자가 열람·복사 요청을 한 경우 주민등록번호를 제외하고 15일 이내에 그 요청에 따르도록 하고 있으며, 질의하신 조합 총회시 촬영한 영상기록물은 동조 제1항제3호의 "추진위원회·주민총회·조합총회 및 조합의 이사회·대의원회의 의사록"의 관련 자료로 판단됨

9-1-13 모든 대의원회 및 이사회의의 속기록을 만들어야 하는지('14. 6. 9.)

질의요지 모든 대의원회와 모든 이사회를 도시정비법 제81조제2항에 따른 중요한 회의에 해당하는 것으로 보아 속기록을 만들어야 하는지

회신내용 도시정비법 제81조제2항에 따라 추진위원회위원장·정비사업전문관리업자 또는 사업시행자(조합의 경우 조합임원)는 총회 또는 중요한 회의가 있은 때에는 속기록·녹음 또는 영상자료를 만들어 이를 청산 시까지 보관하도록 하고 있으나, 법령에서 중요한 회의에 대한 명시적인 규정은 없음

9-1-14 새로 선임된 임원의 정보공개 의무 시점('14. 12. 19.)

질의요지 조합임원 해임총회, 조합임원 선임총회, 조합설립변경인가, 법원 등기의 일련의 과정에 있어, 새로 선임된 임원이 정보공개 의무를 갖는 시점은 (선임총회 이후, 조합설립변경인가 이후, 법원 등기 이후)

회신내용 도시정비법제81조에 따라 사업시행자(조합의 경우 조합임원)는 정비사업 관련 자료를 공개하여야 하는데, 이때 조합임원이 정보공개 의무를 부담하는 시점은 임기개시시점으로 판단되며, 임원의 임기는 도시정비법 제31조제2호에 따라 조합정관에서 정하도록 하고 있음

9-1-15 | 현금청산자가 정보공개 청구를 할 수 있는지('14. 4. 25.)

질의요지 조합정관에 따라 분양신청기한 내에 분양신청을 아니한 자는 조합원 자격이 상실되도록 하고 있고, 이에 따라 조합원의 자격이 상실된 자가 도시정비법 제81조제6항에 따른 정비사업에 관한 자료를 정보공개 요청한 경우 이에 따라야 하는지

회신내용 도시정비법 제81조에 따르면 제1항 각호 및 제6항 각호의 정비사업 시행에 관한 서류와 관련 자료를 조합원, 토지등소유자가 열람·복사 요청을 한 경우 추진위원회위원장이나 사업시행자는 15일 이내에 그 요청에 따르도록 하고 있으므로, 질의하신 조합정관에 따라 조합원 자격이 상실된 자가 토지등소유자에 해당되는 경우에는 정보공개 요청에 따라야 할 것임

9-1-16 | 서면결의서 양식의 청산 시까지 보관해야 하는지 ('15.10.05.)

질의요지 주택재개발 조합에서 서면결의서 양식이 폐기되어 정보공개를 거절할 경우 도시정비법 제86조제7항의 벌칙규정이 적용되는지

회신내용 도시정비법 제81조제2항에 따르면 사업시행자는 같은 조제1항에 따른 서류 및 관련 자료와 총회 또는 중요한 회의가 있은 때에는 속기록·녹음 또는 영상자료를 만들어 이를 청산 시까

지 보관하도록 하고 있고, 도시정비법 제86조제7호에 따르면 도시정비법 제81조제2항을 위반하여 속기록 등을 만들지 아니하거나 관련 자료를 청산 시까지 보관하지 아니한 추진위원장 또는 조합임원은 1년 이하의 징역 또는 1천만원 이하의 벌금에 처하도록 하고 있으나, 질의하신 서면결의서 양식은 동법에 따른 청산 시까지 보관할 자료로 보기 어려울 것임

9-1-17 조합장 학력 및 이력 공개이 정보공개 대상인지 ('15.11.24.)

질의요지 조합장의 학력 및 이력이 도시정비법 제81조에서 규정하고 있는 공개대상 자료에 해당하는지

회신내용 도시정비법제81조제6항에 따르면 정비사업 시행에 관한 서류와 관련 자료를 조합원, 토지등소유자가 열람·복사 요청을 한 경우 추진위원회 위원장이나 사업시행자는 15일 이내에 그 요청에 따르도록 하고 있으나, 질의하신 조합장 개인의 학력 및 이력은 정비사업 시행에 관한 서류와 관련 자료에 해당되지 않음

9-1-18 조합 관련 판결문이 정보공개 대상인지('15.12.30.)

질의요지 조합과 설계사무소간 계약 파기 관련 1심 판결문에 대한 복사 요청이 있을 경우, 조합에서는 복사 요청에 응해야 하는지

회신내용 도시정비법 제81조제6항에 따르면 제1항에 따른 서류 및 다음 각 호를 포함하여 정비사업 시행에 관한 서류와 관련 자료를 조합원, 토지등소유자가 열람·복사 요청을 한 경우 추진위원회 위원장이나 사업시행자는 15일 이내에 그 요청에 따라야 한다고 규정하고 있으며,

질의의 판결문은 위 규정에 따른 정비사업 시행에 관한 서류 및 관련 자료에 해당되기 때문에, 조합원 등의 열람·복사 요청이 있는 경우 그에 따라야 할 것임

9-1-19 | **조합에서 속기록 또는 영상자료를 만들어야하는 회의의 범위**('16.10.26.)

질의요지 도시정비법제81조제2항에 따른 보관해야 할 자료(속기록·녹음 또는 영상자료)의 범위 및 해당 자료를 만들고 보관해야 하는 회의의 범위

회신내용 도시정비법 제81조제2항에 따르면 추진위원회위원장 또는 사업시행자 등은 제1항에 따른 서류 및 관련 자료와 총회 또는 중요한 회의(조합원 또는 토지등소유자의 비용부담을 수반하거나 권리와 의무의 변동을 발생시키는 경우로서 대통령령으로 정하는 회의를 말한다)가 있은 때에는 속기록·녹음 또는 영상자료를 만들어 이를 청산 시까지 보관하여야 한다고 규정하고 있음

동 규정 중 '속기록·녹음 또는 영상자료'는 '속기록 또는 녹음자료 또는 영상자료'를 말하는 것으로 판단되며, 속기록 등을 만들고 보관해야 하는 회의에 대해서는 총회 또는 중요한 회의로 규정하고 있으나 대통령령에서 중요한 회의에 대해 별도로 규정하고 있지 않기 때문에 총회에 한정해서 적용해야 할 것으로 판단됨

9-1-20 | **인허가청이 도시정비법에 따른 정보공개 대상인지**('16.04.06.)

질의요지 조합원이 구청에 정보공개 민원을 접수하여 자료 공개를 요청할 수 있는지

회신내용 도시정비법 제81조제6항에 따른 관련 자료를 공개해야 하는 주체는 추진위원회 위원장 또는 사업시행자로 규정하고 있기 때문에 구청은 도시정비법상 정비사업의 시행과 관련된 자료를 공개할 의무는 없음. 다만, 행정기관인 구청에서 보관 중인 자료의 공개에 대해서는 정보공개법률에 따라 판단해야 할 것임

9-1-21 | 정보공개 관련한 벌칙 규정이 청산인에게 적용되는지('16.05.19.)

질의요지 도시정비법 제81조제1항에 규정된 청산인이 동법 제81조의 규정을 위반 할 경우 벌칙 규정이 적용되는지

회신내용 도시정비법(시행일 : 2016.7.28) 제86조제6호에 따르면 같은 법 제81조제1항을 위반하여 정비사업시행과 관련한 서류 및 자료를 인터넷과 그 밖의 방법을 병행하여 공개하지 아니하거나 제81조제6항을 위반하여 조합원 또는 토지등소유자의 열람·등사 요청에 응하지 아니하는 추진위원장, 조합임원 또는 전문조합관리인은 1년 이하의 징역 또는 1천만원 이하의 벌금에 처하도록 하고 있고, 이 경우 전문조합관리인에 청산인이 포함됨으로, 질의하신 청산인에 대하여도 동 규정에 따라 벌칙규정이 적용됨

10 기타(감독, 벌칙, 회계감사 등)

10-1 회계감사

10-1-1 추진위원회의 회계감사 대상 여부(법제처, '09. 7. 27.)

질의요지 주택재개발사업 조합설립 추진위원회가 계약을 하면서 계약에 따라 지급할 금액을 조합설립인가 후에 지급하기로 한 경우로서, 그 금액이 3억 5천만원 이상인 경우, 도시정비법 제76조 및 같은 법 시행령 제67조제1항제1호에 따라 회계감사를 받아야 하는지

회신내용 주택재개발사업 조합설립 추진위원회가 계약을 하면서 계약에 따라 지급할 금액을 조합설립인가 후에 지급하기로 한 경우로서, 그 금액이 3억 5천만원 이상인 경우, 도시정비법 제76조 및 같은 법 시행령 제67조제1항제1호에 따라 회계감사를 받아야 함

10-1-2 회계감사 대상 시의 해당금액의 범위('10. 12. 31.)

질의요지 회계감사와 관련하여 도시정비법 시행령 제67조제1항 각 호의 금액은 추진위원회 때부터 각 호에서 말하는 시기까지 누적된 금액을 말하는지

회신내용 도시정비법 시행령 제67조제1항 각 호의 내용 중 금액은 같은 항 각 호에서 각각 정하고 있는 일까지의 합계 금액을 말하는 것임

10-1-3 도시정비법 제76조제1항 회계감사를 하는 경우, 「주식회사의 외부감사에 관한 법률」 제3조 외의 다른 규정의 적용을 받는지 (법제처, '11. 9. 1.)

질의요지 「주식회사의 외부감사에 관한 법률」 제3조에 따른 감사인이 시장·군수 또는 주택공사 등이 아닌 사업시행자에 대해 도시정비법 제76조제1항에 따라 회계감사를 하는 경우, 그 감사인이 「주식회사의 외부감사에 관한 법률」 제3조 외의 다른 규정들의 적용을 받아야 하는지

회신내용 「주식회사의 외부감사에 관한 법률」 제3조에 따른 감사인이 시장·군수 또는 주택공사 등이 아닌 사업시행자에 대해 도시정비법 제76조제1항에 따라 회계감사를 하는 경우, 그 감사인이 「주식회사의 외부감사에 관한 법률」 제3조 외의 다른 규정들의 적용을 받아야 하는 것은 아님

10-1-4 정관에 따른 회계감사로 도시정비법 제76조 회계감사를 대신할 수 있는지 ('12. 10. 25.)

질의요지 조합정관에 따른 외부회계감사를 도시정비법 제76조에 따른 회계감사로 대체할 수 있는지

회신내용 도시정비법 제76조제1항 및 제2항에 따르면 시장·군수 또는 주택공사등이 아닌 사업시행자는 대통령령이 정하는 방법 및 절차에 의하여 제1항 각호의 1에 해당하는 시기에 「주식회사의 외부감사에 관한 법률」 제3조의 규정에 의한 감사인의 회계감사를 받도록 하고 있고, 그 감사결과를 회계감사가 종료된 날부터 15일 이내에 시장·군수에게 보고하고 이를 당해 조합에 보고하여 조합원이 공람할 수 있도록 하고 있으며, 동 규정에 따라 회계감사가 필요한 경우 사업시행자는 시장·군수에게 회계

감사기관의 선정·계약을 요청하도록 하고 있으나, 조합정관에 따른 외부회계감사에 대하여는 해당 조합정관에 따라 판단하여야 할 것임

10-1-5 외부회계감사 대상 판단 시 지출된 금액의 범위('15.03.19.)

질의요지 도시정비법 시행령 제67조제1항제2호의 의미가 사업행인가고시일전까지 "납부 또는 지출된 금액"을 의미하는지, "지출될 것이 확정된 금액"을 포함한 의미인지

회신내용 도시정비법 시행령 제67조제1항제2호에 따르면 도시정비법 제76조에 따라 시장·군수 또는 주택공사등이 아닌 사업시행자는 사업시행인가고시일전까지 납부 또는 지출된 금액이 7억원 이상인 경우로서 비용의 납부 및 지출내역에 대하여 조합원의 80퍼센트 이상의 동의를 얻지 아니한 경우에는 회계감사를 받도록 하고 있으며, 동 규정은 사업시행자가 사업시행인가 고시일전까지 납부 또는 지출된 금액을 의미함.

10-2 감독, 벌칙 등

10-2-1 회계감사기관에 대한 구청장의 감독 범위('11. 10. 6.)

질의요지 도시정비법 제76조제3항에서 규정하고 있는 회계감사기관에 대한 구청장의 감독 범위는

회신내용 도시정비법 제76조제3항에 따라 공정한 회계감사가 이루어 질 수 있도록 회계감사를 선정·계약한 내용을 토대로 감독할 수 있을 것으로 판단됨

| 10-2-2 | **도시정비법 제76조제1항제2호 '사업시행인가'에 변경·중지 등이 포함되는지**
('12. 10. 31.)

질의요지 　도시정비법 제76조제1항제2호의 '사업시행인가'에는 인가 받은 내용을 변경하거나 정비사업을 중지 또는 폐지하고자 하는 경우가 포함되는지

회신내용 　도시정비법 제76조제1항제2호의 '사업시행인가의 고시일'은 도시정비법 제28조제4항에 따른 사업시행인가의 고시일을 말하는 것이며, 참고로 동 규정은 도시정비법 시행령 제67조제1항에 따라 조합원의 80퍼센트 이상의 동의를 얻지 아니한 경우로서 사업시행인가고시일전까지 납부 또는 지출된 금액이 7억원 이상인 경우에 적용되는 것임

| 10-2-3 | **추진위원회가 운영중인 사업구역 내 개발위원회 구성에 대한 벌칙 규정**
('12. 1. 11.)

질의요지 　추진위원회가 구성·운영 중인 도시환경정비사업구역에서 개발(준비)위원회를 구성할 경우 벌칙 적용이 가능한지

회신내용 　도시정비법 제85조제6호에 따르면 같은 법 제13조제2항 또는 제26조제3항에 따라 승인받은 추진위원회 또는 주민대표회의가 구성되어 있음에도 불구하고 임의로 추진위원회 또는 주민대표회의를 구성하여 도시정비법에 따른 정비사업을 추진하는 자는 2년 이하의 징역 또는 2천만원 이하의 벌금에 처하도록 규정하고 있음

10-2-4 추진위원장이 총회를 거치지 않고 전문관리업자와 계약할 수 있는지 ('12. 9. 28.)

질의요지 추진위원장이 주민총회를 거치지 않고 정비사업전문관리업자와 용역계약을 체결한 행위가 도시정비법 제85조제5호에 규정하고 있는 벌칙행위에 해당하는지

회신내용 도시정비법 제85조제5호는 같은 법 제24조에 따른 조합의 총회의 의결을 거치지 아니하고 동조 제3항 각 호의 사업을 임의로 추진하는 조합의 임원에 대해 적용하는 벌칙임

10-2-5 도시정비법 제88조제2항제3호 관련 과태료를 재부과할 수 있는지('12. 10. 25.)

질의요지 정비사업을 완료하고 조합해산 이후 도시정비법 제88조제2항제3호를 근거로 관계서류 미 이관에 따른 과태료를 부과한 이후 청산인이 관계서류를 계속 미 이관시 과태료를 재부과할 수 있는지, 해당 구청에서 조합을 상대로 고발 등 조치를 할 수 있는지

회신내용 도시정비법 제81조제4항에 따라 시장·군수 또는 주택공사등이 아닌 사업시행자는 정비사업을 완료하거나 폐지한 때에는 시·도조례가 정하는 바에 따라 관계서류를 시장·군수에게 인계하여야 하며, 같은 법 제88조제2항 및 같은 법 시행령 제73조에 따라 제81조제4항에 따른 관계서류 인계를 태만히 한 자는 같은 시행령 별표6에 따라 과태료를 부과하도록 하고 있으나, 관계서류를 계속 인계하지 않는 경우 과태료 재부과나 고발등에 대해서는 별도 규정하는 바가 없음

10-2-6 조합임원에 대하여 공무원법을 적용하는지('15.08.03.)

질의요지 조합임원이 조합장 직무대행 업무에 대하여 직무유기 및 직무를 거절할 경우 공무원법 어느 조항에 해당 되는지

회신내용 도시정비법 제84조에 따르면 형법 제129조 내지 제132조의 적용에 있어서 추진위원회의 위원장·조합의 임원을 공무원으로 보도록 하고 있으며, 동 규정은 형법에 따른 벌칙규정 적용 시 공무원으로 보도록 하는 사항으로, 그 외 공무원 관련법을 적용하는 규정은 아님

10-2-7 조합의 청산인에 대하여 점검이 가능한지('16.0.0.)

질의요지 정비사업 준공인가, 이전고시 및 해산총회 등이 완료된 조합에 대해 청산인의 비리 점검 요청이 있는 경우 점검반을 구성하여 조사할 수 있는지

회신내용 도시정비법제77조제3항 및 제83조제1항, 같은 법 시행령 제72조제1항제4호에 따르면 시·도지사는 이 법에 의한 정비사업의 원활한 시행을 위하여 관계공무원 및 전문가로 구성된 점검반을 구성하여 정비사업 현장조사를 통하여 분쟁의 조정, 위법사항의 시정요구 등 필요한 조치를 할 수 있도록 하고 있는 바, 조합 청산인에 대해서도 동 규정에 따라 점검반 구성 및 현장조사가 가능할 것으로 판단됨

참고로, 같은 법 제75조제2항에 따르면 시·도지사, 시장, 군수 또는 구청장은 정비사업의 원활한 시행을 위하여 감독상 필요하다고 인정하는 때에는 추진위원회·사업시행자·정비사업전문

관리업자·철거업자·설계자 및 시공자 등 이 법에 의한 업무를 하는 자에 대하여 국토교통부령이 정하는 내용에 따라 보고 또는 자료의 제출을 명할 수 있으며 소속 공무원으로 하여금 그 업무에 관한 사항을 조사하게 할 수 있다고 규정하고 있는 바, 질의의 청산인도 위 규정에 따른 '이 법에 의한 업무를 하는 자'에 해당함

10-2-8 정비사업조합이 청탁금지법 적용 대상인 지('16.10.26.)

질의요지 정비사업 조합 등이 청탁금지법을 적용받는지

회신내용 「부정청탁 및 금품등 수수의 금지에 관한 법률」(이하 "청탁금지법") 제11조제1항제2호에 따르면 법령에 따라 공공기관의 권한을 위임·위탁받은 법인·단체 또는 그 기관이나 개인에 해당하는 자의 공무 수행에 관하여는 같은 법 제5조부터 제9조까지를 준용한다고 규정하고 있으나, 정비사업 관련 법령인 도시정비법에서는 공공기관의 권한을 조합 또는 조합임원에게 명문으로 위임·위탁하고 있지는 않기 때문에 정비사업 조합임원은 청탁금지법 제11조제1항제2호에 따른 공무수행사인으로 보기 곤란할 것으로 판단됨

다만, 청탁금지법의 적용여부에 대해서는 해당 법령 소관기관인 국민권익위원회에서 법령의 제정 취지 및 목적 등을 종합적으로 고려하여 판단해야 할 사안임

10-3 시장·군수의 비용부담

10-3-1 | 시장·군수의 정비기반시설 비용 부담 범위 ('16.7.22.)

질의요지 시장·군수가 부담할 수 있는 주요 정비기반시설의 건설에 소요되는 비용에 정비기반시설 설치에 필요한 철거비, 폐기물 처리비 등도 포함되는지

회신내용 도시정비법제60조제2항에 따르면 시장·군수는 시장·군수가 아닌 사업시행자가 시행하는 정비사업의 정비계획에 따라 설치되는 도시·군계획시설중 대통령령으로 정하는 주요 정비기반시설, 공동이용시설 및 제36조에 따른 임시수용시설에 대하여는 그 건설에 소요되는 비용의 전부 또는 일부를 부담할 수 있다고 규정하고 있는 바, 정비기반시설 설치에 필요한 철거비, 폐기물 처리비 등도 정비기반시설의 건설에 소요되는 비용에 해당하기 때문에 시장·군수가 부담할 수 있는 것임

10-4 공공지원제도

10-4-1 | 시공자 재선정시 공공지원제도 적용이 가능한 지('16.11.28.)

질의요지 2003년 11월에 추진위원회 승인 및 그 이전에 시공자 선정 신고가 완료하였으나, 조합에서 시공자를 재선정하는 경우 공공관리 규정이 적용되는지

회신내용 도시정비법〈법률 제10268호, 2010.4.15.〉부칙 제3항에 따르면 제77조의4의 개정규정은 이 법 시행 당시 제24조에 따른 총회에서 시공자 또는 설계자를 선정하지 아니한 정비사업 분부터

적용하도록 하고 있으므로, 질의하신 경우와 같이 계약의 해제로 시공사가 선정되지 않은 것에 해당하면 동 규정이 적용될 것으로 판단됨

별첨

도시정비사업 관련 법률 주요내용 이해하기

[2017년 2월 8일 개정 내용 포함]

제1장 도시 및 주거환경정비법

제2장 빈집 및 소규모 정비에 관한 특례법

제1장 도시 및 주거환경정비법

축약어 알아두기

「도시 및 주거환경정비법」　　　　　　　⇒　「도시정비법」
「도시 및 주거환경정비사업」　　　　　　⇒　「정비사업」
「도시 및 주거환경정비기본계획」　　　　⇒　「기본계획」
「공익사업을위한토지등의취득및보상에관한법률」　⇒　「토지보상법」
「빈집 및 소규모주택정비에 관한 법률」　⇒　「빈집 및 소규모정비법」

「도시 및 주거환경정비법」 용어 정의 알아두기

▷ "정비구역" 이란 정비사업을 계획적으로 시행하기 위하여 지정·고시된 구역
▷ "토지등소유자" 란
　- 정비구역내 토지 또는 건축물 소유자 또는 그 지상권자
　- 주택재건축사업의 경우 정비구역 안에 건축물 및 그 부속토지를 소유한 자
▷ "조합원" 이란 조합이 설립된 이후의 토지등소유자
　- 주택재건축사업 및 가로주택 정비사업은 조합설립에 동의한 자
▷ "시·도" 란 특별시, 광역시, 특별자치시, 특별자치도, 도, 시(인구 50만이상 대도시)
▷ "시장·군수" 란 특별자치시장, 특별자치도지사, 시장, 군수, 자치구의 구청장

[정비사업 추진 절차]

구 분	세부 추진절차				
기본계획 수립	기본계획(안) 작성 (특별시장·광역시장)	주민공람(14일 이상), 지방의회 의견 청취	관계행정기관협의 (국토교통부장관 포함)	지방도시계획위원회 심의	정비기본계획 수립(승인) 및 고시
안전진단 (재건축 사업)	안전진단 요청 (요청자→시장, 군수)	현지조사 (시장, 군수)	안전진단 의뢰 (시장, 군수)	안전진단결과 보고서제출 (시장, 군수 및 요청자)	정비계획수립 및 재건축 시행여부결정 (시장, 군수)
정비계획	정비계획 수립 (시장·군수)	주민설명회/공람 (30일 이상 공람)	지방의회 의견 청취 (60일 이내 의견제시)	지방도시계획 위원회 심의	정비구역 고시
추진 위원회	추진위원회 구성 (위원장, 감사, 추진위원)	운영규정 및 동의서(안) 작성	동의서 검인 (시장, 군수)	추진위설립동의서 징구 (토지등소유자 과반수)	추진위원회 승인 신청
조합설립	조합설립 동의서 및 정관 작성	동의서 검인 (시장, 군수 등)	동의서 징구	창립총회	조합설립인가
사업시행 인가	건축심의 및 관련법에 따른 평가 등	사업시행계획 수립	총회 의결 (조합원 과반수 동의)	사업시행인가 신청 (시장·군수 등)	사업시행인가 (공람 및 기관 협의 완료)
관리처분 계획인가	분양신청 (토지등소유자→시행자)	종전/종후 자산감정평가 ('18.2.9일 이후 변경)	관리처분계획 수립 (시행자)	조합총회 의결 (1개월전 분담금 통지)	관리처분계획인가 신청
착공 및 일반분양	조합원 이주 완료	철거 및 착공 (시공사 계약 포함)	주택대지권 확보 (청산금액 공탁 완료)	입주자 모집 승인신청 (조합→시장)	일반분양
준공 및 조합해산	준공인가 및 고시 (시장, 군수 등)	확정측량 및 토지분할 (시행자)	이전고시/보고	정비구역 해제 ('18.2.9일 이후 시행)	조합해산 및 청산

1. 정비사업의 개요

■ 정비사업의 개요 및 유형

○ "정비사업"이라 함은 도시기능을 회복하기 위하여 정비구역에서 정비기반시설 및 주택 등 건축물을 개량하거나 건설하는 아래의 정비 사업을 말함

① "주거환경개선사업"이란 도시저소득주민이 집단으로 거주하는 지역으로 주거환경 등이 극히 열악한 지역

② "주택재개발사업"이란 정비기반시설이 열악하고, 노후·불량 건축물이 밀집한 지역

③ "주택재건축사업"이란 정비기반시설이 양호하나, 노후·불량 건축물이 밀집한 지역

 - 기존 세대수가 20세대 이상이거나, 20세대 이상으로 재건축하는 경우에는 정비구역 지정없이 소규모 재건축 사업 가능("소규모주택재건축 사업"이라 함)

④ "도시환경정비사업"이란 상업지역 등에서 도심기능 회복 및 상권활성화 등이 필요한 지역

⑤ "주거환경관리사업"이란 정비기반시설 및 공동이용시설 확충이 필요한 단독주택 등을 정비하는 사업

⑥ "가로주택정비사업"이란 종전의 가로를 유지하면서 소규모로 주거환경을 개선하는 사업

■ 기본계획 및 정비구역

○ 기본계획은 도시기본계획 등 상위계획의 이념과 내용이 법에 의한 정비사업을 통해 실현될 수 있도록 도시정비의 미래상과 목표를 명확히 설정하고 실천전략을 구체적으로 제시한 종합계획임

○ 정비계획은 기본계획에 적합한 범위 안에서 노후·불량건축물이 밀집하는 등 법 시행령별표1의 요건에 해당하는 구역을 계획적이고 체계적으로 정비하기 위하여 수립하는 것으로 토지·건축물, 기반시설 등 물리적 현황 및 사회·경제 등 비물리적 현황을 분석하여 정비사업이 합리성과 효율적으로 집행될 수 있도록 표현하는 계획임

정비사업 시행방법 및 시행자

○ 정비사업은 조합 또는 조합이 주택공사등과 공동으로 시행하는 방법으로 시행하며, 도시환경정비사업의 경우에는 토지등소유자들이 조합을 설립하지 않고 사업시행계획인가를 직접 신청하여 정비사업을 추진할 수 있음

○ 정비사업의 사업유형별로 적용되는 사업시행방법 및 시행자는 아래 표와 같음

구분	시행방법	시행자
주거환경 개선사업	① 정비구역안에서 정비기반시설을 새로이 설치하거나 확대하고 토지등소유자가 스스로 주택을 개량하는 방법 ② 정비구역의 전부 또는 일부를 수용하여 주택을 건설한 후 토지등소유자에게 우선 공급하거나 토지를 토지등소유자 또는 토지등소유자 외의 자에게 공급하는 방법 ③ 환지로 공급하는 방법 ④ 정비구역에서 관리처분계획에 따라 주택 및 부대시설·복리시설을 건설하여 공급하는 방법	① 시장·군수가 직접 시행하거나 주택공사등을 사업시행자로 지정 ② 시장·군수가 주택공사등과 건설업자 등을 공동시행자로 지정
주택재개발사업	○ 관리처분계획에 따라 주택, 부대·복리시설 및 오피스텔을 건설하여 공급하거나, 환지로 공급하는 방법	○ 조합 또는 조합이 주택공사등, 건설업자 등과 공동으로 시행할 수 있음
도시환경 정비사업	○ 관리처분계획에 따라 건축물을 건설하여 공급하는 방법 또는 환지로 공급하는 방법	○ 조합 또는 토지등소유자가 시행하거나 주택공사등, 건설업자등과 공동시행할 수 있음
주택재건축사업	○ 관리처분계획에 따라 주택, 부대·복리시설 및 오피스텔을 건설하여 공급하는 방법	○ 조합 또는 조합이 주택공사등, 건설업자 등과 공동시행할 수 있음
가로구역	○ 관리처분계획에 따라 주택 등을 건설하여 공급하거나 보전 또는 개량하는 방법	○ 조합 또는 조합이 주택공사등, 건설업자 등과 공동시행할 수 있음
주거환경 관리사업	○ 정비기반시설 및 공동이용시설을 새로 설치하거나 확대하고 토지등소유자가 스스로 주택을 보전·정비하거나 개량하는 방법	○ 시장·군수가 직접 시행하되, 주택공사등을 사업시행자로 지정할 수 있음

■ [개정] 유사한 정비사업을 통합(시행일 : '18.02.09)

○ 개정된 도시정비법에서는 사업유형이 유사한 도시환경정비사업과 주택재개발사업을 재개발사업으로 통합하여, 전체 정비사업을 3개 유형으로 구분함

○ 또한, 정비구역수립 대상이 아닌 가로주택정비사업과 소규모주택재건축사업은 「빈집 및 소규모정비법」으로 이관함

종전 내용		개정 내용(시행일 : '18.02.09)
주택 재개발사업	○ 주택, 부대·복리시설 및 오피스텔을 건설하여 공급[제6조] ○ 시행자는 조합 또는 시장·군수, 주택공사등과 공동 시행 [제8조]	○ 공급대상 건축물[개정법률 제23조] ① 건축물을 건설하여 공급하거나 제69조제2항에 따라 환지로 공급하는 방법
도시환경 정비사업	○ 건축물을 건설하여 공급[제6조] ○ 시행자는 토지등소유자, 조합 또는 시장·군수, 주택공사 등과 공동 시행[제8조]	재개발 사업 (통합)	○ 사업시행자 [개정법률 제25조] ① 조합, 또는 시장·군수등, 토지주택공사등과 공동시행 ② 토지등소유자가 20인 미만인 경우에는 토지등소유자, 또는 시장·군수등, 토지주택공사등과 공동시행

〈그림〉 정비사업 통합 및 타법 이관

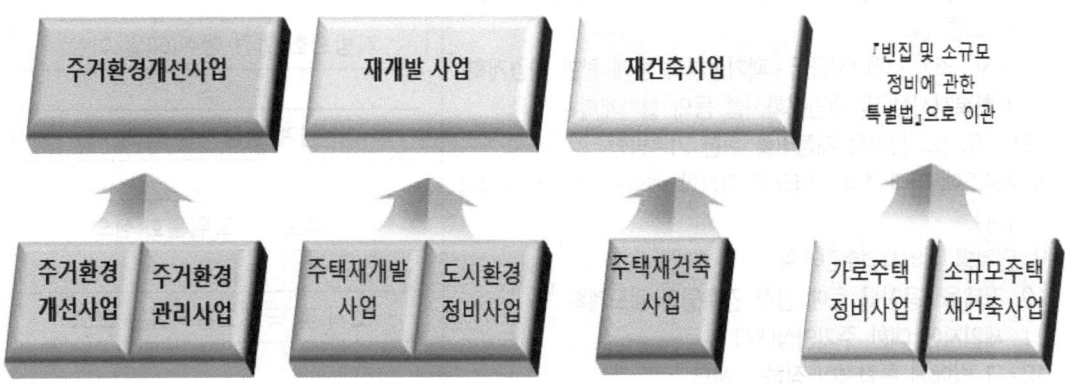

2. 도시 및 주거환경정비기본계획

■ 기본계획 수립

○ 시·도지사는 도시기능의 회복이 필요하거나 주거환경이 불량한 지역을 계획적으로 정비하고 노후·불량건축물을 효율적으로 개량하기 위하여 기본계획을 10년 단위로 수립함

- 다만, 도지사가 기본계획을 수립할 필요가 없다고 인정하는 시(인구 50만 이하)는 기본계획을 수립하지 않을 수 있음

○ 기본계획을 수립 또는 변경하고자 하는 때에는 14일 이상 주민에게 공람하고 지방의회의 의견을 들은 후 지방도시계획위원회의 심의를 거쳐야 함

○ 또한 시·도지사는 기본계획에 대하여 5년마다 그 타당성 여부를 검토하여 그 결과를 기본계획에 반영하여야 함.

기본계획 내용	기본계획 수립 절차
1. 정비사업의 기본방향 2. 정비사업의 계획기간 3. 인구·건축물·토지이용·정비기반시설·지형 및 환경 등의 현황 4. 주거지 관리계획 5. 토지이용계획·정비기반시설계획·공동이용시설설치계획 및 교통계획 6. 녹지·조경·에너지공급·폐기물처리 등에 관한 환경계획 7. 사회복지시설 및 주민문화시설 등의 설치계획 7의2. 도시의 광역적 재정비를 위한 기본방향 8. 제4조에 따라 정비구역으로 지정할 예정인 구역의 개략적 범위 9. 단계별 정비사업추진계획 10. 건폐율·용적률 등에 관한 건축물의 밀도계획 11. 세입자에 대한 주거안정대책 12. 그 밖에 통령령이 정하는 사항	기본계획(안) 작성 ↓ 주민공람(14일 이상) ↓ 지방의회 의견 청취(60일 이상) ↓ 관계 행정기관 협의 ↓ 지방도시계획위원회 심의 ↓ 고시 및 국토교통부장관 보고

3. 정비구역 지정

■ 정비계획 수립

- 자치구의 구청장 또는 광역시의 군수는 기본계획에 적합한 범위에서 아래 의 내용이 포함된 정비계획을 수립하여 특별시장·광역시장에게 정비구역지정을 신청함
- 다만, 특별자치시장, 특별자치도지사, 시장 또는 군수(광역시의 군수 제외)는 정비계획을 직접 수립 및 지정할 수 있음
- 정비계획을 수립한 후 지정·고시하기 위해서는 아래의 정비구역 지정 절차를 이행하여야 함
  - ☞ [체크] 주민설명회, 주민공람, 지방의회 의견청취는 함께 진행이 가능함

정비계획 내용	정비구역 지정 절차
1. 정비사업의 명칭 2. 정비구역 및 그 면적 3. 도시·군계획시설의 설치에 관한 계획 4. 공동이용시설 설치계획 5. 건축물의 주용도·건폐율·용적률·높이에 관한 계획 6. 환경보전 및 재난방지에 관한 계획 6의2. 정비구역 주변의 교육환경 보호에 관한 계획 6의3. 세입자 주거대책 7. 정비사업시행 예정시기 7의2. 기업형임대주택 또는 임대관리 위탁주택을 공급하는 경우 관련 내용 7의3. 「국토의 계획 및 이용에 관한 법률」 제52조제1항 각 호의 사항에 관한 계획 8. 그 밖에 대통령령이 정하는 사항	정비계획 수립 ↓ 주민서면통보 및 설명회 ↓ 주민공람(30일 이상) ↓ 지방의회의 의견청취(60일) ↓ 지방도시계획위원회 심의 ↓ 정비구역 지정·고시

☞ [체크] 주민공람등의 기간 계산방법은 민법(제155조)에 따른 기간산정방법을 적용함

■ 정비계획의 경미한 변경

- 아래 표의 정비계획을 변경하는 경우에는 주민들에 대한 서면통보, 주민설명회, 주민공람 및 지방의회의 의견청취등의 절차를 거치지 않고 변경이 가능함

정비계획의 경미한 변경 대상	주요 Q&A
1. 정비구역면적의 10퍼센트 미만의 변경인 경우 2. 정비기반시설의 위치를 변경하는 경우와 정비기반시설 규모의 10퍼센트 미만의 변경인 경우 3. 공동이용시설 설치계획의 변경인 경우 4. 재난방지에 관한 계획의 변경인 경우 5. 정비사업 시행예정시기를 1년의 범위안에서 조정하는 경우 6. 「건축법 시행령」 별표 1 각호의 1의 용도범위안에서의 건축물의 주용도(당해 건축물중 가장 넓은 바닥면적을 차지하는 용도를 말한다. 이하 같다)의 변경인 경우 7. 건축물의 건폐율 또는 용적률을 축소하거나 10퍼센트 미만의 범위안에서 확대하는 경우 7의2. 건축물의 최고 높이를 변경하는 경우 7의3. 법 제40조의2에 따라 용적률을 완화하여 변경하는 경우 8. 「국토의 계획 및 이용에 관한 법률」 제2조제3호 및 동조 제4호의 규정에 의한 도시·군기본계획, 도시·군관리계획 또는 기본계획의 변경에 따른 변경인 경우 9. 정비구역이 통합 또는 분할되는 변경인 경우 11. 교통영향평가 등 관계법령의 심의에 따른 건축계획의 변경 12. 그 밖에 유사한 사항으로서 시·도 조례로 정하는 사항	○ 정비사업 시행예정시기의 의미는? ☞ 정비구역고시일부터 사업시행인가일까지를 말함 ○ 정비기반시설의 규모는 변동이 없으나 공원계획을 삭제한 경우 경미한 변경인지? ☞ 정비기반시설 계획을 삭제하는 것은 경미한 변경 대상이 아님 ○ 도로는 15%확대, 공원 13%축소하였으나, 전체 정비기반시설은 8%변경한 경우 경미한 변경인지? ☞ 정비계획의 경미한 변경에 해당됨 ○ 용적률을 9%변경하고 다시 9%변경하면 경미한 사항인지? ☞ 누적된 변경 내용이 10%이상이면 경미한 변경 대상이 아님 ○ 용적률 220%에서 10%확대는 230%를 의미하는지, 아니면 242%인지? ☞ 242%를 의미함 ○ 임대주택 비율 변경이 경미한 변경인지? ☞ 시·도 조례로 정할 사항임

■ 정비계획의 입안 제안

○ 토지등소유자는 아래의 경우에 정비계획의 입안을 제안할 수 있음

구 분	정비계획의 입안 대상
내 용	1. 기본계획의 단계별 정비사업추진계획상 정비계획의 수립시기가 1년 이상 경과한 경우 2. 지정개발자(주택공사등)를 사업시행자로 요청하고자 하는 경우 3. 대도시가 아닌 시 또는 군으로서 시·도조례로 정하는 경우 4. 정비사업을 통하여 기업형임대주택을 공급하거나, 임대할 목적으로 주택을 주택임대관리업자에게 위탁하려는 경우 5. 천재지변등으로 긴급히 정비사업을 시행하려는 경우

■ [개정] 정비계획변경 입안제안 시 동의요건 명시

○ 개정된 도시정비법에서는 정비구역 지정 이후 추진위원회 및 조합에서 정비계획(변경) 입안을 제안하기 위한 동의 요건을 명시 함

종전 내용	개정 내용(시행일 : '18.02.09)
[시행령 제13조의2] ○ 정비계획의 입안을 제안하려는 때에는 시·도 조례로 정하는 바에 따라 토지등소유자의 동의를 받아야 함	[개정법률 제14조] ○ 정비계획의 입안 제안은 토지등소유자(조합원) 3분의 2 이상의 동의로 정비계획의 변경을 요청하는 경우 가능 ※ 정비계획의 경미한 사항을 변경하는 경우에는 토지등소유자의 동의절차를 거치지 아니함

4. 조합설립 추진위원회

■ 추진위원회 구성

○ 조합설립을 위한 추진위원회를 구성하기 위해서는 정비구역지정 고시 후 토지등소유자로부터 추진위원 및 운영규정에 대한 과반수 동의를 받아야 함
- 추진위원회설립에 동의한 토지등소유자는 조합설립에 동의한 것으로 봄
- 추진위원회설립 동의서는 시장·군수가 검인한 서면동의서 사용

○ 추진위원의 수는 토지등소유자의 10분의 1 이상으로 하되, 100인을 초과하는 경우에는 토지등소유자의 10분의 1범위 안에서 100인 이상으로 가능

○ 추진위원장·부위원장 및 감사의 자격은 아래와 같음
① 사업시행구역 안에서 3년 이내에 1년 이상 거주하고 있는 자
☞ [체크]1년 이상 거주한 세입자가 3개월전에 주택을 구입한 경우에도 입후보 가능
② 사업시행구역 안에서 5년 이상 토지 또는 건축물을 소유한 자

■ 추진위원회 업무 및 의사결정 방법

○ 추진위원회는 조합설립인가를 위한 동의서 작성, 조합정관의 초안 작성, 정비사업의 시행계획서 작성, 창립총회 개최 등의 업무를 수행함

○ 중요 업무에 대하여는 주민총회에서 추진위원회 구성에 동의한 토지등소유자 과반수 출석 및 토지등소유자의 과반수 찬성으로 의결함

주민총회 결정사항	추진위원회 결정사항
1. 추진위원회 승인 이후 위원장·감사의 선임·변경·보궐선임·연임 2. 운영규정의 변경 3. 정비사업전문관리업자 및 설계자의 선정 및 변경 4. 제30조의 규정에 의한 개략적인 사업시행계획서의 변경 5. 제31조5항의 규정에 의한 감사인의 선정 6. 조합설립추진과 관련하여 추진위원회에서 주민총회의 의결이 필요하다고 결정하는 사항	1. 위원(위원장·감사를 제외한다)의 보궐선임 2. 예산 및 결산의 승인에 관한 방법 3. 주민총회 부의안건의 사전심의 및 주민총회로부터 위임받은 사항 4. 주민총회 의결로 정한 예산의 범위 내에서의 용역계약 등 5. 그 밖에 추진위원회 운영을 위하여 필요한 사항

☞ [체크]추진위원회 운영에 소요되는 예산은 주민총회 의결로 결정할 사항임
☞ [체크]조합 또는 추진위원회의 운영에 필요한 기간 계산방법은 민법을 준용함

■ 추진위원회의 용역업체 선정

○ 추진위원회에서 정비사업전문관리업자 선정 및 설계자 선정하기 위해서는 아래 표의 기준을 준수하여 선정하여야 함

○ 다만, 추진위원회 업무범위를 초과하는 업무나 용역계약, 용역업체의 선정 등은 조합에 승계되지 않음

정비사업전문관리업자 선정기준	설계업자 선정 방법(운영규정)
1. 일반경쟁 입찰, 제한경쟁 입찰 또는 지명경쟁 입찰의 방법으로 선정 2. 2회 이상 유찰된 경우에는 주민총회 의결을 거쳐 수의계약을 할 수 있음 3. 현장설명회 개최일로부터 7일 전에 1회 이상 전국 또는 해당 지역에서 발간되는 일간신문에 공고 4. 입찰서 개봉은 정비사업전문관리업자의 대표, 추진위원회 위원, 그 밖에 이해관계자 각 1인이 참여 5. 추진위원회에서 총회에 상정할 2인 이상의 정비사업전문관리업자를 선정	1. 설계자의 선정은 일반경쟁입찰·제한경쟁입찰 또는 지명경쟁입찰방법으로 함 2. 2회 이상 유찰된 경우에는 주민총회의 의결을 거쳐 수의계약할 수 있음 3. 입찰을 할 때 1회 이상 일간신문에 입찰공고를 하고 현장설명회를 개최한 후 참여제안서를 제출받은 다음 주민총회의 의결을 거쳐 선정함

■ 추진위원회 운영규정 작성 방법

○ 추진위원회 운영규정은 국토교통부에서 고시한 「정비사업조합설립추진위원회 운영규정」 별표 내용에 대하여 확정 또는 보완하여 작성함

구 분	운영규정 작성방법

운영규정
(제3조)
	① 정비사업조합을 설립하고자 하는 경우 추진위원회를 시장·군수에게 승인 신청하기 전에 운영규정을 작성하여 토지등소유자의 과반수의 동의를 얻어야 함
	② 제1항의 운영규정은 별표의 운영규정안을 기본으로 하여 다음 각호의 방법에 따라 작성함
	  1. 제1조·제3조·제4조·제15조제1항을 확정할 것
	  2. 제17조제7항·제19조제2항·제29조·제33조·제35조제2항 및 제3항의 규정은 사업특성·지역상황을 고려하여 법에 위배되지 아니하는 범위 안에서 수정 및 보완할 수 있음
	  3. 사업추진상 필요한 경우 운영규정안에 조·항·호·목 등을 추가할 수 있음

5. 토지등소유자 및 조합원 수 산정 방법

■ 토지등소유자 수 산정

○ 주거환경개선사업, 주택재개발사업, 도시환경정비사업, 주거환경관리사업 또는 가로주택정비사업의 경우에는 아래와 같이 토지등소유자를 산정함
  ☞ [체크] 토지등소유자수 산정 방법은 추진위원회의 주민총회 운영 시에도 동일하게 적용됨

  ① 1필지의 토지 또는 하나의 건축물이 수인의 공유에 속하는 때에는 그 수인을 대표하는 1인을 토지등소유자로 산정할 것
  ② 토지에 지상권이 설정되어 있는 경우 토지의 소유자와 해당 토지의 지상권자를 대표하는 1인을 토지등소유자로 산정할 것
  ③ 1인이 다수 필지의 토지 또는 다수의 건축물을 소유하고 있는 경우에는 필지나 건축물의 수에 관계없이 토지등소유자를 1인으로 산정할 것. 다만, 도시환경정비사업의 경우 정비구역 지정이후 취득한 토지등소유자는 취득한 종전 토지등소유자 수를 기준으로 함

○ 주택재건축사업의 경우에는 아래와 같이 토지등소유자를 산정됨
  ① 소유권 또는 구분소유권이 여러 명의 공유에 속하는 경우에는 그 여러 명을 대표하는 1명을 토지등소유자로 산정할 것
  ② 1명이 둘 이상의 소유권 또는 구분소유권을 소유하고 있는 경우에는 소유권 또는 구분소유권의 수에 관계없이 토지등소유자를 1명으로 산정할 것
    ☞ [체크] 정비구역내 국공유지의 경우 재산관할청별로 토지등소유자 수를 산정하며, 요건이 충족되는 경우에는 조합원 자격도 부여함

■ 조합원 수 산정

○ 정비사업의 조합원은 토지등소유자(주택재건축사업과 가로주택정비사업의 경우에는 동의한 자만 해당됨)로 하되, 아래의 경우에는 그 수인을 대표하는 1인을 조합원으로 봄
  ① 토지 또는 건축물의 소유권과 지상권이 수인의 공유에 속하는 때

② 수인의 토지등소유자가 1세대에 속하는 때(조합설립인가 후 세대를 분리하여 동일한 세대에 속하지 아니하는 때에도 이혼 및 20세 이상 자녀의 분가하는 경우 제외)
☞ [체크] "분가"란 주민등록표상 세대 분리뿐만 아니라 실거주도 분리된 경우를 말함
③ 조합설립인가 후 1인의 토지등소유자로부터 토지 또는 건축물의 소유권이나 지상권을 양수하여 수인이 소유하게 된 때

■ 재개발 사업의 사례별 조합원 수 산정

○ 재개발 사업에서 사례별 토지등소유자 및 조합원 수 산정 방법은 아래 표와 같으며, 유사한 경우에는 주택재건축사업 등에도 적용이 가능함

구 분	토지등소유자수	조합원 수	비고
"갑" 소유 "을" 소유 [토지 "갑"과"을"이 공유]	2인	2인	
"갑"과"을"이 공유 [토지 "을"소유]	2인 (주택에 대하여 "갑"을 대표자로 선정한 경우)	2인 (주택에 대하여 "갑"을 대표자로 선정한 경우)	대법원 [2009두 15852 판결]
"갑"과"을"이 공유 [토지 "갑"과 "을"공유]	1인	1인	대법원 [2009두 15852 판결]
"갑" 소유 "을" 소유 ["갑"과 "을"은 동일세대]	2인	1인 or 2인 (조합설립인가 이후 매수자는 조합원자격 있음)	[법제처 12-0468]
"갑"과"을"이 공유 ["갑"과 "을"은 동일세대]	1인	1인 (조합설립인가 이후 매수자는 조합원 자격 없음)	[법제처 16-0632]
"갑" 조합원 "갑" 2채 소유 "갑" 조합원 "을" 조합원 ["갑"이 매수] "병" 조합원? ["병"이 매수]		1인 ("갑"과 "병"을 대표하는 자)	[법제처 16-0431]

6. 조합설립인가

■ 조합설립인가 동의서 작성 방법

○ 서면동의서에 토지등소유자의 지장(指章)을 날인하고 자필로 서명하며, 주민등록증, 여권 등의 사본을 첨부함
  ☞ [체크] 서명이란 본인의 이름을 자필로 작성하는 것을 말함

○ 서면동의서를 작성하는 경우 시장·군수가 검인(檢印)한 서면동의서를 사용하여야 함
  ☞ [체크] '16.7.28일 이후 최초로 추진위원회 승인을 받은 분부터 적용됨

■ 조합설립인가 동의 요건

구 분		동의 요건
주택재개발사업 및 도시환경정비사업		- 토지등소유자의 4분의 3 이상 및 토지면적의 2분의 1 이상
가로주택정비사업		- 토지등소유자의 10분의 8 이상 및 토지면적의 3분의 2 이상
주택 재건축사업	주택단지	- 주택단지 안의 공동주택의 각 동별 구분소유자의 과반수 동의 - 주택단지 안의 전체 구분소유자의 4분의 3 이상 및 토지면적의 4분의 3 이상의 동의
	주택단지가 아닌 지역	- 토지 또는 건축물 소유자의 4분의 3 이상 및 토지면적의 3분의 2 이상의 토지소유자의 동의

☞ [체크] 둘 이상의 주택단지가 하나의 조합이 되는 경우 각 단지별로 조합설립인가 동의 요건이 충족되어야 함
☞ [체크] 추진위원회설립에 동의한 자의 경우 조합설립인가 동의 철회는 조합설립인가 신청 전까지 가능함

■ 조합의 임원 및 대의원 구성

○ 조합은 임원으로 구성된 이사회와 대의원회를 구성하여 조합정관으로 정한 업무를 수행함

구 분	동의 요건
임원	- 조합장 1인, 감사(1인~3명) - 이사(토지등소유자 100인 이상인 경우 5명이상)
대의원	- 조합원의 10분의 1 이상으로 하되, 대의원이 100인을 넘는 경우에는 100인 이상에서 조합원의 10분의 1까지 가능

☞ [체크] 대의원수가 정관으로 정한 수에 미달할 경우 안건의결 및 보궐선임을 할 수 없음

■ 조합정관 주요내용 및 작성시 검토사항

○ 조합설립인가를 위해서는 아래 표의 내용이 포함된 정관을 작성하여, 시장·군수 등에게 제출하여야 함

○ 사업시행자는 정관을 작성하는 경우 표준정관을 토대로 해당 조합에 맞지 않거나, 명확하지 않은 내용에 대하여는 조합의 상황에 맞게 정할 필요가 있음

정관 내용	정관내용의 주요 불명확한 사례
1. 조합의 명칭 및 주소 2. 조합원의 자격에 관한 사항 3. 조합원의 제명·탈퇴 및 교체에 관한 사항 5. 제21조의 규정에 의한 조합의 임원(이하 "조합임원"이라 한다)의 수 및 업무의 범위 6. 조합임원의 권리·의무·보수·선임방법·변경 및 해임에 관한 사항 7. 대의원의 수, 의결방법, 선임방법 및 선임절차 8. 조합의 비용부담 및 조합의 회계 10. 총회의 소집절차·시기 및 의결방법 11. 총회의 개최 및 조합원의 총회소집요구에 관한 사항 11의2. 제47조제2항에 따른 이자 지급에 관한 사항 12. 정비사업비의 부담시기 및 절차 13. 정비사업이 종결된 때의 청산절차 14. 청산금의 징수·지급의 방법 및 절차 15. 시공자·설계자의 선정 및 계약서에 포함될 내용 16. 정관의 변경절차 17. 그 밖에 대통령령으로 정하는 사항	○ 분양신청 완료후 현금청산자의 조합원 자격 여부 ○ 이사회 정족수 미달시 운영 여부 및 방법 ○ 건축물 철거 이후 임원자격의 거주요건 충족 문제 ○ 대의원 정족수 부족시 선거관리위원회 구성 방법 ○ 조합임원 해임시 선거관리위원회 구성 방법 ○ 이전고시 이후 매수자의 조합원 자격 ○ 직무대행자의 업무범위 ○ 조합상근임원의 보수지급시기(총회선정이후 또는 조합설립변경 인가이후) ○ 정보공개 요청시 실비 산정방법 ○ 2주택공급가능 여부

☞ [체크] 조합임원의 자격기준을 변경한 경우에는 시장·군수에 정관변경 신고 후 임원선출 절차를 진행하여야함

7. 사업시행인가

■ 사업시행계획서 작성 및 변경

○ 사업시행자가 사업시행인가를 받기 위해서는 아래 표의 사업시행계획서에 정관등의 서류를 첨부하여 시장·군수에게 제출하여야 함.

○ 시장·군수는 사업시행인가를 하는 경우에는 관계서류의 사본을 14일 이상 일반인이 공람 및 관계기관 협의를 거쳐 인가여부를 결정함

사업시행계획서 내용	사업시행인가 절차
1. 토지이용계획(건축물배치계획을 포함한다) 2. 정비기반시설 및 공동이용시설의 설치계획 3. 임시수용시설을 포함한 주민이주대책 4. 세입자의 주거 및 이주 대책 4의2. 사업시행기간 동안의 정비구역 내 가로등 설치, 폐쇄회로 텔레비전 설치 등 범죄예방대책 5. 임대주택의 건설계획(주택재건축사업의 경우 제30조의3제2항에 따른 소형주택의 건설계획을 말한다) 5의2. 기업형임대주택 또는 임대관리 위탁주택의 건설계획(필요한 경우에 한정한다) 6. 건축물의 높이 및 용적률 등에 관한 건축계획 7. 정비사업의 시행과정에서 발생하는 폐기물의 처리계획 7의2. 교육시설의 교육환경 보호에 관한 계획(정비구역으로부터 200미터 이내에 교육시설이 설치되어 있는 경우에 한한다) 8. 시행규정(시장·군수, 주택공사등 또는 신탁업자가 단독으로 시행하는 정비사업에 한한다) 8의2. 정비사업비 9. 그 밖에 시·도조례로 정하는 사항	건축심의 완료 ↓ 사업시행계획총회(과반수 동의) ↓ 사업시행인가 신청 ↓ 관계기관 협의(20일 이내) 일반인 공람(14일) ↓ 인가 및 공보 고시

■ 사업시행인가 경미한 변경

○ 사업시행자는 인가받은 사항 중 아래 표의 경미한 사항을 변경하고자 하는 때에는 시장·군수에게 이를 신고하며, 이 경우 일반인 공람 등 별도의 사업시행계획 인가 절차진행은 필요하지 않음

사업시행인가의 경미한 변경 사항	주요 Q&A
1. 정비사업비를 10퍼센트의 범위에서 변경하거나 관리처분계획의 인가에 따라 변경하는 때 2. 건축물이 아닌 부대·복리시설의 설치규모를 확대하는 때(위치가 변경되는 경우를 제외한다) 3. 대지면적을 10퍼센트의 범위안에서 변경하는 때 4. 세대수 또는 세대당 주택공급면적(바닥 면적에 산입되는 면적으로서 사업시행자가 공급하는 주택의 면적을 말한다)을 변경하지 아니하고 사업시행인가를 받은 면적의 10퍼센트의 범위에서 내부구조의 위치 또는 면적을 변경하는 때 5. 내장재료 또는 외장재료를 변경하는 때 6. 사업시행인가의 조건으로 부과된 사항의 이행에 따라 변경하는 때 7. 건축물의 설계와 용도별 위치를 변경하지 아니하는 범위안에서 건축물의 배치 및 주택단지안의 도로선형을 변경하는 때 8. 「건축법 시행령」 제12조제3항 각호의 1에 해당하는 사항을 변경하는 때 9. 사업시행자의 명칭 또는 사무소 소재지를 변경하는 때 10. 정비구역 또는 정비계획의 변경에 따라 사업시행계획서를 변경하는 때 11. 법 제16조의 규정에 의한 조합변경의 인가에 따라 사업시행계획서를 변경하는 때	○ 놀이터의 규모를 확대하는 것이 경미한 변경 사항인지? ☞ 건축물이 아닌 놀이터 변경은 경미한 변경사항임 ○ 주택공급면적을 변경하지 않고 지하층 면적을 변경해도 되는지? ☞ 각 세대별 내부구조의 위치 변경만 가능함 ○ 사업시행기간 변경은 경미한 변경인지? ☞ 경미한 변경에 해당되지 않음 ○ 용적률 변경이 경미한 변경인지? ☞ 용적률 변경에 따라 세대수가 증가된 경우 경미한 변경에 해당되지 않음

☞ [체크] 사업시행인가의 변경 내용이 둘 이상이고, 이 중 1개가 경미한 사항이 아닌 경우에는 사업시행인가의 경미한 변경으로 볼 수 없음

■ [개정] 사업시행인가 기간 명시

○ 개정된 법률에서는 사업시행인가 기간(60일)을 명시하고, 관계행정기관의 협의요청 답변이 없는 경우에는 협의된 것으로 보도록 함

구분	종전 내용	개정 내용(시행일 : '18.02.09)
사업시행 인가 기간	○ 별도로 정하지 않음	[개정법률 제50조] ○ 시장·군수등은 특별한 사유가 없으면 제1항에 따라 사업시행계획서의 제출이 있는 날부터 60일 이내에 인가 여부를 결정하여 사업시행자에게 통보하여야 한다.
관계행정기관협의	[제32조] ○ 시장·군수의 제28조제1항의 규정에 의한 사업시행인가 협의를 요청받은 관계행정기관의 장은 요청받은 날부터 20일 이내에 의견을 제출하여야 한다.	[개정법률 제57조] ○ 시장·군수등의 사업시행계획인가 협의를 요청받은 관계 행정기관의 장은 요청받은 날부터 30일 이내에 의견을 제출하여야 한다. 이 경우 관계 행정기관의 장이 30일 이내에 의견을 제출하지 아니하면 협의된 것으로 본다.

8. 분양신청

■ 분양신청
- 사업시행자는 사업시행인가의 고시가 있은 날(또는 시공자와 계약을 체결한 날)로부터 60일 이내에 개략적인 부담금내역 및 분양신청기간을 토지등소유자에게 통지 및 일간신문에 공고하여야 함
  - 분양신청기간은 그 통지한 날부터 30일 이상 60일 이내로 하고, 1회에 한하여 분양신청기간을 20일의 범위 이내에서 연장할 수 있음
- ☞ [체크] 분양신청기간을 연장하는 경우 최초 분양신청기간을 연속하여 연장하여야 함

■ [개정] 분양신청 절차 변경
- 사업시행인가 고시이후 분양신청 관련 자료 통지기간을 120일로 확대하고, 종전자산평가 금액은 분양 신청전에 조합원들에게 통지하도록 함

종전 내용	개정 내용(시행일 : '18.02.09)
사업시행인가 고시 ⬇ 60일이내 개략적 분담금 및 분양기간통지 ⬇ 분양신청(30일~60일) ⬇ 필요시 분양신청기간 연장(20일) [제46조]	사업시행인가 고시 ⬇ **120일이내** **자산평가금액 및 분양기간통지** ⬇ 분양신청(30일~60일) ⬇ 필요시 분양신청기간 연장(20일) [개정법률 제72조]

- ☞ [체크] 이 법 시행('18.02.09)이후 최초로 사업시행계획인가를 신청하는 경우부터 적용됨

■ [개정] 조합의 재분양신청 허용
- 사업시행인가 이후 세대수 또는 주택규모 등 중대한 설계 변경이 된 경우 사업시행자가 재분양 여부를 결정할 수 있게 함

종전 내용	개정 내용(시행일 : '18.02.09)
○ 별도로 정하지 않음	[개정법률 제72조] ○ 사업시행자는 분양신청기간 종료 후 제50조제1항에 따른 사업시행계획인가의 변경으로 세대수 또는 주택규모가 달라지는 경우 분양공고 등의 절차를 다시 거칠 수 있음

- ☞ [체크] 현금청산자가 재분양신청 자격을 얻기 위해서는 정관 등으로 조합원 자격이 회복되어야 함

9. 매도청구[손실보상]

■ 매도청구 대상

○ 사업시행자는 주택재건축사업 또는 가로주택정비사업을 시행할 때 아래의 경우에 대하여 매도청구를 할 수 있음

① 제16조제2항 및 제3항에 따른 조합 설립의 동의를 하지 아니한 자

② 건축물 또는 토지만 소유한 자(주택재건축사업만 해당됨)

③ 시장·군수, 주택공사등의 사업시행자 지정에 동의를 하지 아니한 자

■ [개정] 매도청구 절차 구체화

○ 사업시행자는 사업시행인가 이후부터 매도청구 대상자에게 아래 표의 매도청구를 하기 위한 사전협의 절차를 진행해야 함

종전 내용	개정 내용(시행일 '18. 2. 9)
「집합건물의 소유 및 관리에 관한 법률」의 매도청구 절차 준용 [제39조]	사업시행인가 ↓ 30일 이내 사업동의 여부 서면촉구 ↓ 2개월 이내 토지등소유자 회답 ↓ 2개월 이내 매도청구 [개정법률 제64조]

☞ [체크] 이 법 시행('18.02.09)이후 최초로 조합설립인가를 신청한 경우부터 적용됨

■ 토지보상법 적용 대상

○ 정비구역안에서 토지등소유자의 주택을 매수하거나 영업보상을 하는 경우에는 토지보상법에 따른 보상 규정을 준용하여 진행할 수 있음

○ 이에 따라 사업시행자는 현금청산와의 보상협의가 관리처분계획의 인가 이후 90일 이내까지 완료되지 않을 경우에는 토지보상법에 따라 보상절차를 진행하게 됨

■ [개정] 현금청산 절차 구체화

○ 현금청산자와의 협의가 지연되는 경우 수용재결 및 매도청구소송 제기 시점을 명확히 하고, 이를 지연하는 경우에는 시행령으로 정한 이자를 지급하도록 함

종전 내용	개정 내용(시행일 '18. 2. 9)
[제47조] ○ 관리처분계획 인가를 받은 날의 다음 날로부터 90일 이내 현금청산 완료 ○ 위의 기간 내에 현금으로 청산하지 아니한 경우에는 정관등으로 정하는 바에 따라 해당 토지등소유자에게 이자를 지급	[개정법률 제72조] ○ 관리처분계획 인가를 받은 날의 다음 날로부터 90일 이내 현금청산 완료 ○ 위 기간 만료일 다음 날부터 60일 이내에 수용재결을 신청하거나 매도청구소송을 제기 ○ 위 기간을 넘긴 넘겨서 수용재결을 신청하거나 매도청구소송을 제기한 경우에는 100분의 15 이하의 범위에서 대통령령으로 정하는 이율을 지급

■ 정비사업의 토지보상법 관련 Q&A

○ 영업손실보상 및 세입자에 대한 주거이전비 지급 대상은 정비구역 공람공고일 현재 영업하거나 거주한 자를 대상으로 하며, 그 외 손실보상을 위한 재개발 사업의 주요 질의내용은 아래 표와 같음

구 분	토지보상법 관련 주요 Q&A
보상협의 금액	○ 시장·군수가 선정한 감정평가금액으로 협의를 진행 해야하는지 ☞ 현금청산자와 사업시행자가 시장·군수가 선정한 감정평가금액으로 협의할 것에 대하여 결정한 경우 적용이 가능함
사업시행인가 기간	○ 사업시행인가 기간이 도래한 경우에도 토지보상법상 손실보상을 할 수 없는지 ☞ 사업시행인가 기간을 변경하여 토지보상법상 보상을 계속진행 할 수 있음
재분양신청	○ 재분양신청을 하는 경우 현금청산자 자격도 상실된 것으로 보아야 하는지 ☞ 조합정관으로 조합원 자격을 복원하고, 분양신청을 완료한 경우에만 현금청산자 자격이 상실된 것으로 볼 수 있음
세입자 주거이전비	○ 정비구역 공람일에는 거주하였으나, 타 지역으로 이사한 후 다시 정비구역으로 이사온 경우 주거이전비 보상대상인지 ☞ 정비구역내 계속적으로 거주하지 않은 경우 주거이전비 지급대상이 아님 ○ 조합원이 세입자인 경우 주거이전비 지급 대상인지 ☞ 조합원은 주거이전비 지급대상이 아님 ○ 정비구역 공람일에는 3인 가족이었으나, 보상일에는 출생 등으로 4인이 된 경우 몇 명기준으로 보상하는지 ☞ 보상시점의 가구원수 기준으로 보상함
세입자 이사비	○ 주거이전비 대상이 아닌 세입자에게 이사비를 지급해야 하는지 ☞ 이주기간에 이사하는 세입자에게는 이사비를 지급하여야 함
보상협의체	○ 재개발사업의 현금청산자도 토지보상법상 보상협의체를 구성할 수 있는지 ☞ 토지보상법상 보상협의체 구성요건이 충족될 경우 가능함

10. 관리처분계획 인가

○ 사업시행자는 분양신청의 현황을 기초로 관리처분계획을 수립하여 시장·군수의 인가를 받아야 함

○ 이 경우 조합은 총회 개최일부터 1개월 전에 아래 표 제3호부터 제5호까지의 사항을 각 조합원에게 문서로 통지하여야 함

관리처분계획 내용	관리처분계획 인가 절차
1. 토지이용계획(건축물배치계획을 포함한다) 2. 정비기반시설 및 공동이용시설의 설치계획 3. 임시수용시설을 포함한 주민이주대책 4. 세입자의 주거 및 이주 대책 4의2. 사업시행기간 동안의 정비구역 내 가로등 설치, 폐쇄회로 텔레비전 설치 등 범죄예방대책 5. 임대주택의 건설계획 5의2. 기업형임대주택 또는 임대관리 위탁주택의 건설계획 6. 건축물의 높이 및 용적률 등에 관한 건축계획 7. 정비사업의 시행과정에서 발생하는 폐기물의 처리계획 7의2. 교육시설의 교육환경 보호에 관한 계획 8. 시행규정 8의2. 정비사업비 9. 그 밖에 대통령령 및 시·도조례로 정하는 사항	분양신청 완료 ↓ 관리처분계획 수립 ↓ 종전자산 및 분담금 통지 (총회개최 1개월전) ↓ 관리처분계획 총회(과반수동의) ↓ 관리처분계획 공람(30일) ↓ 관리처분계획 인가 신청 ↓ 관리처분계획 인가(30일 이내) 타당성 검증시 (60일 이내)

☞ [체크] 관리처분계획의 공람 시기는 조합이 사업추진 상황을 고려하여 관리처분 총회 기간과 중복하여 진행할 수 있음

■ 관리처분계획 수립시 주택공급 방법

○ 조합원 1인 또는 1세대에게는 1주택을 공급해야 함

- 다만, 조합에서 아래 표의 요건에 해당하는 조합원에게는 정관 또는 관리처분계획으로 정하여 2주택 이상을 공급할 수 있음

구분	적용 대상
소유한 주택수 만큼 공급 대상	① 과밀억제권역에 위치하지 아니한 주택재건축사업의 토지등소유자 ② 근로자 숙소, 기숙사 용도로 주택을 소유하고 있는 토지등소유자 ③ 국가, 지방자치단체 및 주택공사등 ④ 공공기관지방이전에 따라 이전하는 공공기관이 소유한 주택을 양수한 자
2주택이상 공급 대상	① 종전가격의 범위 또는 종전 주택의 주거전용면적의 범위에서 2주택 공급 - 다만, 1주택은 주거전용면적을 60제곱미터 이하로 공급하고, 3년간 전매제한 대상임 ☞ [체크] 단독주택은 주거전용면적은 주택법 시행규칙 제2조의 단독주택 주거전용면적 산정방법 적용 ② 가로주택정비사업의 경우에는 3주택 이하로 한정하되, 다가구주택을 소유한 자에 대하여는 제1항제4호에 따른 가격을 분양주택 중 최소분양단위 규모의 추산액으로 나눈 값(소수점 이하는 버린다)만큼 공급할 수 있음 ③ 「수도권정비계획법」 제6조제1항제1호에 따른 과밀억제권역에서 투기과열지구에 위치하지 아니한 주택재건축사업의 경우에는 3주택 이하로 한정하여 공급할 수 있다. ☞ [체크] 다주택 소유자에게 소유한 주택 수 만큼 주택을 공급하는 경우 적용됨

조합원의 분양받을 권리 결정 기준일

○ 정비사업으로 인하여 주택 등 건축물을 공급하는 경우 아래 해당하는 토지등소유자는 주택 등의 공급받을 자격이 주어지지 않음

① 1필지의 토지가 수개의 필지로 분할되는 경우

② 단독 또는 다가구주택이 다세대주택으로 전환되는 경우

③ 하나의 대지범위 안에 속하는 동일인 소유의 토지와 주택 등 건축물을 토지와 주택 등 건축물로 각각 분리하여 소유하는 경우

④ 나대지에 건축물을 새로이 건축하거나 기존 건축물을 철거하고 다세대주택, 그 밖의 공동주택을 건축하여 토지등소유자가 증가되는 경우

11. 준공 및 이전고시

■ 준공인가

- ○ 사업시행자로 부터 준공인가신청을 받은 시장·군수는 지체없이 준공검사를 실시하여야 하며, 준공검사의 실시결과 사업시행계획대로 완료되었다고 인정하는 때에는 준공인가 및 지방자치단체의 공보에 고시하여야 함
- ○ 시장·군수는 준공인가를 하기 전이라도 완공된 건축물이 사용에 지장이 없는 경우에는 입주예정자가 완공된 건축물 사용을 허가 할 수 있음

■ 이전고시

- ○ 사업시행자는 준공인가 고시가 있은 때에는 지체없이 대지확정측량을 하고 토지의 분할절차를 거쳐 관리처분계획에 정한 사항을 분양을 받을 자에게 통지 및 건축물의 소유권을 이전하여야 함
  - - 필요한 경우에는 공사가 전부 완료되기 전에 완공된 부분에 대하여 준공인가를 받아 분양받을 자에게 그 소유권을 이전할 수 있음

■ [개정] 사업완료후 정비구역 해제

- ○ 정비사업이 준공인가 또는 이전고시가 된 경우에는 정비구역을 해제하고, 지구단위계획으로 해당 정비구역을 효율적으로 관리하도록 함

종전 내용	개정 내용(시행일 '18. 2. 9)
[제65조] ○ 시장·군수는 정비사업으로 건축된 건축물에 대하여 기본계획 및 정비계획에 포함된 건축기준에 적합하게 유지·관리하여야 함	[개정법률 제97조] ○ 정비구역은 준공인가의 고시가 있은 날(관리처분계획을 수립하는 경우에는 이전고시가 있은 때를 말한다)의 다음 날에 해제된 것으로 봄 ○ 「국토의 계획 및 이용에 관한 법률」에 따른 지구단위계획으로 관리하여야 함 ○ 다만, 정비구역의 해제는 조합의 존속에 영향을 주지 않음

12. 정비기반시설 등의 무상 귀속

■ 정비기반시설 및 토지 등의 귀속

○ 사업시행자가 시장·군수등 또는 토지주택공사등인 경우에는 아래의 시설에 대하여 사업시행자에게 무상으로 귀속되고, 새로이 설치된 정비기반시설은 그 시설을 관리할 국가 또는 지방자치단체에 무상으로 귀속됨

○ 다만 사업시행자가 조합인 경우에는 공유재산 중 현상도로(④)로 사용되는 정비기반시설에 대하여는 사업시행자에게 무상으로 귀속되지 않음

① 「도로법」 제23조에 따라 도로관리청이 관리하는 도로
② 도시·군관리계획으로 결정되어 설치된 도로
③ 다른 법률에 따라 설치된 국가 또는 지방자치단체 소유의 도로
④ 공유재산 중 일반인의 교통을 위하여 제공되고 있는 부지.

■ [개정] 조합에 무상양도되는 정비기반시설 범위 확대

○ 사업시행자가 조합인 경우에도 정비구역내 공유지 중 현황도로로 사용되는 토지는 무상으로 양도할 수 있도록 함

종전 법률	개정 법률(시행일 : '18.02.09)
[제65조] ○ 시장·군수등 또는 토지주택공사등이 시행자인 경우의 무상귀속되는 도로는 아래와 같음 1. ~ 3. 4. 그 밖에 「공유재산 및 물품 관리법」에 따른 공유재산 중 일반인의 교통을 위하여 제공되고 있는 부지.	[개정법률 제97조] ○ 정비사업을 시행하는 사업시행자에게 무상귀속되는 도로는 아래와 같음 1. ~3. (동일) 4. 그 밖에 「공유재산 및 물품 관리법」에 따른 공유재산 중 일반인의 교통을 위하여 제공되고 있는 부지.

☞ [체크] 현황도로의 무상귀속 관련 개정규정은 사업시행인가를 신청하는 경우부터 적용됨

■ [개정] 국유지 및 공유지에 대한 대부료 면제

○ 종전에는 정비구역내 국유지 및 공유지에 대하여 사용료 및 점용료에 대하여 면제하였으나, 대부료 면제도 가능하도록 함

종전 법률	개정 법률(시행일 : '18.02.09)
○ 대부료 면제 규정 없음	[개정법률 제97조] ○ 정비사업의 시행으로 용도가 폐지되는 국가 또는 지방자치단체 소유의 정비기반시설의 경우 정비사업의 시행 기간 동안 해당 시설의 대부료는 면제됨.

☞ [체크] 대부료 면제 규정은 별도의 적용대상을 제한하고 있지 않음에 따라 이 법시행일 이후 적용됨

13. 시공자 및 정비사업전문관리업자 선정

■ 시공자 선정 및 계약

○ 조합은 조합설립인가를 받은 후 국토교통부장관이 고시한 「정비사업의 시공자 선정기준」하는 경쟁입찰의 방법으로 시공자를 선정하여야 함
 - 조합원이 100명 이하의 정비사업의 경우에는 조합총회에서 정관으로 정하는 바에 따라 시공자를 선정할 수 있음
○ 사업시행자는 선정된 시공자와 공사에 관한 계약을 체결할 때에는 기존 건축물의 철거 공사에 관한 사항을 포함하여야 함

■ [개정] 시공사 선정시 수의계약 요건 변경

종전 법률(국토교통부 고시)	개정 법률(시행일 : '18.02.09)
[국토교통부 고시] ○ 시공자 입찰이 3회 이상 유찰된 경우 수의계약 가능	[개정법률 제29조] ○ 시공자 입찰이 2회 이상 유찰된 경우 수의계약 가능

■ 정비사업전문관리업자 선정

○ 정비사업전문관리업자는 아래 표의 사항을 추진위원회 또는 사업시행자로부터 위탁받거나 이와 관련한 자문 할 수 있음
○ 정비사업전문관리업을 하고자 하는 자는 자본·기술인력 등의 기준을 갖춰 시·도지사에게 등록하여야 함
○ 추진위원회에서 정비사업전문관리업자를 선정하는 경우에는 「정비사업전문관리업자 선정기준」에서 정한 방법으로 선정하여야 함

정비사업전문관리업자 업무	제한된 업무
1. 조합 설립의 동의 및 정비사업의 동의에 관한 업무의 대행 2. 조합 설립인가의 신청에 관한 업무의 대행 3. 사업성 검토 및 정비사업의 시행계획서의 작성 4. 설계자 및 시공자 선정에 관한 업무의 지원 5. 사업시행인가의 신청에 관한 업무의 대행 6. 관리처분계획의 수립에 관한 업무의 대행 7. 시장·군수가 추진위원회 설립을 위하여 선정한 경우	1. 건축물의 철거 2. 정비사업의 설계 3. 정비사업의 시공 4. 정비사업의 회계감사

14. 회계감사 및 정보공개

■ 회계감사
- 사업시행자는 아래의 시기에 회계감사를 받아야 하며, 그 감사결과를 회계감사가 종료된 날부터 15일 이내에 시장·군수에게 보고하여야 함
- 회계감사가 필요한 경우 사업시행자는 그 시장·군수에게 회계감사기관의 선정·계약을 요청하여야 하며, 이 경우 시장·군수에게 회계감사에 필요한 비용을 미리 예치하여야 함
  ① 추진위원회에서 조합으로 인계되기 전 7일 이내
  ② 사업시행인가의 고시일부터 20일 이내
  ③ 준공인가의 신청일부터 7일 이내
  ☞ [체크] 사업시행자는 상기 기간 이내에 시장·군수에게 회계감사를 받기 위한 요청을 하면됨

■ 정보공개
- 추진위원회위원장 또는 사업시행자(청산인 포함)는 정비사업의 시행에 관한 아래 서류 및 관련 자료가 작성되거나 변경된 후 15일 이내에 인터넷과 그 밖의 방법을 병행하여 공개하여야 함
- 또한 아래 서류 및 관련 자료와 총회 또는 중요한 회의가 있은 때에는 속기록·녹음 또는 영상자료를 만들어 이를 청산 시까지 보관하여야 한
  ① 추진위원회 운영규정 및 정관등
  ② 설계자·시공자·철거업자 등 용역업체의 선정계약서
  ③ 추진위원회·주민총회·조합총회 및 조합의 이사회·대의원회의 의사록
  ④ 사업시행계획서, 관리처분계획서, 해당 정비사업의 시행에 관한 공문서
  ⑤ 회계감사보고서, 월별 자금의 입금·출금 자료, 청산인의 서류 및 자료 등
- 사업시행자는 정비사업 관련 자료를 조합원, 토지등소유자가 열람·복사 요청을 한 경우 주민등록번호를 제외하고 공개하여야 하며, 이 경우 복사에 필요한 비용은 실비의 범위에서 청구인이 부담함
  ☞ [체크] 조합원의 연락처, 우편물 주소, 총회 서면결의서, 통장 입출금 내역 등은 공개대상에 포함되며, 용역업체 입찰 진행 중 공정한 입찰을 해치는 정보공개 요청은 제한될 수 있음

15. 정비사업단계별 개정내용 (시행일 : 2018. 2. 9.)

정비계획변경 입안제안 기준 명시 (제14조)
- 토지등소유자 2/3 동의
- 조합인 경우 조합원 2/3 동의

재개발사업 시행방법 변경 (제23조)
- 재개발사업은 용도별 건축물 공급 가능

↓ 기본계획수립

정비사업 유형 통합 (제2조)
- 주거환경개선 사업
- 재개발사업(도시환경정비사업 통합)
- 재건축사업

↓ 정비계획 수립 및 지정

↓ 추진위원회

토지등소유자 방식 동의요건 (제50조)
- 토지등소유자 3/4동의 및 토지면적 1/2 동의

사업시행인가 결정기간 신설 (제50조)
- 접수 후 60일 이내에 인가여부 통보

관계기관 협의 간주 (제57조)
- 관계기관은 30일 이내 의결제출
- 미 제출시 협의된 것으로 봄

존치지역에 대한 특례 (제58조)
- 사업시행계획서에 대한 존치 소유자 동의 면제(정비계획 포함시)

↓ 조합설립인가

재개발사업의 시행자 변경 (제25조)
- 20인 미만인 경우 토지등소유자 방식 가능

시공자 수의계약요건 완화 (제29조)
- 2회 이상 유찰시 수의계약

자녀의 조합원자격 기준 변경 (제39조)
- 19세 이상 자녀의 분가

조합장의 대의원의장 겸임 (제42조)
- 조합장이 대의원임을 명확화

총회의결정족수 명시 (제45조)
- 조합원 과반수 출석 및 출석조합원 과반수 의결

↓ 사업시행인가

↓ 분양신청

매도청구 절차 명시 (제64조)
- 사업시행인가 이후 서면촉구 등

종전자산평가 통지시점 변경 (제72조)
- 분양 신청전 통지

조합원 재분양신청 허용 (제72조)
- 세대수 또는 주택규모 변경시 재분양 신청 가능

현금청산절차 구체화 (제73조)
- 손실보상 협의 시점 명시
- 매도청구 지연시 지급이자 기준 마련

↓ 관리처분계획인가

무상양도 정비기반시설 확대 (제97조)
- 정비구역내 무상양도 대상으로 현황 도로 포함

행정재산의 대부료 면제 (제72조)
- 용도폐지된 정비기반시설의 대부료 면제

↓ 준공 및 이전고시

↓ 정비구역 해제

사업완료후 정비구역 해제 (제84조)
- 준공인가 또는 이전고시 이후 정비구역 해제

↓ 조합해산 및 청산

공공주택 건설기준 의제 (제52조)
- 「공공주택 특별법」에 따른 공공주택을 건설하는 경우 의제 처리 함

도시분쟁조정위원회 효력 (제117조)
- 조정결과는 집행력 있는 집행권원과 같은 효력을 가짐
  * 집행권원 : 민사집행법 절차에 따라 부동산이나 금전 등에 대한 강제집행 가능

도시·주거환경정비기금 지원 (제126조)
- 증축형리모델링의 안전진단 지원 가능

16. 도시정비법 신구조문 비교표

구분	종전 조문	개정 조문(시행일 : '18.02.09)
제1장 총칙	제1조 목적	제1조 목적
	제2조 정의	제2조 정의
	제2조의2 적용의 제외	삭제
제2장 기본계획의 수립 및 정비구역의 지정	제2조의3 도시 및 주거환경 정비 기본방침 수립	제3조 도시·주거환경정비 기본방침
	제3조 도시·주거환경정비기본계획의 수립	제4조 도시·주거환경정비기본계획의 수립 제5조 기본계획의 내용 제6조 기본계획 수립을 위한 주민의견청취 등 제7조 기본계획의 확정·고시 등
	제4조 정비계획의 수립 및 정비구역의 지정	제8조 정비구역의 지정 제9조 정비계획의 내용 제14조 정비계획의 입안 제안 제15조 정비계획 입안을 위한 주민의견청취 등 제16조 정비계획의 결정 및 정비구역의 지정·고시 제17조 정비구역 지정·고시의 효력 등
	제4조의2 주택의 규모 및 건설비율	제10조 임대주택 및 주택규모별 건설비율
	제4조의3 정비구역등 해제	제20조 정비구역등의 해제 제21조 정비구역등의 직권해제 제22조 정비구역등 해제의 효력
	제4조의4 기본계획 및 정비계획 수립시 용적률 완화	제11조 기본계획 및 정비계획 수립 시 용적률 완화
	제5조 행위제한 등	제19조 행위제한 등
제3장 정비사업의 시행	제6조 정비사업의 시행방법	제23조 정비사업의 시행방법
	제7조 주거환경개선사업의 시행자	제24조 주거환경개선사업의 시행자
	제8조 주택재개발사업 등의 시행자	제25조 재개발사업·재건축사업의 시행자 제26조 재개발사업·재건축사업의 공공시행자 제27조 재개발사업·재건축사업의 지정개발자
	제9조 사업대행자의 지정 등	제28조 재개발사업·재건축사업의 사업대행자
	제10조 사업시행자 등의 권리·의무의 승계	제129조 사업시행자 등의 권리·의무의 승계
	제11조 시공자의 선정 등	제29조 시공자의 선정 등
	제12조 주택재건축사업의 안전진단 및 시행여부 결정 등	제12조 재건축사업 정비계획 입안을 위한 안전진단 제13조 안전진단 결과의 적정성 검토 제131조 재건축사업의 안전진단 재실시

구분	종전 조문	개정 조문(시행일 : '18.02.09)
	제13조 조합의 설립 및 추진위원회의 구성	제31조 조합설립추진위원회의 구성·승인
	제14조 추진위원회의 기능	제32조 추진위원회의 기능
	제15조 추진위원회의 조직 및 운영	제33조 추진위원회의 조직
		제34조 추진위원회의 운영
	제16조 조합의 설립인가 등	제35조 조합설립인가 등
	제16조의2 조합 설립인가등의 취소	제133조 조합설립인가 등의 취소에 따른 채권의 손해액 산입
	제17조 토지등소유자의 동의방법 등	제36조 토지등소유자의 동의방법 등
	제17조의2 토지등소유자의 동의서 재사용의 특례	제37조 토지등소유자의 동의서 재사용의 특례
	제18조 조합의 법인격 등	제38조 조합의 법인격 등
	제19조 조합원의 자격 등	제39조 조합원의 자격 등
	제20조 정관의 작성 및 변경	제40조 정관의 기재사항 등
	제21조 조합의 임원	제41조 조합의 임원
		제132조 조합임원 등의 선임·선정 시 행위제한
	제22조 조합임원의 직무 등	제42조 조합임원의 직무 등
	제23조 조합임원의 결격사유 및 해임	제43조 조합임원의 결격사유 및 해임
	제24조 총회개최 및 의결사항	제44조 총회의 소집
		제45조 총회의 의결
	제25조 대의원회	제46조 대의원회
	제26조 주민대표회의	제47조 주민대표회의
	제26조의2 토지등소유자 전체회의	제48조 토지등소유자 전체회의
	제27조 민법의 준용	제49조 민법의 준용
	제28조 사업시행인가	제50조 사업시행계획인가
	제28조의2 정비구역의 범죄 예방	제130조 정비구역의 범죄 예방
	제29조 지정개발자의 정비사업비의 예치 등	제60조 지정개발자의 정비사업비의 예치 등
	제30조 사업시행계획서의 작성	제52조 사업시행계획서의 작성
	제30조의2 시행규정의 작성 등	제53조 시행규정의 작성
	제30조의3 주택재건축사업 등의 용적률 완화 및 소형주택 건설 등	제54조 재건축사업 등의 용적률 완화 및 소형주택 건설비율
		제55조 소형주택의 공급 및 인수
	제31조 관계서류의 공람과 의견청취	제56조 관계 서류의 공람과 의견청취
	제32조 다른 법률의 인·허가등의 의제	제57조 인·허가등의 의제 등
	제33조 사업시행인가의 특례	제58조 사업시행계획인가의 특례
	신설	제51조 기반시설의 기부채납 기준
	제34조 정비구역의 분할 및 결합	제18조 정비구역의 분할, 통합 및 결합

구분	종전 조문	개정 조문(시행일 : '18.02.09)
	제35조 순환정비방식의 정비사업	제59조 순환정비방식의 정비사업 등
	제36조 임시수용시설의 설치 등 제36조의2 임시상가의 설치 등	제61조 임시거주시설·임시상가의 설치 등
	제37조 손실보상	제62조 임시거주시설·임시상가의 설치 등에 따른 손실보상
	제38조 토지 등의 수용 또는 사용	제63조 토지 등의 수용 또는 사용
	제39조 매도청구	제64조 재건축사업에서의 매도청구
	제40조 공익사업을위한토지등의취득및보상에관한법률의 준용	제65조 「공익사업을 위한 토지 등의 취득 및 보상에 관한 법률」의 준용
	제40조의2 용적률에 관한 특례	제66조 용적률에 관한 특례
	제41조 주택재건축사업의 범위에 관한 특례	제67조 재건축사업의 범위에 관한 특례
	제42조 건축규제의 완화 등에 관한 특례	제68조 건축규제의 완화 등에 관한 특례
	제43조 다른 법령의 적용 및 배제	제69조 다른 법령의 적용 및 배제
	제44조 지상권 등 계약의 해지	제70조 지상권 등 계약의 해지
	제45조 소유자의 확인이 곤란한 건축물 등에 대한 처분	제71조 소유자의 확인이 곤란한 건축물 등에 대한 처분
	제46조 분양공고 및 분양신청	제72조 분양공고 및 분양신청
	제46조의2 기업형임대사업자의 선정	제30조 기업형임대사업자의 선정
	제47조 분양신청을 하지 아니한 자 등에 대한 조치	제73조 분양신청을 하지 아니한 자 등에 대한 조치
	제48조 관리처분계획의 인가 등	제74조 관리처분계획의 인가 등 제76조 관리처분계획의 수립기준
	제48조의2 건축물의 철거 등 제49조 관리처분계획의 공람 및 인가절차 등	제78조 관리처분계획의 공람 및 인가절차 등 제81조 건축물 등의 사용·수익의 중지 및 철거 등
	제50조 주택의 공급 등	제79조 관리처분계획에 따른 처분 등
	제50조의2 주택등 건축물의 분양 받을 권리산정 기준일	제77조 주택 등 건축물을 분양받을 권리의 산정 기준일
	제50조의3 지분형주택의 공급 등	제80조 지분형주택 등의 공급
	제51조 시공보증	제82조 시공보증
	제52조 정비사업의 준공인가	제83조 정비사업의 준공인가
	제53조 공사완료에 따른 관련 인·허가등의 의제	제85조 공사완료에 따른 관련 인·허가등의 의제
	제54조 이전고시 등	제86조 이전고시 등
	제55조 대지 및 건축물에 대한 권리의 확정	제87조 대지 및 건축물에 대한 권리의 확정
	제56조 등기절차 및 권리변동의 제한	제88조 등기절차 및 권리변동의 제한

구분	종전 조문	개정 조문(시행일 : '18.02.09)
	제57조 청산금 등	제89조 청산금 등
	제58조 청산금의 징수방법 등	제90조 청산금의 징수방법 등
	제59조 저당권의 물상대위	제91조 저당권의 물상대위
제4장 비용의 부담 등	제60조 비용부담의 원칙	제92조 비용부담의 원칙
	제61조 비용의 조달	제93조 비용의 조달
	제62조 정비기반시설 관리자의 비용부담	제94조 정비기반시설 관리자의 비용부담
	제63조 보조 및 융자	제95조 보조 및 융자
	제64조 정비기반시설의 설치 등	제96조 정비기반시설의 설치
	제65조 정비기반시설 및 토지 등의 귀속	제97조 정비기반시설 및 토지 등의 귀속
	제66조 국유·공유 재산의 처분 등	제98조 국유·공유재산의 처분 등
	제67조 국유·공유 재산의 임대	제99조 국유·공유재산의 임대
	제67조의2 공동이용시설 사용료의 면제	제100조 공동이용시설 사용료의 면제
	제68조 국유지·공유지의 무상양여 등	제101조 국·공유지의 무상양여 등
제5장 정비사업전문 관리업	제69조 정비사업전문관리업의 등록	제102조 정비사업전문관리업의 등록
	제70조 정비사업전문관리업자의 업무제한 등	제103조 정비사업전문관리업자의 업무제한 등
	제71조 정비사업전문관리업자와 위탁자와의 관계	제104조 정비사업전문관리업자와 위탁자와의 관계
	제72조 정비사업전문관리업자의 결격사유	제105조 정비사업전문관리업자의 결격사유
	제73조 정비사업전문관리업의 등록취소 등	제106조 정비사업전문관리업의 등록취소 등
	제74조 정비사업전문관리업자에 대한 조사 등	제107조 정비사업전문관리업자에 대한 조사 등
	제74조의2 교육 등	제115조 교육의 실시
	제74조의3 정비사업전문관리업 정보의 종합관리	제108조 정비사업전문관리업 정보의 종합관리
	제74조의4 협회의 설립 등	제109조 협회의 설립 등
	제74조의5 협회의 업무 및 감독	제110조 협회의 업무 및 감독
제6장 감독 등	제75조 자료의 제출 등	제111조 자료의 제출 등
	제76조 회계감사	제112조 회계감사
	제77조 감독	제113조 감독
	신설	제114조 정비사업 지원기구
	제77조의2 도시분쟁조정위원회의 구성 등	제116조 도시분쟁조정위원회의 구성 등
	제77조의3 조정위원회의 조정 등	제117조 조정위원회의 조정 등
	제77조의4 정비사업의 공공지원과 정보공개	제118조 정비사업의 공공지원 제120조 정비사업의 정보공개
	신설	제119조 정비사업관리시스템의 구축
	제77조의5 사업시행인가 및 관리처분계획의 인가 시기 조정	제75조 사업시행계획인가 및 관리처분계획인가의 시기 조정
	제78조 청문	제121조 청문

구분	종전 조문	개정 조문(시행일 : '18.02.09)
제7장 보칙	제79조 정비구역안에서의 건축물의 유지·관리	제84조 준공인가 등에 따른 정비구역의 해제 제122조 토지등소유자의 설명의무
	제80조 주택재개발사업의 시행방식의 전환	제123조 재개발사업 등의 시행방식의 전환
	제81조 관련자료의 공개와 보존 등	제124조 관련 자료의 공개 등 제125조 관련 자료의 보관 및 인계
	제82조 도시·주거환경정비기금의 설치 등	제126조 도시·주거환경정비기금의 설치 등
	제82조의2 노후·불량주거지 개선계획의 수립	제127조 노후·불량주거지 개선계획의 수립
	제83조 권한의 위임 등	제128조 권한의 위임 등
제8장 벌칙	제84조 벌칙적용에 있어서의 공무원 의제	제134조 벌칙 적용에서 공무원 의제
	제84조의2 벌칙	제135조 벌칙
	제84조의3 벌칙	제136조 벌칙
	제85조 벌칙	제137조 벌칙
	제86조 벌칙	제138조 벌칙
	제87조 양벌규정	제139조 양벌규정
	제88조 과태료	제140조 과태료

제2장 빈집 및 소규모주택정비에 관한 법률

「빈집 및 소규모주택정비에 관한 법률」 용어 정의 알아두기

▷ "토지등소유자"란
 - 자율주택정비사업 또는 가로주택정비사업은 사업시행구역에 위치한 토지 또는 건축물의 소유자, 해당 토지의 지상권자
 - 소규모재건축사업은 사업시행구역에 위치한 건축물 및 그 부속토지의 소유자

▷ "주민합의체"란 소규모주택정비사업을 시행하기 위하여 토지등소유자 전원의 합의로 결성하는 협의체

▷ 이 법에서 따로 정의하지 않은 용어는 「도시 및 주거환경정비법」에서 정하는 바에 따름

1. 빈집 및 소규모정비법 제정 목적

■ 제정 목적

- ㅇ 빈집 정비사업을 위한 실태조사, 빈집 정비계획 수립, 직권철거, 빈집 정보시스템 구축 및 정비사업 지원 등 근거 마련
- ㅇ 소규모 정비사업의 사업시행자 확대 및 인허가 절차를 간소화하기 위한 방안 마련
- ㅇ 건축규제 및 주차장 설치 기준 등의 사업활성화 대책, 기술지원 및 정보제공을 위한 정비지원기구 설치 등의 근거 마련

■ 빈집 및 소규모정비법 사업 유형

- ㅇ "빈집정비사업"이란 빈집을 개량 또는 철거하거나 효율적으로 관리 또는 활용하기 위한 사업
- ㅇ "소규모주택정비사업"이란 노후·불량건축물의 밀집한 지역 또는 가로구역(街路區域)에서 시행하는 사업으로 3개 유형으로 구분됨
  ① 자율주택정비사업: 단독주택 및 다세대주택을 스스로 개량 또는 건설하기 위한 사업
  ② 가로주택정비사업: 가로구역에서 종전의 가로를 유지하면서 소규모로 주거환경을 개선하기 위한 사업
  ③ 소규모재건축사업: 정비기반시설이 양호한 지역에서 소규모로 공동주택을 재건축하기 위한 사업

〈그림〉 빈집 및 소규모주택정비사업 유형

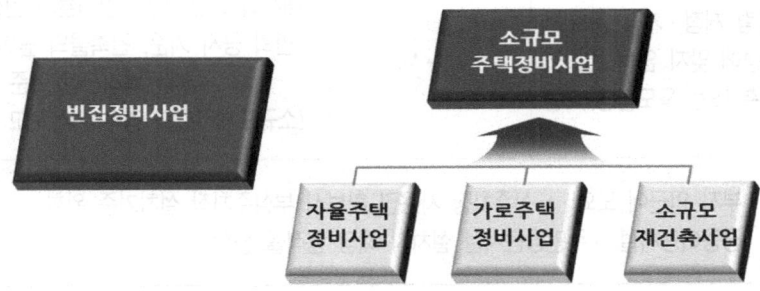

■ 빈집 및 소규모주택정비 사업 비교

구분	빈집정비사업	소규모주택정비사업		
		자율주택 정비사업	가로주택 정비사업	소규모 재건축사업
대상	빈집(주택)	단독·다세대주택	단독주택 + 공동주택	공동주택
정의	빈집을 개량 또는 철거하거나 효율적 관리 또는 활용	단독·다세대주택을 자율적으로 개량 또는 정비	가로구역에서 종전의 가로를 유지하며 소규모로 주거환경 개선	정비기반시설이 양호한 지역에서 소규모로 공동주택 재건축
시행 방법	경수선, 개축·증축·대수선·용도변경, 철거, 철거후 주택 및 기반시설 건설	주택을 스스로 정비 또는 개량	사업시행계획인가에 따라 주택 등을 건설·공급	
시행자	빈집의 소유자 또는 시장·군수등 ※ 직권철거시 시장·군수등	토지등소유자 (주민합의체)	토지등소유자(주민합의체) 또는 조합	토지등소유자(주민합의체)또는 조합 ※ 안전사고 우려시 시장·군수등
공동 시행자	주택공사등, 건설업자, 등록업자, 사회적기업등	시장·군수등, LH등, 건설업자, 신탁업자, 부동산투자회사		
시행 절차	건축심의(필요시 통합심의) → 사업시행계획인가(관리처분계획 포함) → 착공 및 준공 ※ 빈집정비사업 및 자율주택정비사업의 경우 사업시행계획서의 내용 간소화			
인허가 의제	건축허가(건축신고)	건축허가 및 건축협정	사업계획승인 등	사업계획승인 등
건축 특례	법령 제정·개정 등으로 법령에 맞지 않는 빈집의 개축 또는 용도변경 가능	-	대지의 조경 기준, 건폐율의 산정 기준 대지 안의 공지 기준, 건축물의 높이 제한 기준, 부대·복리시설 기준 등 (소규모재건축의 경우 안전사고 우려시 한정)	
	· 부지 인근에 노외·노상주차장 사용권 확보시 부설주차장 설치기준 완화 · 공동이용시설 ·주민공동시설 설치시 해당 용적률 완화			

■ 정비사업(도시정비법)과 소규모주택정비 사업 절차 비교

○ 도시정비법에 따라 시행하는 정비사업은 기본계획 수립 및 정비계획수립 등 조합을 설립하기 위한 인허가청의 계획수립 절차가 필요하나 소규모주택정비사업은 주민들이 바로 조합을 구성하여 사업을 추진할 수 있음

○ 또한 재건축사업(도시정비법)은 정비구역 고시전에 공동주택에 대하여 안전진단을 통한 노후건축물 여부에 대한 판단이 필요하나 소규모주택정비사업에서는 안전진단이 필요하지 않으며, 관리처분계획도 사업시행계획인가 시 함께 수립함에 따라 사업기간이 정비사업에 비해 크게 축소하게됨

〈그림〉 정비사업 및 소규모주택정비사업 진행 절차 비교

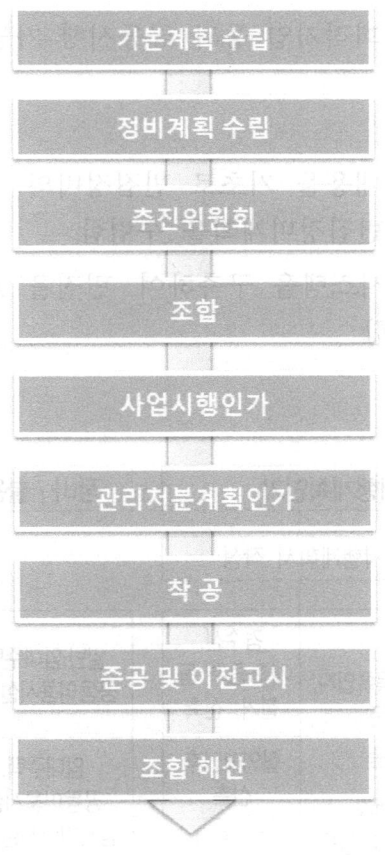
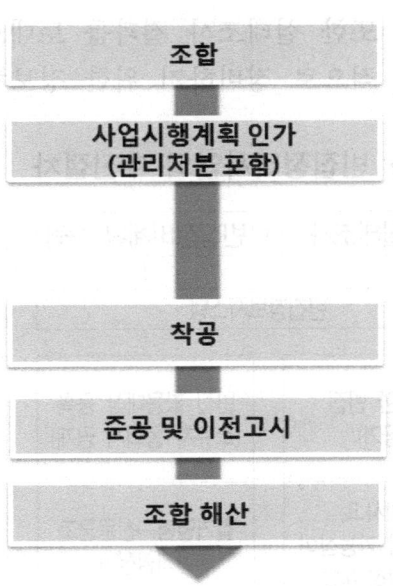

2.1 빈집정비사업의 개요

■ 빈집정비사업의 주요 내용

- "빈집"이란 특별자치시장·특별자치도지사·시장·군수 또는 자치구의 구청장(이하 "시장·군수등"이라 함)이 거주 또는 사용 여부를 확인한 날부터 1년 이상 아무도 거주 또는 사용하지 아니하는 주택(미분양주택 제외)을 말함
- 시장·군수등은 실태조사를 시행하고, 그 결과를 토대로 빈집 정비계획을 수립하여 빈집을 효율적으로 정비 또는 활용할 수 있도록 함
- 또한, 빈집정보시스템을 구축·관리하고 소유자가 동의한 경우 빈집 활용에 필요한 빈집정보를 공개할 수 있음
- 소유자 또는 시장·군수등은 빈집을 임대주택 등으로 활용 또는 철거할 수 있으며, 이를 위해 주차장 기준 완화 및 재정지원 등을 할 수 있음
  - 이 경우 LH 등 지방공사, 건설업자, 사회적기업 등과 공동시행 가능

■ 빈집정비사업 추진 절차

- 시장·군수등은 빈집에 대한 실태조사 내용을 기초로 빈집정비의 기본방향 및 추진계획 등의 내용이 포함된 빈집정비계획을 수립함
- 또한 실태조사 결과를 토대로 빈집정보시스템을 구축하여, 빈집을 효율적으로 정비하기 위한 정보체계를 마련함

〈그림〉 빈집정비사업의 추진절차

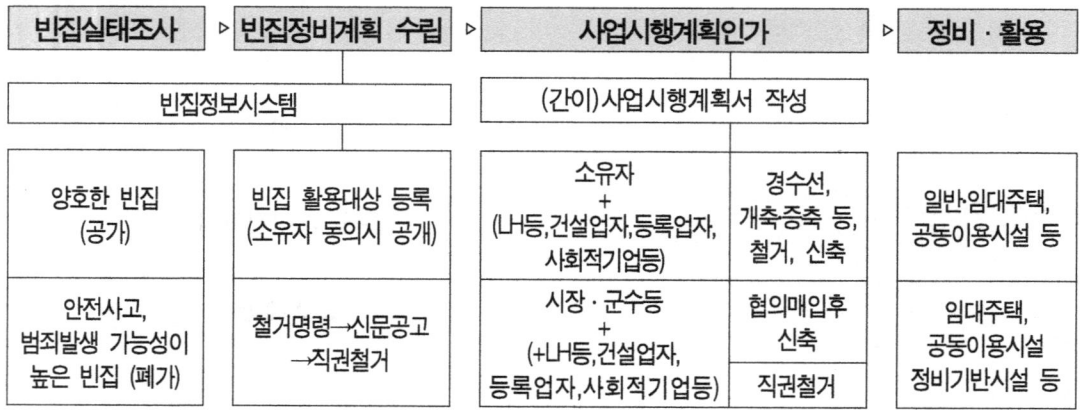

- 414 -

2.2 빈집정비계획 수립

■ 빈집정비계획 수립[제4조]

○ 시장·군수등은 빈집을 효율적으로 정비 또는 활용하기 위하여 아래 표의 내용이 포함된 빈집정비 계획을 수립 및 시행할 수 있음

○ 빈집정비계획을 수립하는 경우에는 14일 이상 지역 주민에게 공람 및 의견을 수렴한 후 해당 지자체의 지방도시계획위원회 심의를 거쳐야 함

빈집정비계획 내용	빈집정비계획수립 절차
1. 빈집정비의 기본방향 2. 빈집정비사업의 추진계획 및 시행방법 3. 빈집정비사업에 필요한 재원조달계획 4. 그 밖에 대통령령으로 정하는 사항	빈집실태조사 실시 ↓ 시장·군수 등이 빈집정비계획수립 ↓ 지역주민에게 14일 이상 공람 ↓ 지방도시계획위원회 심의 ↓ 지방자치단체 공보에 고시

■ 빈집실태조사[제5조, 제6조]

○ 시장·군수등은 빈집이나 빈집으로 추정되는 주택(이하 "빈집등"이라 한다)에 대하여 실태조사를 실시할 수 있음

○ 실태조사자는 필요한 경우 빈집 소유자 및 이해관계자에게 필요한 자료의 제출을 요청할 수 있으며, 해당 빈집 등 및 그 대지에 출입할 수 있음

빈집실태조사 내용	빈집출입 절차
1. 빈집 여부의 확인 2. 빈집의 관리 현황 및 방치기간 3. 빈집 소유권 등의 권리관계 현황 4. 빈집 및 그 대지에 설치된 시설 또는 인공구조물 등의 현황 5. 그 밖에 빈집 발생 사유 등 대통령령으로 정하는 사항	출입 7일전 소유자 통지 ↓ 소유자 부재시 공보 및 홈페이지 공고 ↓ 출입자는 권한표시 증표 제시

■ 빈집등의 출입에 따른 손실보상[제7조]

○ 빈집등 및 그 대지에의 출입으로 손실이 발생한 경우 소유자와 협의하여 보상해야 함

○ 다만, 손실을 입은 소유자와 협의가 완료되지 않는 경우에는 관할 토지수용위원회에 토지보상법에 따른 재결을 신청할 수 있음

2.3 빈집정비사업의 시행방법

■ 빈집정비사업의 시행방법[제9조]

○ 빈집정비사업은 4가지 방법으로 시행할 수 있음

① 빈집의 내부 공간을 칸막이로 구획하거나 벽지·천장재·바닥재 등을 설치하는 방법
☞ [체크]지정개발자 지정이 가능함

② 빈집을 철거하지 아니하고 개축·증축·대수선하거나 용도변경하는 방법
☞ [체크]사업시행계획 인가 대상이며, 지정개발자 지정이 가능함

③ 빈집을 철거하는 방법

④ 빈집을 철거한 후 주택 등 건축물을 건축하거나 정비기반시설 및 공동이용시설 등을 설치하는 방법
☞ [체크]사업시행계획 인가 대상이며, 지정개발자 지정이 가능함

■ 빈집정비사업의 시행자[제10조]

○ 빈집정비사업은 시장·군수등 또는 빈집 소유자가 직접 시행하거나 아래의 기관과 공동으로 시행할 수 있음

① 한국토지주택공사 또는 주택사업을 시행하기 위하여 설립된 지방공사

② 건설업자,「주택법」에 따라 건설업자로 보는 등록사업자

③ 부동산투자회사, 사회적기업, 협동조합, 공익법인

○ 시장·군수등이 직접 빈집정비사업을 시행하는 경우에는 빈집 소유자의 동의가 필요함

- 다만, 해당 빈집 소유자의 소재를 알 수 없는 경우에는 사업시행계획서의 내용을 해당 지방자치단체의 공보 및 홈페이지에 공고한 후 30일이 지나도 소유자의 의견이 없으면 동의한 것으로 봄

🔲 빈집의 철거[제11조]

○ 시장·군수등은 빈집정비계획에 따라 아래의 빈집 소유자에게 철거 등을 명할 수 있음

① 붕괴·화재 등 안전사고나 범죄발생의 우려가 높은 경우

② 공익상 유해하거나 도시미관 또는 주거환경에 현저한 장해가 되는 경우

○ 빈집정비계획이 수립되어 있지 않은 경우에는 지방건축위원회의 심의를 거쳐 철거 등을 명할 수 있음

🔲 빈집의 직권 철거[제11조]

○ 시장·군수등은 빈집 소유자가 빈집 철거명령을 따르지 않는 경우 직권으로 그 빈집을 철거할 수 있음

○ 이 경우에는 정당한 보상비를 빈집 소유자에게 지급하여야 하며, 다만 보상비에서 철거에 소요된 비용을 빼고 지급할 수 있음

빈집 직권철거 절차	철거보상비 공탁 대상
빈집철거 이행 여부 확인 ↓ (소유자의 철거 미이행시) 신문 및 홈페이지에 1회 이상 공고 ↓ 공고 날부터 60일 이후 직권철거 ↓ 건축물대장 정리 및 말소등기 촉탁	1. 빈집 소유자가 보상비 수령을 거부하는 경우 2. 빈집 소유자의 소재불명(所在不明)으로 보상비를 지급할 수 없는 경우 3. 압류나 가압류에 의하여 보상비 지급이 금지된 경우

2.4 사업시행계획 인가 및 준공(빈집정비사업)

■ 사업시행계획서 작성 및 인가[제12조, 제13조]

○ 사업시행자는 아래 표의 사업시행계획서를 작성하여 시장·군수등에게 제출하여 사업시행인가를 받아야 함

- 다만, 아래 표 3,4번 사항은 "빈집을 철거한 후 주택 등 건축물을 건축하거나 정비기반시설 및 공동이용시설 등을 설치"하는 경우에 작성함

○ 이 경우 시장·군수등은 사업시행계획서가 제출된 날부터 60일 이내에 인가 여부를 결정하여 사업시행자에게 통보하여야 함

☞ [체크] "빈집의 내부 공간을 칸막이로 구획하거나 벽지·천장재·바닥재 등을 설치하는 방법", "빈집을 철거하는 방법"의 빈집정비사업은 사업시행계획 인가 대상이 아님

사업시행계획서 내용	사업시행계획 인가 절차
1. 사업시행구역 및 그 면적 2. 토지이용계획(건축물배치계획을 포함한다) 3. 정비기반시설 및 공동이용시설의 설치계획 4. 임대주택의 건설계획 5. 건축물의 높이 및 용적률 등에 관한 건축계획 6. 그 밖에 시·도조례로 정하는 사항	사업시행계획서 제출 ↓ 60일 이내 사업시행계획 인가 ↓ 지방자치단체의 공보에 고시 ※ 사업시행계획 경미한 변경 제외

■ 준공인가 및 공사완료 고시[제14조]

○ 사업시행자는 빈집정비사업의 공사를 완료한 경우에는 시장·군수등에게 준공인가를 받아야 함

○ 이 경우 시장·군수등은 지체 없이 준공검사를 실시한 후, 준공인가를 하고 이를 해당 지방자치단체의 공보에 고시하여야 함

○ 공사완료가 고시되면 관계 행정기관의 장과 협의한 사항은 의제되어 준공검사·인가등을 받은 것으로 봄

3.1 소규모주택정비사업 시행방법

■ 소규모주택정비사업의 시행방법[제16조]

○ 소규모 주택정비사업은 3개의 유형으로 구분되며, 유형별 시행방법은 아래 표와 같음

구분	소규모주택정비사업		
	자율주택정비사업	가로주택정비사업	소규모재건축사업
대상	단독·다세대주택	단독주택 + 공동주택	공동주택
시행방법	단독·다세대주택을 자율적으로 개량 또는 정비	가로구역에서 종전의 가로를 유지하며 소규모로 주거환경 개선	정비기반시설이 양호한 지역에서 소규모로 공동주택 재건축

☞ [체크] 소규모주택정비사업 추진이 가능한 정비사업 유형별 세대 수 등의 규모는 시행령에서 정함

■ 소규모주택정비사업의 시행자[제17조]

○ 소규모 주택정비사업은 토지등소유자가 직접시행하거나 조합이 시행하는 방식으로 시행하며, 다만 토지등소유자가 직접 시행하기 위해서는 토지등소유자가 20인 미만인 경우에만 가능함.

구 분	토지등 소유자방식	조합 방식
자율주택정비사업	2명 이상의 토지등소유자 직접시행	해당없음
가로주택정비사업	20명 미만인 경우 토지등소유자가 직접 시행하거나 공동시행*	조합이 시행하거나 조합원의 과반수 동의로 공동시행
소규모재건축정비사업		

☞ [체크] 종전 법률에 따라 시행 중인 가로주택정비사업 및 주택재건축사업은 각각 이 법에 따른 가로주택정비사업과 소규모재건축사업으로 봄

* 공동시행자 : 시장·군수등, 토지주택공사등, 건설업자, 등록사업자, 신탁업자, 부동산투자회사

■ 주민합의체 구성 및 조합설립[제22조, 제23조]

○ 주민합의체 구성은 상기의 토지등소유자 방식이 가능한 자율주택정비사업, 가로주택정비사업, 소규모재건축정비사업의 토지등소유자 전원 동의로 구성하여 시장·군수등에게 신고함

○ 가로주택정비사업 및 소규모재건축정비사업의 조합설립을 위한 동의요건은 아래 표와 같음

구 분	주민합의체	조합	
		가로주택정비사업	소규모재건축정비사업
동의요건	토지등소유자 전원동의	① 토지등소유자의 10분의 8 이상 및 토지면적의 3분의 2 이상의 동의 ② [추가]공동주택은 각 동별 구분소유자의 과반수 동의 ③ [추가]공동주택 외의 건축물이 소재하는 전체 토지면적의 2분의 1 이상의 동의	① 주택단지의 전체 구분소유자의 4분의 3 이상 및 토지면적의 4분의 3 이상의 동의 ② [추가] 공동주택은 각 동별 구분소유자의 과반수 동의 ③ [추가] 주택단지가 아닌 지역의 토지 또는 건축물 소유자의 4분의 3 이상 및 토지면적의 3분의 2 이상의 동의
동의내용	주민합의서	1. 정관 2. 공사비 등 소규모주택정비사업에 드는 비용(이하 "정비사업비"라 한다)과 관련된 자료 등 국토교통부령으로 정하는 서류 3. 그 밖에 시·도조례로 정하는 서류	
동의사항 변경 방법	국토교통부령으로 정하는 바에 따라 변경신고	총회에서 3분의 2 이상의 찬성을 받은 후 시장·군수등에게 변경 인가 신청	

■ 조합원의 자격 및 동의방법[제24조,제25조]

- ○ 조합설립인가 등을 위한 서면동의서는 토지등소유자가 성명을 적고 지장(指章)을 날인한 후, 신분증명서의 사본을 첨부하여 제출하여야 함
- ○ 조합원은 토지등소유자(소규모재건축사업의 경우에는 동의한 자만 해당)로 하며, 아래의 경우에는 **대표하는 1명을 조합원으로 봄**
- ① 토지 또는 건축물의 소유권과 지상권이 여러 명의 공유에 속하는 때
- ② 여러 명의 토지등소유자가 1세대에 속하는 때. (이혼 및 19세 이상 자녀가 분가 하는 경우는 제외)
- ③ 조합설립인가 후 1명의 토지등소유자로부터 토지 또는 건축물의 소유권이나 지상권을 양수하여 여러 명이 소유하게 된 때

■ 사업시행자 지정[제18조]

- ○ 시장·군수등은 다음의 경우에 대하여 가로주택정비사업 또는 소규모재건축사업을 직접시행하거나 토지주택공사등을 **사업시행자로 지정할 수 있음**
  - ☞ [체크] 사업시행자를 지정하는 경우 토지등소유자는 주민대표기구를 구성함

1) 천재지변, 사용제한·사용금지, 그 밖의 불가피한 사유로 긴급하게 사업을 시행할 필요가 있는 경우
2) 주민합의체를 신고한 날 또는 조합설립인가를 받은 날부터 3년 이내에 사업시행계획인가를 신청하지 아니한 경우
3) 사업이 장기간 지연되거나 권리관계에 대한 분쟁 등으로 해당 조합 또는 토지등소유자가 시행하는 사업을 계속 추진하기 어려운 경우
4) 사업시행계획인가가 취소된 경우
5) 사업시행구역의 국유지·공유지와 토지주택공사등이 소유한 토지가 전체 토지면적의 2분의 1 이상이고, 토지등소유자 과반수가 동의하는 경우
6) 사업시행구역의 토지면적의 2분의 1 이상의 토지소유자와 토지등소유자의 3분의 2 이상이 동의한 경우

○ 시장·군수등은 아래 사항에 대하여 조합설립 동의요건 이상의 동의를 얻어 요청하는 경우 **신탁업자를 사업시행자로 지정할 수 있음**

☞ [체크] 이 경우 토지등소유자는 토지등소유자 전원으로 구성되는 회의를 구성하고, 관리처분계획 수립에 대하여는 토지등소유자 전체회의의 의결을 거쳐야 함

① 토지등소유자별 분담금 추산액 및 산출근거
② 추정분담금의 산출 등과 관련하여 시·도조례로 정하는 사항

○ 사업시행자를 지정하는 경우에는 해당 지방자치단체의 공보에 고시하여야 하며, 이 경우 주민합의체의 또는 조합설립인가가 취소된 것으로 봄.

🔲 시공자 등 선정 방법[제20조,제21조]

○ 시공자 및 정비사업전문관리업자 선정은 아래 표와 같이 경쟁입찰방법으로 진행하여야 하며, 다만 지정개발자는 주민대표회의 또는 토지등소유자 전체회의가 추천한 경우 추천받은 시공자를 선정하여야 함.

구 분	시공자선정	정비사업전문관리업자 선정
입찰방법	○ 국토교통부장관이 정하는 경쟁입찰 또는 수의계약(2회 이상 경쟁입찰이 유찰된 경우로 한정)의 방법	○ 국토교통부장관이 정하는 경쟁입찰 또는 수의계약(2회 이상 경쟁입찰이 유찰된 경우로 한정)의 방법으로 선정
계약사항	○ 기존 건축물의 철거 공사(석면 조사·해체·제거를 포함)에 관한 사항을 포함	-
시공보증	조합 또는 토지등소유자에 제출	-

☞ [체크] 주민합의체는 주민합의서에서 정한 방법으로 시공자 및 정비사업전문관리업자를 선정함
☞ [체크] 일정 규모 이하의 소규모주택정비사업은 정관으로 정하는 바에 따라 시공자를 선정함

3.2 사업시행계획서 작성(소규모주택정비사업)

■ 건축심의[제26조]

○ 가로주택정비사업 및 소규모재건축사업의 사업시행자는 건축물의 높이·층수·용적률 등의 사항에 대하여 아래의 동의를 얻어 지방건축위원회의 심의를 받아야 함

① 토지등소유자 방식인 경우에는 주민합의서에서 정한 동의방법

② 조합인 경우에는 조합 총회에서 조합원 과반수의 찬성으로 의결함, 다만 정비사업비가 10%(생산자물가상승률분 및 손실보상 금액은 제외) 이상 증가하는 경우에는 조합원 3분의 2 이상의 찬성으로 의결

③ 지정개발자인 경우에는 토지등소유자의 과반수 동의 및 토지면적 2분의 1 이상의 동의

■ 통합심의[제27조]

○ 시장·군수등은 둘 이상의 심의가 필요한 경우에는 이를 통합하여 심의(이하 "통합심의"라 한다)하여야 함

○ 또한 통합심의를 하는 경우에는 아래 표의 공동위원회 위원이 포함된 공동위원회를 구성하여야 함

구 분	통합심의 대상	통합심의시 포함될 위원
내용	1. 「건축법」에 따른 건축심의 2. 「국토의 계획 및 이용에 관한 법률」에 따른 도시·군관리계획 및 개발행위 관련 사항 3. 시장·군수등이 필요하다고 인정하여 통합심의에 부치는 사항	1. 지방건축위원회 2. 지방도시계획위원회 3. 그 외 심의 권한을 가진 관련 위원회

☞ [체크] 통합심의의 신청·방법 및 절차에 관하여는 「주택법」 제18조제3항을 준용함

■ 분양신청[제28조]

○ 가로주택정비사업 또는 소규모재건축사업의 사업시행자는 건축심의 심의 결과를 통지받은 날부터 90일 이내에 토지등소유자에게 분양 관련 내용을 통지하고, 해당 지역의 일간신문에 공고하여야 함

☞ [체크] 사업시행계획인가의 변경으로 세대수 또는 주택규모가 달라지는 경우 분양신청 절차를 다시 거칠 수 있음

구 분	분양신청 통지내용	분양신청 기간
내용	1. 분양대상자별 종전의 토지 또는 건축물의 명세 및 건축심의 결과를 통지받은 날을 기준으로 한 가격 2. 분양대상자별 분담금의 추산액 3. 분양신청기간 4. 그 밖에 대통령령으로 정하는 사항	① 토지등소유자에게 통지한 날부터 30일 이상 60일 이내 ② 분양신청기간은 20일 범위에서 1회 연장 가능함

■ 관리처분계획 작성 내용[제33조]

○ 가로주택정비사업 또는 소규모재건축사업의 사업시행자는 분양신청기간이 종료된 때에는 관리처분계획을 수립하여야 함

○ 이 경우 사업시행계획 총회 개최일부터 30일 전에 아래의 3번부터 6번까지에 해당하는 사항을 조합원에게 문서로 통지하여야 함

☞ [체크] 종전 법률에 따라 사업시행계획인가를 신청한 가로주택정비사업 및 주택재건축사업의 관리처분처분계획 수립 시기 및 절차 등은 종전 법률에 따름

1. 분양설계
2. 분양대상자의 주소 및 성명
3. 분양대상자별 분양예정인 대지 또는 건축물의 추산액
4. 보류지 등의 명세와 추산액 및 처분방법
5. 분양대상자별 종전의 토지 또는 건축물 명세 및 건축심의 결과를 받은 날을 기준으로 한 가격
6. 정비사업비의 추산액 및 그에 따른 조합원 분담규모 및 분담시기
8. 세입자별 손실보상을 위한 권리명세 및 그 평가액(취약주택정비사업의 경우로 한정한다)
9. 그 밖에 대통령령으로 정하는 사항

■ 관리처분계획에 따른 주택공급 방법

○ 가로주택정비사업 또는 소규모재건축사업은 1세대 또는 1명이 하나 이상의 주택 또는 토지를 소유한 경우 1주택을 공급하고, 2명 이상이 1주택 또는 1토지를 공유한 경우에는 1주택을 공급함

○ 다만 조합에서 정관 또는 관리처분계획으로 2주택 공급여부를 정한 경우 토지등소유자에게 2주택이상을 공급할 수 있음

구 분	2주택이상 주택공급 대상
주택수만큼 공급	1) 과밀억제권역에 위치하지 아니한 재건축사업의 토지등소유자 2) 근로자(공무원인 근로자를 포함한다) 숙소, 기숙사 용도로 주택을 소유한 경우 3) 국가, 지방자치단체 및 토지주택공사등 4) 공공기관지방이전시책 등에 따라 이전하는 공공기관이 소유한 주택을 양수한 자
2주택 공급	1) 종전주택의 평가가격의 범위 또는 종전 주택의 주거전용면적의 범위에서 2주택을 공급할 수 있고, 이 중 1주택은 주거전용면적을 60제곱미터 이하로 함 ※ 다만, 60제곱미터 이하로 공급받은 1주택은 이전고시일 다음 날부터 3년간 전매제한
3주택 공급	1) 가로주택정비사업의 경우에는 3주택 이하로 공급 ※ 다가구주택을 소유한 자에 대하여는 종전주택의 평가가격을 분양주택 중 최소분양단위 규모의 추산액으로 나눈 값만큼 공급 가능 2) 투기과열지구에 위치하지 아니한 소규모재건축사업의 경우에는 소유한 주택수의 범위에서 3주택 이하로 공급 가능

■ 주택의 규모 및 건설비율[제32조]

○ 가로주택정비사업은 기존 단독주택의 호수(戶數)와 공동주택의 세대 수를 합한 수 이상의 주택을 공급하여야 함

○ 소규모재건축사업은 국토교통부 장관이 건설하는 주택에 대하여 국민주택규모의 주택 건설비율을 정하여 별도로 고시하는 경우 이에 따름

3.3 사업시행계획 인가(소규모주택정비사업)

■ 사업시행계획 인가[제29조]

○ 사업시행자는 사업시행계획서에 대하여 토지등소유자 또는 총회 의결을 거친후 시장·군수등에게 사업시행계획인가를 받아야 함
 - 인가받은 사항을 변경하는 경우에도 동일한 절차를 거쳐야 하며, 다만 경미한 사항을 변경하는 경우에는 시장·군수등에게 신고하면 됨
○ 시장·군수등은 사업시행계획서가 제출된 날부터 60일 이내에 인가 여부를 결정하여 사업시행자에게 통보하고, 그 내용을 해당 지방자치단체의 공보에 고시하여야 함
○ 이 경우 사업시행계획서 관계서류의 사본을 14일 이상 일반인이 공람 및 의견을 청취하여야 함

■ 사업시행계획서 작성 내용[제30조]

○ 사업시행자는 아래 표의 내용이 포함된 사업시행계획서를 작성하여야 하며, 다만 자율주택정비사업의 경우에는 제1호·제2호·제3호·제6호 및 제7호의 사항에 대하여만 작성함

구 분	사업시행계획서 내용	사업시행계획 인가 절차
세부 내용	1. 사업시행구역 및 그 면적 2. 토지이용계획(건축물배치계획 포함) 3. 정비기반시설 및 공동이용시설의 설치계획 4. 임시거주시설을 포함한 주민이주대책 5. 사업시행기간 동안 사업시행구역 내 가로등 설치, 폐쇄회로 텔레비전 설치 등 범죄예방대책 6. 임대주택의 건설계획 7. 건축물의 높이 및 용적률 등에 관한 건축계획 (「건축법」 제77조의 4에 따라 건축협정을 체결한 경우 건축협정의 내용을 포함한다) 8. 사업시행과정에서 발생하는 폐기물의 처리계획 9. 정비사업비 10. 분양설계 등 관리처분계획 11. 그 밖에 시·도조례로 정하는 사항	건축심의 신청 동의(제26조) ↓ 건축심의(2개 이상 심의 통합가능) ↓ 분양신청 (제28조) ↓ 관리처분관련 자료 통지(제33조) ↓ 자료 통지 30일 이후 사업시행계획서 총회 의결(제29조) ↓ 사업시행계획서 인가 신청 ↓ 14일 이상 공람 시장·군수등은 60일 이내 인가

3.4 매도청구

■ 매도청구 대상 및 절차[제35조]

- ○ 가로주택정비사업 또는 소규모재건축사업의 사업시행자는 건축심의 결과를 받은 날부터 30일 이내에 매도청구 대상자에게 동의 여부를 회답할 것을 서면으로 촉구하여야 함

- ○ 토지등소유자는 촉구를 받은 날부터 60일 이내에 회답하지 않은 경우, 사업시행자는 회답 기간이 만료된 때부터 60일 이내에 매도 청구를 할 수 있음

구 분	매도청구 대상	매도청구 절차
세부 내용	1. 조합설립에 동의하지 아니한 자 2. 시장·군수등, 토지주택공사등 또는 지정개발자 지정에 동의하지 아니한 자	건축심의 결과 통지 수령 ↓ 30일 이내 사업동의 여부 서면촉구 ↓ 60일 이내 토지등소유자(미동의자) 회답 ↓ 60일 이내 매도청구

■ 분양신청을 아니한 자에 대한 조치[제36조]

- ○ 가로주택정비사업 또는 소규모재건축사업의 사업시행자는 사업시행계획인가·고시된 날부터 90일 이내에 손실보상 협의를 완료하여 함

- ○ 만약 사업시행자와 손실보상 협의 대상자의 협의가 완료되지 않는 경우에는 매도청구를 진행하게 되며, 이를 지연 하는 경우에는 이자를 지급하게 됨

3.5 준공 및 이전 고시

■ 준공인가 및 공사완료 고시[제39조]

- ○ 시장·군수등이 아닌 사업시행자가 소규모주택정비사업 공사를 완료한 때에는 시장·군수등의 준공인가를 받아야 함

- ○ 시장·군수등은 준공검사를 실시한 결과 소규모주택정비사업이 인가받은 사업시행계획대로 완료되었다고 인정되는 때에는 준공인가를 하고 그 사실을 해당 지방자치단체의 공보에 고시하여야 함

- ○ 시장·군수등은 준공인가를 하기 전이라도 완공된 건축물이 사용에 지장이 없는 경우에는 입주예정자가 사용할 수 있도록 사업시행자에게 허가할 수 있음

■ 이전 고시[제40조]

- ○ 사업시행자는 준공인가 고시가 있은 때에는 지체 없이 대지확정측량을 하고 토지의 분할절차를 거쳐 관리처분계획에서 정한 사항을 분양받을 자에게 통지하고, 소유권을 이전하여야 함

  - 소규모주택정비사업은 해당 공사가 전부 완료되기 전이라도 완공된 부분은 준공인가를 받아 그 소유권을 이전할 수 있음

- ○ 사업시행자는 소유권을 이전하는 때에는 지방자치단체의 공보에 고시한 후 시장·군수등에게 보고하여야 함

- ○ 사업시행자는 이전고시가 있은 때에는 지체 없이 대지 및 건축물에 관한 등기를 지방법원 또는 등기소에 촉탁 또는 신청하여야 함

4. 사업활성화를 위한 지원

■ 사업활성화를 위한 특례

○ 지방자치단체는 빈집정비사업 또는 소규모주택정비사업에 드는 비용의 일부를 보조 또는 출자·융자하거나 융자를 알선할 수 있음[제44조]

○ 지방자치단체의 장은 공익 목적을 위하여 사업시행구역 내 공동이용시설에 대한 사용 허가 또는 대부를 하는 경우 사용료 또는 대부료를 감면할 수 있음[제45조]

○ 빈집이 법령의 제정·개정 등의 사유로 법령에 맞지 아니하게 된 경우에는 지방건축위원회의 심의를 거쳐 개축 또는 용도변경을 할 수 있음[제46조]

○ 사업시행자는 주거환경개선사업(토지등소유자가 주택을 스스로 정비하는 방식)을 시행하는 정비구역에서 빈집정비사업 또는 소규모주택정비사업을 시행할 수 있음[제47조]

○ 사업시행자가 빈집정비사업 또는 소규모주택정비사업의 시행으로 건설하는 건축물에 대하여 노상주차장 및 노외주차장을 사용할 수 있는 권리를 확보하는 경우 주차장 설치기준을 완화할 수 있음[제48조]

■ 정비지원기구 설립 등 지원 방안 마련

○ 국토교통부장관은 빈집정비사업 및 소규모주택정비사업의 활성화를 위하여 아래 표의 기관을 정비지원기구로 지정할 수 있음[제50조]

구 분	정비지원기구	정비지원기구 업무
세부 내용	① 한국토지주택공사 ② 국토연구원 ③ 그 밖에 대통령령으로 정하는 공공기관	1. 빈집정비사업 및 소규모주택정비사업의 정책 지원 2. 상담 및 교육 지원 3. 사업시행계획 및 관리처분계획의 수립 지원 4. 그 밖에 국토교통부령으로 정하는 업무

○ 사업시행자가 의무임대기간, 최초 임대료 및 연간인상률 등의 대통령령으로 정하는 조건을 갖춘 임대주택을 공급하는 경우 임대주택 관련 업무 지원를 한국토지주택공사에 위탁할 수 있음[제51조]
○ 시장·군수등은 빈집정비사업 및 소규모주택정비사업의 활성화를 위하여 사업시행자 등에게 기술지원 및 정보제공을 할 수 있음

구 분	기술지원 및 정보제공 대상	지원센터 활용 대상
세부 내용	1. 주택의 설계·시공·유지관리 2. 주민합의체의 구성 및 조합의 설립 3. 사업시행계획 및 관리처분계획의 수립 4. 그 밖에 시·도조례로 정하는 사항	1. 「도시재생 활성화 및 지원에 관한 특별법」에 따라 설치된 도시재생지원센터 2. 「주거기본법」에 따라 설치된 주거복지센터 3. 「건축법」에 따라 설치된 주택관리지원센터 4. 「장애인·고령자 등 주거약자 지원에 관한 법률」에 따라 설치된 주거지원센터 5. 그 밖에 지방자치단체에서 상기의 센터와 유사한 목적으로 설치된 센터

만든 사람들

국토교통부 주택정비과

강 태 석
전 인 재
유 상 철
유 지 만
김 석 춘
최 승 연
하 철 호
최 홍 석

**도시 및 주거환경정비법
질의회신사례집 2017**

초판 인쇄 2018년 01월 02일
초판 발행 2018년 01월 05일

저 자 국토교통부
발행인 김갑용

발행처 진한엠앤비
주소 서울시 서대문구 독립문로 14길 66 205호(냉천동 260)
전화 02) 364 - 8491(대) / 팩스 02) 319 - 3537
홈페이지주소 http://www.jinhanbook.co.kr
등록번호 제25100-2016-000019호(등록일자 : 1993년 05월 25일)
ⓒ2018 jinhan M&B INC, Printed in Korea

ISBN 979-11-290-0287-7   (93500)   [정가 45,000원]

☞ 이 책에 담긴 내용의 무단 전재 및 복제 행위를 금합니다.
☞ 잘못 만들어진 책자는 구입처에서 교환해드립니다.
☞ 본 도서는 [공공데이터 제공 및 이용 활성화에 관한 법률]을 근거로 출판되었습니다.